教育部职业教育专业教学资源库配套教材——安全技术与管理专业

工业通风与除尘

主　编　骆大勇
副主编　何荣军　周　波　陈玉涛
参　编　郝　宇　李　薇　刘　洋
　　　　孙　辉　王　浩

中国矿业大学出版社
·徐州·

内 容 提 要

本书系统阐述了工业有害物的种类、来源、危害及其综合防治措施，以及工业通风与除尘的基本概念、基本原理、设计方法、应用技术和测试方法。主要内容包括作业场所空气、空气流动原理、通风动力、工业通风方法及设施、工业通风设计与调节、作业场所粉尘及其危害、除尘原理与设备、粉尘综合控制等。

本书可作为普通高等教育应用型本科及高职院校安全类专业的教学用书，也可供相关专业的工程技术人员借鉴、参考。

图书在版编目(CIP)数据

工业通风与除尘/骆大勇主编. —徐州：中国矿业大学出版社，2022.10

ISBN 978-7-5646-5405-4

Ⅰ. ①工… Ⅱ. ①骆… Ⅲ. ①工业通风②工业尘—除尘 Ⅳ. ①X962②X964

中国版本图书馆 CIP 数据核字(2022)第 091933 号

书　　名 工业通风与除尘
主　　编 骆大勇
责任编辑 何晓明
出版发行 中国矿业大学出版社有限责任公司
(江苏省徐州市解放南路　邮编 221008)
营销热线 (0516)83884103　83885105
出版服务 (0516)83995789　83884920
网　　址 http://www.cumtp.com　**E-mail**:cumtpvip@cumtp.com
印　　刷 江苏淮阴新华印务有限公司
开　　本 787 mm×1092 mm　1/16　**印张** 23.5　**字数** 586 千字
版次印次 2022 年 10 月第 1 版　2022 年 10 月第 1 次印刷
定　　价 59.00 元

前　言

“工业通风与除尘”是安全类相关专业的专业核心基础课程。本书是结合德国“双元制”本土化人才培养模式实践、任务导向教学改革实践和生产实践经验，借鉴与参考企业一线最新应用技术资料编写而成的；通过任务导向教学，注重学生专业能力、职业核心能力和独立解决问题能力的培养，以引导文的形式让学生深入学习内容之中，注重知识应用和解决问题能力的培养，满足安全技术管理实践一线岗位能力的需求；以学生职业能力为培养目标，将素质目标、专业知识、工作方法与职业素养深度融合，通过学习方法培养、技能手段训练、职业习惯养成三方面搭建有效课堂的专业知识框架，突出“做中学、做中教”的职业教育特色。

本书在编写过程中，始终以学生为中心，以学生的认知能力为出发点，以培养学生实际应用通风、除尘知识的能力为主线，针对目前应用型本科及高职院校学生的实际情况，按照职业成长规律，项目、任务设置从简单到复杂，知识由浅入深。全书共分8个项目，每个项目包含若干个任务，引入“导文教学法”，将知识内容与任务实施分成了两部分，重点以学生工作任务形式引导学生在“做”任务的同时理解、消化知识，并培养操作技能；同时可在“做”任务的过程中，查阅相关知识，激发学习能动性，培养学习能力。

本教材具有以下特色：

(1) 教材内容以立德树人为根本，弘扬“安全第一、生命至上”的安全发展观，注重培养学生科学严谨的工作态度，激发学生积极主动思考问题，培养学生的创新意识。

(2) 教材融入岗位技能标准、“1＋X”证书和技能竞赛相关技能，体现了“岗、课、赛、证”融通。

(3) 教材的整个体系涵盖工业通风与除尘所有必需的知识点。内容安排上由浅入深，符合认知规律，理论严谨，叙述明确简练、逻辑性强，通过实际背景引入知识点，便于学生理解和掌握。

(4) 教材按照“以项目为导向，以任务为驱动，以职业技能培养为重点”的思路进行编写。

(5) 教材与各应用型本科及高职院校现有专业实践教学内容相结合，总结、分析、吸收了一些应用型本科及高职院校教学改革的经验，遵循“必需、够用、可持续发展”的原则编写。

(6) 本教材配套有国家级教学资源库和重庆市精品在线开放课程“工业通风与除尘”数字化教学资源。

本书由重庆工程职业技术学院骆大勇担任主编，重庆工程职业技术学院何荣军、淮南职业技术学院周波、中煤科工集团重庆研究院有限公司陈玉涛担任副主编，重庆工程职业技术学院郝宇、湖南安全技术职业学院李薇、重庆工程职业技术学院刘洋、重庆安全技术职业学院孙辉、江苏安全技术职业学院王浩参与编写。具体编写分工如下：项目三、项目六、项目八由骆大勇编写；项目一、项目二由何荣军、周波和陈玉涛编写；项目四、项目七由郝宇、李薇编写；项目五及附录由刘洋、孙辉和王浩编写。全书由骆大勇统稿、定稿。

由于编者水平有限，书中不足之处在所难免，敬请广大读者批评指正。

编　者
2022 年 6 月

课程数字资源使用方法：先扫描“课程登录二维码”，进入智慧职教平台，注册账号、登录，然后扫描相应二维码即可观看数字化资源。

课程登录二维码

课程概述

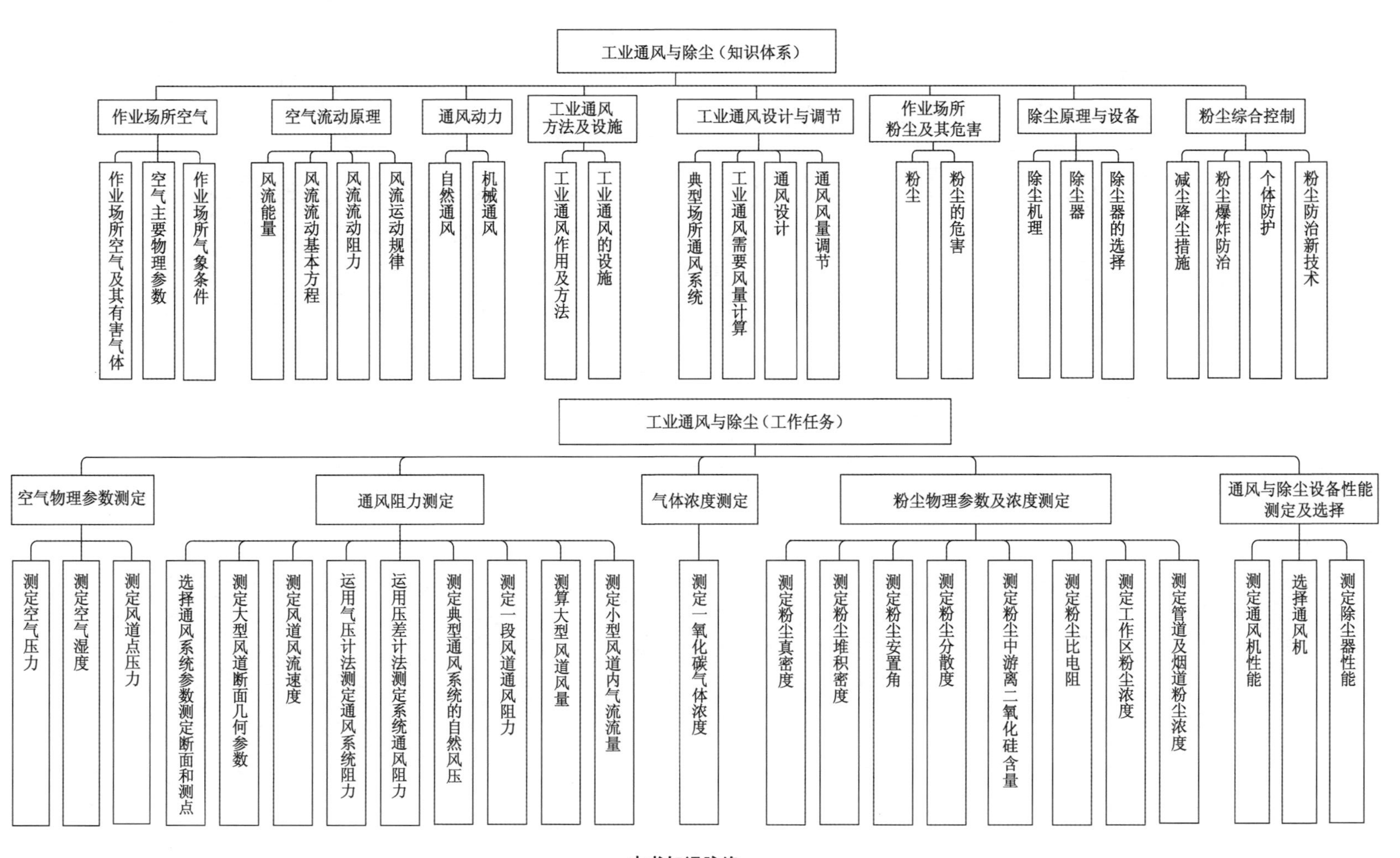
工业通风与除尘（知识体系）
作业场所空气
作业场所空气及其有害气体
空气主要物理参数
作业场所气象条件
空气流动原理
风流能量
风流流动基本方程
风流流动阻力
风流运动规律
通风动力
自然通风
机械通风
工业通风方法及设施
工业通风作用及方法
工业通风的设施
工业通风设计与调节
典型场所通风系统
工业通风需要风量计算
通风设计
通风风量调节
作业场所粉尘及其危害
粉尘
粉尘的危害
除尘原理与设备
除尘机理
除尘器
除尘器的选择
粉尘综合控制
减尘降尘措施
粉尘爆炸防治
个体防护
粉尘防治新技术
工业通风与除尘（工作任务）
空气物理参数测定
测定空气压力
测定空气湿度
测定风道点压力
通风阻力测定
选择通风系统参数测定断面和测点
测定大型风道断面几何参数
测定风道风流速度
运用气压计法测定通风系统阻力
运用压差计法测定系统通风阻力
测定典型通风系统的自然风压
测定一段风道通风阻力
测算大型风道风量
测定小型风道内气流流量
气体浓度测定
测定一氧化碳气体浓度
粉尘物理参数及浓度测定
测定粉尘真密度
测定粉尘堆积密度
测定粉尘安置角
测定粉尘分散度
测定粉尘中游离二氧化硅含量
测定粉尘比电阻
测定工作区粉尘浓度
测定管道及烟道粉尘浓度
通风与除尘设备性能测定及选择
测定通风机性能
选择通风机
测定除尘器性能

本书知识脉络

目 录

项目一　作业场所空气

项目一知识树

任务一　作业场所空气及其有害气体

学习目标

1. 理解大气的主要成分及其基本性质。
2. 理解作业场所空气的主要成分。
3. 熟悉作业场所主要有毒有害气体性质及其来源。

素质目标

认识自然现象，尊重客观规律。

知识链接

一、大气主要成分及其基本性质

大气是由干空气和水蒸气组成的混合气体，通常也将这种组成的空气称为湿空气。干空气是指完全不含水蒸气的空气。干空气是由氧气、氮气、二氧化碳、氩气、氖气和其他一些微量气体所组成的混合气体。干空气的成分比较稳定，其主要成分见表 1-1-1 和图 1-1-1。

表 1-1-1　干空气主要成分

气体成分	含量(按体积计)/%	含量(按质量计)/%	备注
氧气(O_2)	20.95	23.13	惰性稀有气体氦气、氖气、氩气、氪气、氙气等计入氮气
氮气(N_2)	78.09	75.55	
二氧化碳(CO_2)	0.03	0.05	
其他	0.93	1.27	

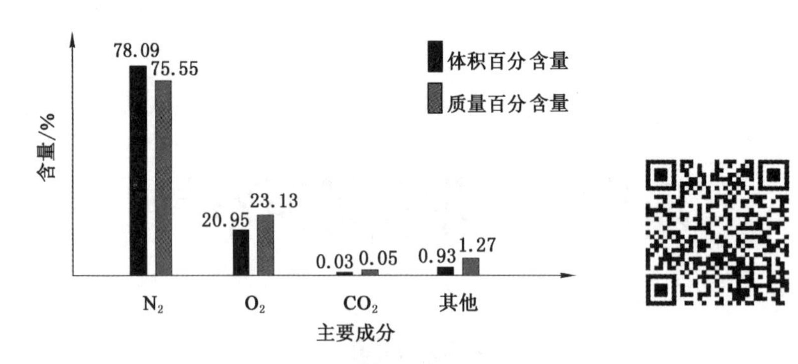

图 1-1-1　干空气主要成分

湿空气中仅含有少量的水蒸气，但水蒸气含量的变化会引起湿空气的物理性质和状态发生变化。各主要成分及其基本性质如下。

1. 氧气(O_2)

氧气是维持人体正常生理机能所需要的气体。人类在生命活动的过程中，必须不断吸入氧气、呼出二氧化碳，大气中的氧气如图 1-1-2 所示。

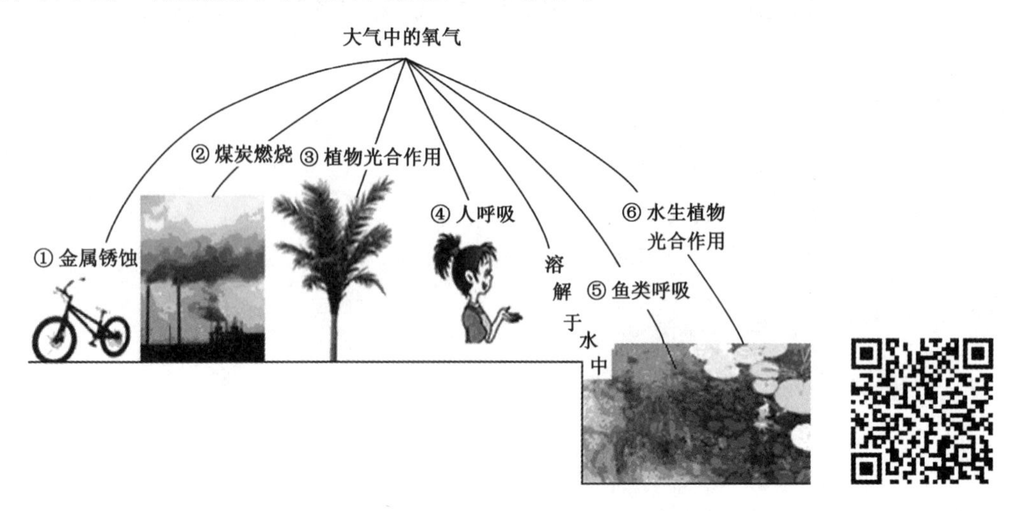

图 1-1-2　大气中的氧气

人体维持正常生命过程所需的氧气量，取决于人的体质、精神状态和劳动强度等。一般情况下，人体需氧量与劳动强度的关系见表 1-1-2。

表 1-1-2　人体需氧量与劳动强度的关系

劳动强度	呼吸空气量/(L/min)	氧气消耗量/(L/min)
休息	6～15	0.2～0.4
轻劳动	20～25	0.6～1.0
中度劳动	30～40	1.2～1.6
重劳动	40～60	1.8～2.4
极重劳动	40～80	2.5～3.0

当空气中的氧浓度降低时，人体就可能产生不良的生理反应，出现种种不舒适的症状，严重时可能导致缺氧死亡。人体缺氧症状与空气中氧浓度的关系见表 1-1-3。

表 1-1-3　人体缺氧症状与空气中氧浓度的关系

氧浓度(体积)/%	主要症状
17	静止时无影响，工作时会出现喘息和呼吸困难
15	呼吸及心跳急促，耳鸣目眩，感觉和判断能力降低，失去劳动能力
10～12	失去理智，时间稍长会有生命危险
6～9	失去知觉，呼吸停止，如不及时抢救，几分钟内可能导致死亡

2. 氮气(N_2)

氮气是一种惰性气体，是新鲜空气中的主要成分。它无色、无味、无臭，相对密度 0.97，不助燃，也不能供人呼吸，大气中的氮循环如图 1-1-3 所示。

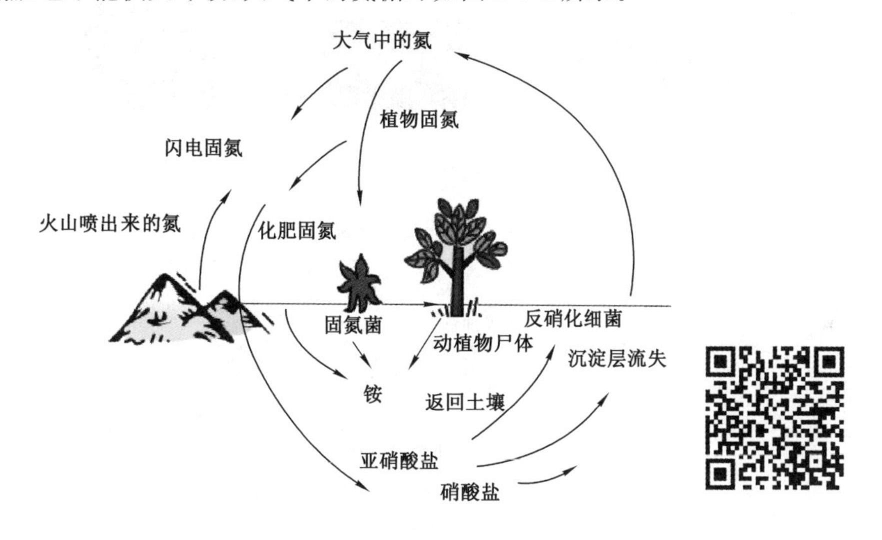

图 1-1-3　氮循环图

在正常情况下，氮气对人体无害，但积存大量的氮气，会使氧浓度相对降低，也可使人因缺氧而窒息。利用氮气的惰性，可使之用于防火、灭火和防止气体及粉尘爆炸。

3. 二氧化碳(CO_2)

二氧化碳是无色、略带酸臭味的气体，相对密度 1.52，是一种较重的气体，很难与空气均匀混合，故常积存在作业场所的底部，在静止的空气中有明显的分界。二氧化碳不助燃，也不能供人呼吸，易溶于水而生成碳酸，使水溶液呈弱酸性，对眼、鼻、喉黏膜有刺激作用，大气中的二氧化碳来源如图 1-1-4 所示。在新鲜空气中含有微量的二氧化碳对人体是无害的，但如果空气中完全不含有二氧化碳，则人体的正常呼吸功能就不能维持。所以在抢救遇险者对其进行人工输氧时，往往要在氧气中加入 5%的二氧化碳，以刺激遇险者的呼吸机能。当空气中二氧化碳的浓度过高时，将使空气中的氧浓度相对降低，轻则使人呼吸加快、呼吸量增加，严重时可能造成人员中毒或窒息。二氧化碳中毒症状与浓度的关系见表 1-1-4。

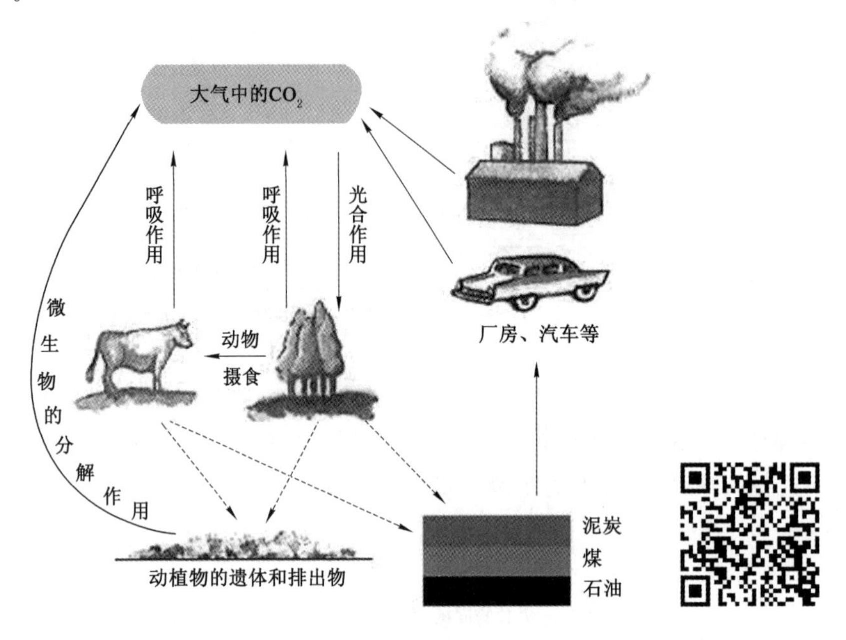

图 1-1-4　大气中的二氧化碳

表 1-1-4　二氧化碳中毒症状与浓度的关系

二氧化碳浓度/%	主要症状
1	呼吸加深，但对工作效率无明显影响
3	呼吸急促，心跳加快，头痛，人体很快疲劳
5	呼吸困难，头痛，恶心，呕吐，耳鸣
6	严重窒息，极度虚弱无力
7～9	动作不协调，大约 10 min 可发生昏迷
9～11	几分钟内可导致死亡

二、作业场所主要空气成分

在作业场所中，由于受到污染，空气成分和性质要发生一系列的变化。例如，氧浓度降低，二氧化碳浓度增加；混入各种有毒有害气体和粉尘；空气的状态参数（温度、湿度、压力等）发生改变；等等。

尽管作业场所空气与大气相比，在性质上存在许多差异，但在作业场所新鲜空气中主要成分仍然是氧气、氮气和二氧化碳。

三、作业场所主要有害气体

根据气体对人体危害的性质，大致可分为麻醉性、窒息性、刺激性、腐蚀性四类。下面分别列举几种常见气体对人体的危害。

1. 一氧化碳(CO)

一氧化碳是一种无色、无味、无臭的气体,相对密度0.97,微溶于水,能与空气均匀地混合。一氧化碳能燃烧,当空气中一氧化碳浓度在13%~75%时有爆炸的危险;浓度达到0.4%时,在很短时间内人就会失去知觉,抢救不及时就会中毒死亡。一氧化碳与人体血液中血红素(血红素是人体血液中携带氧气和排出二氧化碳的细胞)的亲和力比氧大150~300倍。一氧化碳一旦进入人体,首先就与血液中的血红素相结合,因而减少了血红素与氧结合的机会,使血红素失去输氧的功能,从而造成人体血液"窒息"。所以,医学上又将一氧化碳称为血液窒息性气体。由于一氧化碳与血红素结合后,生成鲜红色的碳氧血红素,故一氧化碳中毒最显著的特征是中毒者黏膜和皮肤均呈樱桃红色。中枢神经系统对缺氧最敏感,缺氧会引起水肿、颅内压增高,同时会造成脑血液循环障碍。部分一氧化碳中毒患者在昏迷苏醒后,经过2~60天的假愈期会出现一系列神经意识障碍等迟发性脑病。一氧化碳多是燃烧、爆炸时的产物,或来自煤气的渗漏。

2. 二氧化硫(SO_2)

二氧化硫是一种无色、有刺激性气味的气体,易溶于水,在风速较小时,易积聚于作业场所的底部,对眼睛有强烈刺激作用。二氧化硫遇水后生成硫酸,对眼睛和呼吸器官有腐蚀作用,使喉咙和支气管发炎,呼吸麻痹,严重时会引起肺水肿。当空气中二氧化硫含量为0.000 5%时,嗅觉器官能闻到刺激性气味;当空气中二氧化硫含量为0.002%时,有强烈的刺激,可引起头痛和喉痛;当空气中二氧化硫含量为0.05%时,会引起急性支气管炎和肺水肿,会使人短期间内死亡。二氧化硫主要来自含硫矿物的氧化、燃烧,金属矿物的焙烧,毛和丝的漂白,化学纸浆和制酸等生产过程。此外,含硫矿层也会涌出二氧化硫。

3. 硫化氢(H_2S)

硫化氢是一种无色、微甜、有浓烈臭鸡蛋气味的气体。当空气中硫化氢浓度达到0.000 1%时即可被嗅到,但当浓度较高时,因嗅觉神经中毒麻痹,反而会嗅不到。硫化氢相对密度1.19,易溶于水,在常温、常压下1体积的水可溶解2.5体积的硫化氢。硫化氢能燃烧,空气中硫化氢浓度为4.3%~45.5%时有爆炸危险。硫化氢有剧毒,有强烈的刺激作用,不但能引起鼻炎、气管炎和肺水肿,而且还能阻碍生物的氧化过程,使人体缺氧。当空气中硫化氢浓度较低时,主要以腐蚀刺激作用为主;浓度较高时,能引起人体迅速昏迷或死亡,腐蚀刺激作用往往不明显。进入人体的硫化氢在肺泡内很快就会被血液吸收,氧化成无毒的硫盐,但未被氧化的硫化氢则会发生毒害作用。硫化氢也很容易溶于黏膜表面的水分中,与钠离子结合成硫化钠,对黏膜有强烈的刺激作用,可引起眼睛发炎及呼吸道炎症,甚至肺水肿。硫化氢对人体全身的致毒作用在于它和氧化型细胞色素氧化酶的三价铁结合,使酶失去活性,影响细胞氧化,造成人体组织缺氧。空气中硫化氢浓度过高(900 mg/m^3 以上)可直接抑制呼吸中枢,造成窒息而迅速死亡。急性中毒后遗症是头痛与智力下降;慢性中毒症状是眼球酸痛,有灼伤感,肿胀畏光,并引起气管炎和头痛。

4. 氮氧化物(NO_x)

氮氧化物主要是指NO和NO_2,来源于燃料的燃烧及化工、电镀等生产过程。二氧化氮是一种褐红色的气体,有强烈的刺激性气味,相对密度1.59,易溶于水。二氧化氮溶于水后生成腐蚀性很强的硝酸,对眼睛、呼吸道黏膜和肺部组织有强烈的刺激及腐蚀作用,严重时可引起肺水肿。二氧化氮中毒有潜伏期,有的在严重中毒时尚无明显感觉,甚至还可坚持工作。但经过 6～24 h 后发作时，中毒者手指会出现黄色斑点，并伴随严重的咳嗽、头痛、呕吐甚至死亡。NO_2 含量为(1～3)$\times 10^{-6}$时，可闻到臭味；含量为 13×10^{-6}时，眼、鼻有急性刺激感及胸部不适；含量为(25～75)$\times 10^{-6}$时，肺部绞痛；含量为 300×10^{-6}以上时，会导致支气管炎及肺水肿甚至死亡。NO 对人体的生理影响还不十分清楚，但它与血红蛋白的亲和力比 CO 还要大几百倍。如果动物与高浓度的 NO 相接触，可出现中枢神经病变。

5. 甲烷(CH_4)

甲烷为无色、无味、无臭的气体，相对密度 0.55，难溶于水，扩散性是空气的 1.6 倍。虽然无毒，但当其浓度较高时，可引起窒息。甲烷不助燃，但在空气中具有一定浓度并遇到高温(650～700 ℃)时能引起爆炸，煤矿中发生的瓦斯爆炸事故，其爆炸气体中的主要成分就是甲烷。

6. 甲醛(CH_2O)

甲醛是无色、有强烈刺激性气味的气体，相对密度 1.06，略重于空气。几乎所有的人造板材、装饰布、装饰纸、涂料和新家具都可释放出甲醛，它和苯是现代房屋装修中经常出现的有害气体。空气中的甲醛对人的皮肤、眼结膜、呼吸道黏膜等有刺激作用，但也可经呼吸道吸收。甲醛在体内可转变为甲酸，有一定的麻醉作用。甲醛浓度高的居室中有明显的刺激性气味，可导致流泪、头晕、头痛、乏力、视物模糊等症状，检查可见结膜、咽部明显充血，部分患者呼吸音粗糙，较重者会有持续咳嗽、声音嘶哑、胸痛、呼吸困难等症状。

7. 汞蒸气(Hg)

汞(图 1-1-5)是一种液态金属，在常温下非常容易挥发成汞蒸气，是一种剧毒物质。它通过呼吸道或胃肠道进入人体后会使人产生中毒反应。急性汞中毒主要表现在消化器官和肾脏，慢性中毒则表现在神经系统，人体会产生易怒、头痛、记忆力减退等病症，或造成营养不良、贫血和体重减轻等症状。

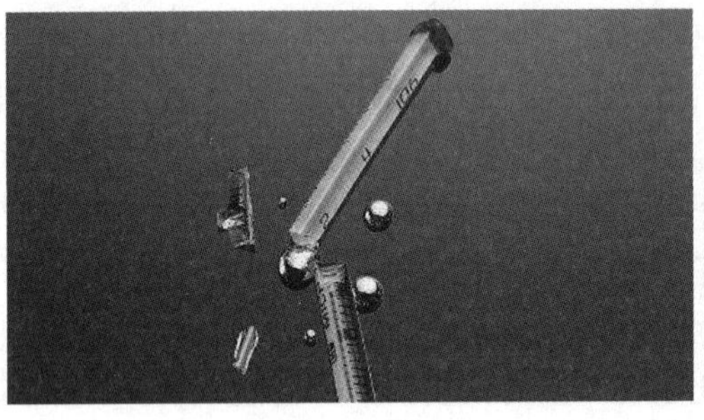

图 1-1-5 常见的汞

8. 铅蒸气(Pb)

铅是一种有毒的金属，温度达 400～500 ℃时会转变为铅蒸气。铅蒸气在空气中可以迅速氧化和凝聚成氧化铅微粒，铅的来源如图 1-1-6 所示。铅不是人体所必需的元素，铅及其化合物通过呼吸道及消化道进入人体后，再由血液输送到脑、骨骼及骨髓各个器官，损害骨髓造血系统导致贫血。铅对神经系统也将造成损害，引起末梢神经炎，使人出现运动和感觉异常。儿童经常吸入或摄入低浓度的铅，会影响智力发育和产生行为异常。

9. 苯(C_6H_6)

苯属芳香烃类化合物，在常温下为带特殊芳香气味的无色液体，极易挥发。苯在工业上用途很广，常作为原料用于燃料工业和农药生产，作为溶剂和黏合剂用于喷漆、制药、制鞋及

图 1-1-6　铅的来源

苯加工业、家具制造业等。苯蒸气主要产生于焦炉煤气及上述行业的生产过程。苯进入人体的主要途径是从呼吸道或从皮肤表面渗入。短时间内吸入大量苯蒸气可引起急性中毒。急性苯中毒主要表现为中枢神经系统的麻痹，轻者表现为兴奋、愉快感，步态不稳，以及头昏、头痛、恶心、呕吐等；重者可出现意识模糊，由浅昏迷进入深昏迷或出现抽搐，甚至导致呼吸、心跳停止。长期接触低浓度的苯可引起慢性中毒，主要是对神经系统和造血系统的损害，表现为头痛、头昏、失眠以及白细胞和血小板减少而出现出血倾向。

四、作业场所卫生与排放标准

（一）空气中有害物的含量与相关标准

1. 有害物含量

有害物对人体的危害，不但取决于有害物的性质，还取决于有害物在空气中的含量，即浓度大小。浓度是指单位体积空气中的有害物含量。一般来说，浓度越大，危害也越大。不同类型的有害物，其浓度表示方法也不完全相同。

有害蒸气或气体的浓度可以用质量浓度（或分数）和体积浓度（或分数）两种方法表示。质量浓度是指单位体积空气所含有害物的质量，单位为 mg/m^3 或 mg/L。体积浓度是指单位体积空气所含有害物的体积，单位为 mL/m^3 或%。

粉尘浓度也有质量浓度和数量浓度两种表示方法。质量浓度是指单位体积空气所含粉尘的质量，单位为 mg/m^3；数量浓度是指每立方米空气所含粉尘的颗粒数，单位为颗$/m^3$。在通风除尘工程技术中一般采用质量浓度，数量浓度主要用于洁净车间。

评价毒物的毒害大小通常用毒性来表示，毒性的计算单位一般以化学物质引起实验动物某种毒性反应所需的剂量表示。如吸入毒物，则用空气中该物质的浓度表示。

在标准状态下，质量浓度和体积浓度可按下式进行换算：

$$c_k = \frac{M \times 10^3}{22.4 \times 10^3} c = \frac{M}{22.4} c \qquad (1\text{-}1\text{-}1)$$

式中 c_k——有害气体的质量浓度，mg/m^3；

M——有害气体的摩尔质量，g/mol；

c——有害气体的体积浓度，%或 mL/m^3。

2. 大气环境质量控制标准

为消除日趋严重的大气污染，除抓紧对大污染源进行治理，尽量减少甚至消除某些大气污染物的排放之外，还应通过其他一系列措施做好对大气质量的管理工作，包括制定和贯彻执行环境保护方针政策，通过立法手段建立健全环境保护法律法规，加强环境保护管理等。

大气环境标准按其用途可分为大气环境质量标准、大气污染物排放标准、大气污染控制技术标准及大气污染警报标准。在各标准中，根据其适用范围可分为国家标准、地方标准和行业标准。

(1) 大气环境标准的种类和作用

① 大气环境质量标准：以保障人体健康和正常生活条件为主要目标，规定出大气环境中某些主要污染物的最高容许浓度。它是进行大气污染评价、制定大气污染防治规划和大气污染物排放标准的依据，是进行大气环境管理的依据。

② 大气污染物排放标准：以实现大气环境质量标准为目标，对污染源排入大气的污染物容许含量做出限制，是控制大气污染物的排放量和进行净化装置设计的依据，同时也是环境管理部门的执法依据。大气污染物排放标准可分国家标准、地方标准和行业标准。

③ 大气污染控制技术标准：是大气污染物排放标准的一种辅助规定。它是根据大气污染物排放标准的要求，结合生产工艺特点、燃料及原料使用标准、净化装置选用标准、烟囱高度标准以及卫生防护带标准等，为保证达到污染物排放标准而从某一方面做出的具体技术规定，目的是使生产、设计和管理人员易于掌握和执行。

④ 警报标准：是大气环境污染不致恶化或根据大气污染发展趋势预防发生污染事故而规定的污染物含量的极限值。超过这一极限值时就发出警报，以便采取必要的措施。警报标准的制定，主要建立在对人体健康的影响和生物承受限度的综合研究基础之上。

(2) 我国环境空气质量标准

我国现行《环境空气质量标准》(GB 3095—2012)中列入了二氧化硫(SO_2)、二氧化氮(NO_2)、一氧化碳(CO)、臭氧(O_3)、颗粒物(PM_{10}与 $PM_{2.5}$)、总悬浮颗粒物(TSP)、氮氧化物(NO_x)、铅(Pb)、苯并[a]芘(BaP)等 10 种污染物的浓度限值，见表 1-1-5。

表 1-1-5 环境空气各项污染物的浓度限值

序号	污染物名称	平均时间	浓度限值		单位
			一级标准	二级标准	
1	二氧化硫(SO_2)	年平均	20	60	$\mu g/m^3$
		日平均	50	150	
		1 h 平均	150	500	
2	二氧化氮(NO_2)	年平均	40	40	
		日平均	80	80	
		1 h 平均	200	200	

表 1-1-5(续)

序号	污染物名称	平均时间	浓度限值		单位
			一级标准	二级标准	
3	一氧化碳 (CO)	日平均	4	4	mg/m^3
		1 h 平均	10	10	
4	臭氧(O_3)	日最大 8 h 平均	100	160	$\mu g/m^3$
		1 h 平均	160	200	
5	颗粒物 (粒径小于等于 10 μm)	年平均	40	70	
		日平均	50	150	
6	颗粒物 (粒径小于等于 2.5 μm)	年平均	15	35	
		日平均	35	75	
7	总悬浮颗粒物 (TSP)	年平均	80	200	
		日平均	120	300	
8	氮氧化物 (NO_x)	年平均	50	50	
		日平均	100	100	
		1 h 平均	250	250	
9	铅(Pb)	年平均	0.5	0.5	
		季平均	1	1	
10	苯并[a]芘(BaP)	年平均	0.001	0.001	
		日平均	0.002 5	0.002 5	

环境空气功能区分为两类：一类区为自然保护区、风景名胜区和其他需要特殊保护的区域；二类区为居住区、商业交通居民混合区、文化区、工业区和农村地区。一类区适用一级浓度限值，二类区适用二级浓度限值。

《环境空气质量标准》是在全国范围内进行环境空气质量评价的准则，对环境空气、总悬浮颗粒物等 14 种术语进行了定义，对监测点位布设、样品采集、分析方法、数据统计的有效性等做了规定，表明我国对大气环境的科学管理日趋完善。

3. 我国工业企业设计卫生标准

《工业企业设计卫生标准》(TJ 36—1979)中规定了“居住区大气中有害物质的最高容许浓度”和“车间空气中有害物质的最高容许浓度”。2002 年，该标准经修订后改为了两个标准——《工业企业设计卫生标准》(GBZ 1—2002)和《工业场所有害因素职业接触限值》(GBZ 2—2002)。之后，两个标准进一步修订，前者修订为现行的《工业企业设计卫生标准》(GBZ 1—2010)；后者修订为现行的《工作场所有害因素职业接触限值 第 1 部分：化学有害因素》(GBZ 2.1—2019)和《工作场所有害因素职业接触限值 第 2 部分：物理因素》(GBZ 2.2—2007)。

4. 大气污染物排放标准

制定大气污染物排放标准应遵循的原则是：以大气环境质量标准为依据，综合考虑控制技术的可能性和地区的差异性。排放标准的制定方法大体上有以下几种。

(1) 按最佳适用技术确定的方法

最佳适用技术是指在现阶段效果最好且经济合理的实际应用的污染物控制技术。按该技术确定污染物排放标准的方法，就是根据污染现状、最佳控制技术的效果和对现有控制得好的污染源进行损益分析来确定排放标准。这样确定的排放标准便于实施和监督，但有时不一定能满足大气环境质量标准，有时又可能显得过严。

(2) 按污染物扩散规律推算制定的排放标准

这种标准是以大气环境质量标准为依据，应用污染物在大气中的扩散模式推算出不同烟囱高度时的污染物容许排放量或排放标准，或者根据污染物排放量推算出最低烟囱高度。这样确定的排放标准，由于计算式的准确性和可靠性可能存在一定问题，各地区的自然环境条件和污染源密集程度等并不相同，因此对不同地区可能偏严或偏宽。

1980 年实施的《工业三废排放试行标准》(GBJ 4—1973)中暂定了 13 类有害物质的排放标准。它是以居住区大气有害物质最高容许浓度标准为依据，应用大气扩散模式推算的不同烟囱高度时污染物容许排放量或排放浓度的标准。按此方法制定的排放标准，由于计算模式的参数选择误差较大，各地区的气象条件、地形条件、污染源密集程度等也各有不同，因而，计算结果差别很大。后来，该标准在修订时部分被《大气污染物综合排放标准》(GB 16297—1996)所代替，部分被《恶臭污染物排放标准》(GB 14554—1993)所代替，部分被《火电厂大气污染物排放标准》(GB 13223—2011)所代替。

1996 年实施的《大气污染物综合排放标准》(GB 16297—1996)中规定了 33 种大气污染物的排放限值，同时规定了标准执行中的各项要求。

(3) 总量控制标准

总量控制标准是对整个地区排放的污染物总量加以限定的方法。它是根据地区环境的自净能力——环境容量，确定出该地区容许排放污染物的总量。环境管理部门再按责任分担率计算出各个污染源的容许排放量。用总量控制标准控制一个地区或一个城市的大气污染是最为科学的，应是我国控制大气污染努力的方向。

(二) 作业场所卫生与环境排放标准

1. 职业安全卫生标准和职业接触限值

为了贯彻执行《中华人民共和国职业病防治法》的要求，体现“预防为主”的安全生产方针，保证工业企业建设项目的设计符合卫生要求，控制生产过程中产生的各类职业危害因素，改善劳动条件，以保障职工的身体健康、促进生产发展，制定了《工业企业设计卫生标准》(GBZ 1—2010)和《工作场所有害因素职业接触限值》[细分为《工作场所有害因素职业接触限值 第 1 部分：化学有害因素》(GBZ 2.1—2019)和《工作场所有害因素职业接触限值 第 2 部分：物理因素》(GBZ 2.2—2007)]两个标准。这两个标准是工业企业设计及预防性和经常性监督检查、监测的依据。现将应用有害物和气象方面职业安全卫生标准时的相关内容介绍如下。

(1) 有害物浓度卫生标准和职业接触限值

《工作场所有害因素职业接触限值》中，职业接触限值是职业性有害因素的接触限制量值，指劳动者在职业活动过程中长期反复接触对人体不引起急性或慢性有害健康影响的容许接触水平。化学因素的职业接触限值可分为时间加权平均容许浓度、最高容许浓度和短时间接触容许浓度三类。时间加权平均容许浓度指以时间为权数规定的 8 h 工作日的平均

容许接触水平。最高容许浓度指在工作地点，一个工作日内任何时间均不应超过的有毒化学物质的浓度。短时间接触容许浓度指一个工作日内任何一次接触不得超过的 15 min 时间加权平均容许接触水平。工作场所指劳动者进行职业活动的全部地点。工作地点指劳动者从事职业活动或进行生产管理过程而经常或定时停留的地点。

作业场所空气中粉尘容许浓度和作业场所空气中有毒物质最高容许浓度可见附录 8 和附录 9。

在制定这些标准时，职业接触限值都留有较大的安全系数。如空气中一氧化碳浓度达到0.04%时，1 h 内才会出现轻微的中毒症状，而标准中一氧化碳短时间接触容许浓度为0.002 4%(30 mg/m³)。

应当指出，有害气体和蒸气的浓度分质量浓度和体积浓度两种。质量浓度为每立方米空气中含有有害气体和蒸气的质量，通常用 mg/m³ 表示。体积浓度为每立方米空气中含有有害气体或蒸气的体积，单位为 mL/m³。

标准状态下的质量浓度和体积浓度按下式换算：

$$y = \frac{Mc}{22.4} \tag{1-1-2}$$

式中　y——有害气体的质量浓度，mg/m³；

M——有害气体的摩尔质量，g/mol；

c——有害气体的体积浓度，mL/m³ 或 1×10^{-6}。

例如，标准状态下二氧化硫的体积浓度为 15 mL/m³，查得二氧化硫的摩尔质量 $M=64$ g/mol，所以其质量浓度为：

$$y = \frac{Mc}{22.4} = \frac{64 \times 15}{22.4} \approx 42.9\ (\mathrm{mg/m^3})$$

(2) 气象条件卫生标准和职业接触限值

《工作场所有害因素职业接触限值》还规定了高温作业职业接触限值。工作场所不同体力劳动强度 WBGT 限值见表 1-1-6，井下采掘工作场所气象条件见表 1-1-7。

表 1-1-6　工作场所不同体力劳动强度 WBGT 限值　　单位：℃

接触时间率	体力劳动强度			
	Ⅰ	Ⅱ	Ⅲ	Ⅳ
100%	30	28	26	25
75%	31	29	28	26
50%	32	30	29	28
25%	33	32	31	30

注：1. WBGT 指数又称为湿球黑球温度，是综合评价人体接触作业环境热负荷的一个基本参量，单位为℃。

2. 室外通风设计温度 $T\geqslant30$ ℃ 的地区，表中规定的 WBGT 指数相应增加 1 ℃。

表 1-1-7 井下采掘工作场所气象条件

干球温度/℃	相对湿度/%	风速 v/(m/s)	备注
≤28	不规定	$0.5<v\leq 1.0$	上限
≤26	不规定	$0.3<v\leq 0.5$	—
≥18	不规定	$v\leq 0.3$	增加工作服保暖量

注:1. 本表中的风速如与生产工艺或防爆要求相抵触时可不受此限制。
2. 井下作业环境气温较低时,服装保暖量应适当增加。

2. 环境排放标准

环境排放标准用来限制污染物对外排放的数量,其表示形式大致可以分为三种形式。

(1) 按排出气体中的有害物浓度(mg/m³)

目前大多数国家采用这种标准。有害物浓度可直接通过测定求得而无须经过换算,然而由于可能需要加大风量进行稀释,因此会出现虚假的结果。例如,当排出气体的有害物浓度为 300 mg/m³ 时,若将抽风量加大一倍,则有害物浓度下降为 150 mg/m³,但实际上排放到室外的有害物并不减少。

(2) 按单位时间的排放量(kg/h)

例如,捷克斯洛伐克就曾规定:对水泥及石灰窑,当产量小于 25 t/h 时,排放标准为 120 kg/h;当产量为 25～50 t/h 时,排放标准为 160 kg/h;当产量为 50～100 t/h 时,排放标准为 250 kg/h;当产量为 100～150 t/h 时,排放标准为 270 kg/h。采用这种标准需要根据设备的能力进行划分(否则对大设备不利),因而显得烦琐,采用的国家不多。

(3) 按单位产品的排放量(kg/t 产品或 kg/kcal 热或 kg/J 等,根据产品的性质确定)

这种形式的规定是严格的,考虑了设备的能力、产量的大小,因而也是比较合理的,采用的国家比较多。其缺点是不便于直接测试,必须将粉尘浓度测试结果经过折算,然后才能得出单位产品的排放量。

1996 年,我国在 1982 年版国标的基础上修订颁布了《环境空气质量标准》(GB 3095—1996),后又经多次修订,现行的版本为《环境空气质量标准》(GB 3095—2012)。其中包括《大气污染物综合排放标准》(GB 16297—1996)及其他不同行业的相应标准。比如,《水泥工业大气污染物排放标准》(GB 4915—2013)、《工业炉窑大气污染物排放标准》(GB 9078—1996)、《炼焦化学工业污染物排放标准》(GB 16171—2012)、《火电厂大气污染物排放标准》(GB 13223—2011)……这些标准是为了保护环境、防治工业废气对大气等的污染、保证人民身体健康、促进工农业生产的发展而制定的。排放标准是在卫生标准的基础上制定的,《大气污染物综合排放标准》(GB 16297—1996)规定了 33 种大气污染物的排放限值,其指标体系包括最高容许排放浓度、最高容许排放速率和无组织排放监控浓度限值等,附录 11 列出了大气污染物排放限值。不同行业的相应标准的要求比《大气污染物综合排放标准》(GB 16297—1996)中的规定更为严格。在实际工作中,对已制定行业标准的生产部门,应以行业标准为准。

实训任务 一氧化碳气体浓度测定

任务描述

学习并掌握一氧化碳气体浓度测定的原理和方法。

任务引导

一、测定原理

(一) 检定管与唧筒

1. 一氧化碳检定管

目前,检测一氧化碳的传感器按检测原理分为电化学型、半导体型和红外型。

检定管是一支 ϕ(4~6) mm×150 mm(长)的玻璃管,内装活性载体,载体吸附化学试剂,管口熔封。使用时先打开管口,待测气体以一定的速度通过检定管,与管内的化学试剂进行化学反应,产生变色圈,根据变色圈的长度来测定待测气体的浓度。一氧化碳检定管的活性硅胶吸附了发烟硫酸和五氧化二碘(I_2O_5),当含有一氧化碳的气体通过时,会发生如下反应:

$$5CO + I_2O_5 \xrightarrow{H_2SO_4} 5CO_2 + I_2(\text{棕色})$$

棕色变色圈的长度与通过的一氧化碳浓度成正比,由检定管上的刻度可直接读出一氧化碳的浓度,如图 1-1-7 所示。这种检定管称为比长式检定管。我国用于煤矿的检定管还有 CO_2 检定管、H_2S 检定管、NO_2 检定管等,它们的性能见表 1-1-8。

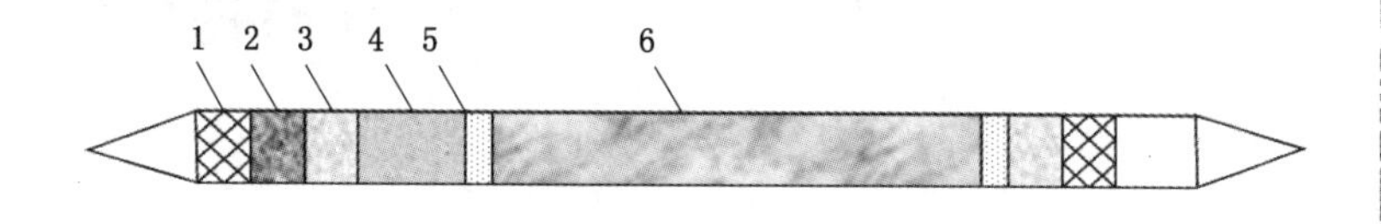

1—堵塞物;2—活性炭;3—硅胶;4—消除剂;5—玻璃粉;6—指示剂。

图 1-1-7 比长式一氧化碳检定管

表 1-1-8 几种检定管性能表

检定管类型	载体	吸附化学试剂	变色
CO 检定管	活性硅胶	发烟 H_2SO_4 和 I_2O_5	由白色变成棕色
CO_2 检定管	活性氧化铝	NaOH	由蓝色变成白色
H_2S 检定管	活性硅胶	$Pb(CH_3COO)_2$	由白色变成褐色

2. 取样唧筒

取样唧筒由唧筒活塞、吸气口、排气口和三通开关等组成，活塞杆上有 0～50 mL 的刻度，可以控制取样数量和送气速度。三通开关用以控制气流方向，当开关把手与吸气口平行时，唧筒与吸气口连通；与排气口平行时，则连通排气口；位于两者之间时(45°)，各路都不通，如图 1-1-8 所示。

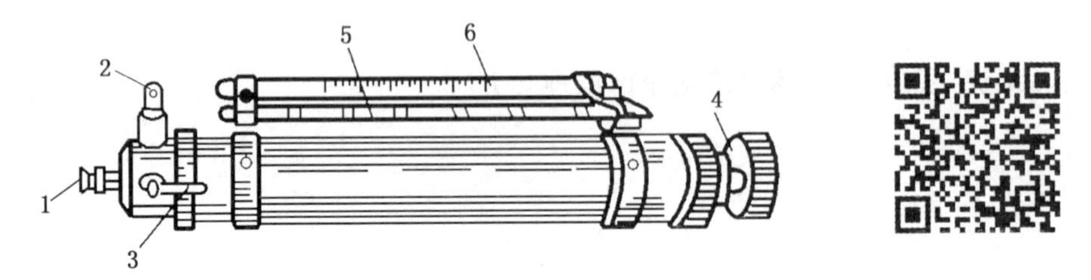

1—气体入口；2—检定管插孔；3—三通阀阀把；4—活塞柱；5—比色板；6—温度计。

图 1-1-8　取样唧筒

(二) 气相色谱仪

气相色谱仪主要由主机、电子部件和数据处理三大部分组成，包括储气瓶、压力指示和流量控制仪器、色谱柱、检测器、电子部件(信号放大器、温度控制器)、数据处理与记录仪等。图 1-1-9 所示为气相色谱仪基本流程示意图。

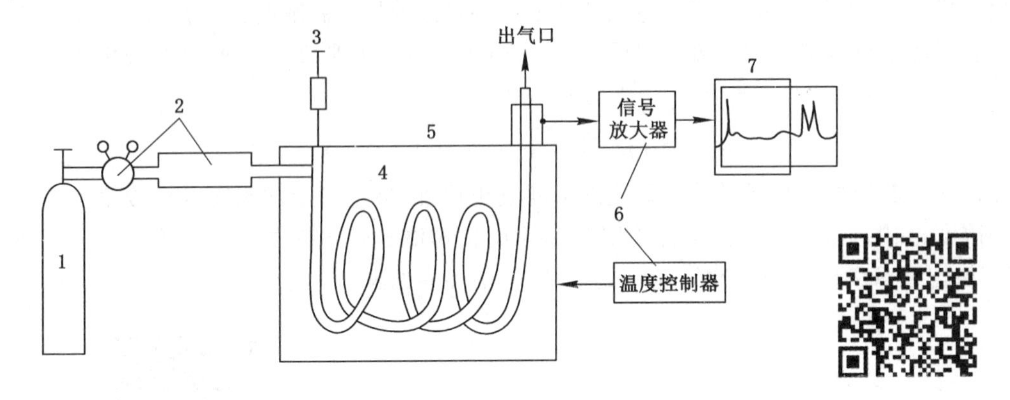

1—储气瓶；2—压力指示与流量控制仪器；3—样品注入口；4—色谱柱；
5—检测器；6—电子部件(信号放大器、温度控制器)；7—数据处理与记录仪。

图 1-1-9　气相色谱仪基本流程示意图

混合气体在载气(流动相)带动下，经色谱柱完成混合气体的分离，然后送给检测器；而检测器将分离的每种待测气体转化为电信号，由记录仪记录色谱峰或计算机采样进行数据处理，根据色谱峰位置和峰面积(峰高)或计算机采集信息先后顺序和大小进行定性和定量分析。

色谱柱和检测器是色谱仪的关键部件。分析不同的混合气体，应选用不同的色谱柱。如分析 CO、CO_2、CH_4 混合气体，一般选用直径为 3～5 mm、长度为 0.5～0.7 m 的螺旋不锈钢管柱，柱内装 TDX-01 或 TDX-02(60～80 目)的吸附剂。目前应用较多的检测器主要有：① 热导检测器，用于常量分析，如分析大气中的氧气和氮气等。② 氢火焰检测器，主要

用于对可燃气体进行微量分析，如分析井下的一氧化碳气体、碳氢类气体等。而一氧化碳和二氧化碳气体必须通过镍触媒作催化剂，在 350～380 ℃温度条件下转化为甲烷，然后才能用氢火焰检测器检测。③ 电子捕获检测器，主要用于分析电负性物质，如氧气和含卤族元素的化合物。

气相色谱仪是一种通用型气体分析仪器，它可完成多种气体的定性和定量分析。色谱分析操作条件对仪器的工作性能影响较大，操作也较复杂，技术要求较高。因此，色谱仪多用在实验室。它的特点是分析精度高、定性准确、分析速度快，一次进样可以同时完成数种气体的分析，即所谓"全分析"，是目前矿山气体分析的理想设备。

二、一氧化碳检定管测定步骤

（1）在测定地点将开关把手置于吸气位置，并将唧筒往复推压 2～3 次以清洗唧筒，然后将活塞杆拉出，气体试样就被抽吸在唧筒内了。再将开关把手置于封闭位置(45°)。

（2）将检定管两端用小锉刀切断，把进气端插入唧筒的排气口上，再将开关把手置于排气口位置，按照检定管的使用说明书对送气量和送气时间的要求，使气样流过检定管，一氧化碳与指示剂起反应，产生棕色环。

（3）读数：由变色环上端指示的数字直接从检定管上读出一氧化碳浓度。如果气样中一氧化碳含量超过检定管测量上限，则可减少通气量，如通气量为 V μL，则：

$$\text{测定结果} = \text{检定管} \times (100 \div V)$$

式中，100 指要求送气量为 100 μL 的检定管。

如果气样中一氧化碳含量低于检定管测量下限，可增加通气次数，如果通气次数为 N，则有：

$$\text{测定结果} = \text{检定管读数} \div N$$

任务实施

利用检定管完成一氧化碳浓度测定，并填写如下任务单：

仪器设备名称及型号	
采样过程	
测定过程	
气样浓度	

思考与拓展

一、选择题

1.(　　)是维持人体正常生理机能所必需的一种气体。

A. 氧气　　B. 氮气　　C. 二氧化碳　　D. 氢气

2. 人在休息时,呼吸空气量是(　　)L/min,氧气消耗量是0.2～0.4 L/min。

A. 5～10　　B. 6～15　　C. 10～20　　D. 15～20

3. 干空气主要由以下(　　)等几种气体组成。

A. 氧气　　B. 氮气　　C. 二氧化碳　　D. 氩气等稀有气体

4. 空气中一氧化碳浓度达(　　)时,1 h内才会出现轻微的中毒症状。

A. 0.01%　　B. 0.04%　　C. 0.05%　　D. 0.15%

5. 根据气体(蒸气)类有害物对人体危害的性质,大致可分为(　　)四类。

A. 麻醉性　　B. 窒息性　　C. 刺激性　　D. 腐蚀性

6. 评价毒物的毒害大小通常用(　　)来表示。

A. 性质　　B. 浓度　　C. 质量　　D. 毒性

7. 大气环境标准按其用途可分为(　　)。

A. 大气环境质量标准　　B. 大气污染物排放标准

C. 大气污染控制技术标准　　D. 大气污染警报标准

8. 按照分级分区管理的原则,规定我国大气环境质量标准分为(　　)。

A. 五级　　B. 四级　　C. 三级　　D. 二级

9. 化学因素的职业接触限值可分为(　　)几类。

A. 时间加权平均容许浓度　　B. 最高容许浓度

C. 短时间接触容许浓度　　D. 长时间接触容许浓度

10. 短时间接触容许浓度是指一个工作日内,任何一次接触不得超过(　　)时间加权平均的容许接触水平。

A. 10 min　　B. 15 min　　C. 20 min　　D. 25 min

二、判断题

1. 氮气是一种比空气轻的气体。(　　)

2. 一氧化碳是有毒气体。(　　)

3. 人类在生命活动过程中,必须不断吸入氧气、呼出二氧化碳。(　　)

4. 氮气是一种惰性气体,不助燃,也能供人呼吸。(　　)

5. 硫化氢是一种无色、有强烈刺激性气味的气体,对眼睛有强烈刺激作用。(　　)

6. 有害物对人体的危害,只取决于有害物的性质。(　　)

7. 一般来说,有害物浓度越大,危害也越大。(　　)

8. 用总量控制标准控制一个地区或一个城市的大气污染是最为科学的。(　　)

9. 时间加权平均容许浓度是指以时间为权数规定的10 h工作日的平均容许接触

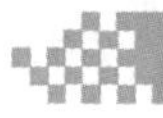

水平。（　　）

10. 有害物浓度可直接通过测定求得而无须经过换算，然而由于可能需要加大风量进行稀释，因此会出现虚假的结果。（　　）

三、简答题

1. 分析干空气与湿空气的区别。
2. 分析作业场所主要的有毒有害气体及其来源。
3. 写出下列物质在车间空气中的最高容许浓度，并指出何种物质的毒性最大：一氧化碳、二氧化硫、氯、丙烯醛、铅烟、五氧化二砷和氧化镉。
4. 分析大气环境标准的种类和作用。
5. 分析环境排放标准的表示形式及其优缺点。

任务二　空气主要物理参数

学习目标

1. 理解空气主要物理参数的内涵。
2. 掌握空气主要物理参数的计算方法。

素质目标

透过现象看本质，抓住事物主要矛盾。

知识链接

一、空气的密度和比体积

单位体积空气所具有的质量称为空气的密度，一般用符号 ρ 表示。一般认为空气是均质流体，所以空气的密度公式为：

$$\rho = \frac{m}{V} \tag{1-2-1}$$

式中　m——空气的质量，kg；

V——空气的体积，m^3；

ρ——空气的密度，kg/m^3。

一般来说，当空气的温度和压力发生变化时，其体积也会发生变化。所以，空气的密度是随着温度、压力而变化的，从而可以得出空气的密度是空间点坐标和时间的函数。

湿空气的密度是 1 m^3 空气中所含干空气质量和水蒸气质量之和。

$$\rho = \rho_d + \rho_w \tag{1-2-2}$$

式中 ρ_d——1 m^3 空气中干空气的质量,kg;

ρ_w——1 m^3 空气中水蒸气的质量,kg。

由气体状态方程和道尔顿分压定律可以得出湿空气的密度计算公式为:

$$\rho = 0.003\ 484\frac{p}{273 + T}(1 - \frac{0.378\varphi p_s}{p}) \tag{1-2-3}$$

式中 p——空气的压力,Pa;

φ——空气的相对湿度,用小数表示;

p_s——温度为 T 时的饱和水蒸气分压,Pa;

T——空气温度,℃。

空气的比体积是指单位质量空气所占有的体积,用符号 v(m^3/kg)表示,比体积和密度互为倒数,它们是一个状态参数的两种表达方式,则有:

$$v = \frac{V}{m} = \frac{1}{\rho} \tag{1-2-4}$$

在工业通风中,空气流经复杂的通风网络时,其温度和压力将会发生一系列的变化,这些变化都将引起空气密度的变化。在不同的作业场所,其变化规律是不同的。在实际应用中,应考虑什么情况下可以忽略密度的这种变化,而在什么条件下又是不可忽略的。

二、空气温度

温度是描述物体冷热状态的物理量,是作业场所表征气象条件的主要参数之一。测量温度的标尺简称温标。热力学绝对温标的单位为 K(Kelvin),用符号 T 表示。热力学温标规定:纯水三态点温度(即气、液、固三相平衡态时的温度)为基本定点,定义为 273.15 K,每 1 K 为三相点温度的 1/273.15。

国际单位制还规定摄氏温标为实用温标,用 t 表示,单位为摄氏度,符号为℃。摄氏温标的每 1 ℃与热力学温标的每 1 K 完全相同。它们之间的换算关系为:

$$T = 273.15 + t \tag{1-2-5}$$

三、空气黏性

当流体层间发生相对运动时,在流体内部两个流体层的接触面上,便产生黏性阻力(内摩擦力)以阻止相对运动,流体具有的这一性质,称作流体的黏性。例如,空气在管道内做层流流动时,管壁附近的流速较小,向管道轴线方向流速逐渐增大(图 1-2-1)。在垂直于流动方向上,设有厚度为 dy(m)、速度为 u(m/s)、速度增量为 du(m/s)的分层,在流动方向上的速度梯度为 du/dy(s^{-1}),由牛顿内摩擦定律得:

$$F = \mu \cdot S \cdot \frac{du}{dy} \tag{1-2-6}$$

式中 F——内摩擦力,N;

S——流层之间的接触面积,m^2;

μ——动力黏度(或称绝对黏度),Pa · s。

由上式可知,当流体处于静止状态或流层间无相对运动时,du/dy=0,则 F=0。

在工业通风中还常用运动黏度 ν(m^2/s)表示:

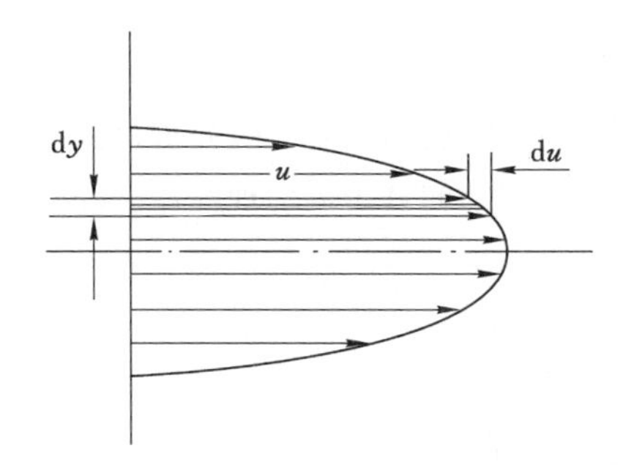

图 1-2-1　层流速度分布

$$\nu = \frac{\mu}{\rho} \tag{1-2-7}$$

表 1-2-1 所列为几种气体在标准状态下的黏度。

表 1-2-1　几种气体的黏度(0.1 MPa, t=20 ℃)

流体名称	动力黏度 μ/Pa·s	运动黏度 ν/(m^2/s)
空气	1.808×10^{-5}	1.501×10^{-5}
氮气(N_2)	1.76×10^{-5}	1.41×10^{-5}
氧气(O_2)	2.04×10^{-5}	1.43×10^{-5}
甲烷(CH_4)	1.08×10^{-5}	1.52×10^{-5}
水	1.005×10^{-3}	1.007×10^{-6}

温度是影响流体黏性的主要因素之一，但对气体和液体的影响不同。气体的黏性随温度的升高而增大，液体的黏性随温度的升高而减小，如图 1-2-2 所示。一般实际应用中，压力对黏性的影响可以忽略不计，在考虑流体的可压缩性时常采用动力黏度而不用运动黏度。

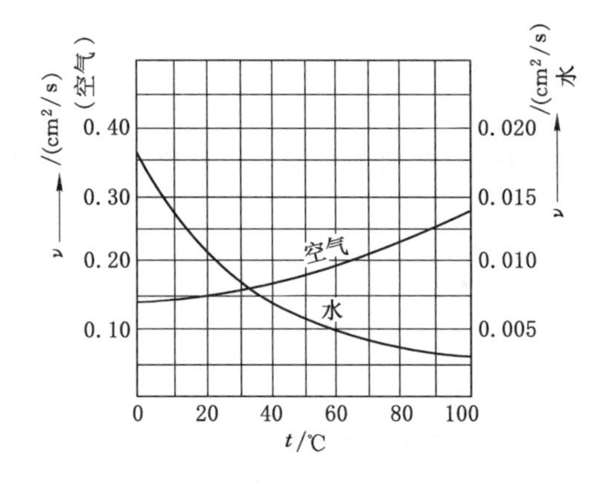

图 1-2-2　运动黏度与温度变化的关系

四、空气压力

空气的压力是压强在工业通风中的体现，也称为空气的静压，它是空气分子热运动对器壁碰撞的宏观表现，用符号 p 表示。根据物理学的分子运动理论，空气的压力可用下式表示：

$$p = \frac{2}{3}n\left(\frac{1}{2}mv^2\right) \tag{1-2-8}$$

式中 n——单位体积内的空气分子数；

$\frac{1}{2}mv^2$——分子平移运动的平均动能。

由上式可知，空气的压力等于单位体积内空气分子不规则热运动产生的总动能的三分之二转化为能对外做功的机械能。因此，空气压力的大小可以用仪表测定。

在地球引力场中的大气由于受分子热运动和地球重力场引力的综合作用，其大小取决于在重力场中的位置（相对高度）、空气温度、湿度（相对湿度）和气体成分等参数。空气的压力在不同标高处其大小是不同的。也就是说，空气压力还是位置的函数，它服从玻尔兹曼分布规律：

$$p = p_0 \exp\left(-\frac{M_{空气}gz}{R_0 T}\right) \tag{1-2-9}$$

式中 $M_{空气}$——空气的摩尔质量，28.97 kg/kmol；

g——重力加速度，m/s^2；

z——海拔高度，m，海平面以上为正，以下为负；

R_0——通用气体常数；

T——空气的绝对温度，K；

p_0——海平面处的大气压，Pa。

在同一水平面、不大的范围内，可以认为空气压力是相同的；但空气压力与气象条件等因素也有关（主要是温度）。

压力的单位为 Pa（帕斯卡，$1\ Pa = 1\ N/m^2$），压力较大时可采用 kPa（$1\ kPa = 10^3\ Pa$）、MPa（$1\ MPa = 10^3\ kPa = 10^6\ Pa$）。

五、空气湿度

表示空气湿度的方法有绝对湿度、相对湿度和含湿量三种。

1. 绝对湿度

单位体积空气中所含水蒸气的质量叫空气的绝对湿度。其单位与密度单位相同，用符号 ρ_w 表示：

$$\rho_w = \frac{m_w}{V} \tag{1-2-10}$$

式中 m_w——水蒸气的质量，kg；

V——空气的体积，m^3。

在一定的温度和压力下，单位体积空气所能容纳的水蒸气量是有极限的，超过这一极限值，多余的水蒸气就会凝结出来。这种含有极限值水蒸气的湿空气叫饱和空气，其所含的水蒸气量叫饱和湿度，用 ρ_s 表示。此时的水蒸气分压叫饱和水蒸气压，用 p_s 表示。

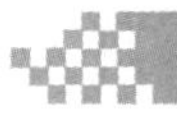

2. 相对湿度

单位体积空气中实际含有的水蒸气量(ρ_v)与其同温度下的饱和水蒸气含量 ρ_s 之比称为空气的相对湿度,可用下式表示:

$$\varphi = \frac{\rho_v}{\rho_s} \tag{1-2-11}$$

φ 值可以用小数表示,也可以用百分数表示,也被称为饱和度。φ 值小表示空气干燥,吸收水分的能力强;反之,φ 值大则空气潮湿,吸收水分能力弱。水分向空气中蒸发的快慢和相对湿度直接有关。

不饱和空气随温度的下降,其相对湿度逐渐增大。冷却达到 $\varphi=1$ 时的温度称为露点。再继续冷却,空气中的水蒸气就会因过饱和而凝结成水珠;反之,当空气温度升高时,空气的相对湿度将会减小。

3. 含湿量

含有 1 kg 干空气的湿空气中所含水蒸气的质量(kg)称为空气的含湿量 d,可用下式计算:

$$d = 0.622 \frac{\varphi p_s}{p - \varphi p_s} \tag{1-2-12}$$

式中 各符号意义同前。

六、空气比热容

单位质量的某种物质温度升高(或降低)1 ℃时吸收(或放出)的热量,称为这种物质的比热容。

质量比热容的符号为 c,表示 1 kg 质量的物质升高或降低 1 K 时所吸收或放出的热量,单位是 J/(kg·K)。容积比热容的符号是 c',表示 1 m^3 体积的物质升高或降低 1 K 时所吸收或放出的热量,单位是 J/(m^3·K)。摩尔比热容的符号是 C 或 MC,表示 1 kmol 物质升高或降低 1 K 时所吸收或放出的热量,单位是 J/(kmol·K)。

三种比热容的换算关系是:

$$c' = \frac{MC}{22.4} = c\rho_0 \tag{1-2-13}$$

式中 M——气体的相对分子质量;

ρ_0——气体在标准状态下的密度。

七、空气的焓

焓是一个复合的状态参数,它是内能和压力功之和,焓也称热焓。湿空气的焓是以1 kg 干空气作为基础而表示的,它是单位质量干空气的焓和 d kg 水蒸气的焓的总和,用符号 i 表示,单位为 kJ/kg,即:

$$i = i_d + di_v \tag{1-2-14}$$

式中 i_d——单位质量干空气的焓,$Q=1.0045$ kJ/kg,1.004 5 是干空气的平均质量比定压热容,kJ/(kg·K);

i_v——1 kg 水蒸气的焓,$i_v=2\,501+1.85T$,2 501 是水蒸气的汽化潜热,1.85 是常温下水蒸气的平均质量比定压热容,T 是空气的温度。

将干空气和水蒸气的焓值代入式(1-2-14)，可得湿空气的焓为：

$$i = 1.0045T + d(2501 + 1.85T) \quad (1\text{-}2\text{-}15)$$

在实际的应用中，为了简化计算，可使用附录 3 的 i-d 曲线图直接查阅。

实训任务　空气压力测定

任务描述

学习并掌握空气压力测定的原理和方法。

任务引导

一、测定原理

压力测量包括绝对压力测量和压差测量。常用的测压仪器主要有空盒气压计、精密气压计、各类压差计以及与安全生产监测系统相配套的压力传感器。

(一) 空盒气压计

空盒气压计用于测量大气压和风流的绝对静压力，其工作原理如图 1-2-3 所示。它主要由感受压力的波纹真空膜盒 1、传动机构 2、指针 3 及刻度盘组成。空气压力发生变化时，膜盒收缩或膨胀，产生轴向变形，通过拉杆和传动机构 2 使指针偏转，指示空气压力值。其测压范围一般为 80 000～108 000 Pa。

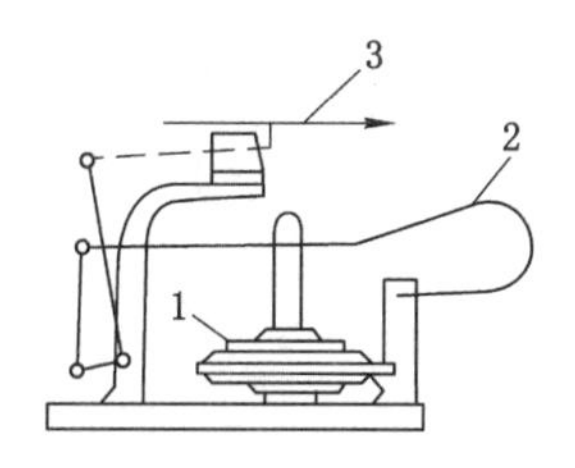

1—波纹真空膜盒；2—传动机构；3—指针。

图 1-2-3　空盒气压计工作原理图

(二) 压差计

1. U 形压差计

U 形压差计(又称 U 形水柱计)如图 1-2-4 所示，分为垂直型和倾斜型两类。U 形压差计是把一根等直径的玻璃管弯成 U 形，装入蒸馏水或酒精，中间放置一把刻度尺。测压前，U 形管的两个液面处于同一水平。

2. 单管倾斜压差计

单管倾斜压差计结构与工作原理如图 1-2-5 所示。它由大断面的容器 10(面积为 S_1)和小断面的倾斜测量管 8(断面为 S_2)及标尺等组成。大容器装在有 3 个定位螺钉 9 和一个

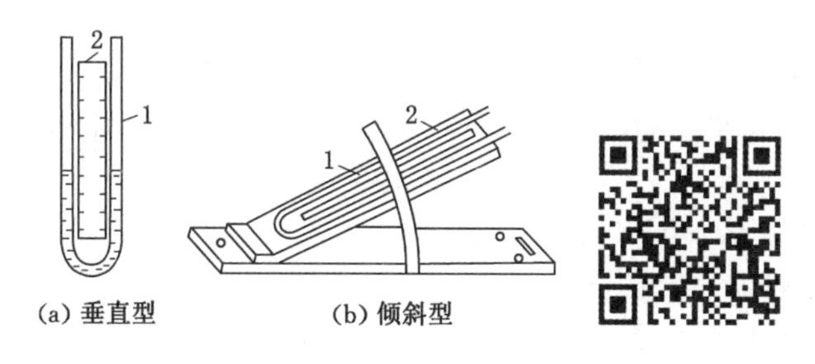

1—U形玻璃管；2—刻度尺。

图 1-2-4　U形压差计

水准指示器 2 的底板 1 上，底板上还装有弓形支架 3，用它可把倾斜测量管固定在 5 个不同的位置上，刻在支架上的数字即为校正系数。两断面之比(S_1/S_2)一般为 250～300。S_1 容器面承受大压力，倾斜测量管 S_2 承受小压力，其两侧压力差 h 按下式计算：

$$h = \rho gLK \tag{1-2-16}$$

式中　K——校正系数(也叫常数因子)，由实验标定，它包含倾斜管的倾角、工作液的密度和大容器液面下降值等因素的影响；

L——测压管读数，mm；

ρ——工作液体密度，一般用工业酒精和蒸馏水配成密度为 0.81 kg/m^3 的工作液。

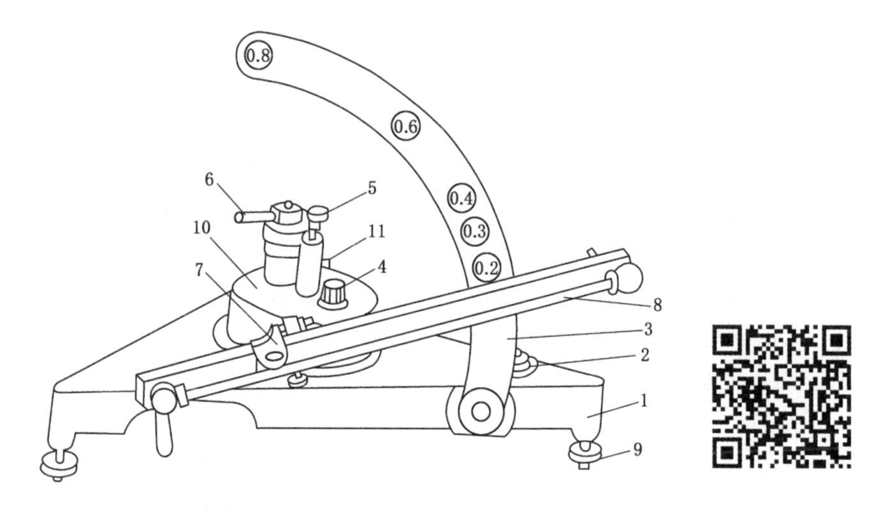

1—底板；2—水准指示器；3—弓形支架；4—加液盖；5—零位调整旋钮；6—阀门柄；7—游标；8—倾斜测量管；9—定位螺钉；10—大容器；11—多向阀门。

图 1-2-5　YYT-200 型单管倾斜压差计结构

二、测定步骤

(一) 空盒气压计

空盒气压计使用时，气压计水平放在测点处，并轻轻敲击仪器外壳，以消除传动机构的摩擦误差。由于该仪器有滞后现象，因此在测压地点一般要放置 3～5 min(从一点移到另一点，若两点压差为 2 668～5 337 Pa，则需放置 20 min)方可读数。读数时，视线与刻度盘平面保持垂直。

为了提高测定精度，读数值应按厂方提供的校正表(或曲线)进行刻度、温度和补偿校正。每台仪器出厂检定书中均附有这三个校正值。其中温度校正值 p_t 用式(1-2-17)计算：

$$p_t = \Delta p_t \cdot t \tag{1-2-17}$$

式中 Δp_t——温度变化 1 ℃时的气压校正值，Pa/℃；

t——读数时仪器的温度，℃。

例如，空盒气压计的读数为 101 658 Pa，温度为 18.5 ℃。仪器检定书内的刻度校正值表中规定：101 325 Pa 时刻度校正值为 0，102 657 Pa 时为－40 Pa；温度变化 1 ℃时的气压校正值为＋4 Pa/℃；补偿校正值为－80 Pa。用内插法求得刻度校正值为－10 Pa，温度校正值 $\Delta p_t = +4\times18.5 = +74$ (Pa)，故得实际大气压力为：$p = 101\ 658 - 10 + 74 - 80 = 101\ 642$ (Pa)。

(二) 压差计

1. U 形压差计

测压时，在压差作用下，较大压力的液面下降，较小压力的液面上升，U 形压差计两端压差为：

$$h = \rho g L \sin\alpha \tag{1-2-18}$$

式中 α——U 形管倾斜的角度，垂直 U 形压差计倾角 $\alpha=90°$；

h——两液面垂直高差(即压差)，Pa；

L——两液柱面长度差，mm；

ρ——液体密度，kg/m^3。

2. 单管倾斜压差计

(1) 使用前准备

① 加工作液。旋开大容器 10 上的加液盖 4，缓缓地加入密度为 0.81 kg/m^3 的工作液，使其液面在倾斜测量管上的刻线零点附近，然后盖紧加液盖。将多向阀门 11 中间的接头和倾斜测量管上端的接头用胶皮管连通，再分别用胶皮管接在多向阀的“－”和“＋”接头上。

② 将阀门柄 6 拨到“测压”处，用嘴轻吹，使酒精液面沿测压管慢慢上升，查看有无气泡，如有气泡，应反复吹多次，直至气泡完全消失为止。

③ 调平。调整仪器底板下的两个定位螺钉 9，使仪器处于水平(即水准管内的气泡应居中)。

④ 校准。顺时针转动控制阀门柄 6 到“校正”位置，使容器和测定管与“＋”和“－”接管隔断，而与大气相通。旋动零位调整旋钮 5，使测压管内的液面对准零点。

⑤ 检漏。将倾斜管固定在 K 值为 0.8 的系数上，轻吹接在“＋”接头上的胶皮管，测压管液面上升，卡死胶皮管，观察液面是否下降。若液面不下降，说明不漏气；否则漏气，要检查各部分是否旋紧和接头是否接紧，直至不漏气。

(2) 测定

把测压管固定在相应的校正系数 K 上，并把压力较大的胶皮管接到仪器“＋”接头上，压力较小的胶皮管接到仪器“－”接头上。将控制阀门柄 6 拨至“测压”位置上。读取液面长度 L，按式(1-2-18)计算所测压力值。

任务实施

完成作业场所空气绝对静压测定，并填写如下任务单：

设备仪器名称及型号	
测定过程	
计算绝对静压	

思考与拓展

一、选择题

1. 焓是一个复合的状态参数，它是内能和压力功（　　）。

A. 之积　　B. 之和　　C. 之商　　D. 无关

2. 空气主要物理参数包括空气的密度与比体积、温度、（　　）、焓等。

A. 温度　　B. 湿度　　C. 黏性　　D. 比热容

3. 表示空气湿度的方法有（　　）几种。

A. 湿度　　B. 相对湿度　　C. 含湿量　　D. 温度

4. 热力学温标规定：纯水三态点温度（即气、液、固三相平衡态时的温度）为基本定点，定义为（　　），每 1 K 为三相点温度的 1/273.15。

A. 200 K　　B. 250 K　　C. 270 K　　D. 273.15 K

5. （　　）是影响流体黏性的主要因素之一。

A. 温度　　B. 湿度　　C. 密度　　D. 压力

二、判断题

1. 气体的黏性随温度的升高而增大，液体的黏性随温度的升高而减小。（　　）

2. 一般实际应用中，压力对黏性的影响可以忽略不计。（　　）

3. 温度是描述物体冷热状态的物理量，是作业场所表征气象条件的主要参数之一。（　　）

4. 空气中水蒸气含量越多，空气的密度越大。（　　）

5. 空气的比体积是指单位质量空气所占有的体积。（　　）

三、简答题

1. 简述空盒气压计测定空气压力的原理。

2. 分析空气湿度对空气环境的影响。

3. 分析空气压力的影响因素。

任务三　作业场所气象条件

学习目标

1. 理解作业场所气象条件对人体的影响。
2. 理解作业场所气象条件影响因素。

素质目标

尊重自然规律，树立职业健康意识。

知识链接

一、作业场所气象

作业场所气象是指作业场所空气的温度、湿度和流速这三个参数的综合作用状态。这三个参数的不同组合，便构成了不同的作业场所气象条件。作业场所气象条件对作业人员的身体健康和安全有重要的影响。

二、作业场所气象条件对人体的影响

人体控制体温有两种途径：其一，人体通过控制新陈代谢获得热量的多少来控制体温；其二，通过改变皮肤表面的血液循环量以控制人体向周围的散热量来控制体温。人体活动量大则向外散热量大，新陈代谢率高，因而体内产热量也大，一方面向外界做功，另一方面增加向外散热量。当然，人体新陈代谢率的大小还取决于年龄、性别、活动量、体质等条件。而人体向外散热量又受衣着条件、空气环境条件（温度、湿度、风速、周围物体的表面温度等）的影响而有所不同。通常，人体依靠以上两种正常的调节手段可以保持得热和失热平衡，此时体温基本稳定在 36.5～37 ℃。如果气象条件不合适，使得人体散热和得热不平衡，人体则会感觉不舒适甚至发生疾病。

人体与环境的热交换方式主要有对流、辐射、蒸发三种方式，这三种方式的换热主要取决于空气温度、湿度、流速及环境温度等因素及其组合情况。热交换的形式如图 1-3-1 所示。

根据传热学原理，对流换热主要取决于皮肤温度和周围空气温度与速度。当周围空气温度低于人体皮肤表面温度时，人体会向周围散热，且空气速度越快，对流换热越强，人体感觉凉爽（冷）；反之，当周围空气温度高于人体皮肤表面温度时，人体得热，且此时空气速度越快，人体会感觉越热（暖）。当人体皮肤表面温度等于空气温度时，人体与空气之间没有对流换热。

因为空气是辐射透过体，因此人体与周围的辐射换热主要取决于周围固体表面温度和

图 1-3-1　热交换的形式

人体皮肤表面温度，而与周围的空气温度无关。当周围固体表面温度高于人体皮肤表面温度时，人体接受热辐射；反之，人体接受冷辐射。

蒸发散热主要取决于空气的流速和相对湿度。当温度一定时，相对湿度越小，空气流速越大，汗液的蒸发量越大；反之，相对湿度越大，流速越小，蒸发量越小。在中国南方地区的夏天，人体对流换热对人体散热非常不利，加之此时人体又不能通过蒸发散热，因而非常闷热的气候会导致中暑。

总之，人体的舒适感与气象条件直接相关，如果空气温度过高，人体主要依靠汗液的蒸发来维持热平衡，出汗过多使人体脱水和缺盐，严重时会引起疾病。所以，人们不但要消除粉尘和有害气体以保证一定的空气清洁度，同时还要消除余热和余湿，保证一定的空气流速、温度和相对湿度。

三、影响作业场所气象条件的因素

1. 空气温度

气象中最重要的因素是空气温度。人体对温度较为敏感，且热感觉比冷感觉要相对滞后。人体对温度的生理调节很有限，如果体温调节系统长期处于紧张工作状态，会影响人的神经、消化、呼吸和循环等多系统的稳定，降低抵抗力，增高患病率。空气温度在 25 ℃时的工作效率为 100%，而 35 ℃时只有 35%。对夏热冬冷地区的调查表明，夏季空气温度不超过 28 ℃时，人们对热环境均表示满意；28～30 ℃时，约 30%的人会感到热，但很少有人感到热得难以忍受；30～34 ℃时，84%的人会感到热，14.5%的人会感到热得难以忍受，无法在室内居住；超过 34 ℃时，100%的人会感到热，42%的人会感到热得难以忍受。此外，卫生医学研究表明，气温在 30～40 ℃时，胃酸分泌减少，胃肠蠕动减慢，食欲下降。

冬季室内空气温度为 18 ℃时，50%的人会感到冷；温度低于 12 ℃时，80%的人坐着会感到冷，而且有人冷得难以忍受，不能坚持久坐，即使活动着也有 20%以上的人会感到冷，因此卫生医学将 12 ℃作为建筑热环境的下限。

2. 空气湿度

作业场所湿度过高，会阻碍汗液蒸发，影响散热和皮肤表面温度，从而影响人的舒适感。最宜人的湿度与温度相关联：冬天温度为 18～25 ℃，湿度为 30%～80%；夏天温度一般为 23～28 ℃，湿度为 30%～60%。

3. 空气流速

空气的流动对人体有着不同的影响。夏季空气流动可以促进人体散热，冬季空气流速过大会使人体感到寒冷。当空气流动性较差又得不到有效换气时，各种有害化学物质不能及时排出，造成作业场所空气质量恶化；由于作业场所气流的流动速度小、气流组织形式不理想，因此人们在作业场所作业中过程所排出的有害物聚集，致使作业场所空气质量进一步恶化，可见保持作业场所一定的空气流动的重要性。一般来说，作业场所空气流速一般以不低于 0.2～0.3 m/s 为宜。

4. 新风量

一般而言，新风量越多，对健康越有利。新鲜空气可以改善人体新陈代谢、调节温度、除去过量的湿气，并可稀释作业场所的污染物。一般来说，要保证每人每小时有 30 m^3 的新鲜空气，则作业场所二氧化碳的含量可控制在 0.1%左右。

5. 其他因素

影响气象条件还有许多其他因素，如热辐射、气流组织的均匀程度、吹风感、着衣程度、活动量等。另外，最新的研究表明，气流的脉动频率也可能造成人体不适，气流脉动频率在 0.2～0.3 s^{-1}范围内波动时，冷气流对人体造成的不舒适度最大。

以上分析了作业场所气象条件单个参数对人体的影响。应该指出，从人体的热交换原理可知，各种因素的组合值对人体会有不同的影响，需要对这些因素组合进行综合分析。

实训任务　空气湿度测定

任务描述

学习并掌握空气湿度的测定原理和方法。

任务引导

一、湿度测量仪表

空气湿度的测定通常采用风扇湿度计，又称通风干湿表，如图 1-3-2 所示，主要由两支相同的温度计和一个通风器组成。水银温度计 1 为干球温度计；水银温度计 2 的水银球上裹有一层湿的棉纱布 3，为湿球温度计；水银温度计的外面均罩着内、外表面光亮的双层金属保护管 4 和 5，以防热辐射的影响；通风器 6 内有发条和风扇，风扇在发条作用下工作，以在风管 7 中产生稳定的气流，使温度计的水银球处于同一风速下，测定流动状态下的空气温度。

二、测定步骤

使用 DHM2 型风扇湿度计时，先湿润纱布，然后上紧发条，小风扇转动，空气由金属保护管 4 和 5 吸入，经中间管从上部排出。由于湿球表面的水分蒸发要吸热，因而湿球温度计的示数低于干球温度计的示数，空气的相对湿度越小，蒸发吸热作用越显著，干、湿温度差也就越大。根据干、湿球温度计读值的差值（Δt）和湿球温度计读值（t），由附表 3 即可查出空气的相对湿度（φ）。

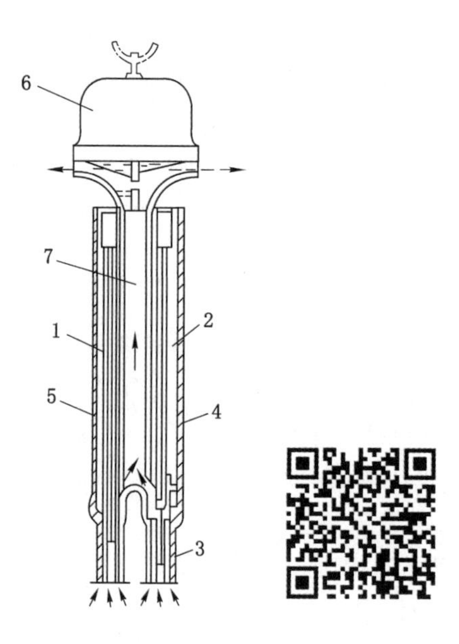

1—干球温度计；2—湿球温度计；3—棉纱布；4，5—双层金属保护管；6—通风器；7—风管。

图 1-3-2　DHM2 型风扇湿度计

任务实施

完成作业场所空气湿度测定，并填写如下任务单：

仪器设备名称及型号	
测定过程	
计算空气相对湿度	

思考与拓展

一、选择题

1. 作业场所气象是指作业场所空气的（　　）这几个参数的综合作用状态。

A. 温度　　B. 湿度　　C. 流速　　D. 无关

2. 人体新陈代谢率的大小取决于（　　）等条件。

A. 年龄　　B. 性别　　C. 活动量　　D. 体质

3. 人体与环境的热交换方式主要有（　　）等几种方式。

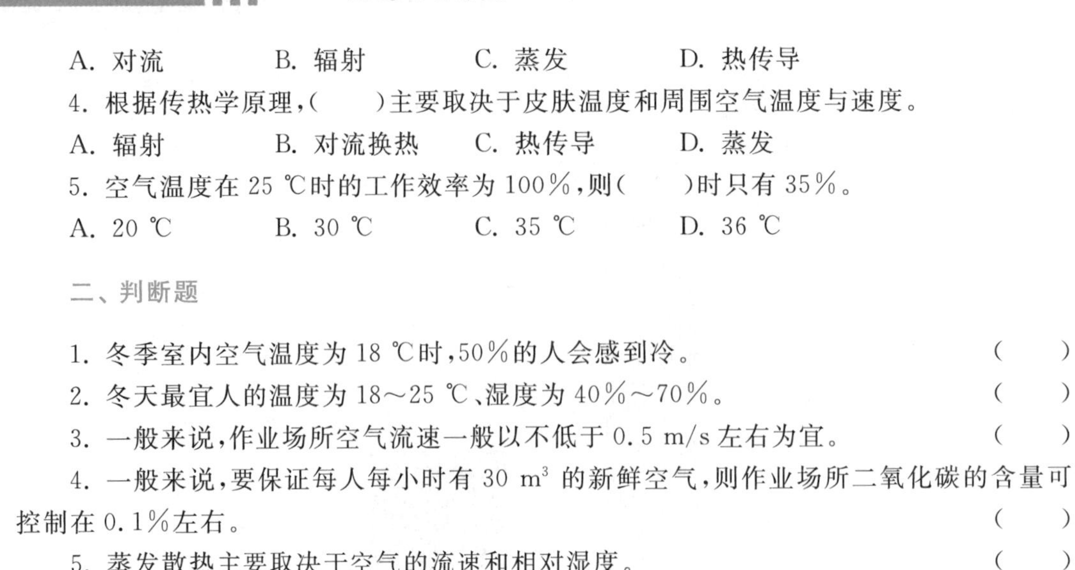

A. 对流　　　B. 辐射　　　C. 蒸发　　　D. 热传导

4. 根据传热学原理，(　　)主要取决于皮肤温度和周围空气温度与速度。

A. 辐射　　　B. 对流换热　　　C. 热传导　　　D. 蒸发

5. 空气温度在 25 ℃时的工作效率为 100%，则(　　)时只有 35%。

A. 20 ℃　　　B. 30 ℃　　　C. 35 ℃　　　D. 36 ℃

二、判断题

1. 冬季室内空气温度为 18 ℃时，50%的人会感到冷。　(　　)

2. 冬天最宜人的温度为 18～25 ℃、湿度为 40%～70%。　(　　)

3. 一般来说，作业场所空气流速一般以不低于 0.5 m/s 左右为宜。　(　　)

4. 一般来说，要保证每人每小时有 30 m^3 的新鲜空气，则作业场所二氧化碳的含量可控制在 0.1%左右。　(　　)

5. 蒸发散热主要取决于空气的流速和相对湿度。　(　　)

三、简答题

1. 分析人体控制体温的途径。

2. 分析作业场所气象条件对人体的影响。

3. 分析影响作业场所气象条件的因素。

项目二　空气流动原理

项目二知识树

任务一　风 流 能 量

学习目标

1. 理解静压能、动能、位能的内涵。
2. 理解风流点压力及其相互关系。
3. 掌握风流机械能的计算。

素质目标

把握自然规律，合理利用资源。

知识链接

风流能在系统中流动，其根本的原因是系统中存在着促使空气流动的能量差。当空气的能量对外做功有力的表现时，就把它称为压力。压力是可以感测的。因此，压力可以理解为：单位体积空气所具有的能够对外做功的机械能。下面主要介绍风流流动的静压、动压、位压、全压及其相应关系。

一、静压

1. 静压的概念

由分子运动理论可知，无论空气是处于静止还是流动状态，空气分子无时无刻不在做无秩序的热运动。这种由分子热运动产生的分子动能一部分转化为能够对外做功的机械能，叫静压能，用 E_p 表示（J/m^3）。当空气分子撞击到器壁上时就有了力的效应，这种单位面积上力的效应称为静压力，简称静压，用 p 表示（N/m^2，即 Pa）。

在工业通风中，静压的概念与物理学中的压强相同，即单位面积上受到的垂直作用力。

2. 静压的特点

(1) 无论是静止的空气还是流动的空气，都具有静压力。

(2) 风流中任一点的静压各向同值，且垂直于作用面。

(3) 风流静压的大小（可以用仪表测量）反映了单位体积风流所具有的能够对外做功的静压能的多少。如果说风流的压力为 101 332 Pa，则指每 1 m^3 风流具有 101 332 J 的静压能。

3. 静压的表示方法

根据压力的测算基准不同，静压有绝对静压和相对静压之分。

绝对静压：以真空为测算零点（比较基准）而测得的压力称为绝对静压，用 p 表示。

相对静压：以当地当时同标高的大气压力为测算基准（零点）测得的压力称为相对静压，即通常所说的表压力，用 h 表示。

风流的绝对静压（p）、相对静压（h）和与其对应的大气压（p_0）三者之间的关系为：

$$h = p - p_0 \tag{2-1-1}$$

某点的绝对静压只能为正，它可能大于、等于或小于该点同标高的大气压 p_0，因此相对静压则可正可负。相对静压为正，称为正压；相对静压为负，称为负压。图 2-1-1 比较直观地反映了绝对静压和相对静压的关系。设有 a、b 两点同标高，a 点绝对静压 p_a 大于同标高的大气压 p_0，h_a 为正值；b 点的绝对静压 p_b 小于同标高的大气压 p_0，h_b 为负值。

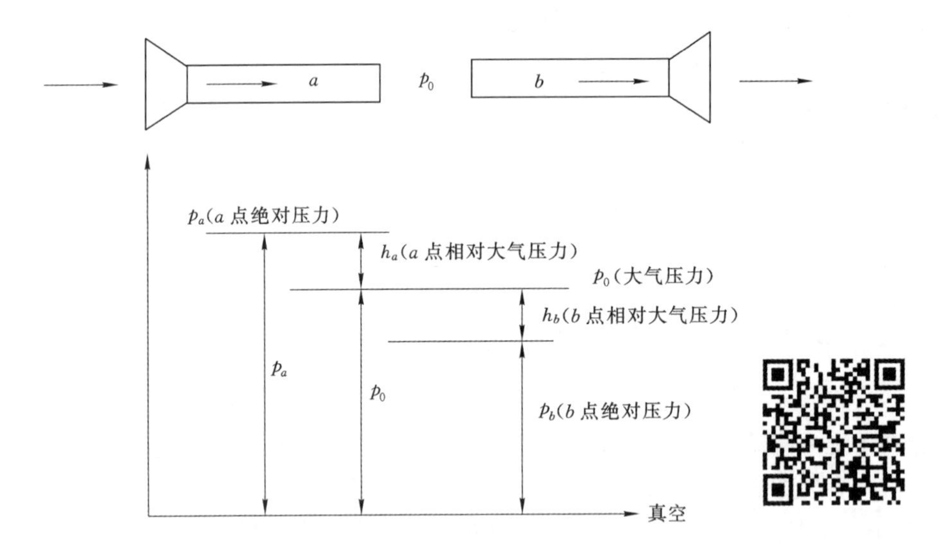

图 2-1-1　绝对静压、相对静压和大气压之间的关系

二、动压

1. 动压的概念

当空气流动时，除了位压和静压外，还有空气定向运动的动能，用 E_v 表示（J/m^3）；其单位体积风流的动能所转化显现的压力叫动压或称速压，用符号 h_v 表示（Pa）。

2. 动压的计算

设某点 i 的空气密度 ρ_i(kg/m³)，其定向运动的流速亦即风速为 v_i(m/s)，则单位体积空气所具有的动能为：

$$E_{vi} = \frac{1}{2}\rho_i v_i^2 \tag{2-1-2}$$

E_{vi} 对外所呈现的动压为：

$$h_{vi} = \frac{1}{2}\rho_i v_i^2 \tag{2-1-3}$$

由此可见，动压是单位体积空气在做宏观定向运动时所具有的能够对外做功的动能的多少。

3. 动压的特点

(1) 只有做定向流动的空气才具有动压，因此动压具有方向性。

(2) 动压总是大于零。垂直于流动方向的作用面所承受的动压最大(即流动方向上的动压真值)，当作用面与流动方向有夹角时，其感受到的动压值将小于动压真值，当作用面平行流动方向时，其感受的动压为零。因此在测量动压时，应使感压孔垂直于运动方向。

(3) 在同一流动断面上，由于风速分布的不均匀性，各点的风速不相等，所以其动压值不等。

(4) 某断面动压即为该断面平均风速计算值。

三、位压

1. 位压的概念

单位体积风流对于某基准面而具有的位能称为位压，用 h_z 表示。物体在地球重力场中受地球引力的作用，由于位置的不同而具有的一种能量，叫重力位能，简称位能，用 E_{p_0} 表示。如果把质量为 m(kg)的物体从某一基准面提高 z(m)，就要对物体克服重力做功 mgz(J)，物体因而获得同样数量(mgz)的重力位能，即：

$$E_{p_0} = mgz \tag{2-1-4}$$

当物体从此处下落时，该物体就会对外做功 mgz(指同一基准面)。

这里需要指出的是，重力位能是一种潜在的能量，只有通过计算才能得出。

2. 位压的计算

位压的计算应该有一个参照基准。

在图 2-1-2 所示的井筒中，欲求 1—1、2—2 两断面间的位能，则取 2—2 为基准面(2—2 断面的位能为零)。按下式计算 1—1、2—2 两断面间的位能(J/m³)：

$$h_z = E_{p_0 12} = \int_2^1 \rho_i g \,\mathrm{d}z_i \tag{2-1-5}$$

式(2-1-5)是位能的数学定义式。即 1—1、2—2 两断面间的位压的数值就等于 1—1、2—2 两断面间单位面积上的空气柱重量的数值。

在实际测定时，可在 1—1、2—2 两断面间再布置若干测点(测点间距视具体情况而定)，如图 2-1-2 中加设了 a、b 两点。分别测出这四点的静压(p)、温度(t)、相对湿度(φ)，计算出各点的密度和各测段的平均密度。再由下式计算出 1—1、2—2 两断面间的位能：

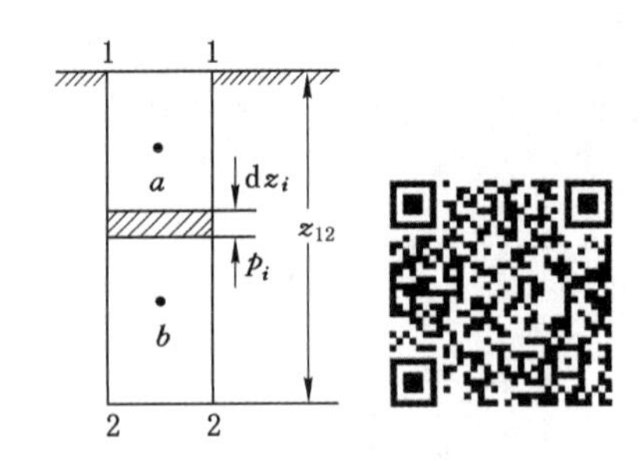

图 2-1-2 重力位能计算示意图

$$E_{p_0 12} = \rho_{1a} g z_{1a} + \rho_{ab} g z_{ab} + \rho_{b2} g z_{b2} = \sum \rho_{ij} g z_{ij} \tag{2-1-6}$$

测点布置得越多，计算的位能越精确。

3. 位能与静压能的关系

当空气静止时($v=0$)，如图 2-1-2 所示的系统，由空气静力学可知，各断面的机械能相等。设 2—2 断面为基准面，则：

1—1 断面总机械能： $E_1 = E_{p_0 1} + p_1$

2—2 断面的总机械能： $E_2 = E_{p_0 2} + p_2$

由 $E_1 = E_2$ 得： $E_{p_0 1} + p_1 = E_{p_0 2} + p_2$

由于 $E_{p_0 2} = 0$(以 2—2 断面为基准面)，$E_{p_0 1} = \rho_{12} g z_{12}$，又得：

$$p_2 = E_{p_0 1} + p_1 = \rho_{12} g z_{12} + p_1 \tag{2-1-7}$$

式(2-1-7)就是空气静止时位能与静压之间的关系。它说明 2—2 断面的静压大于1—1 断面的静压，其差值是 1—1 断面和 2—2 断面间单位面积上的空气柱重量，或者说 2—2 断面静压大于 1—1 断面静压是 1—1 断面和 2—2 断面位能差转化而来的。

应当注意，当空气流动时，又多了动能和流动损失，各能量之间的关系会发生变化，上式将要进行相应的变化。

4. 位能的特点

(1) 位能是相对某一基准面具有的能量，它随所选基准面的变化而变化。在讨论位压时，必须首先选定基准面。一般应将基准面选在所研究系统风流流经的最低水平。

(2) 位能是一种潜在的能量，常说某处的位能是对某一基准面而言的，它在本处对外无力的效应，即不呈现压力，故不能像静压那样用仪表进行直接测量。只能通过测定高差及空气柱的平均密度来计算。

(3) 位能和静压可以相互转化，当空气由标高高的断面流至标高低的断面时位压转化为静压；反之，当空气由标高低的断面流至标高高的断面时部分静压转化为位压。在进行能量转化时遵循能量守恒定律。

四、风流点压力及其相互关系

1. 风流点压力

风流点压力是指测点的单位体积($1\ m^3$)空气所具有的压力。在井巷和通风管道中流动的风流的点压力，就其形成的特征来说，可分为静压、动压和全压(风流中某一点的静压和动

压之和称为全压）。根据压力的两种计算基准，静压又分为绝对静压（p）和相对静压（h）；同理，全压也可分绝对全压（p_t）和相对全压（h_t）。

在图 2-1-3 所示的通风管道中，图 2-1-3(a)所示为压入式通风，在压入式通风时，风筒中任一点 i 的相对全压 h_{ti} 恒为正值，所以称为正压通风；图 2-1-3(b)所示为抽出式通风，在抽出式通风时，除风筒的风流入口断面的相对全压为零外，风筒内任意一点 i 的相对全压 h_{ti} 恒为负值，故又称为负压通风。

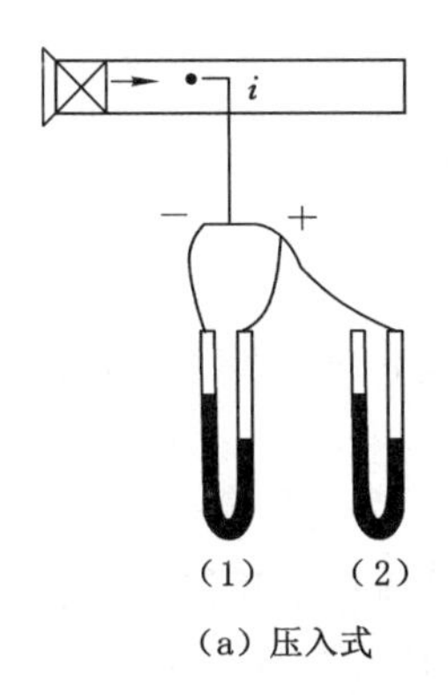

(a) 压入式

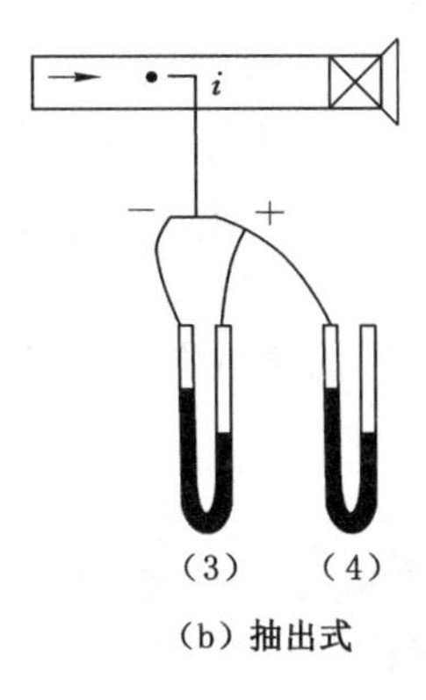

(b) 抽出式

图 2-1-3　压入式和抽出式通风管道

在风筒中，断面上的风速分布是不均匀的，一般中心风速大，随距中心距离增大而减小。因此，在断面上相对全压 h_{ti} 是变化的。

无论是压入式还是抽出式，其绝对全压均可用式(2-1-8)表示：

$$p_{ti} = p_i + h_{vi} \tag{2-1-8}$$

式中　p_{ti}——风流中 i 点的绝对全压，Pa；

p_i——风流中 i 点的绝对静压，Pa；

h_{vi}——风流中 i 点的动压，Pa。

由于 $h_v>0$，故由式(2-1-8)可得，风流中任意一点（无论是压入式还是抽出式）的绝对全压恒大于其绝对静压：

$$p_{ti} > p \tag{2-1-9}$$

风流中任意一点的相对全压为：

$$h_{ti} = p_{ti} - p_{0i} \tag{2-1-10}$$

式中　p_{0i}——当时当地与风道中 i 点同标高的大气压，Pa。

在压入式风道中（$p_{ti}>p_{0i}$）：　　$h_{ti}=p_{ti}-p_{01}>0$

在抽出式风道中（$p_{ti}<p_{0i}$）：　　$h_{ti}=p_{ti}-p_{01}<0$

由此可见，风流中任意一点的相对全压有正负之分，它与通风方式有关。而对于风流中任意一点的相对静压，其正负不仅与通风方式有关，还与风流流经的管道断面变化有关。在抽出式通风中，其相对静压总是小于零（负值）的；在压入式通风中，一般情况下，其相对静压是大于零（正值）的，但在一些特殊的地点其相对静压可能出现小于零（负值）的情况，如在通风机出口的扩散器中的相对静压一般应为负值。对这一点在学习中应给予注意。

2. 风流点压力的相互关系

由上面讨论可知，风流中任意一点 i 的动压、绝对静压和绝对全压的关系为：

$$h_{vi} = p_{ti} - p_i \tag{2-1-11}$$

h_{vi}、h_i和h_{ti}三者之间的关系为：

$$h_{ti} = h_i + h_{vi} \tag{2-1-12}$$

由式(2-1-12)可知，无论是压入式通风还是抽出式通风，任意一点风流的相对全压总是等于相对静压与动压的代数和。

对于抽出式通风，式(2-1-12)可以写成：

$$h_{ti}(负) = h_i(负) + h_{vi} \tag{2-1-13}$$

在实际应用中，习惯取 h_{ti}、h_i的绝对值，则有：

$$|h_{ti}| = |h_i| - h_{vi}, \quad |h_{ti}| < |h_i| \tag{2-1-14}$$

图 2-1-1 清楚地表示出了不同通风方式时，风流中某点各种压力之间的相互关系。

五、风流的机械能

根据能量的概念，单位体积风流的机械能为单位体积风流的静压能、动能、位能之和，因此，从数值上来说，单位体积风流的机械能 E 等于静压、动压和位压之和，或等于全压和位压之和，即：

$$E = p_i + h_{vi} + h_z \tag{2-1-15}$$

或

$$E = p_{ti} + h_z \tag{2-1-16}$$

实训任务　通风系统参数测定断面和测点的布置

任务描述

学习并掌握通风系统参数测定断面和测点的布置方法。

任务引导

一、测定断面的选择

通风管道内的风速和风量的测定，目前都是通过测量压力再换算求得。要得到管道中气体的真实压力值，除了正确使用测压仪器外，合理选择测量断面、减少气流扰动对测量结果的影响也很重要。测量断面应选择在气流平稳的直管段上。测量断面设在弯头、三通等异形部件前面(相对气流运动方向)时，离这些部件的距离要大于 2 倍管道直径；设在这些部件的后面时，应大于 4～5 倍管道直径，如图 2-1-4 所示。现场条件许可时，离这些部件的距离越远，气流越平稳，对测量越有利。但是测试现场往往难于完全满足要求，这时只能根据上述原则选取适宜的断面位置，同时适当增加测点密度。但距局部构件的最小距离至少是管道直径的 1.5 倍。

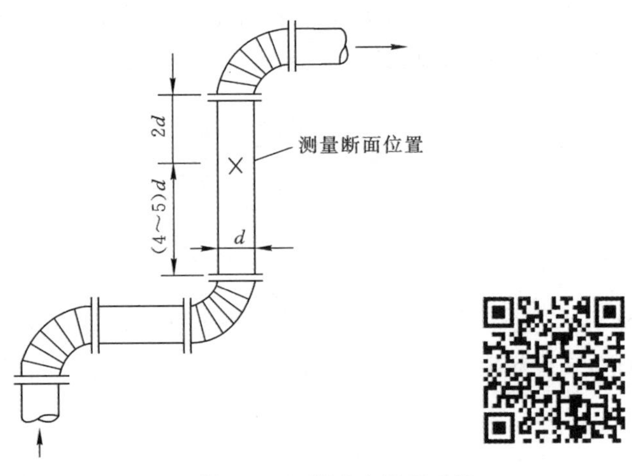

图 2-1-4　测点布置示意图

在测定动压时如发现任何一个测点出现零值或负值，表明气流不稳定，有涡流，则该断面不宜作为测定断面。如果气流方向偏出风管中心线 15°以上，该断面也不能作测量断面。检查方法：皮托管端部正对气流方向，慢慢摆动皮托管使动压值最大，这时皮托管与风管外壁垂线的夹角即为气流方向与风管中心线的偏离角。

选择测量断面时，还应考虑测定操作的方便和安全。

二、测点的布置

由流体力学可知，气流速度在管道断面上的分布是不均匀的。由于速度的不均匀性，压力分布也是不均匀的。因此，必须在同一断面上多点测量，然后求出该断面的平均值。

(1) 矩形管道可将管道断面划分为若干等面积的小矩形，测点布置在每个小矩形的中心，小矩形每边的长度为 200 mm 左右，如图 2-1-5 所示。对于工业炉窑，其烟道的断面积较大，测点数按表 2-1-1 确定。

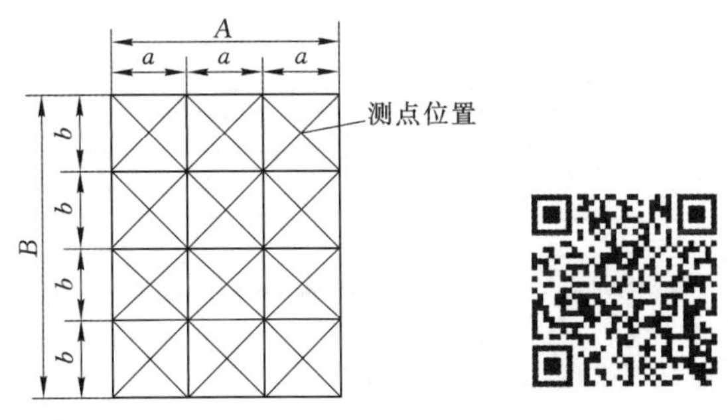

图 2-1-5　矩形风管测点布置图

表 2-1-1　矩形烟道的分块和测点数

烟道断面积/m^2	等面积小块数	测点数
<1	2×2	4
1～4	3×3	9
4～9	4×3	12

(2) 圆形管道在同一断面设置两个彼此垂直的测孔,并将管道断面分成一定数量的等面积同心环,同心环的环数按表 2-1-2 确定。

表 2-1-2　圆形风管的分环数

风管直径/mm	<300	300~500	500~800	850~1 100	>1 150
划分的环数	2	3	4	5	6

图 2-1-6 所示为划分为三个同心环的风管的测点布置图,其他同心环的测点可参照该图布置。对于圆形烟道,其分环数按表 2-1-3 确定。

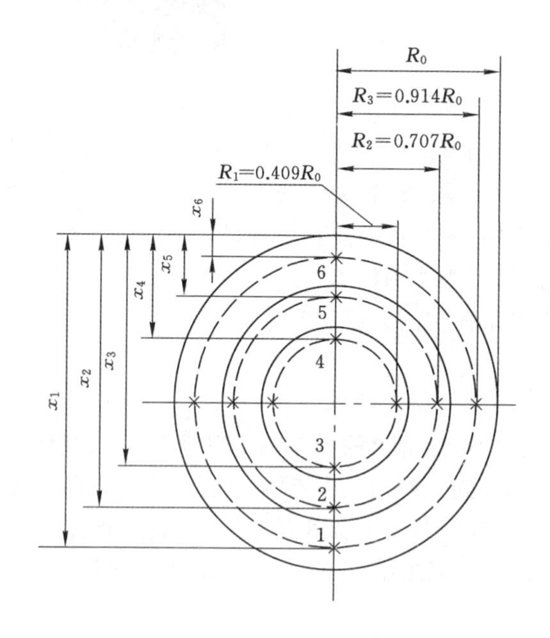

图 2-1-6　圆形风管测点布置图

表 2-1-3　圆形烟道的分环数

烟道直径/m	<0.5	0.5~1.0	1~2	2~3	3~5
划分的环数	1	2	3	4	5

同心环上各测点距中心的距离按下式计算:

$$R_i = R_0\sqrt{\frac{2i-1}{2n}} \tag{2-1-17}$$

式中　R_0——风管的半径,mm;

R_i——风管中心到第 i 点的距离,mm;

i——从风管中心算起的同心圆环的顺序号;

n——风管断面上划分的同心环数量。

任务实施

确定指定风道通风参数测定断面及测点，并填写如下任务单：

风道位置	
风道几何参数	
测定断面选择位置	
测点布置	

思考与拓展

一、选择题

1. 以(　　)为测算零点(比较基准)而测得的压力称为绝对静压。

A. 氮气　　B. 氧气　　C. 真空　　D. 氢气

2. 如果说风流的压力为 101 332 Pa，则指每(　　)风流具有 101 332 J 的静压能。

A. 1 m^3　　B. 2 m^3　　C. 1 kg　　D. 2 kg

3. 相对静压以(　　)的大气压力为测算基准(零点)测得的压力称为相对压力。

A. 当地　　B. 当时　　C. 同标高　　D. 同压力

4. 重力位能是一种潜在的能量，可以通过(　　)得出。

A. 测量　　B. 计算　　C. 比较　　D. 分析

5. 单位体积风流的机械能为单位体积风流的(　　)之和。

A. 静压能　　B. 位能　　C. 风能　　D. 动能

二、判断题

1. 只有静止的空气才具有静压力。(　　)
2. 空气处于流动状态，空气的分子无时无刻不在做无秩序的热运动。(　　)
3. 动压是单位体积空气在做宏观定向运动时所具有的能够对外做功的动能的多少。(　　)
4. 动压总是大于零。(　　)
5. 在同一流动断面上，动压值不等。(　　)

三、简答题

1. 分析静压的特点。
2. 分析动压的特点。
3. 分析位能的特点。

任务二　风流流动基本方程

学习目标

1. 理解风流流动连续性方程。
2. 能够运用风流流动能量方程。

素质目标

认识客观规律，追求真理。

知识链接

当空气在风道中流动时，将会受到通风阻力的作用，消耗其能量；为保证空气连续不断地流动，就必须有通风动力对空气做功，使得通风阻力和通风动力相平衡。空气在其流动过程中，由于自身的因素和流动环境的综合影响，空气的压力、能量和其他状态参数沿程将发生变化。本任务将重点讨论管道通风中空气流动的压力和能量变化规律，导出风流运动的连续性方程和能量方程。

一、风流流动连续性方程

质量守恒是自然界中基本的客观规律之一。在风道中流动的风流，是连续不断的介质充满它所流经的空间。在无点源或点汇存在时，根据质量守恒定律，对于稳定流（流动参数不随时间变化的流动称为稳定流），流入某空间的流体质量必然等于流出其空间的流体质量。风流在风道中的流动可以看作稳定流，因此这里仅讨论稳定流的情况。

当空气在如图 2-2-1 所示的风道中从 1 断面流向 2 断面，且做定常流动时（即在流动过程中不漏风又无补给），两个过流断面的空气质量流量相等，即：

$$\rho_1 v_1 S_1 = \rho_2 v_2 S_2 \tag{2-2-1}$$

式中　ρ_1、ρ_2——1、2 断面上空气的平均密度，kg/m^2；

v_1、v_2——1、2 断面上空气的平均流速，m/s；

S_1、S_2——1、2 断面的断面积，m^2。

任一过流断面的质量流量为 M_i(kg/s)，则：

$$M_i = \text{const}$$

这就是空气流动的连续性方程，它适用于可压缩和不可压缩流体。

对于可压缩流体，根据上式，当 $S_1 = S_2$ 时，空气的密度与其流速成反比，也就是流速大的断面上的密度比流速小的断面上的密度要小。

对于不可压缩流体（密度为常数），则其通过任一断面的体积流量 Q(m^3/s)相等，即：

$$Q = v_i S_i = \text{const} \tag{2-2-2}$$

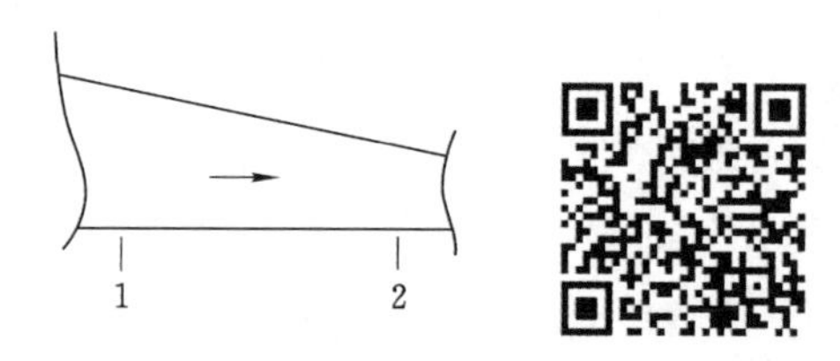

图 2-2-1　一元稳定流连续性

风道断面上风流的平均流速与过流断面的面积成反比。即在流量一定的条件下，空气在断面大的地方流速小，在断面小的地方流速大。空气流动的连续性方程为风道风量的测算提供了理论依据。

以上讨论的是一元稳定流的连续性方程。空气在风道中的流动可近似地认为是一元稳定流，这在工程应用中是满足要求的。

【例 2-2-1】　风流在如图 2-2-1 所示的风道中由断面 1 流至断面 2 时，已知 $S_1=10$ m²，$S_2=8$ m²，$v_1=3$ m/s，1、2 断面的空气密度：$\rho_1=1.18$ kg/m³，$\rho_2=1.20$ kg/m³，求：

(1) 1、2 断面上通过的质量流量 M_1、M_2；

(2) 1、2 断面上通过的体积流量 Q_1、Q_2；

(3) 2 断面上的平均流速。

解：(1) $M_1=M_2=v_1S_1\rho_1=3\times10\times1.18=35.4$ (kg/s)。

(2) $Q_1=v_1S_1=3\times10=30$ (m³/s)；

$Q_2=M_2/\rho_2=35.4/1.20=29.5$ (m³/s)。

(3) $v_2=Q_2/S_2=29.5/8\approx3.69$ (m/s)。

二、风流流动能量方程

能量方程表达了空气在流动过程中的压能、动能和位能的变化规律，是能量守恒和转换定律在工业通风中的应用。

在通风系统中，严格地说空气的密度是变化的，即风道风流是可压缩的。当外力对它做功增加其机械能的同时，也增加了风流的内(热)能。因此，在研究风道风流流动时，风流的机械能加上其内(热)能才能使能量守恒及转换定律成立。

(一) 单位质量(1 kg)流体能量方程

1. 能量组成(讨论 1 kg 空气所具有的能量)

在管道通风中，风流的能量由机械能(静压能、动能、位能)和内能组成，常用 1 kg 空气或 1 m³ 空气所具有的能量表示。

(1) 风流具有的机械能

风流具有的机械能已讨论过，它包括动能、静压能和位能。

(2) 风流具有的内能

风流的内能是风流内部储存能的简称，它是风流内部所具有的分子内动能与分子位能之和。

用 u 表示 1 kg 空气所具有的内能(J/kg)：

$$u = f(T,\nu) \tag{2-2-3}$$

式中 T——空气的温度，K；

ν——空气的比容，m^3/kg。

根据压力(p)、温度(T)、比容(ν)三者之间的关系，空气的内能还可以写成：

$$u = f(T,p);\quad u = f(p,\nu)$$

由上式可知，空气的内能是空气状态参数的函数。

2. 风流流动过程中的能量分析

风流在如图 2-2-2 所示的风道中流动，设 1、2 断面的参数分别为风流的绝对静压(Pa) p_1、p_2，风流的平均流速(m/s) v_1、v_2，风流的内能(J/kg) u_1、u_2，风流的密度(kg/m^3) ρ_1、ρ_2，距基准面的高程(m) z_1、z_2。

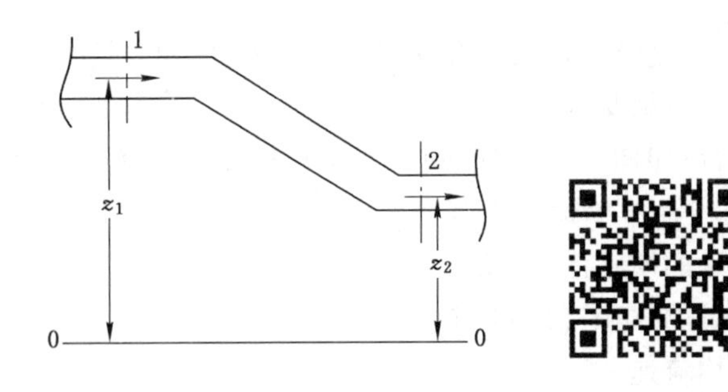

图 2-2-2 风道示意图

下面对风流在 1、2 断面上及流经 1、2 断面间的能量分析如下。

在 1 断面上，1 kg 空气所具有的能量为：

$$\frac{p_1}{\rho_1} + \frac{v_1^2}{2} + g \cdot z_1 + u_1$$

风流流经 1→2 断面间，到达 2 断面时的能量为：

$$\frac{p_2}{\rho_2} + \frac{v_2^2}{2} + g \cdot z_2 + u_2$$

1 kg 空气由 1 断面流至 2 断面的过程中，克服流动阻力消耗的能量为 l_R(J/kg)[这部分被消耗的能量将转化成热能 q_R(J/kg)，仍存在于空气中]，另外还有地温(通过风道壁面或淋水等其他途径)、机电设备等传给 1 kg 空气的热量为 q(J/kg)。这些热量将增加空气的内能并使空气膨胀做功，假设 1→2 断面间无其他动力源(如局部通风机等)。

3. 可压缩空气单位质量(1 kg)流量的能量方程

当风流在风道中做一维稳定流动时，根据能量守恒及转换定律可得：

$$\frac{p_1}{\rho_1} + \frac{v_1^2}{2} + g \cdot z_1 + u_1 + q_R + q = \frac{p_2}{\rho_2} + \frac{v_2^2}{2} + g \cdot z_2 + u_2 + l_R \tag{2-2-4}$$

根据热力学第一定律，传给空气的热量(q_R+q)，一部分用于增加空气的内能，一部分使空气膨胀对外做功，即：

$$q_R + q = u_2 - u_1 + \int_1^2 p\mathrm{d}\nu \tag{2-2-5}$$

式中 ν——空气的比容，m^3/kg。

又因为：

$$\frac{p_2}{\rho_2}-\frac{p_1}{\rho_1}=p_{2\nu_2}-p_{1\nu_1}=\int_1^2 d(p\nu)=\int_1^2 p d\nu+\int_1^2 \nu dp \tag{2-2-6}$$

将式(2-2-5)和式(2-2-6)代入式(2-2-4)，整理得：

$$l_R=-\int_1^2 \nu dp+\left(\frac{v_1^2}{2}-\frac{v_2^2}{2}\right)+g(z_1-z_2)=\int_2^1 \nu dp+\left(\frac{v_1^2}{2}-\frac{v_2^2}{2}\right)+g(z_1-z_2) \tag{2-2-7}$$

式(2-2-7)就是单位质量可压缩空气在无压源的风道中流动时能量方程的一般形式。如果图 2-2-2 中 1、2 断面间有压源(如辅助通风机等)l_t(J/kg)存在，则其能量方程为：

$$l_R=\int_2^1 \nu dp+\left(\frac{v_1^2}{2}-\frac{v_2^2}{2}\right)+g(z_1-z_2)+l_t \tag{2-2-8}$$

单位质量流量的能量方程又可表示为：

$$l_R=\frac{p_1-p_2}{\rho_m}+\left(\frac{v_1^2}{2}-\frac{v_2^2}{2}\right)+g(z_1-z_2) \tag{2-2-9}$$

$$l_R=\frac{p_1-p_2}{\rho_m}+\left(\frac{v_1^2}{2}-\frac{v_2^2}{2}\right)+g(z_1-z_2)+l_t \tag{2-2-10}$$

(二) 单位体积(1 m^3)流体能量方程

上面我们详细讨论了单位质量流体的能量方程，但在我国工业通风中习惯使用单位体积(1 m^3)流体的能量方程。在考虑空气的可压缩性时，那么 1 m^3 空气流动过程中的能量损失(h_R，J/m^3 或 Pa，即通风阻力)可由 1 kg 空气流动过程中的能量损失(l_R)乘以按流动过程状态考虑计算的空气密度 ρ_m 求得，即：$h_R=l_R\cdot\rho_m$，并将式(2-2-9)和式(2-2-10)代入得：

$$h_R=p_1-p_2+\left(\frac{v_1^2}{2}-\frac{v_2^2}{2}\right)\rho_m+g\rho_m(z_1-z_2) \tag{2-2-11}$$

$$h_R=p_1-p_2+\left(\frac{v_1^2}{2}-\frac{v_2^2}{2}\right)\rho_m+g\rho_m(z_1-z_2)+H_t \tag{2-2-12}$$

式(2-2-11)和式(2-2-12)就是单位体积流体的能量方程，其中式(2-2-12)是有压源(H_t)时的能量方程。下面就单位体积流体能量方程的使用加以讨论：

(1) 1 m^3 空气在流动过程中的能量损失(通风阻力)等于两断面间的机械能差，状态过程的影响反映在动压差和位能差中(用 ρ_m 这个参数表示)，这是与单位质量流体的能量方程的不同之处，在应用时应给予注意。

(2) $g\rho_m(z_1-z_2)$ 或写成 $\int_2^1 \rho g dz$ 是 1、2 断面的位能差。当 1、2 断面的标高差较大的情况下，该项数值在方程中往往占有很大的比重，必须准确测算(关于位能测算已经讨论过)。需要指出的是，基准面一般选在所讨论系统的最低水平，也即保证各点位能值均为正。

【例 2-2-2】 某倾斜风道如图 2-2-3 所示，测得 1、2 两断面的绝对静压分别为 98 200 Pa 和 97 700 Pa，平均风速分别为 4 m/s 和 3 m/s，空气密度分别为 1.14 kg/m^3 和 1.12 kg/m^3，两断面的标高差为 50 m。求 1、2 两断面间的通风阻力，并判断风流方向。

解：取标高较低的 1 断面为位压基准面，并假设风流方向为 1→2，根据能量方程有：

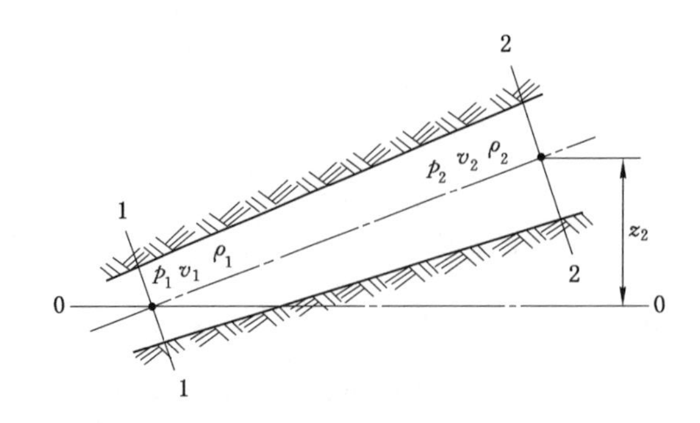

图 2-2-3　倾斜风道

$$h_{阻12}=(p_1-p_2)+(\frac{\rho_1 v_1^2}{2}-\frac{\rho_2 v_2^2}{2})+(z_1\rho_1 g-z_2\rho_2 g)$$

$$=(98\ 200-97\ 700)+(1.14\times4^2/2-1.12\times3^2/2)+[0-50\times(1.14+1.12)/2\times9.8]$$

$$\approx-54\ (\text{Pa})$$

求得的通风阻力为负值，说明 1 断面的总压力小于 2 断面的总压力，原假设风流方向不正确，风流方向应为 2→1，通风阻力约为 54 Pa。

能量方程是管道通风中的基本定律，通过分析可以得出以下规律：

（1）不论在任何条件下，风流总是从总压力大的断面流向总压力小的断面。

（2）在水平风道中，因为位压差等于零，风流将由绝对全压大的断面流向绝对全压小的断面。

（3）在等断面的水平风道中，因为位压差、动压差均等于零，风流将从绝对静压大的断面流向绝对静压小的断面。

三、使用单位体积流体能量方程的注意事项

从能量方程的推导过程可知，方程是在一定的条件下导出的，并对它做了适当的简化。因此，在应用能量方程时应根据工业通风的实际条件，正确理解能量方程中各参数的物理意义并灵活应用。

（1）能量方程的意义是：1 kg（或 1 m^3）空气由 1 断面流向 2 断面的过程中所消耗的能量（通风阻力）等于流经 1、2 断面间空气总机械能（静压能、动能和位能）的变化量。

（2）风流流动必须是稳定流，即断面上的参数不随时间的变化而变化，所研究的始、末断面要选在缓变流场上。

（3）风流总是从总能量（机械能）大的地方流向总能量小的地方。在判断风流方向时，应用始、末两断面上的总能量来进行，而不能只看其中的某一项。如不知风流方向，列能量方程时，应先假设风流方向，如果计算出的能量损失（通风阻力）为正，说明风流方向假设正确；如果为负，则风流方向假设错误。

（4）正确选择基准面。

（5）在始、末断面间有压源时，压源的作用方向与风流的方向一致，压源为正，说明压源对风流做功；如果二者方向相反，压源为负，则压源成为通风阻力。

（6）单位质量或单位体积流量的能量方程只适用 1、2 断面间流量不变的条件，对于流

动过程中有流量变化的情况，应按总能量的守恒与转换定律列方程。如图 2-2-4 所示，当 $Q_1=Q_2+Q_3$ 时：

$$Q_1\left(\rho_{1m}z_1g+p_1+\frac{v_1^2}{2}\rho_1\right)=Q_2\left(\rho_{2m}z_2g+p_2+\frac{v_2^2}{2}\rho_2\right)+Q_3\left(\rho_{3m}z_3g+p_3+\frac{v_3^2}{2}\rho_3\right)+Q_2h_{R12}+Q_3h_{R13} \tag{2-2-13}$$

（7）应用能量方程时要注意各项单位的一致性。

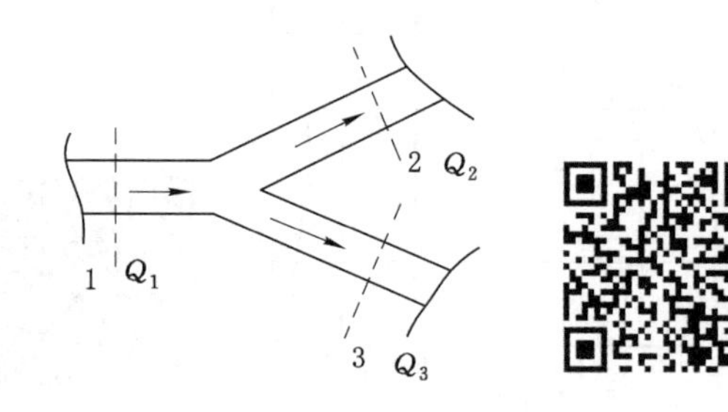

图 2-2-4　风道分叉流动示意图

实训任务　大型风道断面几何参数测定

任务描述

学习并掌握大型风道断面几何参数测定的原理和方法。

任务引导

一、规则风道断面积测算

测量规则风道断面积，只需要测量出风道的净高和相应的风道宽度，即可用下面有关公式计算。

矩形和梯形风道：

$$S=H\cdot B \tag{2-2-14}$$

三心拱风道：

$$S=B(H-0.07B) \tag{2-2-15}$$

半圆形风道：

$$S=B(H-0.11B) \tag{2-2-16}$$

式中　H——风道净高，m；

B——梯形风道为半高处宽度，拱形风道为净宽，m。

二、不规则风道断面积测算

形状不规则的风道可以用网格法测量其断面积，方法如下：在风道的中心立一标尺，每隔 200～250 mm 测量一个水平宽度值，用类似方法测量风道高度，然后把结果按比例画在方格纸上，计算其面积，如图 2-2-5 所示。

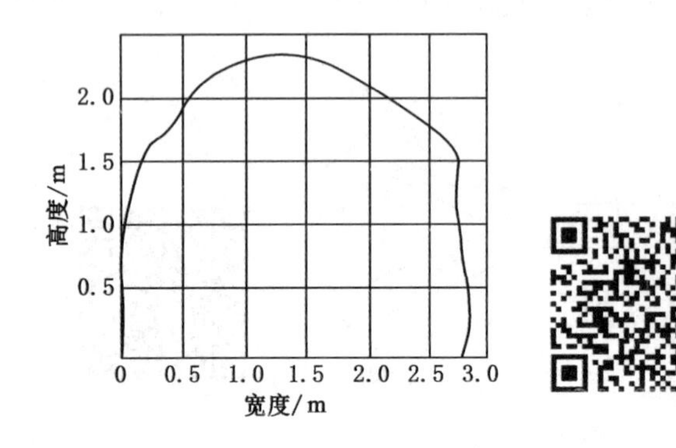

图 2-2-5　不规则大型风道断面积测定

三、周长测算

风道的周长可以直接测量，也可以根据已知的断面积按下式计算：

$$U = c\sqrt{S} \tag{2-2-17}$$

式中　c——风道的断面形状系数，可参考下列近似值选取：梯形 $c=4.16$，三心拱 $c=3.85$，半圆拱 $c=3.90$，圆形 $c=3.54$。

实训任务

完成指定风道几何参数测定，并填写如下任务单：

仪器设备名称及型号	
风道几何形状	
测定过程	
计算待测风道面积	
计算待测风道周长	

一、选择题

1. 当空气在风道中流动时，将会受到(　　)的作用，消耗其能量。

A. 空气压力　B. 空气密度　C. 通风阻力　D. 空气湿度

2. 风流在风道中的流动可以看作(　　)。

A. 不连续的　B. 层流　C. 稳定流　D. 非稳定流

3. 空气流动的连续性方程，它适用于(　　)流体。

A. 可压缩　B. 不可压缩体　C. 静止　D. 运动

4. 风道断面上风流的平均流速与过流断面的面积(　　)。

A. 相等　B. 成正比　C. 成反比　D. 无关

5. 风流的内能是风流内部所具有的分子内(　　)之和。

A. 动能　B. 静压能　C. 机械能　D. 位能

二、判断题

1. 流动参数不随时间变化的流动称为稳定流。(　　)
2. 空气处于流动状态，空气的分子无时无刻不在做无秩序的热运动。(　　)
3. 对于可压缩流体，当 $S_1=S_2$ 时，空气的密度与其流速成正比。(　　)
4. 风流总是从总能量(机械能)大的地方流向总能量小的地方。(　　)
5. 基准面一般选在所讨论系统的最高水平。(　　)

三、计算题

某倾斜风道如图 2-2-3 所示，测得 1、2 两断面的绝对静压分别为 101 200 Pa 和 97 700 Pa，平均风速分别为 6 m/s 和 5 m/s，空气密度分别为 1.14 kg/m^3 和 1.12 kg/m^3，两断面的标高差为 100 m。求 1、2 两断面间的通风阻力，并判断风流方向。

任务三　风流流动阻力

1. 了解风流流态与风道断面风速分布。
2. 掌握管道通风摩擦阻力计算。
3. 掌握管道局部阻力计算。
4. 掌握降低通风阻力的措施。

素质目标

敢于探索未知。

知识链接

风流流动阻力是当空气沿风道运动时，由于风流的黏滞性和惯性以及风道壁面等对风流的阻滞、扰动作用而形成的，它是造成风流能量损失的原因。因此，从数值上来说，某一风道的通风阻力等于风流在该风道的能量损失。从通风阻力的产生来看，通风阻力又包括摩擦阻力(也称沿程阻力)和局部阻力，摩擦阻力是由于空气本身的黏滞性及其和风道壁之间的摩擦而产生的沿程能量损失；局部阻力是空气在流经风道时由于流速的大小或方向变化及随之产生的涡流所造成比较集中的能量损失。

一、风流流态与风道断面风速分布

1. 管道风流流态

1883 年，英国物理学家雷诺通过实验发现，同一流体在同一管道中流动时，不同的流速会形成不同的流动状态。当流速较低时，流体质点互不混杂，沿着与管轴平行的方向做层状运动，称为层流(或滞流)。当流速较大时，流体质点的运动速度在大小和方向上都随时发生变化，成为互相混杂的紊乱流动，称为紊流(或湍流)。因此，气体在管道内低速流动时，气体各层之间相互滑动而不混合，这种流动称为层流，如图 2-3-1(a)所示。如果流速继续增大，当其达到某一速度时，气体质点在径向也得到附加速度，流动发生混合，正常的层流被破坏，流动状态发展为紊流，如图 2-3-1(b)所示。

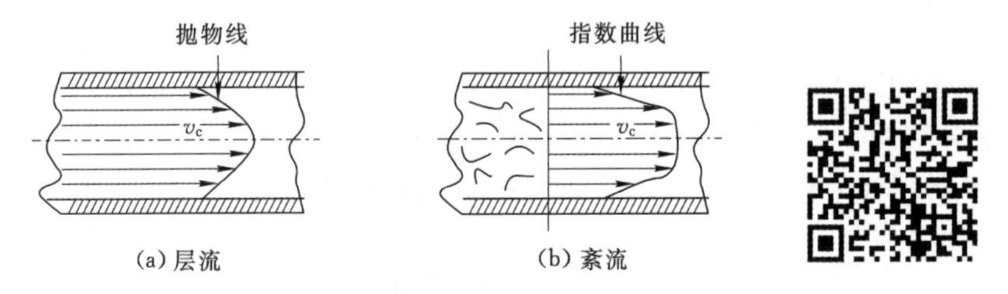

图 2-3-1　风流流态与风道断面风速分布示意图

管道内流动的状态的变化，可用无量纲量雷诺数来表征：

$$Re = \frac{vd}{\nu} \tag{2-3-1}$$

式中　v——气流速度，m/s；

d——管道直径，m；

ν——流体的运动黏性系数，矿井通风中一般用平均值 1.501×10^{-5} m²/s。

实验表明，流体在直圆管内流动时，当 $Re\leqslant 2\ 320$(下临界雷诺数)时，流动状态为层流；当 $Re>4\ 000$(上临界雷诺数)时，流动状态为紊流；在 $Re=2\ 320\sim4\ 000$ 的区域内，流动状

态不是固定的，由管壁的粗糙程度、流体进入管道的情况等外部条件决定，只要稍有干扰，流态就会发生变化，因此称为不稳定的过渡区。在实际工程计算中，为简便起见，通常以 $Re=2\ 300$ 作为管道流动流态的判定准数，即：$Re\leqslant 2\ 300$ 为层流；$Re>2\ 300$ 为紊流。

在一般的通风系统中，$Re>10^5$，因而都属于紊流范围。

2. 风道断面风速分布

由于空气的黏性和风道壁面摩擦影响，风道断面上风速分布是不均匀的。

对于层流流态风流，断面上的流速分布为抛物线形，中心最大速度 v_0 为平均流速 v' 的 2 倍，如图 2-3-1(a)所示。

在紊流状态下，断面上的流速分布发生改变，管道内流速的分布取决于 Re 的大小。在贴近壁面处仍存在层流运动薄层，即层流边层。其厚度 δ 随 Re 的增加而变薄，它的存在对流动阻力、传热和传质过程有较大影响。如图 2-3-1(b)所示，在层流边层以外，从风道壁向轴心方向，风速逐渐增大，距管中心 r 处的流速与管中心($r=0$)最大流速 v_0 的比值服从指数定律。

风道断面上平均风速 v 与最大风速 v_{max} 的比值称为风速分布系数(速度场系数)，用 k_v 表示。其值与风道粗糙程度有关。风道壁面越光滑，k_v 值越大，即断面上风速分布越均匀。应当指出，对于条件比较复杂的风道，由于受断面形状和壁面粗糙程度的影响，以及局部阻力物的存在，最大风速不一定在风道的轴线上，风速分布也不一定具有对称性。

二、一般管道通风摩擦阻力及计算

(一) 达西公式和尼古拉兹实验结果

风流在井巷中做沿程流动时，由于流体层间的摩擦和流体与井巷壁面之间的摩擦所形成的阻力称为摩擦阻力，也叫沿程阻力。在水力学中，用来计算圆形管道沿程阻力的计算式叫作达西公式，即：

$$h_{摩}=\lambda\frac{L}{d}\cdot\frac{\rho v^2}{2} \tag{2-3-2}$$

式中　$h_{摩}$——摩擦阻力，Pa；

λ——实验系数，无因次；

L——管道的长度，m；

d——管道的直径，m；

ρ——流体的密度，kg/m^3；

v——管道内流体的平均流速，m/s。

式(2-3-2)对于层流和紊流状态都适用，但流态不同，实验的无因次系数 λ 大不相同，所以，计算的沿程阻力也大不相同。著名的尼古拉兹实验明确了流动状态和实验系数 λ 的关系。

尼古拉兹把粗细不同的砂粒均匀地粘于管道内壁，形成不同粗糙度的管道。管壁粗糙度是用相对粗糙度来表示的，即砂粒的平均直径 ε(m)与管道直径 r(m)之比。尼古拉兹以水为流动介质，对相对粗糙度分别为 1/15、1/30.6、1/60、1/126、1/256、1/507 六种不同的管道进行实验研究。实验得出流态不同的水流，λ 系数与管壁相对粗糙度、雷诺数 Re 的关系，如图 2-3-2 所示。图中的曲线是以对数坐标来表示的，纵坐标轴为 lg 100λ，横坐标轴为 lg Re。

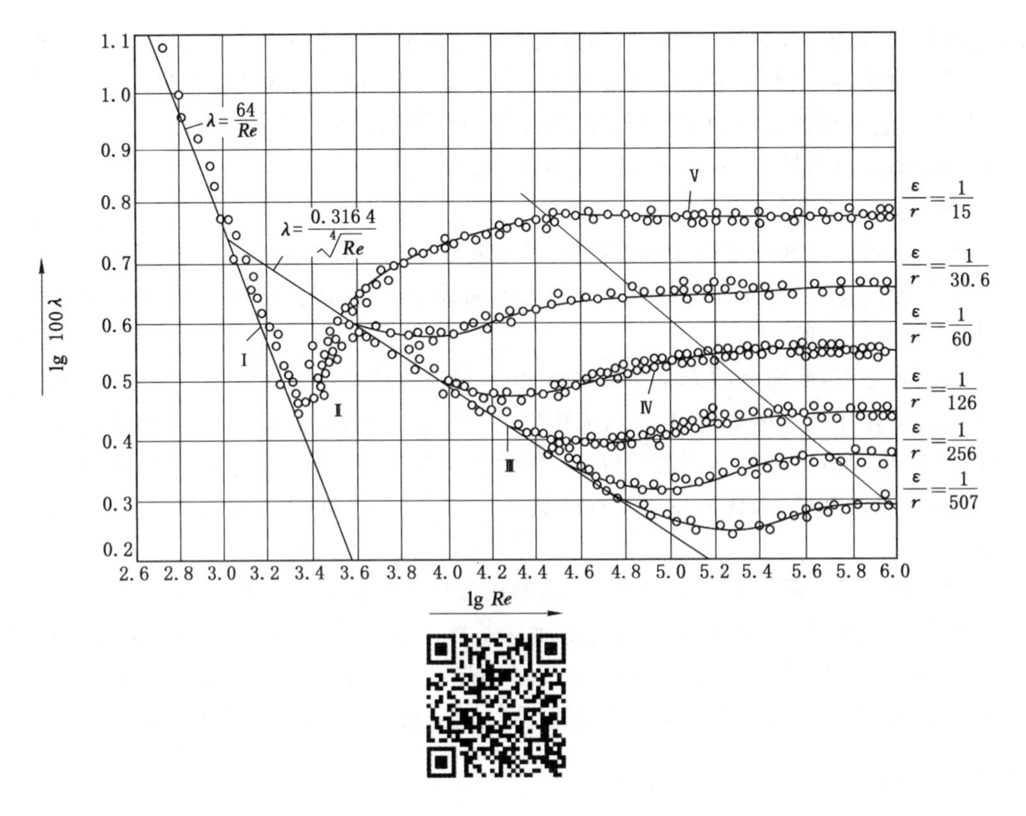

图 2-3-2 尼古拉兹实验结果

根据 λ 值随 Re 变化特征，图中曲线分为五个区：

Ⅰ区——层流区。当 $Re<2\ 320$（即 $\lg Re<3.36$）时，不论管道粗糙度如何，其实验结果都集中分布于直线Ⅰ附近，这表明 λ 随 Re 的增加而减小，与相对粗糙度无关，而只与雷诺数 Re 有关。其关系式为：$\lambda=64/Re$。这是因为各种相对粗糙度的管道，当管道内为层流时，其层流边层的厚度远远大于粘于管道壁各个砂粒的直径，砂粒凸起的高度全部被淹没在层流边层内，它对紊流的核心没有影响，所以，实验系数 λ 与粗糙度无关。

Ⅱ区——临界区。当 $2\ 320\leqslant Re\leqslant 4\ 000$（即 $3.36\leqslant \lg Re\leqslant 3.6$）时，在此区间内，不同的相对粗糙度的管内流体由层流转变为紊流。所有的实验点几乎都集中在线段Ⅱ上。λ 随 Re 的增加而增大，与相对粗糙度无明显关系。

Ⅲ区——水力光滑区。当 $Re>4\ 000$（即 $\lg Re>3.6$）时，不同相对粗糙度的实验点起初都集中在曲线Ⅲ上，随着 Re 的增加，相对粗糙度大的管道，实验点在较低 Re 时就偏离曲线Ⅲ，相对粗糙度小的管道在较大的 Re 时才偏离。在曲线Ⅲ范围内，λ 与 Re 有关，而与相对粗糙度无关。λ 与 Re 服从 $\lambda=0.316\ 4/Re^{0.25}$ 的关系，由实验曲线可以看出，在 $4\ 000<Re<10\ 000$ 的范围内，它始终是水力光滑的。

Ⅳ区——紊流过渡区。由水力光滑区向水力粗糙区过渡，即图 2-3-2 中的Ⅳ所示区段。在这个区段内，各种不同相对粗糙的实验点各自分散，呈一波状曲线，λ 与 Re 有关，也与相对粗糙度有关。

Ⅴ区——水力粗糙区。在该区段内，Re 值较大，流体的层流边层变得极薄，砂粒凸起的

高度几乎全暴露在紊流的核心中，所以 Re 对 λ 值的影响极小，可忽略不计，相对粗糙度成为 λ 的唯一影响因素。故在该区，λ 与 Re 无关，而只与相对粗糙度有关。对于一定的相对粗糙度的管道，λ 为定值。

在水力学上，尼古拉兹实验比较完整地反映了 λ 的变化规律，揭示了 λ 的主要影响因素，解决了水在管道中沿程阻力的计算问题。而空气在风道中的流动和水在管道中的流动很相似，所以，可以把流体力学计算水流沿程阻力的达西公式应用于管道通风，作为计算风道摩擦阻力的理论基础。因此，把式(2-3-2)作为管道通风摩擦阻力计算的普遍公式。

（二）层流摩擦阻力

由尼古拉兹实验的结果可以知道，流体在层流状态时，实验系数 λ 只与雷诺数 Re 有关，故将 $\lambda=64/Re$ 代入达西公式，得：

$$h_{摩}=\frac{64}{Re}\cdot\frac{L}{d}\cdot\frac{\rho v^2}{2} \tag{2-3-3}$$

再将雷诺数 $Re=vd/\nu$ 和 $\mu=\rho\nu$ 代入式(2-3-3)，得：

$$h_{摩}=32\mu\cdot\frac{L}{d^2}\cdot v \tag{2-3-4}$$

将 $R_{水}=S/U=d/4$ 及 $v=Q/S$ 代入式(2-3-4)就可得到层流状态下风道摩擦阻力计算式：

$$h_{摩}=2\mu\cdot\frac{LU^2}{S^3}Q \tag{2-3-5}$$

式中　$R_{水}$——水力半径，等于过流断面除以湿周周长，m；

μ——空气的动力黏性系数，Pa·s；

Q——风道风量，m^3/s；

其他符号意义同前。

上式说明，层流状态下摩擦阻力与风流速度和风量的一次方成正比。由于风道中的风流大多数都为紊流状态，所以层流摩擦阻力计算公式在实际工作中很少使用。

（三）紊流摩擦阻力

风道的风流大多属于完全紊流状态，所以实验系数 λ 值取决于巷道壁面的粗糙程度。应用于管道通风工程上的紊流摩擦阻力计算公式为：

$$h_{摩}=\frac{\lambda\rho}{8}\cdot\frac{LU}{S}\cdot Qv^2 \tag{2-3-6}$$

由前面分析可知，流体在完全紊流状态时，对于确定的粗糙度，λ 值是确定的，所以对通风管道来说，当通风管道形成以后，风道的几何尺寸和支护形式是确定的，风道壁面的相对粗糙度变化不大，因而在特定通风条件下 λ 值被视为常数。而空气的密度变化不大，也可以视为常数，故令：

$$\alpha=\frac{\lambda\rho}{8} \tag{2-3-7}$$

式中，α 称为摩擦阻力系数。因为 λ 是无因次量，故 α 具有与空气密度相同的因次，即 kg/m^3。

将式(2-3-7)及 $v=Q/S$ 代入式(2-3-6)得：

$$h_{摩}=\alpha\frac{LU}{S^3}Q^2 \tag{2-3-8}$$

式中 α——风道的摩擦阻力系数，kg/m^3 或 $N \cdot s^2/m^4$；

其他符号意义同前。

(四) 摩擦阻力系数与摩擦风阻

1. 摩擦阻力系数

在应用式(2-3-8)计算风流紊流摩擦阻力时，关键在于如何确定摩擦阻力系数 α 值。由式(2-3-7)可以看出，摩擦阻力系数 α 值取决于空气密度和实验系数 λ 值，而风道空气密度一般变化不大，因此 α 值主要取决于 λ 值，主要决定于风道的粗糙程度。不同的风道、不同的支护形式，α 值也不同。确定 α 值方法有查表和实测两种方法。

(1) 查表确定 α 值

在通风设计时，需要计算完全紊流状态下风道的摩擦阻力，即按照所设计的风道长度、周长、净断面、支护形式和通过的风量，选定该风道的摩擦阻力系数 α 值，然后用式(2-3-8)来计算该风道的摩擦阻力。查表确定 α 值法，就是根据所设计的风道特征，通过附录 4 查出适合该风道的 α 标准值。附录 4 所列的摩擦阻力系数 α 值，是前人在标准状态($\rho_0 = 1.2$ kg/m^3)条件下，通过大量模型实验和实测得到的。

如果风道空气密度不是标准状态条件下的密度，实际应用时应该对其进行修正：

$$\alpha = \alpha_0 \frac{\rho}{1.2} \tag{2-3-9}$$

由于风道断面大小、支护形式及支架规格的多样性，由附录 4 可以看出，不同风道的相对粗糙度差别很大。

(2) 实测确定 α 值

如在生产矿井中，常常需要掌握各个风道的实际摩擦阻力系数 α 值，目的是为降低矿井通风阻力，合理调节矿井风量，提供原始的第一手资料。所以，实测摩擦阻力系数 α 值有它一定的现实指导意义。

2. 摩擦风阻

对于已经确定的风道，风道的长度 L、周长 U、断面积 S 以及风道的支护形式(摩擦阻力系数 α)都是确定的，故把式(2-3-8)中的 α、L、U、S 用一个参数 $R_{摩}$ 来表示，可得到下式：

$$R_{摩} = \frac{\alpha \cdot L \cdot U}{S^3} \tag{2-3-10}$$

式中，$R_{摩}$ 称为摩擦风阻，其国际单位是 kg/m^7 和 $N \cdot s^2/m^8$。显然 $R_{摩}$ 是空气密度、风道的粗糙程度、断面积、断面周长、风道长度等参数的函数。当这些参数确定时，摩擦风阻 $R_{摩}$ 值是固定不变的。所以，可将 $R_{摩}$ 看作反映风道几何特征的参数，它反映的是风道通风的难易程度。

将式(2-3-10)代入式(2-3-8)可得：

$$h_{摩} = R_{摩} Q^2 \tag{2-3-11}$$

上式就是完全紊流时的摩擦阻力定律，它说明了当摩擦风阻一定时，摩擦阻力与风量的平方成正比。

(五) 风道摩擦阻力计算

根据流体力学原理，空气在横断面形状不变的管道内流动时的摩擦阻力为：

$$p_m = \frac{\lambda}{4R_s} \cdot \frac{\rho u^2}{2} \cdot L \tag{2-3-12}$$

对于圆形风管，摩擦阻力计算公式可改写为：

$$p_m = \frac{\lambda}{D} \cdot \frac{\rho u^2}{2} \cdot L \tag{2-3-13}$$

圆形风管单位长度的摩擦阻力(又称比摩阻)为:

$$R_m = \frac{\lambda}{D} \cdot \frac{\rho u^2}{2} \tag{2-3-14}$$

式中　λ——摩擦阻力系数;

u——风管内空气的平均流速,m/s;

ρ——空气的密度,kg/m^3;

L——风管长度,m;

R_s——风管的水力半径,m。

将式(2-3-14)代入式(2-3-13)可得圆形风管的摩擦阻力为:

$$p_m = R_m \cdot L \tag{2-3-15}$$

摩擦阻力系数λ与空气在风管内的流动状态和风管管壁的相对粗糙度有关。在通风和空调系统中,薄钢板风管的空气流动状态大多数属于紊流光滑区到粗糙区之间的过渡区。通常,高速风管的流动状态也处于过渡区。只有流速很高、表面粗糙的砖(混凝土)风管流动状态才属于粗糙区。计算过渡区摩擦阻力系数的公式很多,但由于式(2-3-16)适用范围较大,因此在目前得到较广泛的采用:

$$\frac{1}{\sqrt{\lambda}} = -2\lg\left(\frac{K}{3.71D} + \frac{2.51}{Re\sqrt{\lambda}}\right) \tag{2-3-16}$$

式中　K——风管内壁粗糙度,mm;

D——风管直径,mm。

进行通风管道设计时,为了避免烦琐的计算,可根据式(2-3-14)和式(2-3-16)制成各种形式的计算表或线解图。如图 2-3-3 所示的线解图,可供计算管道阻力时使用。只要已知流量、管径、流速、阻力四个参数中的任意两个,即可利用该图求得其余的两个参数。图 2-3-3 所示的线解图是按过渡区的λ值,在大气压力 $p_0=101.3$ kPa、温度 $t_0=20$ ℃、空气密度 $\rho_0=1.204$ kg/m^3、运动黏度 $\nu_0=16.06\times10^{-6}$ m^2/s、管壁粗糙度 $K=0.15$ mm、圆形风管等条件下得出的。当实际使用条件与上述条件不相符时,应进行修正。

1. 密度和黏度的修正

$$R_m = R_{m0}\left(\frac{\rho}{\rho_0}\right)^{0.91} \cdot \left(\frac{\nu}{\nu_0}\right)^{0.1} \tag{2-3-17}$$

式中　R_m——实际的单位长度摩擦阻力(比摩阻),Pa/m;

R_{m0}——由图 2-3-3 查出的单位长度摩擦阻力,Pa/m;

ρ——实际的空气密度,kg/m^3;

ν——实际的空气运动黏度,m^2/s。

2. 空气温度和大气压力的修正

$$R_m = K_t \cdot K_p \cdot R_{m0} \tag{2-3-18}$$

式中　K_t——温度修正系数,即:

$$K_t = \left(\frac{273+20}{273+t}\right)^{0.825} \tag{2-3-19}$$

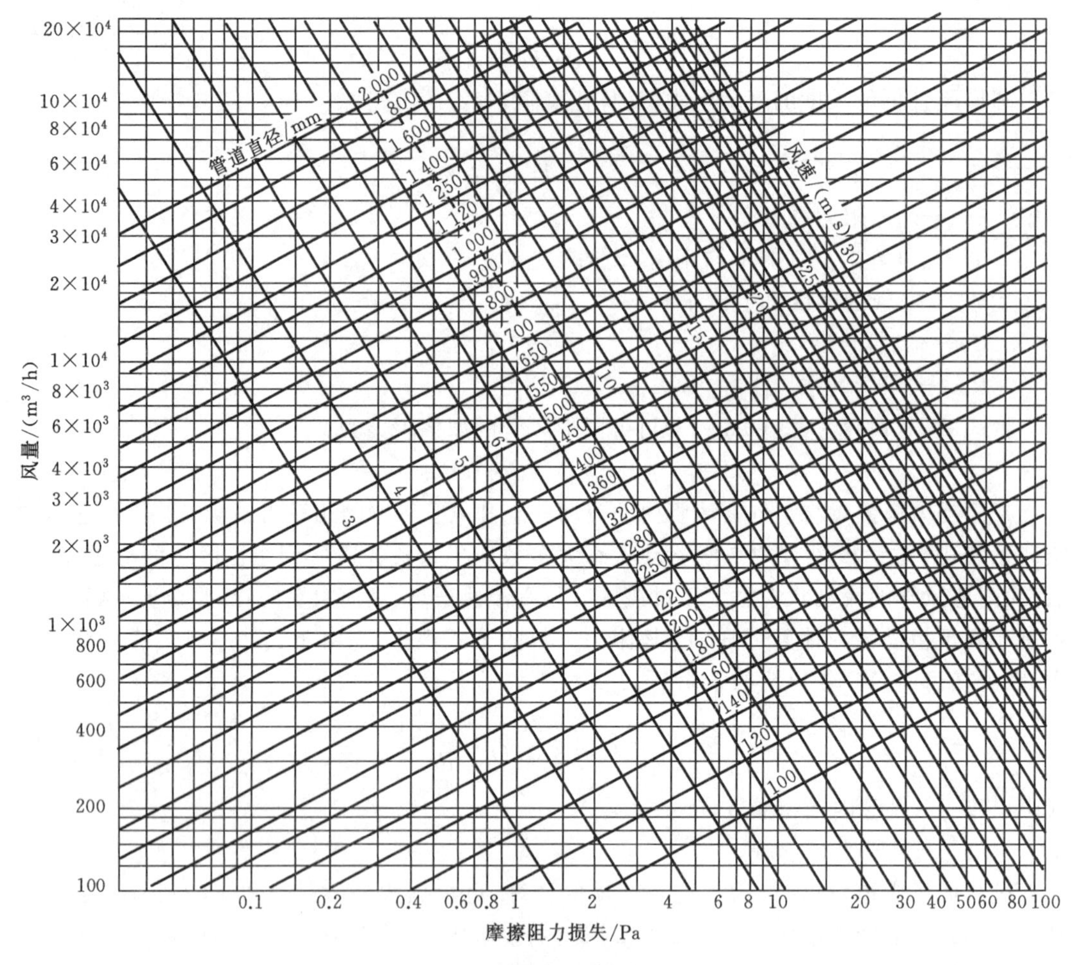

图 2-3-3　通风管道单位长度摩擦阻力线解图

t——实际的空气温度,℃;

K_p——大气压力修正系数,即:

$$K_p = \left(\frac{p}{101.3}\right)^{0.9} \tag{2-3-20}$$

p——实际的大气压力,kPa。

K_t 和 K_p 可直接由图 2-3-4 查得。由图 2-3-4 可以看出,在 $t=0\sim100$ ℃的范围内,可近似把温度和压力的影响看作直线关系。

3. 管壁粗糙度的修正

由式(2-3-16)可以看出,摩擦阻力系数 λ 值不仅与雷诺数 Re 有关,还与管壁粗糙度 K 有关。粗糙度增大,阻力系数 λ 值增大。在通风空调工程中,常采用不同材料制作风管,各

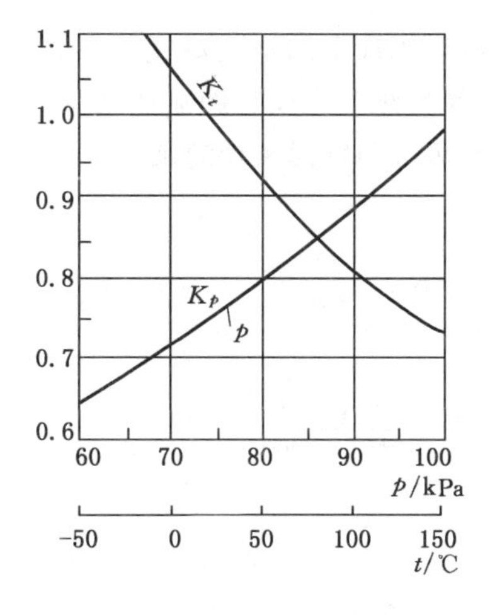

图 2-3-4 温度与大气压的修正系数

种材料的粗糙度 K 见表 2-3-1。

表 2-3-1 风管内表面的粗糙度修正系数

粗糙程度	管壁材料	速度/(m/s)			
		5	10	15	20
特别粗糙	金属软管	1.7	1.8	1.85	1.9
中等粗糙	混凝土管	1.3	1.35	1.35	1.37
特别光	塑料管	0.92	0.85	0.83	0.80

当风管管壁的粗糙度 $K \neq 0.15$ mm 时，可先由图 2-3-3 查出 R_{m0}，再近似按下式修正：

$$R_m = K_r \cdot R_{m0} \tag{2-3-21}$$

$$K_r = (Ku)^{0.25} \tag{2-3-22}$$

式中 K_r——管壁粗糙度修正系数，见表 2-3-1；

K——管壁粗糙度，mm；

u——管内空气流速，m/s。

【例 2-3-1】 有一通风系统，采用薄钢板圆形风管（$K=0.15$ mm），已知风量 $Q=3\ 600$ m^3/h，管径 $D=300$ mm，空气温度 $t=30$ ℃。求风管管内空气流速和单位长度摩擦阻力。

解：查图 2-3-3 得 $u=14$ m/s，$R_{m0}=7.68$ Pa/m；查图 2-3-4 得 $K_t=0.97$，则有：

$$R_m = K_t R_{m0} = 0.97 \times 7.68 \approx 7.45\ (\text{Pa/m})$$

4. 矩形风管的摩擦阻力计算

为利用圆形风管的线解图或计算来计算矩形风管的摩擦阻力，需要把矩形风管断面尺寸折算成相当的圆形风管直径，即折算成当量直径，再据此求得矩形风管中单位长度的摩擦阻力。

所谓“当量直径”，就是与矩形风管有相同单位长度摩擦阻力的圆形风管直径，它有流速当量直径和流量当量直径两种。

(1) 流速当量直径

设某一圆形风管中的空气流速与矩形风管中的空气流速相等，并且两者的单位长度摩擦阻力也相等，则该圆形风管的直径就称为此矩形风管的流速当量直径，以 D_u 表示。根据这一定义，由式(2-3-12)可以看出，圆形风管和矩形风管的水力半径必须相等。

圆形风管的水力半径为：

$$R_s = \frac{D}{4} \tag{2-3-23}$$

矩形风管的水力半径为：

$$R'_s = \frac{ab}{2(a+b)}$$

式中，a 和 b 分别为矩形风管的边长。

由于 $R_s = R'_s$，所以：

$$D = \frac{2ab}{(a+b)} = D_u \tag{2-3-24}$$

D_u 为边长为 $a \times b$ 的矩形风管的流速当量直径，如果矩形风管内的流速与管径为 D_u 的圆形风管内的流速相同，那么两者的单位长度摩擦阻力也相等。因此，根据矩形风管的流速当量直径 D_u 和实际流速 u，由图 2-3-3 查得的值即为矩形风管的单位长度摩擦阻力。

(2) 流量当量直径

设某一圆形风管中的气体流量与矩形风管的气体流量相等，并且单位长度摩擦阻力也相等，则该圆形风管的直径就称为此矩形风管的流量当量直径，以 D_L 表示。根据推导，流量当量直径可近似按式(2-3-25)计算。在常用的矩形风管的宽、高比条件下，其误差在 5% 左右。

$$D_L = 1.3 \frac{(ab)^{0.625}}{(a+b)^{0.25}} \tag{2-3-25}$$

以流量当量直径 D_L 和矩形风管的流量 Q，查图 2-3-3 得到单位长度摩擦阻力 R_m 即为矩形风管的单位长度摩擦阻力。

需要指出的是，利用当量直径求矩形风管的阻力，要注意其对应关系：采用流速当量直径时，必须用矩形风管中的空气流速去查出比摩阻；采用流量当量直径时，必须用矩形风管中的气体流量去查出比摩阻。用两种方法求得的矩形风管单位长度摩擦阻力是相等的。

【例 2-3-2】 有一薄钢板矩形风管，断面尺寸为 500 mm×320 mm，流量 Q_v = 2 700 m^3/h(0.75 m^3/s)。求单位长度摩擦阻力。

解：(1) 用流速当量直径求矩形风管的单位长度摩擦阻力。矩形风管内空气流速为：

$$u = \frac{0.75}{0.5 \times 0.32} \approx 4.69\ (\text{m/s})$$

矩形风管的流速当量直径为：

$$D_u = \frac{2ab}{(a+b)} = \frac{2 \times 500 \times 320}{500 + 320} \approx 390\ (\text{mm})$$

根据 u = 4.69 m/s、D_u = 444 mm，由图 2-3-3 查得矩形风管的单位长度摩擦阻力为：

$$R_m = 0.63\ \text{Pa/m}$$

(2) 用流量当量直径求矩形风管的单位长度摩擦阻力。矩形风管的流量当量直径为：

$$D_L = 1.3\frac{(ab)^{0.625}}{(a+b)^{0.25}} = 1.3\times\frac{(0.5\times0.32)^{0.625}}{(0.5+0.32)^{0.25}} \approx 0.434\ (\mathrm{m}) = 434\ (\mathrm{mm})$$

根据 $Q_v=0.75\ \mathrm{m^3/s}$、$D_L=434\ \mathrm{mm}$，由图 2-3-3 查得矩形风管的单位长度摩擦阻力 $R_m=0.63\ \mathrm{Pa/m}$。

三、局部阻力及其计算

在风流运动过程中，由于风道边壁条件的变化，风流在局部地区受到局部阻力物（如风道断面突然变化、风流分叉与交汇、断面堵塞等）的影响和破坏，而引起风流流速大小、方向和分布的突然变化，导致风流本身产生很强的冲击，形成极为紊乱的涡流，造成风流能量损失，这种均匀稳定风流经过某些局部地点所造成的附加的能量损失，就叫作局部阻力。

（一）局部阻力的成因分析

风道千变万化，产生局部阻力的地点很多，有风道断面的突然扩大与缩小（如采区车场、井口、调节风窗、风桥、风硐等），风道的各种拐弯，各类风道的交叉、交汇，等等。在分析产生局部阻力原因时，常将局部阻力分为突变型和渐变型两种，如图 2-3-5 所示。图 2-3-5 中(a)、(c)、(e)、(g)属于突变型，(b)、(d)、(f)、(h)属于渐变型。

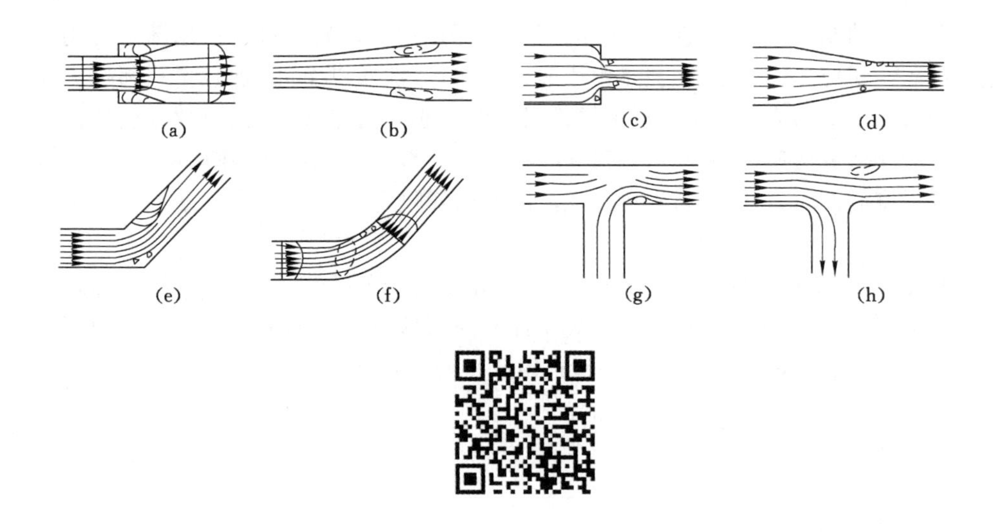

图 2-3-5　风道的突变与渐变类型

紊流流体通过突变部位时，由于惯性的作用，不能随从边壁突然变化，出现主流与边壁脱离的现象，在主流与边壁间形成涡流区。产生的大尺度涡流不断被主流带走，补充进去的流体又形成新的涡流，因而增加了能量损失，产生局部阻力。

边壁虽然没有突然变化，但如果在沿流动方向出现减速增压现象的地方，也会产生涡流区。如图 2-3-6 所示的风道断面渐宽，沿程流速减小，静压不断增加，压差的作用方向与主流的方向相反，使边壁附近很小的流速逐渐减小到零，在这里主流开始与边壁脱离，出现与主流相反的流动，形成涡流区。在图 2-3-6 中，直道上的涡流区也是由于减速增压过程所造成的。

在风流经过风道转弯处，流体质点受到离心力的作用，在外侧形成减速增压区，也能出

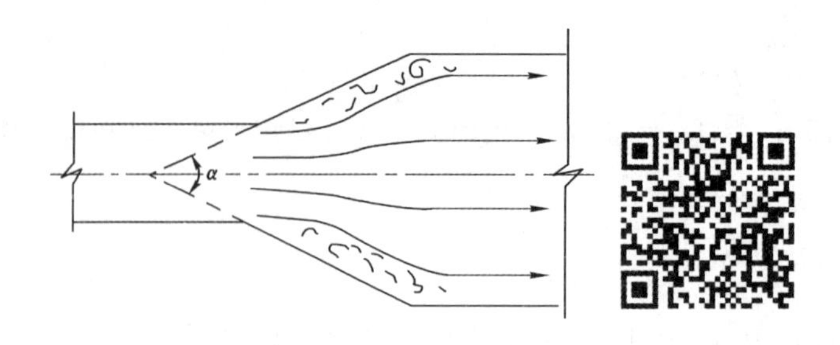

图 2-3-6　渐扩管内的空气流动

现涡流区。过了拐弯处，如流速较大且转弯曲率半径较小，则由于惯性作用，可在内侧又出现涡流区，它的大小和强度都比外侧的涡流区大，是能量损失的主要部分。

综上所述，局部的能量损失主要和涡流区的存在有关。涡流区越大，能量损失得就越多。仅仅流速分布的改变，能量损失并不太大。在涡流区及其附近，主流的速度梯度增大，也增加能量损失，在涡流被不断带走和扩散的过程中，使下游一定范围内的紊流脉动加剧，增加了能量损失，这段长度称为局部阻力物的影响长度。在此以后，流速分布和紊流脉动才恢复到均匀流动的正常状态。

需要说明的是，在层流条件下，流体经过局部阻力物后仍保持层流，局部阻力仍是由流层之间的黏性切应力所引起的，只是由于边壁变化，流速重新分布，加强了相邻层流间的相对运动而增加了局部能量损失。层流局部阻力的大小与雷诺数 Re 成反比。受局部阻力物影响而仍能保持着层流，只有在 $Re<2\,000$ 时才有可能，这在日常工作中极为少见，故本任务不讨论层流局部阻力计算，重点讨论紊流时的局部阻力。

（二）局部阻力计算

实验证明，不论风道局部地点的断面、形状和拐弯如何千变万化，也不管局部阻力是突变型还是渐变型，所产生的局部阻力的大小都和局部地点的前面或后面断面上的速压成正比。与摩擦阻力类似，局部阻力 $h_{局}$ 一般也用速压的倍数来表示：

$$h_{局}=\zeta\frac{\rho}{2}v^2 \tag{2-3-26}$$

式中　$h_{局}$——局部阻力，Pa；

ζ——局部阻力系数，无因次；

v——局部地点前、后断面上的平均风速，m/s；

ρ——风流的密度，kg/m^3。

如果将 $v=Q/S$ 代入式(2-3-26)，可以得到：

$$h_{局}=\zeta\frac{\rho}{2S^2}Q^2 \tag{2-3-27}$$

式(2-3-26)和式(2-3-27)就是紊流通用局部阻力计算公式。需要说明的是，在查表确定局部阻力系数 ζ 读值时，一定要和局部阻力物的断面 S、风量 Q、风速 v 相对应。

（三）局部阻力系数与风阻

1. 局部阻力系数

产生局部阻力的过程非常复杂，要确定局部阻力系数 ζ 也是非常复杂的。大量实验研究表明，紊流局部阻力系数 ζ 主要取决于局部阻力物的形状，而边壁的粗糙程度为次要因

素，但在粗糙程度较大的支架风道中也需要考虑。

由于产生局部阻力的过程非常复杂，所以系数 ζ 一般由实验求得，附录 5 是由前人通过实验得到的部分局部阻力系数，计算局部阻力时查表即可。

【例 2-3-3】 某水平风道如图 2-3-7 所示，用压差计和胶皮管测得 1—2 及 1—3 之间的阻力分别为 295 Pa 和 440 Pa，风道的断面积均等于 6 m^2，周长为 10 m，通过的风量为 40 m^3/s。求风道的摩擦阻力系数及拐弯处的局部阻力系数。

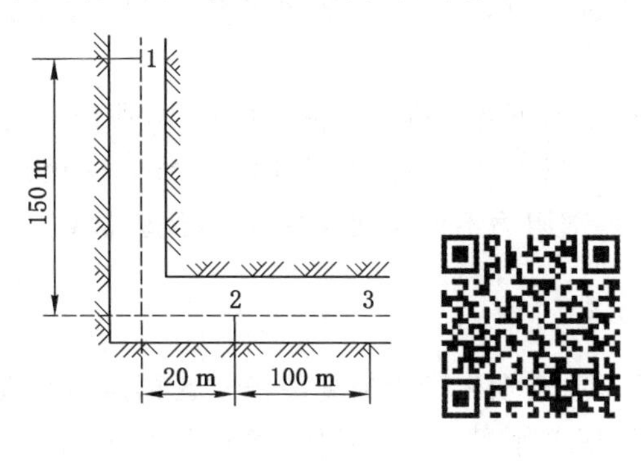

图 2-3-7　拐弯平巷

解：(1) 2—3 段的阻力为：

$$h_{2-3} = h_{1-3} - h_{1-2} = 440 - 295 = 145\ (\text{Pa})$$

(2) 摩擦阻力系数为：

$$\alpha = \frac{h_{2-3}S^3}{LUQ^2} = \frac{145 \times 6^3}{100 \times 10 \times 40^2} \approx 0.019\ 6\ (\text{N} \cdot \text{s}^2/\text{m}^4)$$

(3) 1—2 段的摩擦阻力为：

$$h_{摩1-2} = \frac{aLU}{S^3}Q^2 = \frac{0.019\ 6 \times (150 + 20) \times 10}{6^3} \times 40^2 \approx 247\ (\text{Pa})$$

(4) 拐弯处的局部阻力为：

$$h_{局} = h_{1-2} - h_{摩1-2} = 295 - 247 = 48\ (\text{Pa})$$

(5) 风道中的风速为：

$$v = \frac{Q}{S} = \frac{40}{6} \approx 6.7\ (\text{m/s})$$

(6) 局部阻力系数为：

$$\zeta_{弯} = \frac{h_{局}}{\frac{\rho v^2}{2}} = \frac{48 \times 2}{1.2 \times (6.7)^2} \approx 1.8$$

由上题可以看出，局部阻力系数和局部风阻可以查表计算，也可以通过实测的方法来计算确定。即：先测定出 1—2 之间的总阻力 h_{1-2}，再用公式 $h_{摩} = \alpha \frac{LU}{S^3}Q^2$ 计算出 1—2 之间的摩擦阻力，减去摩擦阻力，得到局部阻力值，再用式(2-3-26)计算得到局部阻力系数 ζ。

2. 局部风阻

同摩擦阻力一样，当产生局部阻力的区段形成后，ζ、S、ρ 都可视为确定值，故将 $h_{局} = \zeta \frac{\rho}{2S^2}$ 中的 ζ、S、ρ 用一个常量来表示，即有：

$$R_{局} = \zeta \frac{\rho}{2S^2} \tag{2-3-28}$$

将上式代入 $h_{局}=\zeta \frac{\rho}{2S^2}Q^2$ 得到局部阻力定律为：

$$h_{局} = R_{局}Q^2 \tag{2-3-29}$$

上式为完全紊流状态下的局部阻力定律，$h_{局}$与 $R_{摩}$一样，也可看作局部阻力物的一个特征参数，它反映的是风流通过局部阻力物时通风的难易程度。$R_{局}$ 一定时，$h_{局}$ 与 Q^2 成正比。

例如，在一般情况下，由于地下巷道内的风流速压较小，所产生的局部阻力也较小，地下巷道所有的局部阻力之和一般只占矿井总阻力的 10%～20%。故在地下通风设计中，一般只对摩擦阻力进行计算，对局部阻力不做详细计算，而按经验估算。

四、降低通风阻力的措施

降低通风阻力，对保证工业安全生产和提高经济效益都具有重要意义。无论是工业通风设计还是工业通风技术管理工作，都要做到尽可能地降低通风阻力。

需要强调的是，系统中各段风道的阻力 h 为此段中的摩擦阻力 $h_{摩}$ 和局部阻力 $h_{局}$ 之和，即：

$$h = h_{摩} + h_{局} \tag{2-3-30}$$

整个通风系统的阻力等于该系统最大阻力路线上的各分支的摩擦阻力和局部阻力之和，因此，降阻之前必须首先确定通风系统的最大阻力路线，通过阻力测定和分析，调查最大阻力路线上的阻力分布，找出阻力超常的分支，对其实施降低摩擦阻力和局部阻力措施。如果不在最大阻力路线上降阻则是无效的，有时甚至是有害的。

1. 降低通风摩擦阻力措施

降低摩擦阻力对于工业通风系统合理运行有着重要意义，特别是处于粗糙流动区、摩擦阻力比例较大、风道线路长的隧道和地下风道。由式(2-3-10)可知，降低摩擦阻力的措施有以下几点：

(1) 减小相对粗糙度。减小相对粗糙度，就减小了摩擦阻力无量纲系数 λ，减小了摩擦阻力系数 α。这就要求在工业设计时尽量选用相对粗糙度较小的风道壁面，施工时要注意保证施工质量，尽可能使风道壁面平整光滑。

(2) 保证有足够大的风道断面。在其他参数不变时，风道断面扩大 33%，风道摩擦风阻值可降低 50%；风道通过风量一定时，其通风阻力和能耗可降低一半。断面增大将增加基建投资，但要同时考虑长期节电的经济效益。从总经济效益考虑的风道合理断面称为经济断面，在通风设计时应尽量采用经济断面。在工业生产单位改善通风系统时，对于主风流线路上的高风阻区段，常采用这种措施。例如把某段风道(断面小、阻力大的"卡脖子"地段)的断面扩大。

(3) 选用断面周长较小的风道。在风道断面相同的条件下，圆形断面的周长最小，拱形断面次之，矩形、梯形断面的周长较大。因此，从降低摩擦阻力角度尽量按照圆形断面→拱形断面→矩形、梯形断面的顺序选用风道。

(4) 缩短风道长度。因风道的摩擦阻力和风道长度成正比，故在进行通风系统设计和

改善通风系统时，在满足生产需要的前提下，要尽可能缩短风路的长度。

(5) 避免风道内风量过于集中。风道的摩擦阻力与风量的平方成正比，风道内风量过于集中时，摩擦阻力就会大大增加。

2. 降低局部通风阻力措施

降低局部通风阻力对于工业通风系统合理运行同样有着重要意义，尤其是管道通风系统，其局部阻力占系统总阻力的比例较大，有时甚至高达80%。由式(2-3-27)可知，局部阻力与ζ值成正比，与断面的平方成反比，同时从前述的局部通风阻力成因及附录5中的局部阻力系数表也可看出，要降低局部通风阻力，主要可采取如下措施：

(1) 尽量避免风道断面的突然变化。由于风道断面的突然变化会使气流产生冲击，周围出现涡流区，造成局部阻力，因此，为了减少损失，当风道断面需要变化时，应尽量避免风道断面的突然变化，用渐缩或渐扩风道代替突然缩小或突然扩大，如图2-3-6所示，中心角α最好为$8°\sim10°$，不要超过$45°$。

(2) 风流分叉或汇合处连接合理。流速不同的两股气流汇合时的碰撞以及气流速度改变时形成涡流，是造成局部阻力的原因。所以，在风流分叉或汇合点的三通风道，应减小分支两个风道的夹角，当有几个分支管风路汇合于同一总风道时，汇合点最好不要在同一个断面，同时还应尽量使支管和干管内的流速保持相等，如图2-3-8所示。

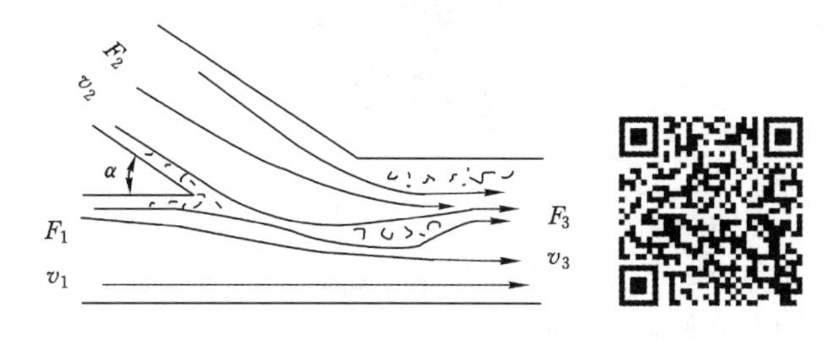

图2-3-8　合流三通

(3) 尽量避免风流急转弯。布置风道时，风流拐弯处尽量避免风道直角转弯或90°以上急转弯；对于必须直角转弯的地点，可用弧弯代替直角转弯，在转弯处的内侧和外侧要做成圆弧形，且曲率半径一般应大于0.5～1倍风道当量直径，在曲率半径因受条件限制而过小时，应在转弯处设置导风板或导流片。几种弯头局部阻力系数如图2-3-9所示。

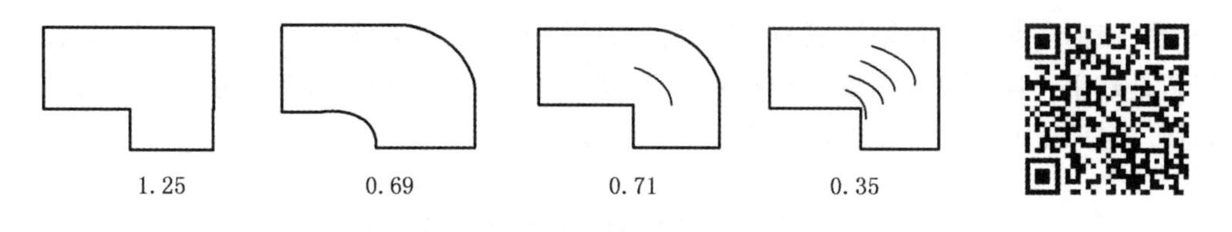

图2-3-9　几种弯头局部阻力系数

(4) 降低出口流速。降低排风口出口流速，以减小出口的动压损失；同时，应减小气流在风道进口处的局部阻力。

气流从风道出口排出时，其在排出前所具有的能量全部损失。当出口处无阻挡时，此能量损失在数值上等于出口动压。当有阻挡(如风帽、网格、百叶)时，能量损失将大于出口动压，就是说局部阻力系数会大于1。因此，只有与局部阻力系数大于1的部分相应的阻力是出口局部阻力（即阻挡造成），等于1的部分是出口动压损失。为了降低出口动压损失，有时把出口制成扩散角较小的渐扩管，ζ值会小于1，如图2-3-10(d)所示。需要说明的是，这是相对于扩展前的风道内气流动压而言的。

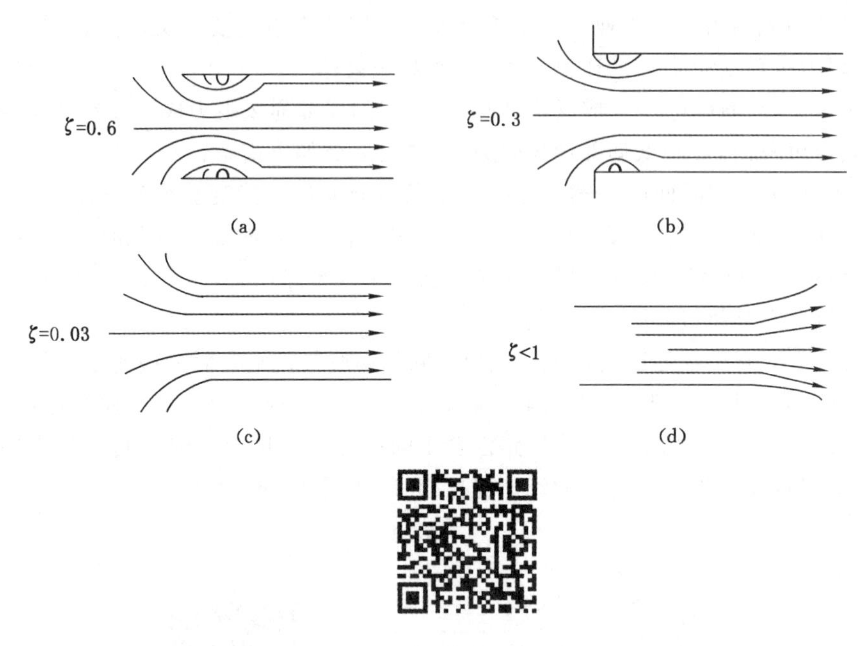

图2-3-10　进出口风道阻力

气流进入风道时，由于产生气流与管道内壁分离和涡流现象而会造成局部阻力。对于不同的进口形式，局部阻力相差较大，如图2-3-10(a)、(b)、(c)所示。其中，图2-3-10(c)所示的进口形式，如果施工或制作严格按照技术规定，其$\zeta=0$。

(5) 风道与风机的连接应当合理保证气流在进、出风机时均匀分布，避免发生流向和流速的突然变化，以降低阻力（和噪声）。

为了使通风机运行正常，减少不必要的阻力，要尽量避免在接管处产生局部涡流，最好使连接通风机的风道管径与通风机的进、出口尺寸大致相同。如果在通风机的吸入口安装多叶形或插板式阀门，最好将其设置在离通风机进口至少5倍于风道直径的地方，避免由于吸口处气流的涡流而影响通风机的效率。在通风机的出口处避免安装阀门，连接风机出口的风道最好用一段直管。如果受到安装位置的限制，需要在风机出口处直接安装弯管，弯管的转向应与风机叶轮的旋转方向一致。

实训任务　风道风流速度测定

任务描述

掌握风道风流速度测定的原理和方法。

任务引导

气流速度的测量包括测量速度的大小和方向，但在工程上对通风净化系统管内风速的测量，一般只测量速度的大小。

一、直接测定

当管内气流速度低于 5 m/s、风道断面较大时，一般采用热电式风速计测量其速度大小。常用的热球式风速仪就是热电式风速计的一种。

如图 2-3-11 所示，热球式风速仪由热球式测量头和测量仪表两部分组成。

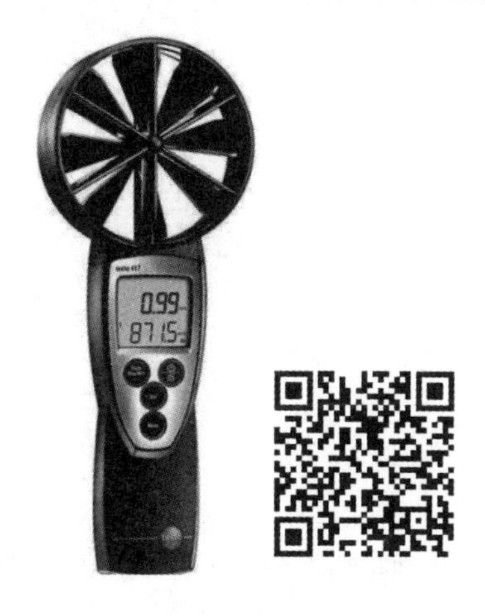

图 2-3-11　热球式风速仪

测杆头部有一个直径约 0.8 mm 的玻璃球，球内绕有加热玻璃球的镍铬线圈和两个串联的热电偶，热电偶的冷端连接在磷铜质的支柱上，直接暴露在气流中。当一定大小的电流通过加热线圈时，玻璃球的温度就会升高，其升高值与气流速度有关。风速越小，其温升越大，风速为零时，温升最高。玻璃球温度升高程度通过热电偶在电表上指示出来，因此，在通过校正后，即可用电表的读数来表示气流速度。如 QDF 型热球式风速仪有测量范围为 0.05～5 m/s、0.05～10 m/s 及 0.05～30 m/s 三种，适用于气体温度为 15～55 ℃、相对湿度不大于 85%、气体中含尘浓度很低的作业环境。

这种仪器对微风速感应灵敏，反应迅速、准确，特别适用于测定排风罩口上的风速、罩口外速度场的气流分布以及用于管内气流速度较低的场合，但这种仪器需要经常校准及维修。

二、间接测定

当风管内风速大于 5 m/s、风道断面较小时，一般通过测量风管内各测点处的动压值 p_d 来计算出管内测点处的风速：

$$v_i = \sqrt{\frac{2p_d}{\rho}} \tag{2-3-31}$$

式中　v_i——风管内某测定断面上测点处的风速，m/s；

p_d——测定断面上测点处的动压值,Pa;

ρ——管内空气的密度,kg/m^3。

任务实施

完成指定风道风流速度测定,并填写如下任务单:

仪器名称及型号	
直接测定过程	
直接测定风道风速	
间接测定风速过程	
间接测定风道风速	

思考与拓展

一、选择题

1. 在工程计算中,为简便起见,通常以 Re=(　　)作为管道流动流态的判定准数。

A. 2 000　　B. 2 300　　C. 2 320　　D. 4 000

2. 由于空气的(　　)和风道壁面(　　)影响,风道断面上风速分布是不均匀的。

A. 压力　　B. 黏性　　C. 摩擦　　D. 材料

3. 层流状态下摩擦阻力与风流速度和风量的(　　)成正比。

A. 四次方　　B. 三次方　　C. 二次方　　D. 一次方

4. 纵口径等于(　　)时,引起的风流能量损失最大,产生的通风阻力最大。

A. 3～4　　B. 4～5　　C. 5～6　　D. 6～7

5. 若在风机的吸入口安装多叶形或插板式阀门,最好将其设置在离通风机进口至少(　　)于风道直径的地方。

A. 10 倍　　B. 8 倍　　C. 5 倍　　D. 3 倍

二、判断题

1. 同一流体在同一管道中流动时,不同的流速,不会形成不同的流动状态。(　　)

2. 摩擦阻力系数 α 值,取决于空气密度和实验系数 λ 值。(　　)

3. 层流局部阻力的大小与雷诺数 Re 成正比。(　　)

4. 摩擦风阻 $R_{摩}$ 是反映风道几何特征的参数,它反映的是风道通风的难易程度。(　　)

5. 在满足生产需要的前提下,要尽可能缩短风路的长度。(　　)

三、计算题

1. 有一通风系统，采用薄钢板圆形风管（$K=0.15$ mm），已知风量 $Q=1\ 300\ m^3/h$，管径 $D=500$ mm，空气温度 $t=20$ ℃。求风管内空气流速和单位长度摩擦阻力。

2. 有一薄钢板矩形风管，断面尺寸为 600 mm×400 mm，流量 $Q_v=3\ 600\ m^3/h$。求单位长度摩擦阻力。

3. 某水平风道如图 2-3-7 所示，用压差计和胶皮管测得 1—2 及 1—3 之间的阻力分别为 450 Pa 和 550 Pa，风道的断面积均等于 8 m^2，周长为 12 m，通过的风量为 100 m^3/s。求风道的摩擦阻力系数及拐弯处的局部阻力系数。

任务四　风流运动规律

学习目标

1. 理解风量平衡定律、能量平衡定律和通风阻力定律的内涵。
2. 理解串联风路、并联风路、角联风路等简单通风网络特性。
3. 掌握风道通风压力分布。
4. 了解进、出口气流运动规律以及均压送风和置换通风原理。

素质目标

追求真理，把握事物发展的客观规律。

知识链接

一、通风网络中风流的基本定律

所谓通风网络，是指若干风路按照各自的风流方向、顺序相连而成的网状线路。因此，风流在通风网络流动时，符合质量守恒定律和能量守恒定律。

通风网络中风流的基本定律包括风量平衡定律、风压平衡定律、通风阻力定律。

1. 风量平衡定律

风量平衡定律是指在稳态通风条件下，单位时间内流入某节点的空气质量等于流出该节点的空气质量；或者说，流入与流出某节点的各分支的质量流量 M_i 的代数和等于零，即：

$$\sum M_i = 0 \tag{2-4-1}$$

若不考虑风流密度的变化，则流入与流出某节点的各分支的体积流量（风量）Q_i 的代数和等于零，即：

$$\sum Q_i = 0 \tag{2-4-2}$$

如图 2-4-1(a)所示，当不考虑风流密度变化时，图中节点 4 处的风量平衡方程为：

$$Q_{1-4}+Q_{2-4}+Q_{3-4}-Q_{4-5}-Q_{4-6}=0$$

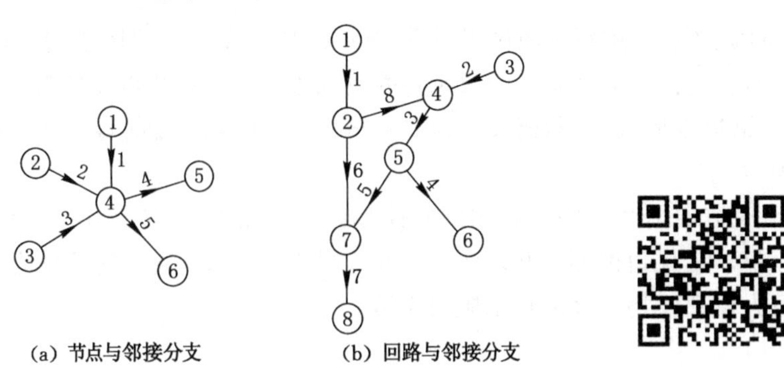

图 2-4-1 简单通风网络 1

将上述节点扩展为无源回路，则上述风量平衡定律依然成立。如图 2-4-1(b)所示，回路②→④→⑤→⑦→②的各邻接分支的风量满足如下关系：

$$Q_{1-2}+Q_{3-4}-Q_{5-6}-Q_{7-8}=0$$

2. 能量平衡定律

能量平衡定律是指通风网络的任一闭合回路中，各分支的通风阻力 h_{Ri} 的代数和等于该回路中通风机风压 H_f 与自然风压 H_N 的代数和，即：

$$H_f \pm H_N=\sum h_{Ri} \tag{2-4-3}$$

式中，H_f、H_N 和 h_{Ri} 与回路方向(人为设定)相同时取“+”，否则取“−”。

如图 2-4-2 所示，在闭合回路①→②→③→④→⑤→⑥→①中，设通风机风压为 H_f，自然风压为 H_N，分支 1、2、3、4、5 的阻力分别为 h_{R1}、h_{R2}、h_{R3}、h_{R4}、h_{R5}，H_f 与 H_N 同向，则有：

$$H_f+H_N=h_{R1}+h_{R2}+h_{R3}+h_{R4}+h_{R5} \tag{2-4-4}$$

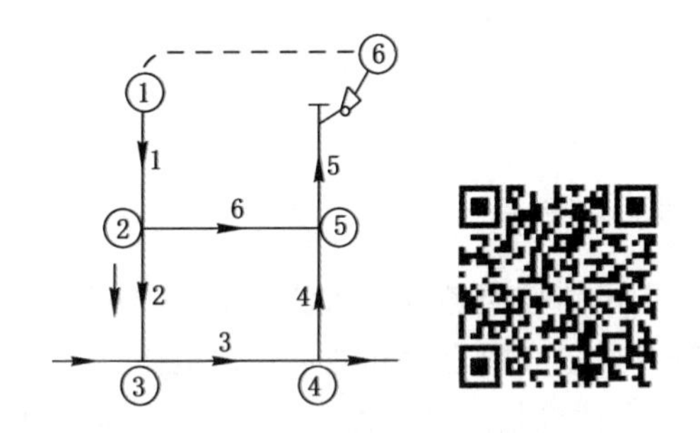

图 2-4-2 简单通风网络 2

当回路中无通风机和自然风压时，有：

$$\sum h_{Ri}=0 \tag{2-4-5}$$

3. 通风阻力定律

通风阻力定律包括阻力平方区流动摩擦阻力定律、紊流流动局部阻力定律、阻力平方区流动的总阻力定律。

阻力平方区流动摩擦阻力定律，是风流流动处于紊流粗糙区时，如摩擦风阻一定，摩擦阻力与风量的平方成正比：

$$h_r = R_l Q^2 \tag{2-4-6}$$

紊流流动局部阻力定律，是紊流流动下，如局部风阻一定，局部阻力与风量的平方成正比：

$$h_t = R_l Q^2 \tag{2-4-7}$$

将式(2-4-6)和式(2-4-7)相加则可得出阻力平方区流动总阻力定律。

现令 $h=h_r+h_t$ 为某通风系统分支的通风总阻力；$R=R_r+R_l$ 为某通风系统的通风总风阻，则式(2-4-6)和式(2-4-7)相加后得：

$$h = RQ^2 \tag{2-4-8}$$

此式就是紊流平方区流动总阻力定律，当风流流动处于紊流粗糙区时，如总风阻一定，则通风阻力与风量的平方成正比。

二、简单通风网络特性

1. 串联风路

由两条或两条以上分支彼此首尾相连、中间没有风流分汇点的线路，称为串联风路。图 2-4-3 所示为由 1、2、3、4、5 五条分支组成串联风路。

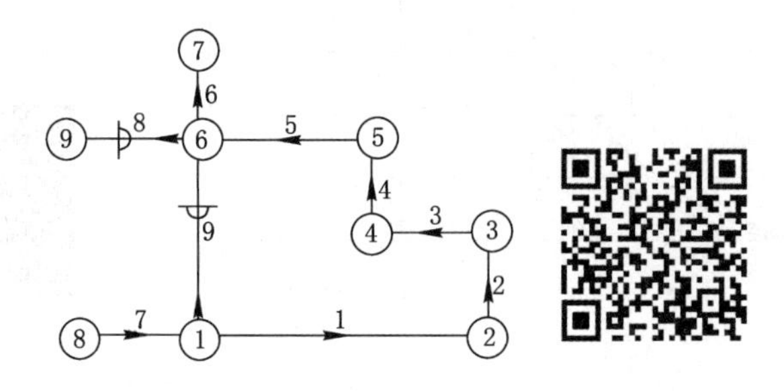

图 2-4-3　串联风路

串联风路具有以下特性：

(1) 总风量等于各分支的风量，即：

$$M_s = M_1 = M_2 = \cdots = M_n \tag{2-4-9}$$

当各分支的空气密度相等时，或将所有风量换算为同一标准状态的风量后，有：

$$Q_s = Q_1 = Q_2 = \cdots = Q_n \tag{2-4-10}$$

(2) 总风压(阻力)等于各分支风压(阻力)之和，即：

$$h_s = h_1 + h_2 + \cdots + h_n = \sum_{i=1}^{n} h_i \tag{2-4-11}$$

(3) 总风阻等于各分支风阻之和，即：

$$R_s = h_s / Q_s^2 = R_1 + R_2 + \cdots + R_n = \sum_{i=1}^{n} R_i \tag{2-4-12}$$

(4) 串联风路等积孔与各分支等积孔间有如下关系：

$$A_s = \frac{1}{\sqrt{\frac{1}{A_1^2} + \frac{1}{A_2^2} + \cdots + \frac{1}{A_n^2}}} \tag{2-4-13}$$

根据以上串联风路的特性，可以绘制串联风路等效阻力特性曲线。如图 2-4-4 所示，有串联风路 1、2，其风阻为 R_1、R_2。首先在 h-Q 坐标图上分别作出串联风路分支 1、2 的阻力特性曲线 R_1、R_2，然后根据串联风路“风量相等、阻力叠加”的原则，作平行于 h 轴的若干条等风量(如 $Q=20\ \mathrm{m^3/s}$)线，在等风量线上将 1、2 分支阻力 h_1、h_2 相加，得到串联风路的等效阻力特性曲线上的点(h_1+h_2)，将所有等风量线上的点连成曲线 R_3，即为串联风路的等效阻力特性曲线。

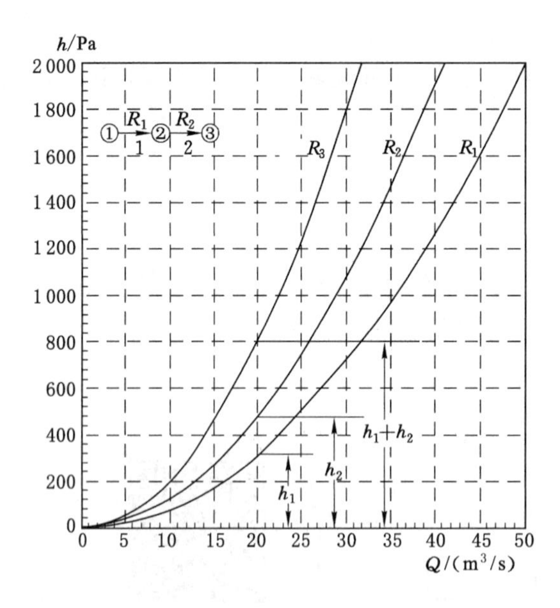

图 2-4-4 串联风路的等效阻力特性曲线

2. 并联风路

由两条或两条以上具有相同始节点和末节点的分支所组成的通风网络，称为并联风路。图 2-4-5 所示并联风路由五条分支并联而成。

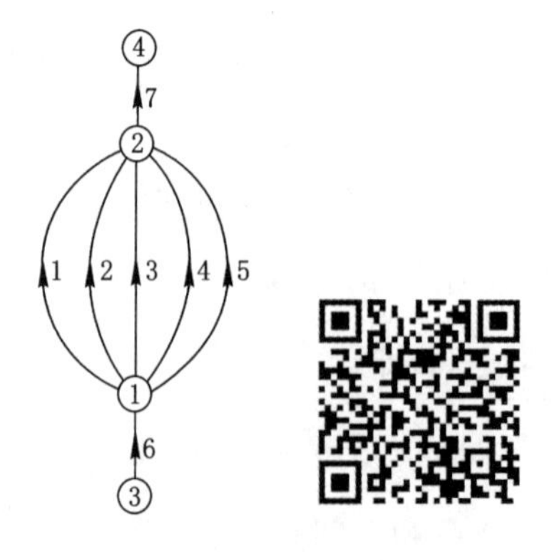

图 2-4-5 并联风路

并联风路具有以下特性：

（1）总风量等于各分支的风量之和，即：

$$M_s = M_1 + M_2 + \cdots + M_n = \sum_{i=1}^{n} M_i \tag{2-4-14}$$

当各分支的空气密度相等时，或将所有风量换算为同一标准状态的风量后，有：

$$Q_s = Q_1 + Q_2 + \cdots + Q_n = \sum_{i=1}^{n} Q_i \tag{2-4-15}$$

（2）总风压等于各分支风压，即：

$$h_s = h_1 = h_2 = \cdots = h_n \tag{2-4-16}$$

注意：当各分支的位能差不相等，或分支中存在通风机等通风动力时，并联分支的阻力并不相等。

（3）并联风路总风阻与各分支风阻有如下关系：

$$R_s = h_s / Q_s^2 = \frac{1}{\left(\sqrt{\frac{1}{R_1}} + \sqrt{\frac{1}{R_2}} + \cdots + \sqrt{\frac{1}{R_n}}\right)^2} \tag{2-4-17}$$

（4）并联风路等积孔等于各分支等积孔之和，即：

$$A_s = A_1 + A_2 + \cdots + A_n \tag{2-4-18}$$

若已知并联风路的总风量，在不考虑其他通风动力及风流密度变化时，可由下式计算出分支 i 的风量：

$$Q_i = \sqrt{\frac{R_s}{R_i}}\, Q_s = \frac{Q_s}{\sum_{j=1}^{n} \sqrt{R_i / R_j}} \tag{2-4-19}$$

由上式可见，并联风路中的某分支所分配得到的风量取决于并联网络总风阻与该分支风阻之比。风阻小的分支风量大，风阻大的分支风量小。若要调节各分支风量，可通过改变各分支的风阻比值实现。

根据并联风路的特性，可以绘制并联风路等效阻力特性曲线。如图 2-4-6 所示，有并联风路 1、2，其风阻为 R_1、R_2。首先在 h-Q 坐标图上分别作出 R_1、R_2 的阻力特性曲线，作平行于 Q 轴的若干条等阻力线，然后根据并联风路“阻力相等、风量叠加”的原则，在等阻力线上将两分支风量 Q_1、Q_2 相加，得到并联风路的等效阻力特性曲线上的点（$Q_1 + Q_2$），将所有等阻力线上的点连成曲线 R_3，即为并联风路的等效阻力特性曲线。

3．串联风路与并联风路的比较

在一个通风网络中，若同时存在串联风路与并联风路，则系统的进、回风风路多为串联风路，而用风点与用风点之间多为并联风路。从提高工作地点的空气质量及安全性出发，采用并联风路具有明显的优点。此外，在同样的分支风阻和总风量条件下，若干分支并联时的总阻力也远小于它们串联时的总阻力。因此，在有条件的情况下应尽量采用并联风路，以降低系统通风阻力。

4．角联风路

角联风路是指内部存在角联分支的网络。角联分支（对角分支）是指位于风网的任意两条有向通路之间且不与两通路的公共节点相连的分支。如图 2-4-7 所示，分支 5 为角联分支。仅有一条角联分支的风网，称为简单角联风路。图 2-4-8 所示为含有两条或两条以上

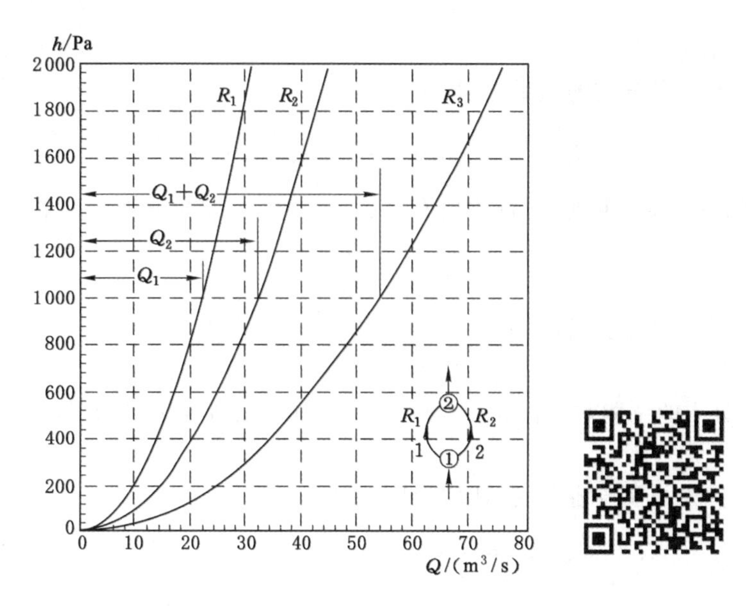

图 2-4-6　并联风路的等效阻力特性曲线

角联分支的风网，称为复杂角联风路。角联分支的风向取决于其始、末节点间的压能值。风流由能位高的节点流向能位低的节点；当两点能位相同时，风流停滞；当始节点能位低于末节点时，风流反向。

图 2-4-7　简单角联风路　　　　图 2-4-8　复杂角联路

通过改变角联分支两侧的边缘分支的风阻就可以改变角联分支的风向。对图 2-4-7 所示的简单角联风路，可推导出如下角联分支风流方向判别式：

$$K=\frac{R_1R_4}{R_2R_3}\begin{cases}>1 & \text{分支 5 中风向由 } 3\rightarrow 2\\ =1 & \text{分支 5 中风流停滞}\\ <1 & \text{分支 5 中风向由 } 2\rightarrow 3\end{cases}\tag{2-4-20}$$

推证如下：

对于无压源的回路{1,3,−4,−2}，根据回路能量平衡定律可得到如下方程式：

$$R_1Q_1^2+R_3Q_3^2=R_2Q_2^2+R_4Q_4^2\tag{2-4-21}$$

节点 2 与节点 3 之间的压能差为

$$\Delta E_{2-3} = R_2Q_2^2 - R_1Q_1^2 \tag{2-4-22}$$

(1) 当分支 5 中无风时，其始、末节点的压能差 $\Delta E_{2-3}=0$，且 $Q_1=Q_3$，$Q_2=Q_4$，即：

$$R_1Q_1^2 = R_2Q_2^2 \tag{2-4-23}$$

将式(2-4-23)代入式(2-4-21)得：

$$R_3Q_3^2 = R_4Q_4^2 \tag{2-4-24}$$

将式(2-4-23)与式(2-4-24)相比，整理得：

$$\frac{R_1R_4}{R_2R_3} = \left(\frac{Q_2Q_3}{Q_1Q_4}\right)^2 = 1 \tag{2-4-25}$$

(2) 当分支 5 中风向由 2→3 时，其节点 2 的压能高于节点 3，$\Delta E_{2-3}>0$，即：

$$R_2Q_2^2 > R_1Q_1^2 \tag{2-4-26}$$

将上式代入式(2-4-21)得：

$$R_3Q_3^2 > R_4Q_4^2 \tag{2-4-27}$$

将上两式相乘，整理得：

$$\frac{R_1R_4}{R_2R_3} < \left(\frac{Q_2Q_3}{Q_1Q_4}\right)^2 < 1 \tag{2-4-28}$$

(3) 同理可推导出当分支 5 中的风向由 3→2 时的关系式为：

$$\frac{R_1R_4}{R_2R_3} > \left(\frac{Q_2Q_3}{Q_1Q_4}\right)^2 > 1 \tag{2-4-29}$$

综合式(2-4-25)、式(2-4-28)和式(2-4-29)即得到判别式(2-4-20)。

由判别式(2-4-20)可以看出，简单角联风路中角联分支的风向完全取决于边缘风路的风阻比，而与角联分支本身的风阻无关。角联分支的风向与风量大小均可通过改变其边缘风路的分支风阻实现。当然，改变角联分支本身的风阻也会影响其风量大小，但不能改变方向。

角联分支一方面具有容易调节风向的优点，另一方面又有出现风流不稳定的可能性。特别是在发生火灾事故时，角联分支的风流反向可能使火灾烟流蔓延范围扩大。因此，应掌握角联分支的特性，充分利用其优点而克服其缺点。

对于其他复杂角联风路，其角联分支风向判别式的推导及形式均很复杂。一般可通过网络解算求出角联分支的实际风量，从而判断其方向。具体做法是：先任意假设角联分支的风向，若解算后其风量为正，说明风向假设正确；若风量为负，说明其风向相反；若风量的数值很小，说明角联分支风流处于接近停滞状态。

三、进、出口气流运动规律

(一) 吸气口气流运动规律

一个敞开的管口是最简单的吸气口，当吸气口吸气时，在吸气口附近形成负压，周围空气从四周流向吸气口，形成吸入气流或汇流。当吸气口面积较小时可视为点汇。

根据流体力学知识，位于自由空间的点汇吸气口[图 2-4-9(a)]的吸气量 Q 为：

$$Q = 4\pi r_1^2 v_1 = 4\pi r_2^2 v_2 \tag{2-4-30}$$

$$\frac{v_1}{v_2} = \left(\frac{r_2}{r_1}\right)^2 \tag{2-4-31}$$

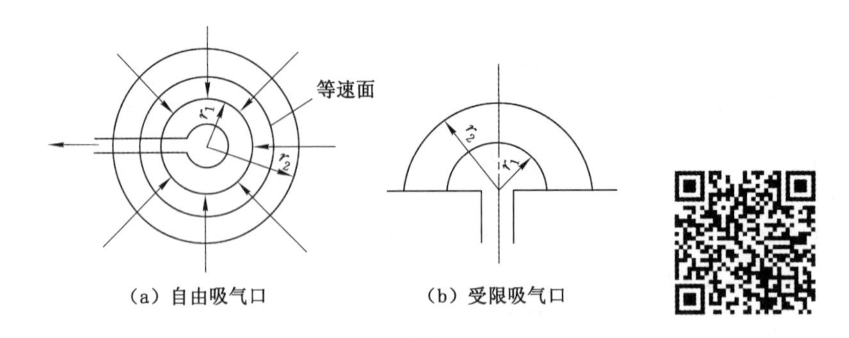

图 2-4-9　点汇吸气口气流流动示意图

式中　v_1、v_2——点 1 和点 2 的空气流速，m/s；

r_1、r_2——点 1 和点 2 的管道半径，m。

如吸气口四周加上挡板，即如图 2-4-9(b)所示的平壁，吸气气流受到限制，吸气范围仅为半个等速球面，它的排风量为：

$$Q = 2\pi r_1^2 v_1 = 2\pi r_2^2 v_2 \tag{2-4-32}$$

由式(2-4-30)和式(2-4-31)可以看出，点汇吸气口外某一点的空气流速与该点至吸气口距离的平方成反比，而且它是随吸气口吸气范围的减小而增大的，因此设计时罩口应尽量靠近有害物源，并设法减小其吸气范围，以提高污染物捕集效率。

对于工程实际应用的吸气口，一般都有一定的几何形状和尺寸，它们的吸气口外气流运动规律和点汇吸气口有所不同，目前还很难从理论上准确解释出各种吸气口的流速分布，只是借助实验测得各种吸气口的流速分布图。图 2-4-10 就是通过实验求得的四周无法兰边和四周有法兰边的圆形吸气口的速度分布图。

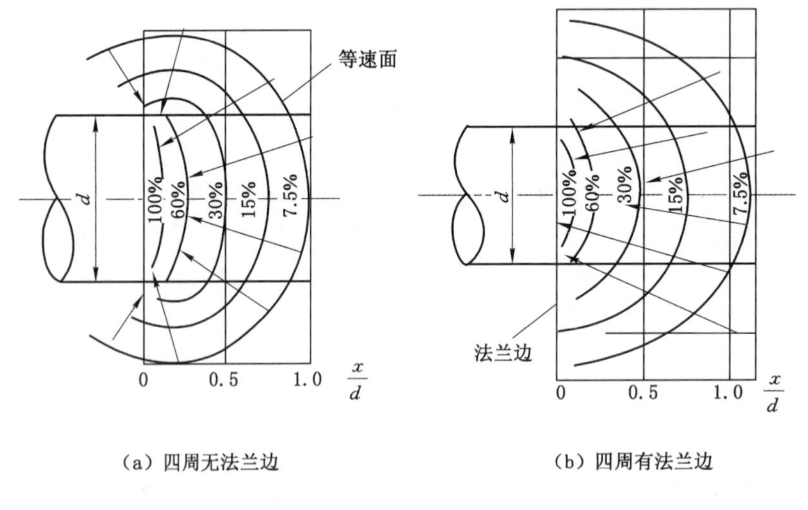

图 2-4-10　圆形吸气口的速度分布图

图 2-4-10 的实验结果也可用式(2-4-33)和式(2-4-34)表示。

对于四周无法兰边的圆形吸气口，有：

$$\frac{v_0}{v_x}=\frac{10x^2+F}{F} \tag{2-4-33}$$

对于四周有法兰边的圆形吸气口，有：

$$\frac{v_0}{v_x}=0.75\left(\frac{10x^2+F}{F}\right) \tag{2-4-34}$$

式中　v_0——吸气口的平均流速，m/s；

v_x——控制点上必需的气流速度(即控制风速)，m/s；

x——控制点至吸气口的距离，m；

F——吸气口面积，m^2。

对于宽长比不小于1∶3的矩形吸气口，式(2-4-33)和式(2-4-34)也能适用。

应该指出，式(2-4-33)和式(2-4-34)仅适用于 $x \leqslant 1.5d$ 的场合，当 $x>1.5d$ 时，实际的速度衰减要比计算值大。

(二) 吹气口气流运动规律

空气从吹气口吹出，在空间形成一股气流称为吹出气流或射流。根据空间界壁对射流的约束条件，射流又分为自由射流(吹向无限空间)和受限射流(吹向有限空间)。按射流内部温度的变化情况，可分为等温射流和非等温射流。这里主要介绍通风工程常见的自由淹没射流和附壁受限射流。

1. 自由淹没射流

图2-4-11所示为二维自由淹没射流的结构图，空气从吹气口吹出后形成射流起始段和射流基本段。射流起始段为由吹气口至核心被冲散的这一段，此段包含射流内轴线速度保持不变并等于吹出速度的射流核心区，射流基本段为射流核心消失的断面以外部分。

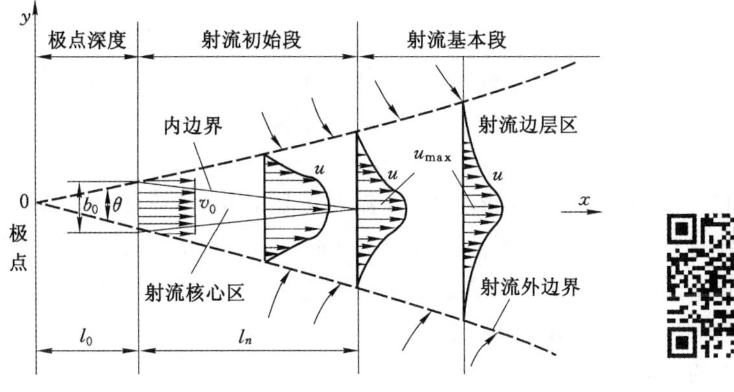

图2-4-11　二维自由淹没射流结构图

自由淹没射流具有如下特点：

(1) 出现并发展边界层。空气有黏性，黏性的存在又总会使射流流层之间(包括流层与静止层之间)发生黏连作用。此外，大多数实际射流都是湍流流动，而保持层流或形成湍流的关键点是临界雷诺数。湍流射流中充满着涡旋，它们在流动中呈不规则运动，于是会引发射流流体微团间的横向动量交换、热量交换或质量交换，从而形成湍流射流边界层，使得射流速度逐渐下降，射流断面不断扩大。

(2) 全流场或局部流场气流参数分布具有自模性。射流在其流动的进程中，不同截面上的气流参数分布彼此间保持一种相仿的关系，这种关系叫射流的自模性。自模性的出现可溯源于射流主流与周围介质的掺混呈线性渐进性，而且在射流各截面上射流主流与周围介质的混合长度沿射流宽度保持不变，但该长度与射流宽度成正比。其结果所反映出来的就是边界层的外边界及其初始段上的内边界一般都是斜直线，而参数在横截面上的分布彼此间呈无量纲相似。

(3) 与吸气口比，轴向速度衰减慢，流场中横向分速可被忽略。由于射流的喷射成束特性，流场中的轴向分速要比横向分速大得多，所以，射流分析计算中，一般都将流场中的横向分速忽略掉，亦即射流的轴向速度被视为射流的总速度。

当送风口长宽比小于10、射流温度与周围空间温度相同，并且周围空间相对于射流断面大得多、气流流动不受任何固体界面限制时，通常将这种条件下的射流称为等温自由紊流射流。

等温自由紊流圆射流轴心速度 v_x、横断面直径 d_x、起始段长度 L_x 的计算公式为：

$$\frac{v_0}{v_x}=\frac{0.48}{\frac{ax}{d_0}+0.147};\quad \frac{d_x}{d_0}=6.8\left(\frac{ax}{d_0}+0.147\right);\quad L_x=3.5d_0 \tag{2-4-35}$$

式中 x——计算断面至风口的距离，m；

v_x——射程断面处轴心流速，m/s；

v_0——射流出口速度，m/s；

d_0——送风口直径或当量直径，m；

d_x——射程 x 处射流直径，m；

a——送风口紊流系数，表示出口断面处速度不均匀程度，与喷嘴形式及射流的扩散角 θ 有关，即 $\tan\theta=3.4a$，圆射流 $a=0.08$，扁射流 $a=0.11\sim0.12$。

因此，在确定送风口时，如需增大射程，可以提高出口速度或减小紊流系数；如需增大射流扩散角，即增大与周围介质的混合能力，可以选用 a 值较大的送风口。

2. 附壁受限射流

当射流边界的扩展受到房间边壁影响时，就称为受限射流(或有限空间射流)。研究表明，当射流断面面积达到有限空间横断面面积的1/5时，射流受限，成为有限空间射流。

不论是受限射流还是自由射流，都是对周围空气的扰动，它所具有的能量是有限的，它能引起的扰动范围也是有限的，不可能扩展到无限远。而受限射流还要受到房间边壁的影响，因而形成受限射流的特征。

当射流不断卷吸周围空气时，周围较远处空气受压力作用必然要来补充。边壁的存在与影响会形成回流，如图2-4-12所示，而回流范围有限，则促使射流外逸，于是射流与回流闭合形成大涡流。

如果以附壁射流为基础，将无量纲距离定为：

$$\overline{x_0}=\frac{\alpha x_0}{\sqrt{S_n}}\quad 或\quad \overline{x_0}=\frac{\alpha x}{\sqrt{S_n}} \tag{2-4-36}$$

式中，S_n 是垂直于射流的空间断面面积。

实验结果表明，当 $\overline{x}\leqslant0.1$ 时，射流的扩散规律与自由射流相同，并称 $\overline{x}=0.1$ 的断面为

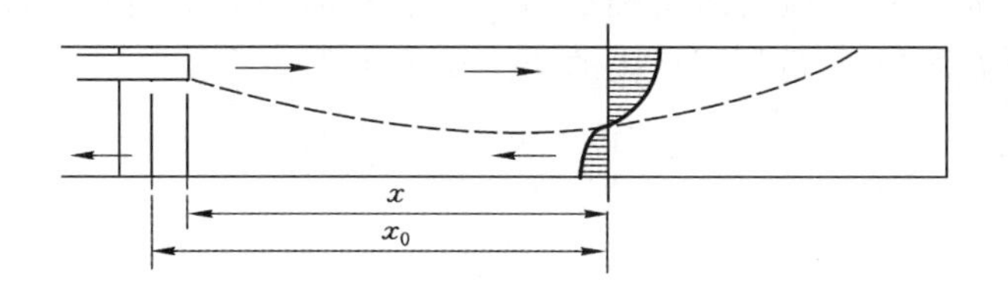

图 2-4-12　附壁受限射流流动规律

第一临界断面；当 $\bar{x}>0.1$ 时，射流扩散受限，射流断面与流量增加变缓，动量不再守恒，并且到 $\bar{x}=0.2$ 时射流流量最大，射流断面在稍后处亦达最大，称 $\bar{x}=0.2$ 的断面为第二临界断面。同时不难看出，在第二临界断面处回流的平均流速也达到最大值。在第二临界断面以后，射流空气逐步改变流向，参与回流，使射流流量、面积和动量不断减小，直至消失。

受限射流的压力场是不均匀的，各断面静压随射程而增加。由于它的回流区一般是工作区，因此控制回流区的风速就具有实际意义。

四、均匀送风

所谓均匀送风，是指通风系统的风道把等量的空气沿风道侧壁的成排孔口或短管均匀送出。

空气在风道内流动时，其静压将产生并垂直作用于管壁，如图 2-4-13 所示。根据流体力学理论，静压差产生的流速为：

$$v_j = \sqrt{\frac{2p_j}{\rho}} \tag{2-4-37}$$

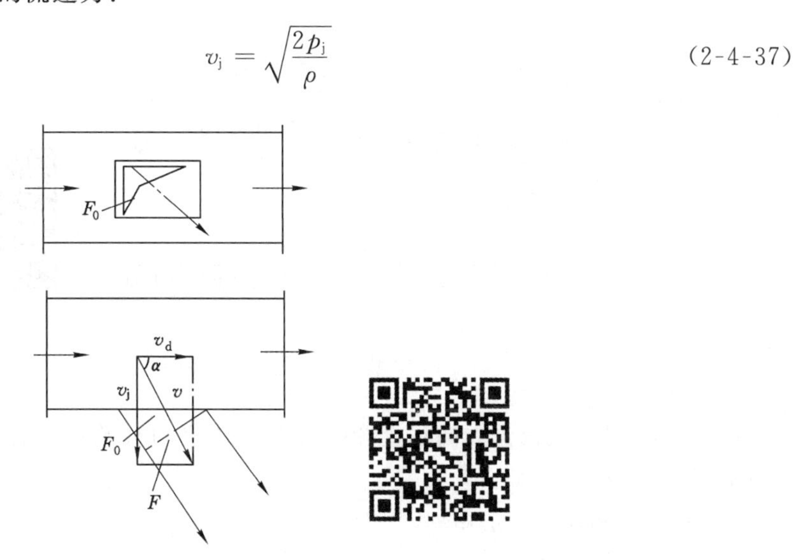

图 2-4-13　出流状态图

空气在风道内的流速为：

$$v_d = \sqrt{\frac{2p_d}{\rho}} \tag{2-4-38}$$

式中　p_j——风道内空气的静压；

p_d——风道内空气的动压。

现设孔口实际流速为 v，孔口出流与风道轴线间的夹角为 α，则它们与孔口面积 F_0、孔口在气流垂直方向上的投影面积 F、静压差产生的流速 v_j 有如下关系：

$$\sin\alpha = \frac{v_j}{v} = \frac{F}{F_0} \tag{2-4-39}$$

于是，孔口出流流量为：

$$Q_0 = \mu F v = \mu F_0 v_j = \mu F_0 \sqrt{\frac{2p_j}{\rho}} \tag{2-4-40}$$

由式(2-4-40)可以看出，要使各侧孔的送风量保持相等，必须保证各侧孔 $\mu F_0\sqrt{p_j}$ 相等，下面分析实现该条件的途径。

1. 保持 $F_0\sqrt{p_j}$ 和 μ 均相等

(1) 保持各侧孔流量系数 μ 相等，出流角 α 尽量大

侧孔流量系数 μ 与孔口形状、出流角度 α 及孔口的相对流量 Q' 有关，孔口的相对流量为：

$$Q' = \frac{Q_0}{Q} \tag{2-4-41}$$

式中 Q——侧孔前风道内的流量。

如图 2-4-14 所示，在 $\alpha>60°$、$Q'=0.1\sim0.5$ 范围内，对于锐边的孔口可近似认为 $\mu\approx$ 常数 ≈0.6。此时：

$$\frac{v_j}{v_d} \geqslant 1.73 \tag{2-4-42}$$

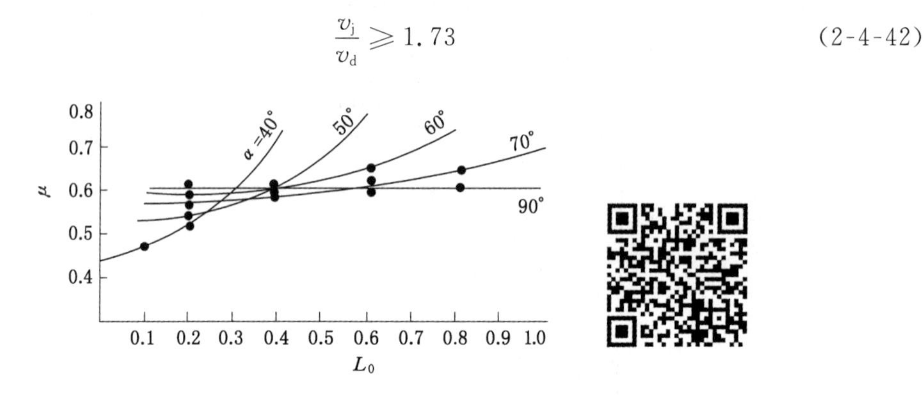

图 2-4-14 锐边孔口的 μ 值

有时，为了使空气出流方向垂直管道侧壁，可在孔口处装设垂直于侧壁的挡板，或把孔口改成短管。

(2) 保持各侧孔 $F_0\sqrt{p_j}$ 相等

可通过三种途径实现：

① 各侧孔孔口面积 F_0 相等，风道断面变化保持各侧孔静压 p_j 相等。

设一等截面送风风道，侧面上开有 n 个侧孔，如图 2-4-15 所示。在各侧孔孔口面积 F_0 相等情况下，截面 1—1 及 n—n 的能量方程为：

$$p_{j1} + h_{d1} = p_{jn} + h_{dn} + h_{1-n} \tag{2-4-43}$$

式中 p_{j1}、p_{jn}——截面 1—1 和截面 n—n 上的静压，Pa；

h_{d1}、h_{dn}——截面 1—1 和截面 n—n 上的动压，Pa；

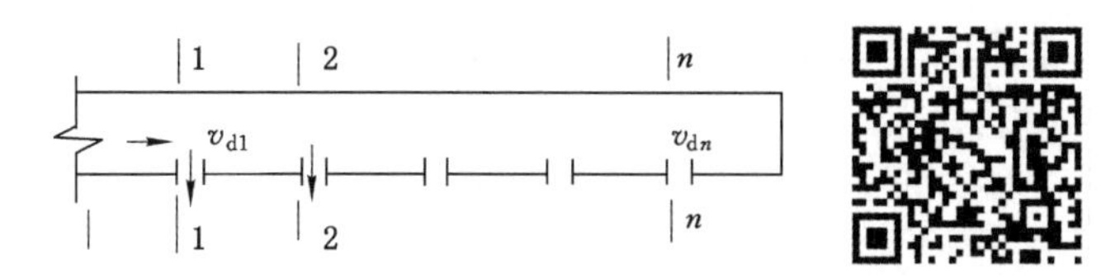

图 2-4-15　各侧孔面积和静压相等条件

h_{1-n}——截面 1—1 至截面 n—n 的通风阻力，Pa。

由于要保持各侧孔处的静压相等，即 $p_{j1}=p_{j2}=\cdots=p_{jn}$，由式(2-4-43)可得：

$$h_{d1}-h_{dn}=h_{1-n} \tag{2-4-44}$$

此式表明，在设计均匀送风管道时，在各侧孔面积和静压相等、孔口面积 F_0 相等情况下，为保持各侧孔静压 p_j 相等，必须使首端和末端的动压差(或两侧孔间的动压差)等于风道全长上(或两侧孔间)的通风阻力或压力损失，亦即通风管道断面变化。

② 风道断面相等，各侧孔孔口面积 F_0 变化使得 $F_0\sqrt{p_j}$ 相等。

如图 2-4-15 所示，风道断面相等时，1，2，…，n 断面的静压逐渐减小，因此，为保持 $F_0\sqrt{p_j}$ 相等，必须变化各侧孔孔口面积 F_0。

③ 同时变化风道断面、各侧孔孔口面积 F_0 使得 $F_0\sqrt{p_j}$ 相等。

2. $F_0\sqrt{p_j}$ 变化，μ 也随之变化

当送风道断面积和孔口面积 F_0 均不变时，$F_0\sqrt{p_j}$、p_j 沿风道长度方向将产生变化，这时，可根据静压 p_j 变化，在侧孔口上设置不同的阻体，使不同的孔口具有不同的压力损失(即改变流量系数 μ)，使得满足各侧孔 $\mu F_0\sqrt{p_j}$ 相等。

五、置换通风

近年来，一种新的通风方式——置换通风在我国日益受到广泛的关注。这种送风方式与传统的混合通风方式相比较，可使室内工作区得到较高的空气品质、较高的热舒适性，并具有较高的通风效率。1978 年，德国柏林的一家铸造车间首次采用了置换通风系统，从这以后，置换通风系统逐渐在工业建筑、民用建筑及公共建筑中得到了广泛的应用。

有别于传统混合通风的混合稀释原理，置换通风是通过把较低风速(湍流度)的新鲜空气送入人员工作区，利用挤压的原理把污染空气挤到上部空间排走的通风方法，它能在改善室内空气品质的基础上与辐射吊顶(地板)技术结合达到节能的目的。

置换通风是以挤压的原理来工作的，如图 2-4-16 所示。置换通风以较低的温度从地板附近把空气送入室内，风速的平均值及湍流度均比较小，由于送风层的温度较低、密度较大，故会沿着整个地板面蔓延开来。

室内的热源(人、电气设备等)在挤压流中会产生浮升气流(热烟羽)，浮升气流会不断卷吸室内的空气向上运动，并且浮升气流中的热量不再会扩散到下部的送风层内。因此，在室内某一位置高度会出现浮升气流量与送风量相等的情况，这就是热分离层。在热分离层下部区域为单向流动区，在上部为混合区。室内空气温度分布和有害物浓度分布在这两个区

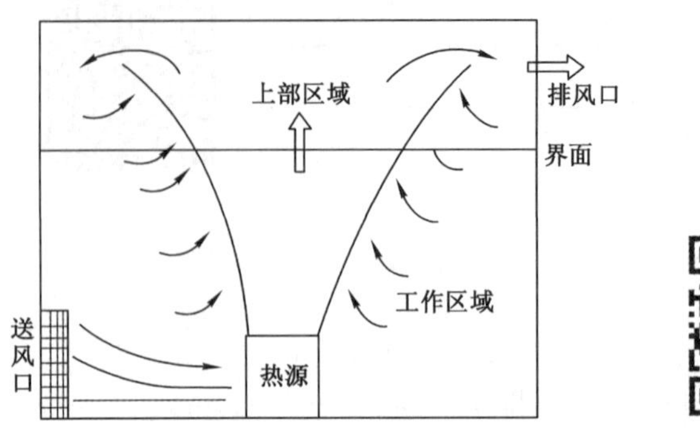

图 2-4-16　置换通风的原理及热力分层图

域有非常明显的差异，下部单向流动区存在明显的垂直温度梯度和有害物浓度梯度，而上部湍流混合区温度场和有害物浓度场则比较均匀，接近排风的温度和浓度。因此，从理论上讲，只要保证热分离层高度位于人员工作区以上，就能保证人员处于相对清洁、新鲜的空气环境，大大改善人员工作区的空气品质。此外，只需满足人员工作区的温湿度即可，而人员工作区上方的冷负荷可以不予考虑，因此，相对于传统的混合通风，置换通风具有节能的潜力(空间高度越大，节能效果越显著)。

实训任务　气压计法测定通风阻力

任务描述

学习并掌握气压计法测定通风阻力的原理和方法。

任务引导

一、气压计法测定风道通风阻力

用气压计法测定通风阻力，是用精密气压计测出测点间的绝对静压差，再加上动压差和位能差，以计算出通风阻力。用气压计测量通风阻力，最核心的问题就是如何测定测点的空气静压。测量空气静压的仪器种类很多，目前在煤矿井下测定通风阻力使用最多的是矿井通风综合参数检测仪。

(一) 测量阻力原理

根据能量方程，气压计法就是通过气压计测出测点间的绝对静压差，再加上动压差和位压差，以计算通风阻力，由式(2-4-45)或式(2-4-46)表示为：

$$h_{阻1-2} = (p_1 - p_2) + (z_1 g\rho_1 - z_2 g\rho_2) + (\frac{\rho_1 v_1^2}{2} - \frac{\rho_2 v_2^2}{2}) \tag{2-4-45}$$

或 $$h_{阻1-2}=\Delta p_{静}+\Delta h_{位}+\Delta h_{动} \tag{2-4-46}$$

式中　$\Delta p_{静}$——相邻两测点的绝对静压差，Pa；

$\Delta h_{位}$——相邻两测点的位压差，Pa；

$\Delta h_{动}$——相邻两测点的动压差，Pa；

其他符号意义同前。

（二）测定方法

气压计测量通风阻力的方法有逐点测定法和双测点同时测定法。

1. 逐点测定法

将一台气压计留在基点作为校正大气压变化使用，另一台作为测压仪器从基点开始测量每一测点的压力。如果在测量时间内大气压和通风状况没有变化，那么两测点的绝对压力差就是气压计在两测点的仪器读数差值。由式(2-4-47)表示：

$$p_1-p_2=h_{读1}-h_{读2} \tag{2-4-47}$$

式中　p_1、p_2——前、后测点的实际绝对静压，Pa；

$h_{读1}$、$h_{读2}$——前、后测点的气压计读数，Pa。

但是，地面大气压和通风状况都可能发生变化，因此，地下任意一点的绝对静压也随之变化。这就必须根据基点设置的气压计对这两测点的绝对静压进行校正，由式(2-4-48)表示为：

$$p_1-p_2=(h_{读1}-h_{读2})-(h'_{读1}-h'_{读2}) \tag{2-4-48}$$

将式(2-4-48)代入式(2-4-45)、式(2-4-46)，则两点间的通风阻力可由式(2-4-49)或式(2-4-50)表示为：

$$h_{阻1-2}=(h_{读1}-h_{读2})-(h'_{读1}-h'_{读2})+(z_1g\rho_1-z_2g\rho_2)+(\frac{\rho_1v_1^2}{2}-\frac{\rho_2v_2^2}{2}) \tag{2-4-49}$$

或 $$h_{阻1-2}=(h_{读1}-h_{读2})-(h'_{读1}-h'_{读2})+\Delta h_{位}+\Delta h_{动} \tag{2-4-50}$$

式中　$h'_{读1}$——读取 $h_{读1}$ 时校正气压计的读数，Pa；

$h'_{读2}$——读取 $h_{读2}$ 时校正气压计的读数，Pa；

其他符号意义同前。

2. 双测点同时测定法

用两台气压计（Ⅰ、Ⅱ号）同时放在1号测点定基点，然后将Ⅰ号仪器留在1测点，将Ⅱ号仪器带到2测点，约定时间同时读取两台仪器的读数后，再把Ⅰ号仪器移到3测点，Ⅱ号仪器留在2测点不动，再同时读数。如此循环前进，直到测定完毕。此法因为两个测点的静压值是同时读取的，所以不需要进行大气压变化的校正，但是需借助于通信工具。

双测点同时测定法的测定步骤为：

(1) 将两台仪器放在测点1，待仪器读值稳定后同时读数，分别记为 $p_{1,1}$、$p_{1,2}$。

(2) Ⅰ号仪器原地不动，作为基点气压变化监测仪，将Ⅱ号仪器移至测点2，约定时间在1、2测点同时分别读取两台仪器的读数，读值为 $p'_{1,1}$、$p'_{2,2}$。

(3) 按下式求算两测点的绝对静压差(p_1-p_2)：

$$p_1-p_2=(p_{1,2}-p'_{2,2})-(p_{1,1}-p'_{1,1}) \tag{2-4-51}$$

上式右端第一项为Ⅱ号仪器在1、2测点的测值差；第二项为Ⅰ号仪器在1测点不同时间的测值差，它是前、后两次读数时地面大气压变化（认为基点的气压变化与地面大气压变化是同步且同幅度的)和风道通风系统内风压变化的修正值。如果此修正值很大,说明测定时通风系统正常(风量也发生了变化),测定无效;如果修正值很小,可认为是地面大气压力的影响,予以修正。

将式(2-4-51)代入式(2-4-45),即可求算测段通风阻力。

用气压计法测量通风阻力,不需要收放胶皮管和静压管,测定简单。由于仪器(通风综合参数检测仪)有记忆功能,因此用一台数字气压计就可以将阻力测量的所有参数测出,省时省力,操作简单。但位压很难准确测算,精度较差,故一般适用于无法收放胶皮管或大范围测量通风阻力分布的场合。

3. 测定结果可靠性检查

由于仪表精度、测定技术的熟练程度以及风流状态的变化等因素的影响,测定结果不免会产生一些误差。如果相对误差在允许范围之内,那么测定结果可以应用;否则,应进行检查,必要时进行局部重测。通风系统阻力测定的相对误差(检验精度)可按下式计算:

$$e = \left| \frac{h_{Rs} - h_{Rm}}{h_{Rm}} \right| \times 100\% \tag{2-4-52}$$

$$h_{Rm} = h_w - \frac{\rho v^2}{2} \pm H_N \tag{2-4-53}$$

式中 e——测定结果的相对误差,$e \leqslant 5\%$时结果可以应用,否则应检查原因或进行局部重测;

h_{Rs}——全系统测定阻力累计值,Pa;

h_{Rm}——全系统计算阻力值,Pa;

h_w——风机入口断面相对静压(如风机房水柱计读数),Pa,取该系统整个测定过程中读数的平均值;

v——风机入口测压处断面的平均风速,m/s;

H_N——测定系统自然风压,Pa,自然风压与风流同向取"+",反之取"-";

ρ——风硐内风流的空气密度,kg/m^3。

在一个系统中若测量两条并联路线,结果可互相检验。如果通风状态没有大的变化,并联路线的测定结果则应相近。

在测定的过程中,应及时对风量进行闭合检查。在无分叉的线路上,各测点的风量误差不应超过5%。

二、测定步骤

(一) 测定仪表和人员的准备

首先要根据测定的目的,选择通风阻力测定方法。一般来说,测量范围大时,气压计法和压差计法均可选用;范围小时选用压差计法。摩擦阻力系数和局部阻力系数的测定只能用压差计法。

1. 每个测定小组必备的仪表

(1) 测量两点间的压差:用气压计法时,需要准备两台气压计或通风综合参数检测仪;用压差计法时,可准备单管倾斜压差计一台,内径4~6 mm胶皮管或弹性好的塑料管两根,静压管或皮托管两支,小气筒一个,酒精或乙醇若干,有时为了便于压差计调平,会放置皮托

管，还常用三脚架、小平板等。

(2) 测量风速：高、中、低速风表各一只，秒表一块。

(3) 测量空气密度：空盒气压计一台，风扇湿度计一台。若用通风综合参数检测仪测气压，可以不必准备此项仪器。

(4) 测量风道几何参数：20～30 m 长皮尺一个，钢卷尺一个，断面测量仪一个。

根据阻力测定方法和测定内容准备测量仪表，所有测定仪器都必须附有校正表和校正曲线，精度应能满足测定要求。

测定时由 6～10 人组成一个小组，事前做好分工，明确任务。每人都应根据分工掌握所需测定项目的测定方法，熟悉仪表的性能和注意事项。测定范围很大时，可以分成几个小组同时进行，每组测定一个区段和一个通风系统。分组测定时，仪表精度应该一致，校正方法和时间一致。

2. 记录表格

通风阻力测定前要准备的表格主要包括风道参数记录表、风速记录表、大气条件记录表、气压计测压记录表、压差计测压记录表、通风阻力测定汇总表。

(二) 选择测量路线和测点

选择测量路线前应对井下通风系统的实际情况做详细的调查研究，并研究全矿通风系统图，根据不同的测量目的选择测量路线。若为通风系统阻力测定，则首先选择风路最长、风量最大的干线为主要测量路线，然后再决定其他若干条次要路线，以及那些必须测量的局部阻力区段；若为局部区段的阻力测定，则根据需要仅在该区段内选择测量路线。

选择路线后，按下列原则布置测点：

(1) 在风路的分叉或汇合地点必须布置测点。如果在分风点或合风点流出去的风流中布置测点，测点距分风点或合风点的距离不得小于风道宽度 B 的 8 倍；如果在流入分风点或合风点的风流中布置测点，测点距分风点或合风点的距离一般可按风道宽度 B 的 3 倍设置，如图 2-4-17 所示。

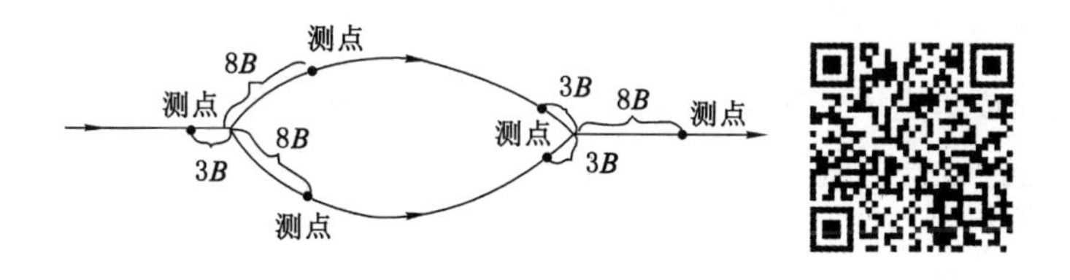

图 2-4-17　测点布置

(2) 在并联风路中，只沿一条路线测量风压(因为并联风路中各分支的风压相等)，其他各风路只布置测风点，测出风量，以便根据相同的风压来计算各分支风道的风阻。

(3) 如风道很长且漏风较大，测点的间距宜尽量缩短，以便逐步追查漏风情况。

(4) 安设皮托管或静压管时，在测点之前至少有 3 m 长的风道支架良好，没有空顶、空帮、凹凸不平或堆积物等情况。

(5) 在局部阻力特别大的地方，应在前、后设置两个测点进行测量。但若时间紧急，局部阻力的测量可以留待以后进行，以免影响整个测量工作。

(6) 测点应按顺序编号并标注明显。为了减少正式测量时的工作量,可提前将测点间距、风道断面积测出。

待测量路线和测点位置选好后,要用不同颜色绘成测量路线示意图,并将测点位置、间距、标高和编号标注入图。

(三) 气压计法测量通风阻力

用气压计法测量通风阻力以逐点测定法为主,具体步骤为:

(1) 将两台仪器同放于基点处,将电源开关拨至"通"位置,等待 15～20 min 后,按"总清"键,记录基点绝对压力值。

(2) 按"差压"键,并将记忆开关拨于"记忆"位置,再将仪器的时间对准。

(3) 将一台仪器留于基点处测量基点的大气压力变化情况,每间隔 5 min 的倍数时间记录一次。

(4) 另一台仪器沿着测量路线逐点测定各测点的压力,测定时将仪器平放于测点,每个测点读数三次,也每间隔 5 min 的倍数时间记录一次。

(5) 测定时先测测点的相对压力,然后测风道断面平均风速和断面尺寸,最后测温度与湿度,并做好记录。如此逐点进行,直到将测点测完为止。

三、注意事项

(1) 由于地下系统通风状态是变化的,地下大气压的变化有时滞后于地面大气压的变化,在同一时间内变化幅度也与地面不同,所以校正用的气压计最好放于地面。

(2) 用通风综合参数检测仪测定平均风速和湿度时,由于受地下环境的影响较大,所以测得的结果往往误差较大,故在实际测定通风阻力时,一般用机械风表和湿度计测定测点的风道断面平均风速和湿度。

(3) 测定最好选在天气晴朗、气压变化较小和通风状况比较稳定的时间内进行。

任务实施

利用气压计法完成指定风道通风阻力测定,并填写如下任务单:

仪器设备名称及型号	
确定测定路线	
确定测点	
测定过程	
计算系统测定阻力	

思考与拓展

一、选择题

1. 通风网络中风流的基本定律包括(　　)。

A. 风量平衡定律　　B. 风压平衡定律　　C. 通风阻力定律　　D. 能量守恒定律

2. 由两条或两条以上分支彼此首尾相连、中间没有风流分汇点的线路称为(　　)。

A. 串联风路　　B. 并联风路　　C. 混联风路　　D. 角联风路

3. 并联风路中的某分支所分配的风量取决于并联网络总风阻与该分支(　　)之比。

A. 风量　　B. 风压　　C. 风阻　　D. 摩擦阻力系数

4. 保持各侧孔 $F_0\sqrt{p_j}$ 相等,可通过(　　)途径实现。

A. 各侧孔孔口面积 F_0 相等,风道断面变化

B. 风道断面相等,各侧孔孔口面积 F_0 变化

C. 同时变化风道断面、各侧孔孔口面积 F_0

D. μ 变化

5. 研究表明,当射流断面面积达到有限空间横断面面积的(　　)时,射流受限,成为有限空间射流。

A. 1/8　　B. 1/5　　C. 1/3　　D. 1/2

二、判断题

1. 风量平衡定律是指在稳态通风条件下,单位时间内流入某节点的空气体积等于流出该节点的空气体积。(　　)

2. 串联风路总风量等于各分支的风量之和。(　　)

3. 若要保持各侧孔流量系数 μ 相等,则出流角 α 要尽量大。(　　)

4. 换气效率为 100%,只有在理想的活塞流时才有可能。(　　)

5. 并联风路总风压(阻力)等于各分支风压(阻力)之和。(　　)

三、简答题

1. 分析自由淹没射流的特点。

2. 简述置换通风的原理。

四、作图题

绘制如下通风系统的能量坡度线。

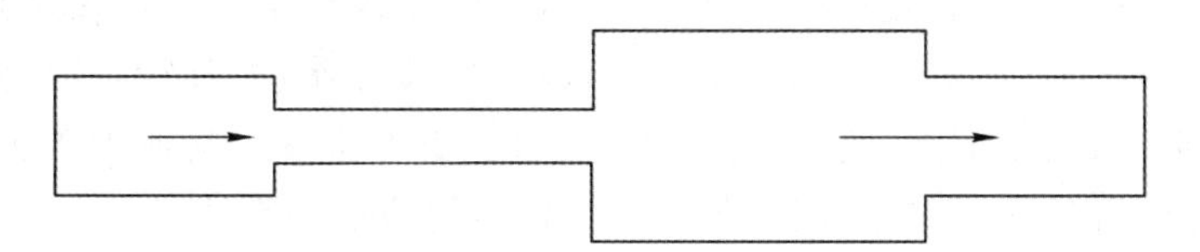

项目三 通风动力

项目三知识树

任务一 自 然 通 风

学习目标

1. 了解自然通风现象。
2. 掌握自然风压计算。
3. 理解自然风压的特性及影响因素。

素质目标

透过现象看本质，抓住事物主要矛盾。

知识链接

自然通风就是由有限空间内外空气的密度差、大气运动、大气压力差等自然因素引起的有限空间内外空气能量差促使有限空间的气体流动并与大气交换的现象。在这里，促使有限空间内气体流动的能量差就称为自然风压。

自然通风在很多情况下是有益的，如在建筑通风换气中，它不需要消耗机械动力，同时，在适宜的条件下又能获得很大的通风换气量，完成通风降温除湿以改善作业地点气象参数(热舒适)状态和通风换气以改善有限空间空气质量状态(如增加新鲜空气、排除各种毒害及爆炸气体等)两大功能，是一种经济的通风方式。自然通风在工业中的有益应用，主要有以下几种场合：一是单层工业厂房，这类厂房自然通风无须消耗动力就可获得较满意的通风换气效果；二是多层或高层工业建筑中的热车间等，这些建筑物中存在许多散热需要，大多都适合采用自然通风技术；三是特种(殊)建筑物、构筑物及容器，如各种坑道、隧道、地下空间建筑物、地下烟道、风道或烟囱、船舶、地面的变电所、变压器室及其他工矿企业特别专用建筑物或构筑物等的自然通风应用；四是各类建筑物中的防排烟系统。

在有些条件下，自然通风也有不利的一面，如建筑物发生火灾时，室内温度高于室外温

度，建筑物内的各种竖井成为拔火拔烟的垂直通道和火灾垂直蔓延的主要途径，助长了火势，扩大了灾情，如果燃烧条件具备，整个大楼顷刻间便可能形成一片火海；再如矿井通风中，当自然通风的作用方向与机械通风作用方向相反时，自然通风会减少机械通风量。另外，建筑物的自然通风也是一种难以有效控制的通风方式。因此，应该了解自然通风原理，充分发挥其有益作用，消除对生产、生活的不利影响。

一、自然通风的产生

1. 烟囱内外密度差形成的自然通风

当烟囱内有高温气体时，烟囱内部温度高于烟囱外部的温度，内部空气的密度要小于外部空气的密度，这样在烟囱底部的水平面上，就会使得烟囱外部的气压大于内部的气压，产生内外气压差（即自然风压），这种气压差会推动空气由烟囱的底部进入烟囱，形成一股上升的气流，沿着烟囱由烟囱的上端排出，这样自然通风就产生了，这也是通常所说的烟囱效应。

2. 工业厂房密度差形成的自然通风

如图 3-1-1 所示，工业厂房内有一定温度的热源，在外墙的不同高度上设有窗孔，设低处窗孔为 a，高处窗孔为 b，它们的高差为 h，窗孔外的静压分别为 p_a 和 p_b，窗孔内的静压分别为 p'_a 和 p'_b，厂房内外的空气密度和温度分别为 ρ_n、t_n 和 ρ_w、t_w，由于 $t_n > t_w$，所以 $\rho_n < \rho_w$。这时，作用在低处窗孔 a—a 平面的厂房外 h 高度的单位面积空气柱质量大于厂房内 h 高度的单位面积空气柱质量，即 a—a 平面的厂房外的静压大于厂房内的静压，其压力差使得房外的低温大气从窗孔 a 源源不断流入厂房内，并与厂房内热源进行热交换，产生气体膨胀。这样，在空气浮力作用下，低温气体产生热膨胀向上运动，并从窗孔 b 流出，产生了自然通风。

图 3-1-1 工业厂房密度差形成的自然通风

3. 矿井密度差形成的自然通风

图 3-1-2 所示为一个简化的矿井通风系统，2—3 为水平巷道，0—5 为通过系统最高点的水平线。如果把地表大气视为断面无限大、风阻为零的假想风路，则通风系统可视为一个闭合的回路。在冬季，由于空气柱 0—1—2 比 5—4—3 的平均温度低，而平均空气密度更大，导致两空气柱作用在 2—3 水平面上的重力不等。其重力之差就是该系统的自然风压。它使空气源源不断地从井口 1 流入，从井口 5 流出。在夏季时，若空气柱 5—4—3 比

0—1—2 温度低，而平均密度更大，则系统产生的自然风压方向与冬季相反。地面空气从井口 5 流入，从井口 1 流出，即由密度差产生了自然通风。

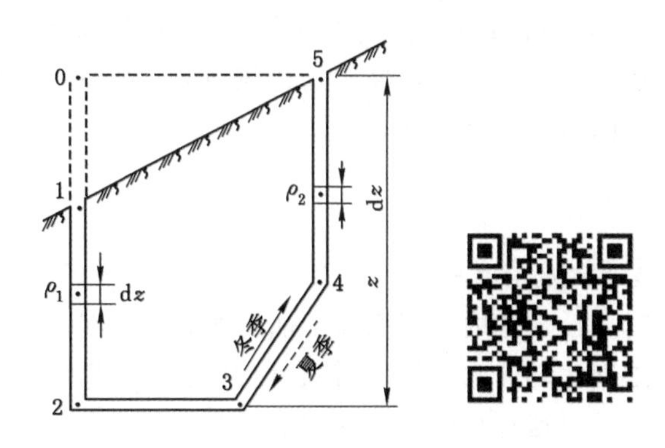

图 3-1-2　矿井密度差形成的自然通风

4. 大气运动形成的自然通风

如图 3-1-3 所示，室外大气运动气流与建筑物相遇时，其气流由于受阻而绕流通过，经过一定距离之后，气流才恢复绕流前的流动情况。在气流绕流建筑物时，建筑物四周的室外气流压力分布将发生变化，迎风面气流受阻，动压降低，静压升高，形成正压；侧面和背风面由于产生局部涡流，静压降低，形成负压。和远处未受干扰的气流相比，这种静压的升高或降低称为风压。静压升高，风压为正；静压降低，风压为负。风压为负值的区域称为空气动力阴影区。建筑物在风的作用下，由于其各表面上形成的压力不同，空气就会从压力较高的窗孔进入室内，从压力较低的窗孔流向室外，从而形成大气运动作用下的建筑物内的自然通风，如图 3-1-4 所示。

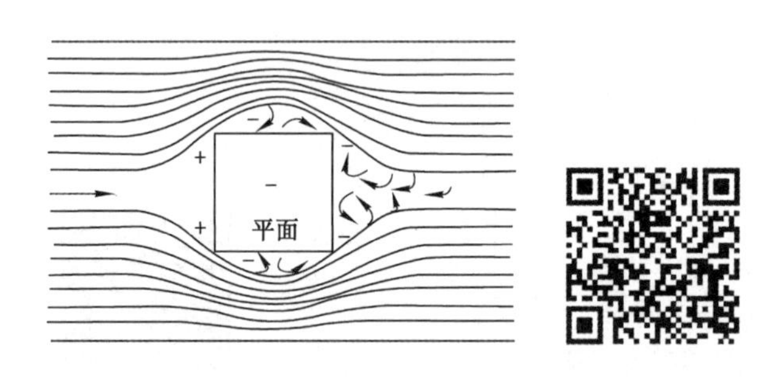

图 3-1-3　大气运动形成自然通风

从上面四个例子可看出，如某一有限空间存在与大气相连且具有一定高度差的两个通道，且其空气密度与大气密度不同或者大气运动时，就会产生自然通风。当有限空间空气温度与大气温度不同时，其密度不同，高、低温侧空气作用在与大气相连的通道的底部平面的空气柱重量（即静压）也不同，低温侧空气静压大，高温侧空气静压小，低温侧空气则会从底部通道流入高温侧空间，并与高温侧空间热源进行热交换，产生气体膨胀，这样，在空气浮力作用下，低温气体产生热膨胀向上运动，并从顶部通道流出，即产生自然通风。大气运动与建筑物（含矿山、隧道等特殊建筑物）相遇时，其气流绕流建筑物，建筑物迎风面气流受阻，静

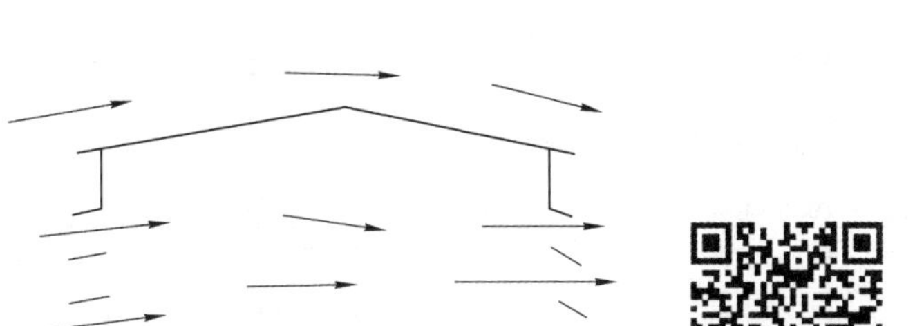

图 3-1-4　大气运动形成的室内自然通风

压升高，而建筑物侧面和背风面由于产生局部涡流，静压降低，空气就会从静压较高的通道进入建筑物内，从压力较低的通道流向建筑物外，从而形成大气运动作用下的建筑物内的自然通风。

二、自然风压的计算

1. 密度差形成的自然风压计算

由前三个例子可见，在一个有高差的闭合回路中，只要有限空间内外空气的温度或密度不等，则该回路就会产生自然风压。根据自然风压定义，图 3-1-2 所示系统的自然风压 H_N 可用下式计算：

$$H_N = \int_0^2 \rho_1 g \mathrm{d}z - \int_3^5 \rho_2 g \mathrm{d}z \tag{3-1-1}$$

式中　z——与大气温度或密度不等的有限空间高度，m；

g——重力加速度，m/s^2；

ρ_1、ρ_2——图 3-1-2 中 0—1—2 和 5—4—3 空间的 dz 段空气密度，kg/m^3。

空气密度受多种因素影响，与高度 z 呈复杂的函数关系。因此，利用式(3-1-1)计算自然风压较为困难。为了简化计算，一般以最低水平为界，分别测算出较大密度有限空间和较小密度有限空间的空气密度平均值 ρ_{m1} 和 ρ_{m2}，分别代替式(3-1-1)中的 ρ_1 和 ρ_2，则式(3-1-1)可写为：

$$H_N = zg(\rho_{m1} - \rho_{m2}) \tag{3-1-2}$$

式(3-1-2)同样适用于前两个例子等其他密度差形成的自然通风。

【例 3-1-1】　如图 3-1-2 所示的自然通风矿井，测得 $\rho_0 = 1.3\ kg/m^3$，$\rho_1 = 1.26\ kg/m^3$，$\rho_2 = 1.16\ kg/m^3$，$\rho_3 = 1.14\ kg/m^3$，$\rho_4 = 1.15\ kg/m^3$，$\rho_5 = 1.3\ kg/m^3$，$z_{0-1} = 45$ m，$z_{1-2} = 100$ m，$z_{3-4} = 65$ m，$z_{4-5} = 80$ m。试求该矿井的自然风压，并判断其风流方向。

解：假设风流方向由 0—1—2 井筒进入，由 3—4—5 井筒排出。

计算各测段的平均空气密度：

$$\rho_{0-1} = \frac{\rho_0 + \rho_1}{2} = \frac{1.3 + 1.26}{2} = 1.28\ (kg/m^3)$$

$$\rho_{1-2} = \frac{\rho_1 + \rho_2}{2} = \frac{1.26 + 1.16}{2} = 1.21\ (kg/m^3)$$

$$\rho_{3-4} = \frac{\rho_3 + \rho_4}{2} = \frac{1.14 + 1.15}{2} = 1.145\ (kg/m^3)$$

$$\rho_{4-5} = \frac{\rho_4 + \rho_5}{2} = \frac{1.15 + 1.3}{2} = 1.225\ (\text{kg/m}^3)$$

计算进、出风井两侧空气柱的平均密度：

$$\rho_{均进} = \frac{z_{0-1} \times \rho_{0-1} + z_{1-2} \times \rho_{1-2}}{z_{0-1} + z_{1-2}} = \frac{45 \times 1.28 + 100 \times 1.21}{45 + 100} \approx 1.23\ (\text{kg/m}^3)$$

$$\rho_{均回} = \frac{z_{3-4} \times \rho_{3-4} + z_{4-5} \times \rho_{4-5}}{z_{3-4} + z_{4-5}} = \frac{65 \times 1.145 + 80 \times 1.225}{65 + 80} \approx 1.189\ (\text{kg/m}^3)$$

则有：

$$H_{自} = (\rho_{均进} - \rho_{均回})gz = (1.23 - 1.189) \times 9.81 \times 145 \approx 58.32\ (\text{Pa})$$

求得的 $H_{自}$ 为正值，说明风流方向与假设方向一致，从 0—1—2 井筒进入，由 3—4—5 井筒流出。

2. 大气运动(风压)形成的自然风压计算

建筑物周围的风压分布与该建筑物的几何形状及风向有关。风向一定时，建筑物外表面上某一点的风压大小和室外气流的动压成正比，H_N可以用下式表示：

$$H_N = A\frac{\rho_w v_w^2}{2} \tag{3-1-3}$$

式中　A——空气动力系数；

v_w——室外空气流速，m/s；

ρ_w——室外空气密度，kg/m³。

空气动力系数 A 值为正，说明该点的风压为正值；A 值为负，说明该点的风压为负值。不同形状的建筑物在不同方向的风力作用下，空气动力系数的分布是不同的。其值可在风洞内通过模型测试得到。一般来说，在正方形或矩形建筑物的迎风侧 A 值为 0.5～0.9，背风侧 A 值为－0.3～－0.6；在平行风向的侧面或与风向稍有角度的侧面 A 值为－0.1～－0.9；倾角在30°以下的屋面前缘 A 值为－0.8～－1.0，其余部分 A 值为－0.2～－0.8；大倾角屋面迎风侧 A 值为 0.2～0.3，背风侧 A 值为－0.5～－0.7。

式(3-1-3)表明，在同一建筑物的外围结构上，如果有两个风压值不同的窗孔，则空气动力系数大的窗孔将会进风，空气动力系数小的窗孔将会排风，形成贯通室内的空气流，这种自然通风模式称为"穿堂风"。

3. 密度差与大气运动(风压)合成的自然风压计算

$$H_N = zg(\rho_{m1} - \rho_{m2}) + A\frac{\rho_w v_w^2}{2} \tag{3-1-4}$$

三、自然风压的特性

(1) 形成自然风压的主要原因是风道进、出口两侧的空气柱重量差。不论有无机械通风，只要风道进、出口两侧存在空气柱重量差，就一定存在自然风压。

(2) 自然风压的大小和方向取决于风道进、出口两侧空气柱的重量差的大小和方向。这个重量差，又受风流进、出口两侧的空气柱的密度和高度影响，而空气柱的密度取决于大气压力、空气温度和湿度。由于自然风压受上述因素的影响，所以自然风压的大小和方向会随季节变化，甚至昼夜之间也可能发生变化，单独用自然风压通风是不可靠的。

(3) 自然风压与风道高差、与空气柱的密度成正比，因而与风道空气大气压力成正比，与温度成反比。地面气温对自然风压的影响比较显著，一般来说，由于矿井出风侧气温常年变化不大，而浅井进风侧气温受地面气温变化影响较大，深井进风流气温受地面气温变化的影响较小，所以矿井进、出风井井口的标高差越大，矿井越浅，矿井自然风压受地面气温变化的影响也越大，一年之内不但大小会变化，甚至方向也会发生变化；反之，深井自然风压一年之内大小虽有变化，但一般没有方向上的变化。

(4) 主要通风机工作对自然风压的大小和方向也有一定的影响。例如，在矿井通风中主要通风机的工作决定了风流的主要流向，风流长期与围岩进行热交换，在进风井周围形成了冷却带，此时即使风机停转或通风系统改变，进、回风井筒之间仍然会存在气温差，从而仍在一段时间之内有自然风压起作用，有时甚至会干扰主要通风机的正常工作，这在建井时期表现尤为明显，需要引起注意。

四、自然风压的影响因素

1. 密度差形成自然风压的影响因素

由式(3-1-2)可见，影响自然风压的决定性因素是两侧空气柱的密度差，而空气密度又受温度、大气压、气体常数和相对湿度等因素影响。因此，影响自然风压的因素可用下式表示：

$$H_N = f(\rho z) = f[\rho(T,p,R,\varphi)z] \tag{3-1-5}$$

(1) 温度差：某一回路中两侧空气柱的温度差是影响 H_N 的主要因素。影响温度差的主要因素是大气气温和风流与有限空间内的热交换。大陆性气候的山区浅井及地面有限空间，自然风压大小和方向受地面气温影响较为明显，一年四季甚至昼夜之间都有明显变化。对于地下比较深的通风管道，其自然风压受围岩热交换影响比浅井显著，一年四季的变化较小，有的可能不会出现负的自然风压。

(2) 空气成分和湿度：空气成分和湿度影响空气的密度，因而对自然风压也有一定影响，但影响较小。

(3) 与大气温度或密度不等的有限空间高度：由式(3-1-2)可见，当两侧空气柱温差一定时，自然风压与回路最高与最低点(水平)间的高差 z 成正比。

(4) 大气压力：大气压力影响空气的密度，因而对自然风压也有一定影响。

2. 大气运动(风压)形成自然风压的影响因素

由式(3-1-3)可见，影响自然风压的因素有空气动力系数、室外空气流速、室外空气密度，不同形状的建筑物在不同方向的风力作用下空气动力系数的分布是不同的，空气密度又受温度 T、大气压 p、气体常数 R 和相对湿度 φ 等因素影响。

应当指出，自然界中由于风向和风速在不断地变化，大气压力基本稳定，因此在通风设计中，为保证通风的效果，自然通风仅以密度差形成自然风压作用计算。

实训任务　典型通风系统自然风压测定

任务描述

学习并掌握典型通风系统自然风压测定的原理和方法。

任务引导

一、测定原理

在矿井通风设计、日常通风管理和通风系统调整中，为了确切地考虑自然风压的影响，必须对自然风压进行定量分析，为此需要掌握自然风压的测算方法。

1. 平均密度测算法

自然风压可根据式(3-1-2)进行测算。

为了测定通风系统的自然风压，以最低水平为基准面(线)，将通风系统分为两个高度均为 z 的空气柱，一个称为进风空气柱，一个称为回风空气柱(有时也含有部分进风段)。如图 3-1-5 所示，为了准确地求得高度 z 内空气柱的平均密度，应在密度变化较大的地方，如井口、井底、倾斜风道的上下端及风温变化较大和变坡的地方布置测点，并在较短的时间内测出各点风流的绝对静压力(p)、干湿球温度(t_d、t_w)、湿度(φ)。两测点间高差不宜超过 100 m (以 50 m 为宜)。若各测点间高差相等，可用算术平均法求各点密度的平均值，即：

$$\rho_m = \frac{1}{n}\sum_{i=1}^{n}\rho_i \tag{3-1-6}$$

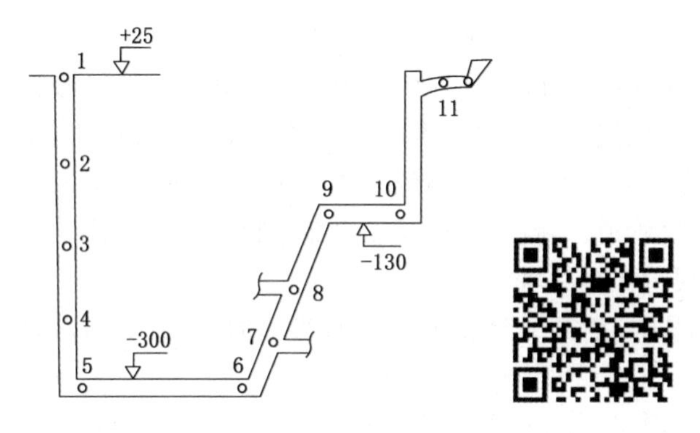

图 3-1-5 某矿测定自然风压测点布置图

若高差不等，则按高度加权平均求其平均值，即：

$$\rho_m = \frac{1}{z}\sum_{i=1}^{n}z_i\rho_i \tag{3-1-7}$$

式中 ρ_i——i 测段的平均空气密度，kg/m³；

z_i——i 测段高差，m；

z——总高差，m；

n——测段数。

此方法一般配合矿井通风阻力测定进行，也是目前普遍使用的方法。

2. 直接测定法

当主要通风机的风硐中安有闸门且水柱计安装在闸门靠井筒一侧时，风机停止运转后放下闸门，水柱计的示值即通风系统的自然风压，如图 3-1-6 所示。也可采用在通风系统的总进风系统或总回风系统某处设置密闭墙隔断总风流，用压差计测出密闭墙两侧的压差，此值即为该回路的自然风压。这种测算要求密闭墙尽可能严密，否则读数偏低。密闭墙的位置可以任意选定,但要能完全隔断总风流。

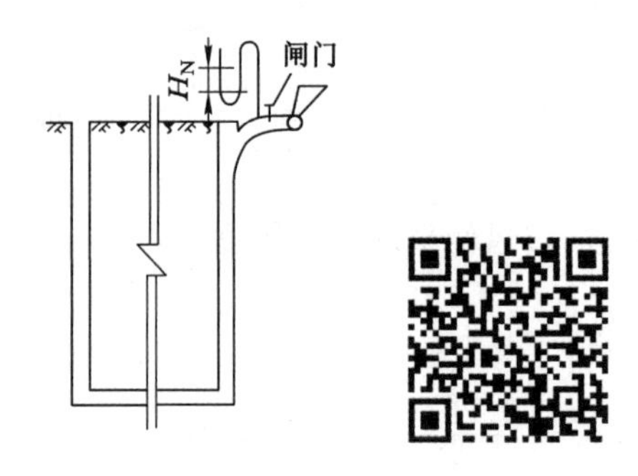

图 3-1-6 闸门法测定自然风压示意图

应用上述方法测定时既要等风流停滞(停风后等待 10～15 min),又要动作迅速,防止因停风时间过长空气的密度发生变化,影响测定精度。

3. 停主要通风机时测定自然通风的风量计算自然风压

利用正常通风时通风系统参数计算出通风系统的总风阻 R,停止运行通风机时测定系统的总进(或回)风量,则通风系统的自然风压为:

$$H_N = RQ^2 \tag{3-1-8}$$

4. 简略计算法

对于新设计或延深、扩建矿井的自然风压仍可用式(3-1-2)计算,但式中两侧空气柱平均密度值需进行估算。由气体状态方程近似可得:

$$\rho_{m1} = \frac{p}{RT_{m1}}, \quad \rho_{m2} = \frac{p}{RT_{m2}} \tag{3-1-9}$$

式中 p——矿井最高点与最低水平间的平均气压,Pa;

T_{m1}、T_{m2}——进、回风侧空气柱的平均气温,K;

R——空气的气体常数,J/(kg·K)。

将式(3-1-9)代入式(3-1-2)得:

$$H_N = gz\frac{p}{R}\left(\frac{1}{T_{m1}} - \frac{1}{T_{m2}}\right) \tag{3-1-10}$$

T_{m1} 和 T_{m2} 可参考本矿或附近矿井的资料确定,也可按下述方法估算:

(1) 以该地区最冷或最热月份的月平均气温作为该矿最冷或最热时期进风井口气温。

(2) 井底气温可按比该处原岩温度低 3～4 ℃考虑。

(3) 回风井风流温度按每上升 100 m 降低 1 ℃估算平均值。

若专门考察矿井的自然风压而进行的测定,其测定时间应选择在冬季最冷或夏季最热以及春、秋有代表性的月份,一个回路的测定时间应尽量短,并选择在地面气温变化较小的时间内进行。

二、测定方法

【例 3-1-2】 如图 3-1-5 所示的通风系统,在利用气压计法测定该系统通风阻力的同时,测得了图中各测点的空气密度,见表 3-1-1。求此系统自然风压 H_N。

表 3-1-1　某通风系统不同标高处空气密度测算结果

测点	1	2	3	4	5	6	7	8	9	10	11
标高/m	+25	−60	−150	−220	−300	−300	−250	−200	−130	−130	+25
密度/(kg/m³)	1.215	1.229	1.243	1.275	1.299	1.287	1.246	1.231	1.201	1.199	1.177

解:根据式(3-1-7)计算进、回风侧平均空气密度 ρ_{m1-5}、ρ_{m6-11}:

$$\begin{aligned}\rho_{m1-5} &= \frac{1}{z}\sum_{i=1}^{5} z_i\rho_i \\ &= \frac{1}{325}\times\left(85\times\frac{1.215+1.229}{2}+90\times\frac{1.229+1.243}{2}+70\times\right. \\ &\quad\left.\frac{1.243+1.275}{2}+80\times\frac{1.275+1.299}{2}\right) \\ &\approx 1.250\ (\mathrm{kg/m^3})\end{aligned}$$

同理求得:

$$\rho_{m6-11} = 1.213\ \mathrm{kg/m^3}$$

由式(3-1-2)计算出该系统的自然风压 H_N:

$$H_N = gz(\rho_{m1-5}-\rho_{m6-11}) = 9.8\times 325\times(1.250-1.213)\approx 117.8\ (\mathrm{Pa})$$

任务实施

完成指定通风系统自然风压测定,测试通风系统自然风压实质就是测定风道内各测点的空气密度及系统高度。要测得空气密度,只需测量空气绝对静压、温度和湿度,并填写如下任务单:

仪器设备名称及型号	
各测点的密度测定过程	
计算各测点的密度	
各测点的高度测定过程	
各测点的高度	
计算系统自然风压	

思考与拓展

一、选择题

1. 自然通风就是由有限空间内外空气的(　　)等自然因素引起的有限空间内外空气能量差促使有限空间的气体流动并与大气交换的现象。

A. 密度差　　B. 大气运动　　C. 大气压力差　　D. 湿度差

2. 一般来说，在正方形或矩形建筑物的迎风侧 A 值为(　　)，背风侧 A 值为－0.3～－0.6。

A. 0.2～0.3　　B. 0.4～0.5　　C. 0.5～0.7　　D. 0.5～0.9

3. 自然风压与风道高差(　　)。

A. 成反比　　B. 成正比　　C. 相等　　D. 无关

4. 某一通风网络中两侧空气柱的(　　)是影响自然风压的主要因素。

A. 高差　　B. 温差　　C. 压差　　D. 湿度差

5. 自然风压的大小和方向，取决于风道进、出口两侧空气柱的(　　)的大小和方向。

A. 压力差　　B. 密度差　　C. 体积差　　D. 重量差

二、判断题

1. 在一个有高差的闭合回路中，只要有限空间内外空气的温度或密度不等，则该回路就会产生自然风压。(　　)

2. 自然通风都是有益的。(　　)

3. 自然风压的大小和方向不会随季节变化。(　　)

4. 主要通风机工作对自然风压的大小和方向没有影响。(　　)

5. 大气压力影响空气的密度，因而对自然风压没有影响。(　　)

三、简答题

1. 何为烟囱效应?

2. 分析自然风压的特征。

3. 分析影响自然风压的因素。

任务二　机械通风

学习目标

1. 了解通风机械的种类。

2. 理解通风机械的工作原理。

3. 理解离心式、轴流式通风机个体特性曲线。

4. 了解无因次系数与类型特性曲线和比例定律与通用特性曲线。

5. 掌握通风机工况点调节方法。

6. 理解通风机联合运转规律。

素质目标

培养科学严谨的工作作风。

知识链接

一、通风机械的分类

通风机械是各个工业领域中不可缺少的设备，通风机械类型非常多，应用面极其广泛且量大。据统计，通风机械设备用电量占全国发电量的10%左右。

（一）按气流运动方向分类

按气流运动方向分类，通风机可分为以下四种：

1. 离心式通风机

气流进入旋转的叶片通道，在离心力作用下气体被压缩并沿着半径方向流动，如图3-2-1所示。

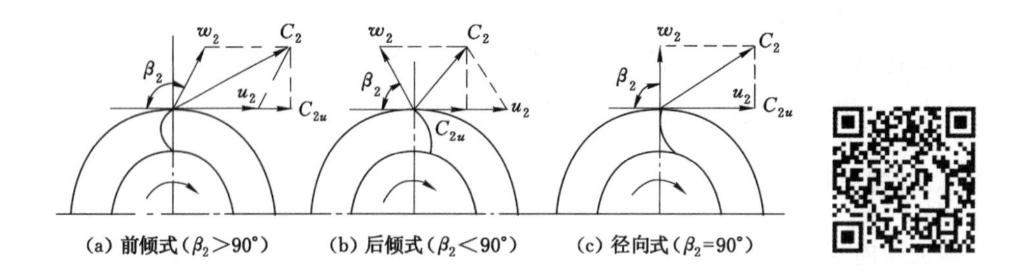

图3-2-1　叶片出口构造角与风流速度图

如将流道出口处风流相对速度 w_2 的方向与圆周速度 u_2 的反方向夹角称为叶片出口构造角，以 β_2 表示，则根据出口构造角 β_2 的大小，离心式通风机又可分为以下几种：

(1) 前倾式：又称前向叶轮式，它是叶片出口几何构造角大于90°的离心式叶轮。前向叶轮一般采用圆弧形叶片，较后向和径向叶轮获得的压力大，但效率较低。如果对通风机压力要求较高，转速或圆周速度又受到一定限制时，往往选用前向叶轮。

(2) 后倾式：又称后向叶轮式，它是叶片出口几何构造角小于90°的离心式叶轮。后向叶轮通风机在离心通风机中效率最高，适用于风量范围宽的场合。

(3) 径向式：又称径向叶轮式，它是叶片出口几何构造角等于90°的离心式叶轮。径向叶轮通风机压力系数较高（仅次于多叶通风机），小型轻量，适用于磨损较严重的场合，效率略低于后向通风机。

2. 轴流式通风机

气流轴向进入风机叶轮后，在旋转叶片的流道中沿着轴线方向流出的通风机，称为轴流

式通风机。相对于离心式通风机，轴流式通风机具有流量大、体积小、压头低的特点，用于有灰尘和腐蚀性气体场合时需注意。

3. 斜流式(混流式)通风机

在通风机的叶轮中，气流的方向处于轴流式和离心式之间，近似沿锥面流动，故可称为斜流式(混流式)通风机。这种风机的压力系数比轴流式风机高，流量系数比离心式风机高。

4. 横流式通风机

横流式通风机也称贯流式通风机，其内有一个筒形的多叶叶轮转子，气流沿着与转子轴线垂直的方向，从转子一侧的叶栅进入叶轮，然后穿过叶轮转子内部，通过转子另一侧的叶栅，将气流排出。这种风机具有薄而细长的出口截面、不必改变流动方向等特点，适于装置在各种扁平或细长形的设备里。这种风机动压较高、气流不乱，但效率较低。

(二) 按产生风流的方式分类

按产生风流的方式分类，通风机可分为以下两种：

1. 叶轮旋转式通风机

这类通风机通过电机使得叶轮旋转而产生风量、风压，也就是通常所称的通风机。它比流体射流通风机效率高，应用非常广泛。

2. 流体射流通风机

这类通风机通过一定压力的液体或气体在风道中射流卷吸作用喷射而产生风量、风压，效率比较低，但它无机械运转设备，在一定场合下，如在有爆炸性气体或粉尘场所，完全无碰撞、摩擦火源，能显示出其优越性。

(三) 按比转速大小分类

按比转速(达到单位流量和压力所需的转速)大小分类，通风机可分为以下三种：

1. 低比转速通风机

该类风机($n_s=11\sim30$)进口半径小，工作轮宽度不大，蜗壳的宽度和张开度小，工作轮叶片可以是前向的也可以是后向的。通风机的比转速越小，叶片形状对气动特性曲线的影响越小。

2. 中比转速通风机

该类风机($n_s=30\sim60$)各自具有不同的几何参数和气动参数。压力系数大的和压力系数小的中比转速通风机，它们的比直径几乎相差一倍。

3. 高比转速通风机

该类风机($n_s=60\sim81$)具有宽工作轮和后向叶片，叶片数较少，压力系数和最大效率值较高。

通常，离心式通风机的比转速 $n_s=15\sim80$；混流式通风机的比转速 $n_s=80\sim120$；轴流式通风机的比转速 $n_s=100\sim500$。

（四）按通风机服务范围分类

按通风机服务范围，可分为主要通风机和局部通风机。主要通风机是指为整个通风系统服务的通风机，局部通风机是指为通风系统局部地段服务的通风机。如以矿井为例，安设在地面为整个矿井服务的通风机为主要通风机，为矿井施工地点服务的通风机为局部通风机。

（五）按用途分类

按通风机的用途分类（表3-2-1），一般可分为以下七类：

表 3-2-1　通风机按用途分类表

序号	通风机名称	代号		用途	通风机类型
		汉字	缩写		
1	通用通风机	通用	T	一般通用通风换气	离心式、轴流式
2	锅炉通风机	锅通	G	热电及工业锅炉输送空气	离心式、轴流式
3	锅炉引风机	锅引	Y	热电及工业锅炉抽引烟气	离心式、轴流式
4	高温通风机	高温	W	高温气体输送	离心式、轴流式
5	冷却通风机	冷却	L	工业冷气水通风	一般为离心式
6	热风通风机	热风	R	吹热风	离心式、轴流式
7	降温通风机	凉风	LF	吹降温凉风	轴流式、离心式
8	防爆通风机	防爆	B	易爆气体通风换气	离心式、轴流式
9	防腐通风机	防腐	F	腐蚀气体通风换气	离心式、轴流式
10	矿井通风机	矿井	K	矿井主要通风	离心式、轴流式
11	矿用局部通风机	矿局	KJ	矿井局部通风	多为防爆轴流式
12	隧道通风机	隧道	SD	隧道通风换气	多为轴流式
13	船舶通风机	船通	CT	舰船用通风换气	离心式、轴流式
14	船锅通风机	船锅通	CG	船用锅炉输送空气	离心式、柚流式
15	船锅引风机	船锅引	CY	船用锅炉抽引烟气	离心式、轴流式
16	排尘通风机	尘	C	木屑、纤维及尘气输送	多为离心式
17	粉末通风机	粉末	FM	物料和粉末输送	多为离心式
18	煤粉通风机	煤粉	M	锅炉燃烧系统煤粉输送	多为离心式
19	烧结抽风机	烧结	SJ	烧结炉排送烟气	多为离心式
20	工业炉通风机	工业炉	GY	锻造、冶金炉等鼓引风	离心式

表 3-2-1(续)

序号	通风机名称	代号		用途	通风机类型
		汉字	缩写		
21	纺织通风机	纺织	FZ	纺织工业通风换气	离心式、轴流式
22	烟气再循环风机	烟循	YX	烟气再循环	离心式、轴流式
23	消防排烟风机	消防排烟	XP	高层建筑、车库等消防排烟	轴流式、离心式
24	空调通风机	空调	KT	空气调节	离心式、轴流式
25	电影机械冷却通风机	影机	YJ	电影机械冷却烘干	离心式
26	微型电动吹风机	电动	DD	一般吹风	轴流式

1. 一般用途通风机

这种通风机只适宜输送温度低于 80 ℃的气体等。

2. 排尘通风机

这种通风机适用于输送含尘气体。为了防止磨损,可在叶片表面渗碳或喷镀三氧化二铝、硬质合金钢等,或焊上一层耐磨焊层(如碳化钨等)。

3. 高温通风机

锅炉引风机输送的烟气温度一般在 200～250 ℃,在该温度下碳素钢材的物理性能与常温下相差不大,所以,一般锅炉引风机的材料与一般用途通风机相同。若输送气体温度在 300 ℃以上时,则应用耐热材料制作,且滚动轴承应采用空心轴水冷结构。

4. 防爆通风机

该类型通风机选用与砂粒、铁屑等物料碰撞时不产生火花的材料制作。对于防爆等级低的通风机,叶轮用铝板制作,机壳用钢板制作;对于防爆等级高的通风机,叶轮、机壳则均用铝板制作,并在机壳和轴之间增设密封装置。

5. 防腐通风机

防腐通风机输送的气体介质较为复杂,所用材质因气体介质而异。有些工厂在通风机叶轮、机壳或其他与腐蚀性气体接触的零部件表面喷镀一层塑料,或涂一层橡胶,或刷多遍防腐漆,以达到防腐目的,效果很好,应用广泛。另外,用过氯乙烯、酚醛树脂、聚氯乙烯和聚乙烯等有机材料制作的通风机(即塑料通风机、玻璃钢通风机),质量轻、强度大、防腐性能好,已有广泛应用;但这类通风机刚度差、易开裂。

6. 消防用排烟通风机

这是一类供建筑物消防排烟的专用通风机,具有耐高温的特点。能在 400 ℃高温下连续运行 100 min 以上且在 100 ℃温度下可以连续运行 20 h 而不发生故障或损坏。目前在高层建筑的防排烟通风系统中广泛应用。HTF、GYF、GXF 系列通风机均属这一类型。

7. 屋顶通风机

这类通风机均因直接安装于建筑物的屋顶上而得名。其材料可用钢制或玻璃钢制，有离心式和轴流式两种。这类通风机常用于各类建筑物的室内换气，施工安装极为方便。

二、通风机械的构造及工作原理

(一) 离心式通风机的构造和工作原理

1. 离心式通风机构造

离心式通风机一般由进风口、工作轮(叶轮)、螺形机壳和扩散器等部分组成。有的型号的通风机在入风口中还装有前导器。图 3-2-2 所示为 G4-73-11 型离心式通风机的构造。工作轮是对空气做功的部件，由呈双曲线形的前盘、呈平板状的后盘和夹在两者之间的轮毂以及固定在轮毂上的叶片组成。

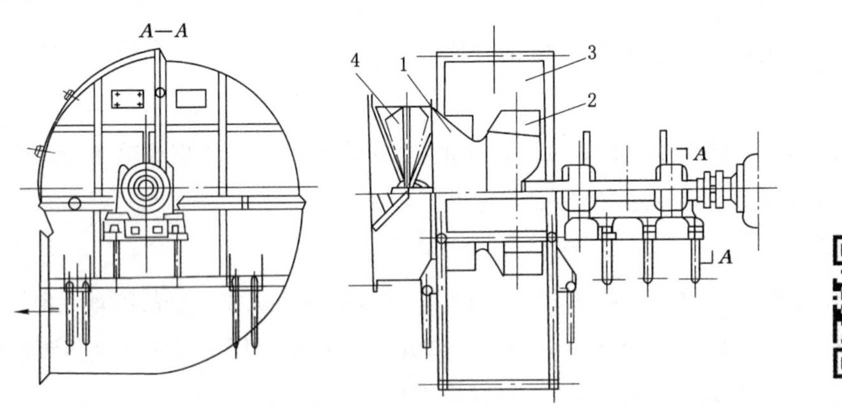

1—进风口；2—工作轮；3—螺形机壳；4—前导器。

图 3-2-2 G4-73-11 型离心式通风机

吸风口有单吸和双吸两种。在相同的条件下，双吸通风机动轮宽度是单吸通风机的 2 倍。在吸风口与动轮之间装有前导器(有些通风机无前导器)，使进入动轮的气流发生预旋绕，以达到调节性能的目的。

2. 离心式通风机工作原理

当电机通过传动装置带动叶轮旋转时，叶片流道间的空气随叶片旋转而旋转，获得离心力，经叶端被抛出叶轮，进入机壳。在机壳内速度逐渐减小，压力升高，然后经扩散器排出。与此同时，在叶片入口(叶根)形成较低的压力(低于吸风口压力)，于是，吸风口的风流便在此压差的作用下流入叶道，自叶根流入、从叶端流出，如此源源不断，形成连续的流动。

3. 离心式通风机常用型号

目前我国煤矿使用的离心式通风机主要有 K4-73、G4-73 型等。这些通风机具有规格齐全、效率高和噪声低等特点。型号参数的含义以 K4-73-01№32 型为例说明如下：

K——矿用；

4——效率最高点压力系数的 10 倍，取整数；

73——效率最高点比转速，取整数；

0——通风机进风口为双面吸入；

1——第一次设计；

№32——通风机机号，为叶轮直径，dm。

（二）轴流式通风机构造和工作原理

风流沿动（叶）轮轴线方向流进，又沿其轴线方向流出的通风机称为轴流式通风机。矿用二级轴流式通风机按其两级动轮旋转方向有对旋式和非对旋式两种。为了便于区别，前者名中一般加“对旋”二字，否则，即为不对旋的轴流式通风机。

1. 轴流式通风机构造

图 3-2-3 所示的轴流式通风机主要由进风口、叶轮、整流器、风筒、扩散器（芯筒）和传动部件等部分组成。

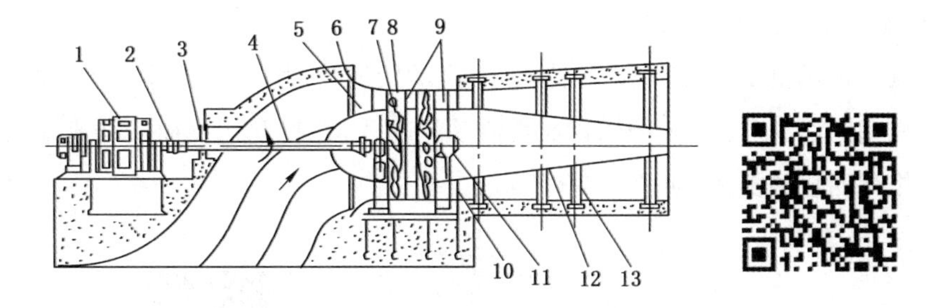

1—电机；2—联轴器；3—前隔板；4—主轴；5—进风口；6—中隔板；7—叶轮；
8—主体风筒；9—整流器；10—后隔板；11—轴承；12—环形扩散器；13—拉筋板。

图 3-2-3　轴流式通风机构造

进风口是由集流器与疏流罩构成，其断面逐渐缩小的进风通道使进入叶轮的风流均匀，以减小阻力，提高效率。

叶轮是由固定在轴上的轮毂和以一定角度安装在其上的叶片组成。叶片的形状为梯形，横断面为翼形。沿高度方向可做成扭曲形，以消除和减小径向流动。叶轮的作用是增加空气的全压。叶轮有一级和二级两种。二级叶轮产生的风压是一级的 2 倍。整流器安装在每级叶轮之后，为固定轮。其作用是整直由叶片流出的旋转气流，减小动能和涡流损失。环形扩散器（芯筒）是使从整流器流出的气流逐渐扩大到全断面，部分动压转化为静压。

图 3-2-4 所示为对旋式轴流式通风机，主要由入口集流器、前主体筒、一级防爆电机、一级中间筒、一级叶轮、二级中间筒、二级叶轮、后主体筒、二级防爆电机、扩散器（消声器）、扩散塔等部件组成。

对旋式轴流式通风机的特点是：一级叶轮和二级叶轮直接对接，旋转方向相反；机翼形

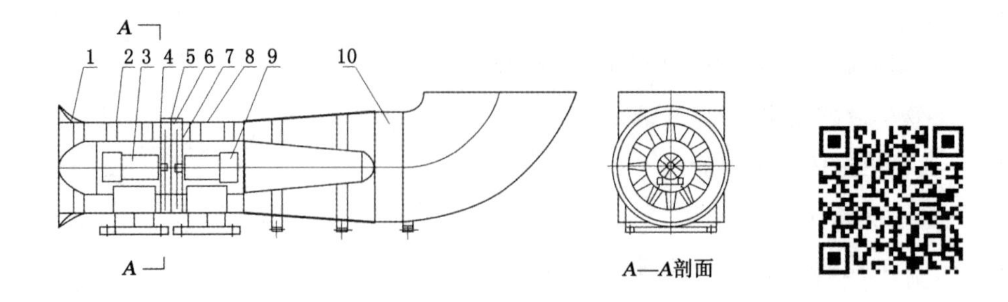

1—集流器；2—前主体筒；3—一级防爆电机；4—一级中间筒；5—一级叶轮；
6—二级中间筒；7—二级叶轮；8—后主体筒；9—二级防爆电机；10—扩散器。

图 3-2-4　对旋式轴流式通风机结构

叶片的扭曲方向也相反，两级叶片数和安装角不一定相等；电机为防爆型，安装在主风筒中的密闭罩内，与通风机流道中的含瓦斯气流隔离，密闭罩中有扁管与大气相通，以达到散热目的。此种通风机可进行反转反风。

2. 轴流式通风机工作原理

在轴流式通风机中，风流流动的特点是：当动轮转动时，气流沿等半径的圆柱面旋绕流出。用与机轴同心、半径为 R 的圆柱面切割动轮叶片，并将此切割面展开成平面，就得到了由翼剖面排列而成的翼栅，如图 3-2-5 所示。

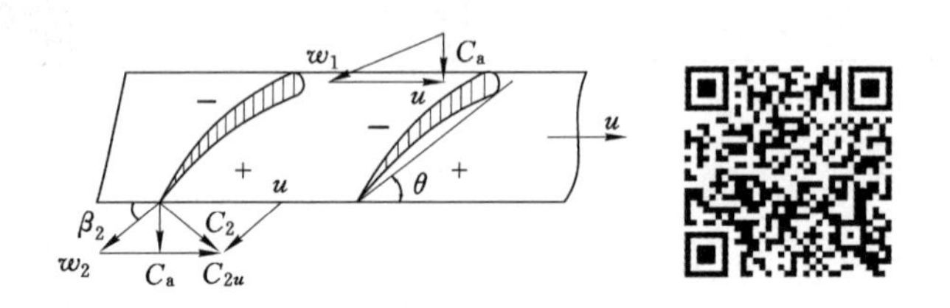

图 3-2-5　轴流式通风机翼栅

在叶片迎风侧作一外切线称为弦线。弦线与动轮旋转方向(u)的夹角称为叶片安装角，以 θ 表示。它可根据需要在规定范围内调整，但每个动轮上的叶片安装角 θ 必须保持一致。

当动轮旋转时，翼栅即以圆周速度 u 移动。处于叶片迎面的气流受挤压，静压增加；与此同时，叶片背面的气体静压降低，翼栅受压差作用，但受轴承限制，不能向前运动，于是叶片迎面的高压气流由叶道出口流出，翼背的低压区“吸引”叶道入口侧的气体流入，形成穿过翼栅的连续气流。

对旋式轴流式通风机的二级叶轮相对于一级叶轮反向旋转。气体进入一级叶轮获得能量，再经二级叶轮升压后排出。二级叶轮兼具整流器(静叶栅)的功能，在获得整直圆周速度分量的同时，给气体以能量。所以，对旋式轴流式通风机的气动性能在很大程度上取决于两级叶轮流动的匹配，并且要求工况在一定的变动范围内也能保持这种协调。

3. 轴流式通风机常用型号

目前我国煤矿在用的轴流式通风机有ANN、GAF、BD或BDK(对旋式)和2K58等系列。型号参数的含义以2K60-1-№24型为例说明如下：

2——两级叶轮；

K——矿用；

60——轮毂比的100倍；

1——结构设计序号；

№24——叶轮直径,dm。

(三) 流体射流通风器的构造和工作原理

流体射流通风器又称引射器,可分为水气射流通风器和气气射流通风器。

1. 水气射流通风器

水气射流通风器是由喷嘴、吸入室、喉管、扩散器以及风筒等部件组成,它是通过各部件的综合作用来完成的,其工作原理与液气射流泵相似,如图3-2-6所示。

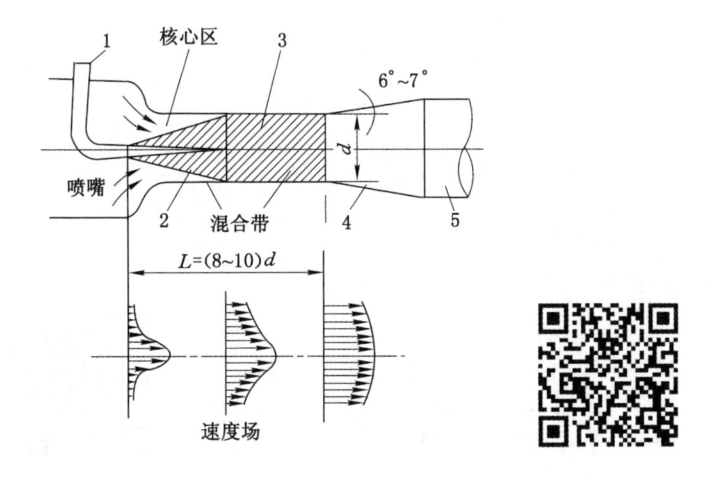

1—喷嘴;2—吸入室;3—喉管;4—扩散器;5—风筒。

图3-2-6　水气射流通风器工作原理示意图

首先,压力水通过喷嘴高速喷射出时,与静止的空气存在速度不连续的间断面,间断面受到不可避免的干扰,失去稳定而产生涡旋,涡旋卷吸周围空气进入射流,同时不断移动、变形、分裂,产生紊动,这样,由于喷嘴出口处射流边界层的紊动扩散及黏滞作用,水射流与空气产生动量交换,使之产生负压而将气体从吸入室及外界卷吸到喉管。然后,水射流到达喉管时,因喉管断面最小,射流在喉管处的速度增至最高,其气压也降到最低,这样,由于喉管入口处的气压低于吸入室及外界的气压,其气压差促使吸入室内及外界空气向喉管流动。其次,射流在喉管运动中,水射流和空气呈多相混合运动,它们进行能量和质量的传递,压力水速度减小,被吸空气速度增大,结果又使外界及吸入室的气体增加。最后,射流水在扩散器运动时，水气速度也已经基本一致，由于扩散器断面呈增大趋势，水气速度减小，使得水气混合物的部分动能转化成压能，又增加了抽吸和压缩的效果。

2. 气气射流通风器

气气射流通风器的原理、结构与水气射流通风器基本相同，不同的是：它采用一定压力的压缩空气作为工作流体进行喷射而产生风量和风压。气气射流通风器有两种：一种是中心喷射式气气射流通风器，另一种是环隙喷射式气气射流通风器。环隙式气气射流通风器的结构如图 3-2-7 所示，它是由压气接头、集风器、环形气室、环缝间隙、凸缘、喷嘴和扩散器等组成的。压气经过滤后，由进气管进入环形气室，从环缝间隙、喷嘴喷出，沿凸缘表面流动，并在凸缘表面附近产生负压区，使外界空气沿集风器流入，与高速射流混合后，通过扩散器使动能大部分转化为压能，用以克服通风阻力。环隙式气气射流通风器的工作气压一般在 0.4～0.5 MPa，环缝间隙宽度为 0.09～0.15 mm，引射风量为 40～140 m^3/min，通风压力为 255～1 080 Pa，耗气量为 3～6 m^3/min。

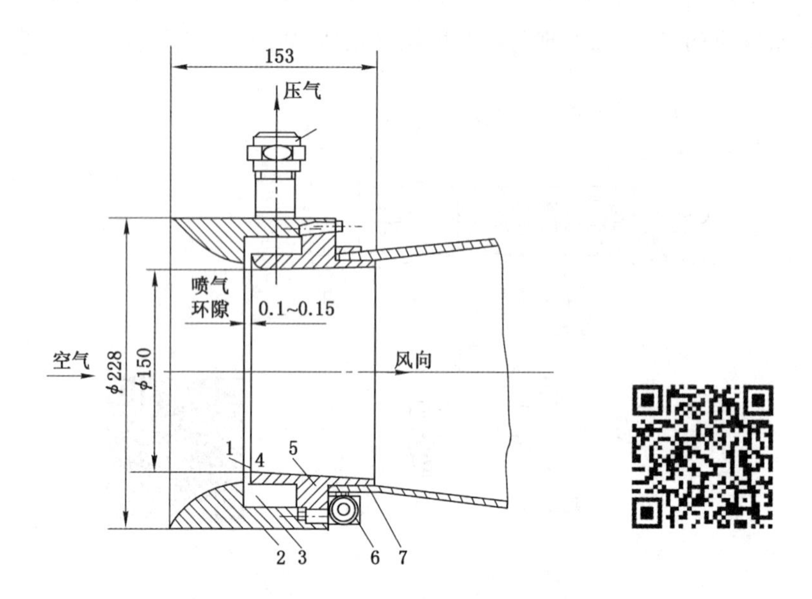

1—环缝间隙；2—集风器；3—环形气室；4—凸缘；5—喷嘴；6—卡箍；7—扩散器；8—压气接头。

图 3-2-7　环隙式气气射流通风器结构图

气气射流通风器的特性与水气射流通风器一样，与压缩空气的射流压力及喷嘴的结构和大小有关。压缩空气的射流压力升高，引射的风量和压力均增加，耗气量也增加。在现场，为加大供风量和送风距离，除了提高射流通风器的射流压力外，还可采取多台射流通风器分散串联工作。两台射流通风器串联间距至少应大于射流通风器射流场影响的长度。

三、通风机的工作参数

表示通风机性能的主要参数有风压 H、风量 Q、风机轴功率 N、效率 η 和转速 n 等。

1. 通风机(实际)流量 Q

通风机的实际流量一般是指单位时间内通过通风机入口空气的体积，亦称体积流量(无特殊说明时均指在标准状态下)，单位为 m^3/h、m^3/min 或 m^3/s。

2. 通风机(实际)全压 H_t 与静压 H_s

通风机的全压 H_t 是通风机出口风流的全压与入口风流全压之差。在忽略自然风压时，H_t 用以克服通风管网阻力 h_R 和通风机出口动能损失 h_v，即：

$$H_t = h_R + h_v \tag{3-2-1}$$

克服管网通风阻力的风压称为通风机的静压 H_s，即：

$$H_s = h_R = RQ^2 \tag{3-2-2}$$

因此有：

$$H_t = H_s + h_v \tag{3-2-3}$$

3. 通风机的功率

通风机的输出功率，是指单位时间内通风机对空气所做的功，是风流压力和风量的乘积，可分为全压功率 N_t 和静压功率 N_s。全压功率 N_t 是以全压计算的功率，静压功率 N_s 是以静压计算的功率。通风机的输出功率(又称空气功率)以全压计算时用下式计算：

$$N_t = H_t Q \times 10^{-3} \tag{3-2-4}$$

用通风机静压计算输出功率时称为静压功率 N_s，即：

$$N_s = H_s Q \times 10^{-3} \tag{3-2-5}$$

4. 通风机的效率

通风机的效率是通风机的输出功率和输入功率的比值，也分为全压效率 η_t 和静压效率 η_s。通风机的输入功率 N 常称为轴功率，单位一般为千瓦(kW)，所以，通风机的轴功率，即通风机的输入功率为：

$$N = \frac{N_t}{\eta_t} = \frac{H_t Q}{1\,000\,\eta_t} \tag{3-2-6}$$

或

$$N = \frac{N_s}{\eta_s} = \frac{H_s Q}{1\,000\,\eta_s} \tag{3-2-7}$$

设电机的效率为 η_m、传动效率为 η_{tr} 时，电机的输入功率为 N_m，则有：

$$N_m = \frac{N}{\eta_m \eta_{tr}} = \frac{H_t Q}{1\,000\,\eta_t \eta_m \eta_{tr}} \tag{3-2-8}$$

四、通风机的个体特性曲线

当通风机以某一转速、在风阻 R 的管网上工作时，可测算出风压 H、风量 Q、功率 N 和效率 η，这就是该通风机在管网风阻为 R 时的工况点。改变管网的风阻，便可得到另一组相应的工作参数，通过多次改变管网风阻，可得到一系列工况参数。将这些参数描绘在以 Q 为横坐标，以 H、N 和 η 为纵坐标的直角坐标系上，并用光滑曲线分别把同名参数点连接起来，即得 H-Q、N-Q 和 η-Q 曲线，这组曲线称为通风机在该转速条件下的个体特性曲线。通常通风机静压特性曲线（H_s-Q）用得较多。

为了减少通风机的出口动压损失，抽出式通风时主要通风机的出口均外接扩散器。通常把外接扩散器看作通风机的组成部分，总称为通风机装置。通风机装置的全压 H_{td} 为扩散器出口与风机入口风流的全压之差，与通风机的全压 H_t 之间关系为：

$$H_{td} = H_t - h_d \tag{3-2-9}$$

式中　h_d——扩散器阻力。

通风机装置静压 H_{td} 因扩散器的结构形式和规格不同而有变化，严格地说应为：

$$H_{td} = H_t - (h_d + h_{vd}) \tag{3-2-10}$$

式中　h_{vd}——扩散器出口动压。

比较式(3-2-9)与式(3-2-10)可以发现，只有当 $h_d + h_{vd} < h_v$ 时，才有 $H_{sd} > H_s$，即通风机装置阻力与其出口动能损失之和小于通风机出口动能损失时，通风机装置的静压才会因加扩散器而有所提高，即扩散器起到回收动能的作用。

图 3-2-8 所示为 H_t、H_{td}、H_s 和 H_{sd} 之间的相互关系。由图可见，安装了设计合理的扩散器之后，虽然增加了扩散器阻力，使 H_{td}-Q 曲线低于 H_t-Q 曲线，但由于 $h_d + h_{vd} < h_v$，故 H_{sd}-Q 曲线高于 H_s-Q 曲线（工况点由 A 变为 A'）。若 $h_d + h_{vd} > h_v$，则说明了扩散器设计不合理。

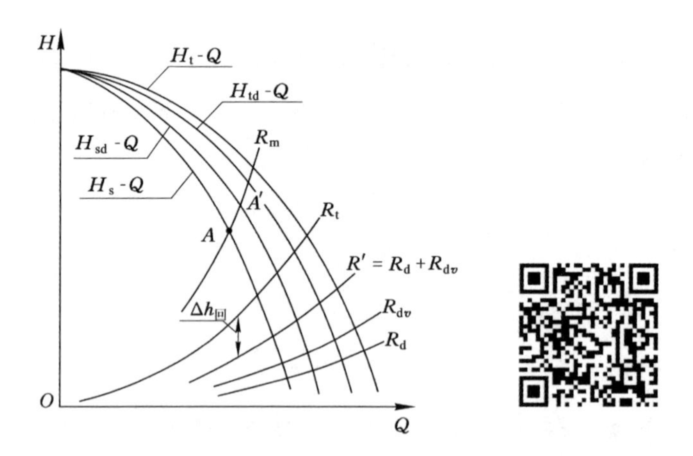

R_t—相当于通风机出口动能损失的风阻曲线；R_{dv}—相当于外接扩散器出口动能损失的风阻曲线；

R_d—扩散器风阻曲线；R_m—风阻曲线。

图 3-2-8　H_t、H_{td}、H_s 和 H_{sd} 之间的相互关系图

安装扩散器后回收的动压相对于通风机全压来说很小，所以通常并不把通风机特性和通风机装置特性严加区别。

通风机厂提供的特性曲线往往是根据模型实验资料换算绘制的，一般未考虑外接扩散器，而且有的厂方提供全压特性曲线，有的提供静压特性曲线，读者应能根据具体条件掌握它们的换算关系。

图 3-2-9 和图 3-2-10 分别为轴流式通风机和离心式通风机的个体特性曲线示例。

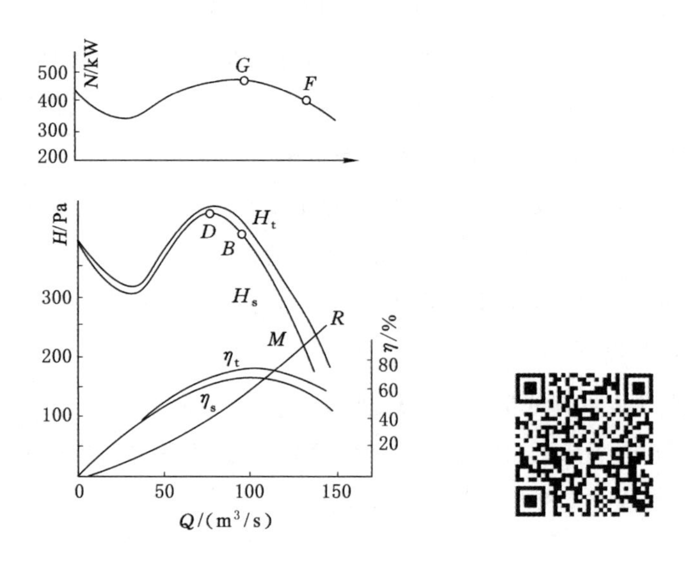

图 3-2-9 轴流式通风机个体特性曲线

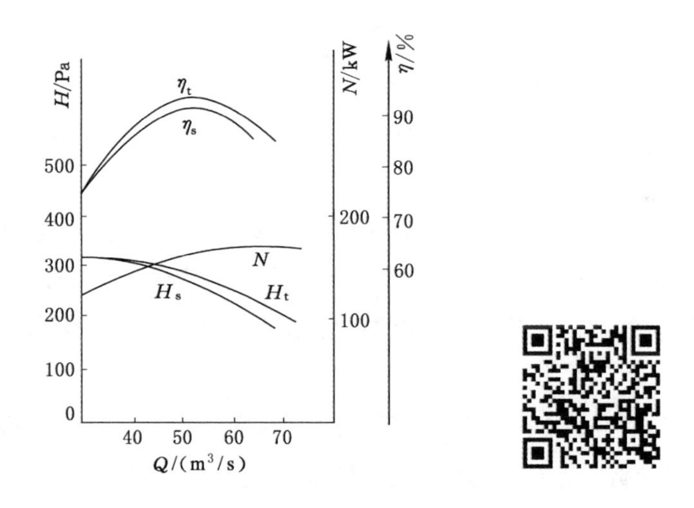

图 3-2-10 离心式通风机个体特性曲线

轴流式通风机完整的风压特性曲线一般都有马鞍形驼峰存在，而且同一台通风机的驼峰区随叶片装置角度的增大而增大。驼峰点 D 以右的特性曲线为单调下降区段，是稳定工作段（厂方一般仅提供此段曲线）；点 D 以左是不稳定工作段，通风机在该段工作，有时会引起通风机风量、风压和电机功率的急剧波动，甚至机体发生振动，发出不正常噪声，产生所谓喘振（或飞动）现象，严重时会破坏通风机。离心式通风机风压曲线驼峰不明显，且随叶片后倾角度增大逐渐减小，其风压曲线工作段较轴流式通风机平缓；当管网风阻做相同量的变化时，其风量变化比轴流式通风机要大。

离心式通风机的轴功率 N 又随风量 Q 增加而增大，只有在接近风流短路时功率才略有下降。因而，为了保证安全启动，避免因启动负荷过大而烧坏电机，离心式通风机在启动时应将风硐中的闸门全闭，待其达到正常转速后再将闸门逐渐打开。当供风量超过需风量过大时，常常利用闸门加阻来减少工作风量，以节省电能。

轴流式通风机的叶片安装角不太大时，在稳定工作段内，功率 N 随风量 Q 增加而减小。所以轴流式通风机应在风阻最小时启动，以减小启动负荷。

在产品样本中，大、中型矿井轴流式通风机给出的大多是静压特性曲线，而离心式通风机大多是全压特性曲线。

对于叶片安装角度可调的轴流式通风机的特性曲线，通常以图 3-2-11 所示的形式给出，H-Q 曲线只画出最大风压点右边单调下降部分，且把不同安装角度的特性曲线画在同一坐标上，效率曲线是以等效率曲线的形式给出。

五、通风机工况点及其经济运行

（一）工况点的确定方法

所谓工况点，即是通风机在某一特定转速和工作风阻条件下的工作参数，如 Q、H、N 和 η 等，一般是指 H 和 Q 两参数。

已知通风机的特性曲线，风道自然风压忽略不计，则可用下列方法求通风机工况点。

1. 图解法

当管网上只有一台通风机工作时，只要在通风机风压特性（H-Q）曲线的坐标上，按相同比例作出工作管网的风阻曲线，与风压曲线交点的坐标值即为通风机的工作风压和风量。通过交点作 Q 轴垂线，与 N-Q 和 η-Q 曲线相交，交点的纵坐标即为通风机的轴功率 N 和效率 η。

图解法的理论依据是：通风机风压特性曲线的函数式为 $H=f(Q)$，管网风阻特性（或称阻力特性）曲线的函数式为 $h=RQ^2$，通风机风压 H 是用以克服阻力 h，所以 $H=h$，因此两曲线的交点即两方程的联立解。可见图解法的前提是风压与其所克服的阻力相对应。

以抽出式通风系统（安装有外接扩散器）为例，如已知通风机装置静压特性曲线 H_s-Q，则对应地要用系统总风阻 R_s（包括风硐风阻）作风阻特性曲线来求工况点。

若使用厂家提供的不加外接扩散器的静压特性曲线 H_s-Q，则要考虑安装扩散器所回收的通风机出口动能的影响，此时所用的风阻 R_s 应小于 R_m，即：

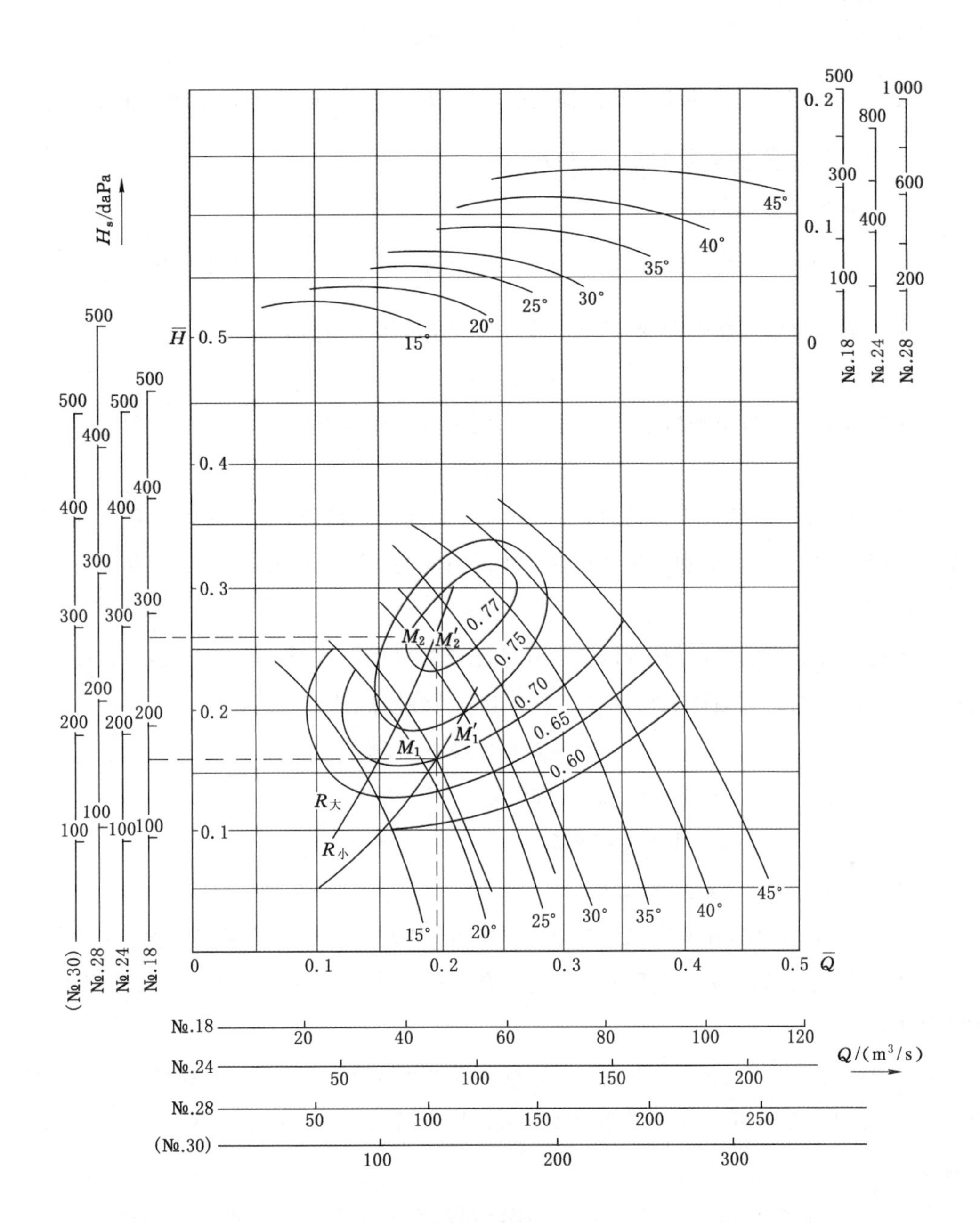

图 3-2-11 2K-60 系列轴流式通风机性能曲线

(No18, n=985 r/min; No24, n=750 r/min; No28, n=600 r/min)

$$R_s = R_m - (R_v - R_d - R_{vd}) \tag{3-2-11}$$

式中 R_v——相当于通风机出口动能损失的风阻，$R_v=\frac{\rho}{2S_v^2}$，S_v 为通风机出口断面面积，即外接扩散器入口断面面积；

R_d——扩散器风阻；

R_{vd}——相当于扩散器出口动能损失的风阻，$R_{vd}=\frac{\rho}{2S_{vd}^2}$，$S_{vd}$为扩散器出口断面面积。

若使用通风机全压特性曲线 H_t-Q，则需用全压风阻 R_t 作曲线，且

$$R_t = R_m + R_d + R_{vd} \tag{3-2-12}$$

若使用通风机装置全压特性曲线 H_{td}-Q，则装置全压风阻应为 R_{td}，且

$$R_{td} = R_m + R_{vd} \tag{3-2-13}$$

应当指出，在一定条件下运行时，不论是否安装外接扩散器，通风机全压特性曲线是唯一的，而通风机装置的全压和静压特性曲线则因所安装扩散器的规格、质量而有所变化。

2. 解方程法

随着电子计算机的应用，复杂的数学计算已成为可能。通风机的工况点(H,Q)可通过式(3-2-14)所示的二元通风机特性与其系统阻力特性组成的方程组得到：

$$\begin{cases} H = a_0 + a_1 Q + a_2 Q^2 \\ h = RQ^2 \end{cases} \tag{3-2-14}$$

式中 a_0、a_1、a_2——通风机特性方程系数；

R——通风机工作系统的风阻。

在实际工程应用中，在通风机的安全工作区间，其特性方程一般采用二次三项式表示。特性方程的系数可通过最小二乘法等曲线拟合方法计算。目前，可利用如 Excel 等数据处理软件求得。

建立通风机特性方程的数据来源：① 现场通风机性能鉴定；② 从厂家提供的出厂曲线上提取。其方法是：在通风机风压特性曲线的工作段上选取 i 个有代表性的工况点(H_i,Q_i)，一般取 i=6。

工况点的准确性取决于建立特性方程数据和系统工作风阻 R 的准确度，数据采集的精度越高，则工况点计算得越准确；反之亦然。

若入风口漏风较大，通风系统因外部漏风通道并联而风阻减小，此时应算出考虑外部漏风后的系统总风阻，然后按上述方法求工况点。

(二) 通风机工况点的经济运行

为使风机安全、经济和可靠地运转，应经常对其工况点进行分析，特别是当其工作参数发生变化时，以使其在整个服务期内的工况点在安全、合理的范围之内。

由轴流式通风机特性可知，其特性曲线的最高压力左侧一般存在驼峰区，若其工况点位

于最高压力的左侧，则会发生喘振和工作不稳定，严重的、较长时间喘振则可能导致机体损坏。从安全方面来考虑，轴流式通风机安全、经济的工作范围应在如图 3-2-12 所示的阴影区域内。

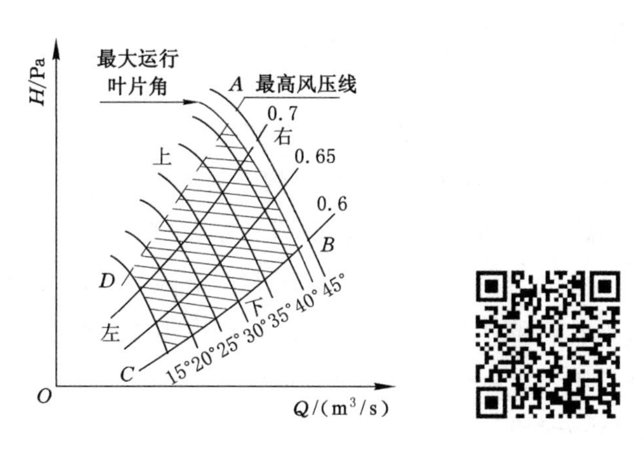

图 3-2-12　轴流式风机的安全、合理工作范围

其工况点的风压必须位于驼峰点的右下侧、单调下降的直线段上，压力应在最高风压线以下（不得超过最高风压的 90%，即 $H_s<0.9H_{smax}$），以防止因系统风阻偶尔增加等原因，导致工况点进入不稳定区。

轴流式通风机工作曲线的叶片安装角比最大值小 2.5°，通风机动轮的转速不应超过额定转速。

从经济的角度出发，通风机的运转效率不应低于 60%。

分析主要通风机的工况点合理与否，应使用实测的通风机装置特性曲线。因厂方提供的曲线一般与实际不符，应用时会得出错误的结论。

六、风机工况点调节

在实践中，通风机的工况点常因外部条件变化和通风机本身性能变化（如磨损）而改变。为了保证通风系统按需供风和经济运行，需要适时地进行工况点调节。实质上，工况点调节就是供风量的调节。由于通风机的工况点是由通风机和风阻二者的特性曲线决定的，所以，欲调节工况点只需改变二者之一或同时改变即可。据此，工况点调节方法主要有如下几种。

（一）改变风阻特性曲线

当通风机特性曲线不变时，改变其工作风阻，工况点沿通风机特性曲线移动。

1. 增风调节

为了增加通风系统的供风量，可以采取下列措施：

（1）减小通风系统总风阻。在通风系统的主要进、回风道采取增加并联风巷、缩短风路、扩刷风道断面、更换摩擦阻力系数小的风道、降低局部阻力等措施，均可收到一定效果。

这种调节措施的优点是，主要通风机的运转费用经济，但有时工程费用较大。

(2) 当地面外部漏风较大时，可以采取堵塞地面的外部漏风措施。这样做，通风机的风量虽然因其工作风阻增大而减小，但通风系统风量却会因有效风量率的提高而增大。这种方法实施简单，经济效益较好，但调节幅度不大。

2. 减风调节

当通风系统风量过大时，应进行减风调节。其方法有：

(1) 增阻调节。对于离心式通风机可利用风硐中闸门增阻(减小其开度)。这种方法实施较简单，但因无故增阻而增加附加能量损耗。调节时间不宜过长，只能作为权宜之计。

(2) 对于轴流式通风机，当其 N-Q 曲线在工作段具有风量增加、功率减小等特点时，因种种原因不能实施降低转速和减小叶片安装角度时，可以用增大外部漏风的方法来减小系统风量。这种方法比增阻调节要经济，但调节幅度较小。

(二) 改变通风机特性曲线

这种调节方法的特点是通风系统总风阻不变，改变通风机特性，工况点沿风阻特性曲线移动。调节方法有：

(1) 轴流式通风机可采用改变叶片安装角度达到增减风量的目的。但要注意的是，防止因增大叶片安装角度而导致进入不稳定区运行。对于有些轴流式通风机，还可以改变叶片数来改变通风机的特性。改变叶片数时，应按说明书规定进行。对于能力过大的双级动轮通风机，还可以降低动轮级数以减少供风。目前，有些通风机能够在运转时向计算机输入要求的通风机工作风量，计算机就能自动选择并调节到合适的叶片安装角。

(2) 装有前导器的离心式通风机，可以改变前导器叶片转角进行风量调节。风流经过前导器叶片后发生一定预旋，能在很小或没有冲角的情况下进入通风机。前导叶片转角由0°变到90°时，风压曲线降低，通风机效率也有所降低。但调节幅度不大(70%以上)时，比增阻调节经济。

(3) 改变通风机转速。无论是轴流式通风机还是离心式通风机都可采用，调节的理论依据是相似定律，即：

$$\frac{n}{n_0}=\frac{Q}{Q_0}=\sqrt{\frac{H}{H_0}}=\sqrt[3]{\frac{N}{N_0}} \tag{3-2-15}$$

① 改变电机转速。可采用可控硅串级调速；更换合适转速的电机和采用变速电机(此种电机价格贵)等方法。

② 利用传动装置调速。如利用液压联轴器调速。其原理是：改变联轴器工作室内的液体量来调节通风机转速；利用皮带轮传动的通风机可以更换不同直径的皮带轮，改变传动比。这种方法只适用于小型离心式通风机。

调节转速没有额外的能量损耗，对通风机的效率影响不大，因此是一种较经济的调节方法，当调节期长、调节幅度较大时应优先考虑。但要注意，增大转速时可能会使通风机振动

增加、噪声增大、轴承温度升高和发生电机超载等问题。

调节方法的选择，取决于调节期长短、调节幅度、投资大小和实施的难易程度。调节之前应拟订多种方案，经过技术和经济比较后择优选用。选用时，还要考虑实施的可能性。有时，可以考虑采用综合措施。

实训任务　通风机性能测定

任务描述

学习并掌握通风机性能测试的原理和方法。

任务引导

由于风机的制造与安装质量以及增加外扩散器等原因，主要通风机的实际运转特性与风机厂提供的特性曲线（大型风机是模型实验曲线）有一定出入，因此新风机投产之前应进行性能鉴定，而且以后每五年至少进行一次性能测试，以获得风机的实际性能，为主要通风机的安全、经济运行提供依据。

主要通风机性能鉴定需要测定的参数有风机转速 n、风机工作风压 H、风机工作风量 Q、电机输入功率 N。测出在管网风阻不同条件下的上述数值，即可绘出风机的 H-Q、N-Q、η-Q 曲线。此外，在测定各工况点的同时，还应测定通风机装置的噪声。

为获得较准确的实际运行性能，关键是选择风流稳定的测风量、风压的断面以及合理的工况点调节方法和调节断面（位置）。测定前要因地制宜地制订测试方案，其内容包括：确定风量、风压测定断面的位置及测定方法；确定调节风阻的地点及调阻方式；测定前的准备与测试中的组织工作。

一、各参数的测定

1. 风量测定

（1）风量测量方法

目前常用的测量方法有两种：一种是测量动压法，另一种是测量静压差法。

① 测量动压法

根据选定测风断面的大小和流速分布情况，适当地把测风断面等分成若干个小面积块（或环），在每个小面积块（或环）的面积中心布置皮托管，测各点速压，求断面的平均风速，然后求算风量。

测定时将各皮托管所有静压端相连、所有全压端相连后，集中用一压差计测平均动压。

联合测定法测得的平均动压为 $\frac{1}{n}\sum_{i=1}^{n} h_{vi}$，则断面的平均风速为：

$$v'_{m}=\sqrt{\frac{2}{\rho}}\sqrt{\frac{1}{n}\sum_{i=1}^{n} h_{vi}} \tag{3-2-16}$$

采用多点并联测压的误差大小与串联各点的胶皮管长度及其内径有关，因此为了减小误差，应用此法时，应尽量使连接各测点的胶皮管长度和内径相等。

② 测量静压差法

此方法适用于风机入口有一段平直的风道，且断面收缩均匀。具有这类条件的风机主要有 GAF、BDK 等系列。图 3-2-13 所示为 GAF 主要通风机性能测定布置图。入口有一段近 20 m 的平直进风道，在 1—1、2—2 断面的风机外壳均匀地布置了 8 个静压管，并用环形钢管连接在一起。两个断面相距 1～2 m。

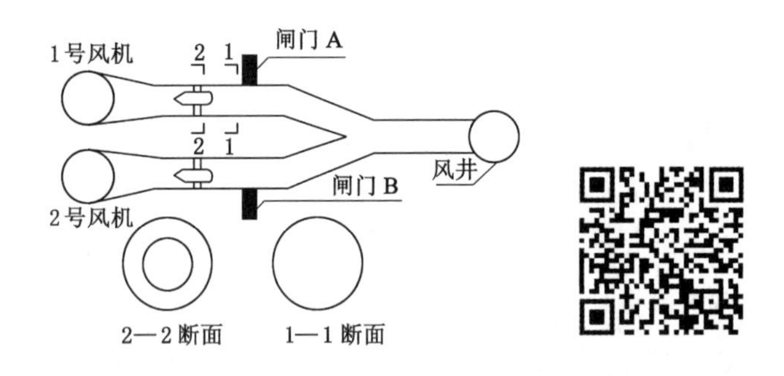

图 3-2-13　GAF 主要通风机性能测定布置图

其测风原理是，若 1—1、2—2 两断面相距很近且在同一水平，根据能量方程和 1—1、2—2 两断面的能量转换关系，并略去 1—1、2—2 两断面间的通风阻力，则推得主要通风机的风量计算公式为：

$$Q=\alpha\sqrt{\Delta h_{s1-2}} \tag{3-2-17}$$

$$\alpha=k\sqrt{\frac{2g\,S_1^2 S_2^2}{\rho(S_1^2-S_2^2)}} \tag{3-2-18}$$

式中　Δh_{s1-2}——1—1、2—2 两断面间的静压差，Pa；

α——系数，根据现场标定，也可以通过近似计算得到；

ρ——空气密度，kg/m^3；

S_1、S_2——1—1、2—2 两断面的面积，m^2；

k——因断面变化而产生的压力损失系数，可近似取为 0.99。

可见，只要测得两断面的面积和两断面的静压差，根据式(3-2-17)即可求算出风机的风量。

(2) 测风断面选择

测风断面要求速度分布均匀、流场稳定和风速较大。

采用测定动压法时，测风断面一般选择进风侧，如轴流式风机的集风器与一级叶片之间筒体的平直段的环形断面上。在风机进风侧确实没有合适的测风断面时，也可选择在出风侧，测风断面可布置在环形扩散器出口断面。离心式风机可布置在风机出口扩散器内平直段上。

静压差法一般选择在风机入口前平直的风道中。

2. 风压测定

抽出式通风时，在工况调节装置的下风侧、靠近风机的入口处，选择风流稳定的断面测定风流的相对静压 h_s，则通风机装置静压 H_s 为：

$$H_s = h_s - h_v \tag{3-2-19}$$

式中 h_v——测压断面的平均动压，通常按测得的风量求断面平均风速后算得。

通风机装置全压 H_{td} 为：

$$H_{td} = h_s - h_v + h_{vd} \tag{3-2-20}$$

式中 h_{vd}——扩散器出口断面动压，按风量和扩散器出口断面求得。

为了通风管理使用方便，抽出式通风系统主要通风机鉴定时，习惯绘制通风机装置静压曲线，平时只要测得 h_s 和 Q 就可由曲线查知风机工况，压入式通风系统则使用通风机装置全压特性曲线较为方便。

3. 功率测定

用功率表测出电机输入功率 N_m，按下式求通风机轴功率 N：

$$N = N_m \eta_m \eta_{tr} \tag{3-2-21}$$

式中 η_m——电机效率，直接测定或根据电机性能曲线查得，无性能曲线时，在 0.90～0.94 间选取，大功率电机取大值；

η_{tr}——传动效率。

也可测出电机的电流 I、电压 U 和功率因数 $\cos\varphi$，求电机输入功率：

$$N_m = \sqrt{3} IU\cos\varphi \times 10^{-3} \tag{3-2-22}$$

还可以用专用仪器，如用 DZFC-1 型电能综合分析测试仪测定电机的输入功率。

4. 通风机转速的测定

通风机转速可直接用转速计测定。

转速计一般有机械式转速计和激光转速仪。激光转速仪使用方便，操作简单。电机启动前在电机（或风机动轮）的轴表面贴好激光反射纸，测定每个工况时将仪器激光束照在反射纸上，仪器的显示值即是转速。同步电机拖动的风机还可用频闪（闪影）法测算转速。

5. 大气物理参数的测定

测定的参数有气压 p、气温 t、相对湿度 φ，根据测值可求算空气的密度 ρ。

6. 噪声测定

用声级计测风机噪声。

二、工况调节

用调节风阻的方法来获得风机的不同工况。抽出式通风时调阻的地点应选择在风机进风侧，离风压、风量测定断面较远处，以保证测定地点的风流比较稳定，同时还要使调阻方便、安全。调节次数一般为8～10次，以获得完整的特性曲线，曲线驼峰附近工况点要加密。

可以用改变临时修筑的风门开度或在框架上加木板控制风流通过断面的方法来调节工况。离心式风机性能鉴定时还可利用风硐中原有的闸门或反风闸门进行工况调节，如图3-2-14所示。根据轴流式和离心式风机功率曲线的不同特点，调节工况时，轴流式风机应由小风阻逐步增加到大风阻，离心式风机则相反。

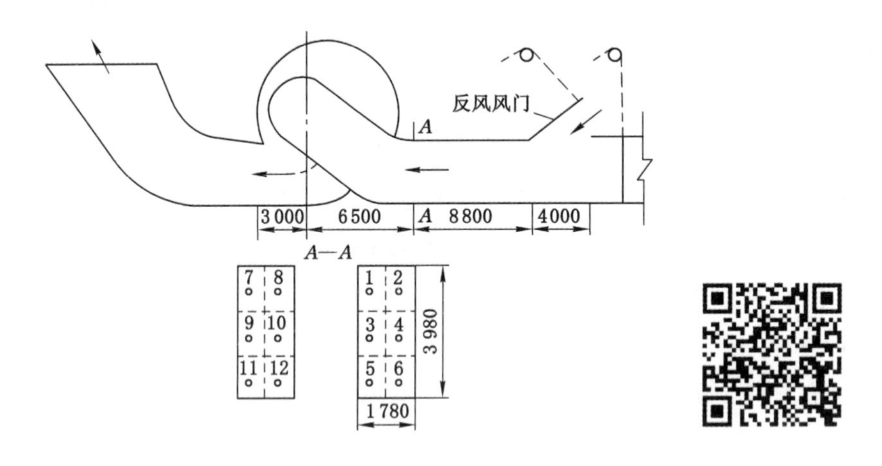

图3-2-14 双吸离心式(备用)风机性能实测布置

停产条件下测定主要通风机性能时，工况调节断面往往比较容易选择。而不停产条件下进行备用风机性能测定，工况调节往往较复杂，不宜采用。

图3-2-14所示为双吸离心式(备用)风机性能实测布置示例。因风机出风侧不好布置测点，动压和静压的测点(如图中1,2,…,12)均布置在$A—A$断面，用反风门调节工况。在不停产条件下，由于测试条件限制，精度不如停产测定高，但基本能掌握风机的性能，可满足通风管理要求。

图3-2-15所示为轴流式风机性能实测布置示例。首先将风门7打开，开动风机，测定最小风阻工况；逐渐减小风门开度，即可获得若干工况；风门全关时即为系统总风阻条件下运行工况；大于系统总风阻的工况可在$A—A$断面增阻调节。

三、数据的整理与特性曲线的绘制

(1) 根据测定的原始记录按公式计算测试条件下通风机装置的风压H'_s或全压H'_t、风

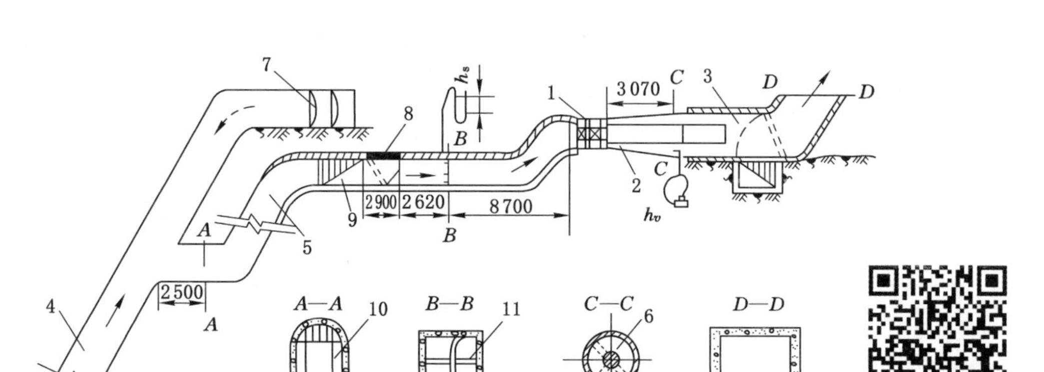

1—风机；2—圆锥形扩散器；3—外接扩散器；4—回风斜井；5—风硐；
6—测点；7—风门；8—反风装置；9—反风道；10—调节风窗框架；11—测静压管。

图 3-2-15　轴流式风机性能实测布置

量 Q'、轴功率 N' 和效率 η'（η'_s 或 η'_t）。

（2）把上述所得参数换算至标准状态下的参数 H、Q 和 N，为此需要计算下列校正系数：

① 转速校正系数 k_{n_i}：

$$k_{n_i}=\frac{n_0}{n_i} \tag{3-2-23}$$

式中　n_0——通风机铭牌转速，r/min；

n_i——i 工况时的转速，r/min。

② 空气密度校正系数 k_{ρ_i}：

$$k_{\rho_i}=\frac{1.2}{\rho_i} \tag{3-2-24}$$

式中　1.2——在标准状态下的空气密度，kg/m³；

ρ_i——i 工况时的空气密度，kg/m³。

③ 计算校正后的 H、Q、N：

$$\begin{cases}Q_i=Q'_i k_{n_i}\\ H_i=H'_i k_{\rho_i} k_{n_i}^2\\ N_i=N'_i k_{\rho_i} k_{n_i}^3\end{cases} \tag{3-2-35}$$

（3）绘制曲线。根据校正计算后的数据，以 Q 为横坐标，H、N、η 为纵坐标，将与 Q_i 相对应的点 H_i、N_i 和 η_i 描在图上，即可得各个工况点，然后用光滑的曲线将同名参数点连接起来，便是通风机装置在标准状态下的个体特性曲线。

通风机性能实验数据整理汇总表见表 3-2-2。

表 3-2-2　通风机性能实验数据整理汇总表

工况	测定参数			空气密度校正系数 k_ρ	转速校正系数			校正后数值			效率 η	风机房水柱计读数/Pa
	Q'	H'	N'		k_n	k_n^2	k_n^3	Q	H	N		
1												
2												
⋮												

任务实施

完成指定通风机性能测定，并填写如下任务单：

仪器设备名称及型号	
风机性能参数测定过程	
记录各工况参数测定结果	
绘制风机性能曲线图	

思考与拓展

一、选择题

1. 离心式通风机又可分为(　　)几种。

A. 侧倾式　　B. 前倾式　　C. 后倾式　　D. 径向式

2. 按气流运动方向分类，通风机可分为(　　)几种。

A. 离心式通风机　　B. 轴流式通风机　　C. 斜流式通风机　　D. 横流式通风机

3. 通常，离心式通风机的比转速为(　　)。

A. 15～30　　B. 15～50　　C. 15～80　　D. 15～100

4. 离心式通风机一般由(　　)等部分组成。

A. 进风口　　B. 工作轮(叶轮)　　C. 螺形机壳　　D. 扩散器

5. 环隙式气气射流通风器的工作气压一般在(　　)。

A. 0.2～0.3 MPa　　B. 0.3～0.4 MPa

C. 0.4～0.5 MPa　　D. 0.5～0.6 MPa

6. 表示通风机性能的主要参数有风压和(　　)等。

A. 风量　　B. 风机轴功率　　C. 效率　　D. 转速

7. 为了减少通风机的出口动压损失，抽出式通风时主要通风机的出口均外接(　　)。

A. 风筒　　B. 风硐　　C. 扩散器　　D. 防爆门

8. 从经济的角度出发，通风机的运转效率不应低于(　　)。

A. 50%　　B. 60%　　C. 70%　　D. 80%

9. 通风机串联工作的特点是，通过管网的总风量(　　)每台通风机的风量。

A. 大于　　B. 小于　　C. 等于　　D. 约等于

10. 通风机串联工作适用于因(　　)大而(　　)不足的管网。

A. 阻力　　B. 风阻　　C. 风量　　D. 长度

11. 在机械通风系统中，冬季自然风压随(　　)增大略有增大。

A. 阻力　　B. 风阻　　C. 风量　　D. 长度

二、判断题

1. 风机型号 K4-73-01№32 表示通风机叶轮直径为 32 m。(　　)

2. 风机进口断面逐渐缩小的进风通道，使进入叶轮的风流均匀，以减小阻力、提高效率。(　　)

3. 通风机的实际流量一般是指单位时间内通过通风机出口空气的体积，亦称体积流量。(　　)

4. 通风机的全压是通风机出口风流的全压与入口风流全压之差。(　　)

5. 通风机的输出功率，是指单位时间内通风机对空气所做的功，是风流压力和风量的乘积。(　　)

6. 轴流式通风机完整的风压特性曲线一般都有马鞍形驼峰存在。(　　)

7. 轴流式通风机工况点的风压必须位于驼峰点的左下侧。(　　)

8. 调节转速有额外的能量损耗，对通风机的效率影响大。(　　)

三、简答题

1. 简述离心式通风机工作原理。

2. 分析对旋式轴流式通风机的特点。

3. 何为通风机工况点？如何求解？

4. 分析通风机工况点的调节措施。

项目四　工业通风方法及设施

项目四知识树

任务一　工业通风作用及方法

学习目标

1. 了解工业通风的作用。
2. 熟悉工业通风的方法。

素质目标

树立安全意识。

知识链接

一、工业通风及其作用

所谓通风，泛指空气流动，通风系统是指促使空气流动的动力、通风风路及其相关设施等的组合体。工业通风是指既将外界的新鲜空气送入有限空间内，又将有限空间内的废气排至外界。这里的“有限空间”指的范围较广，既可以指建筑物，又可以指隧道、地下巷道、坑道、硐室，还可指容器等。

工业通风的作用主要有三个方面：

(1) 稀释或排除生产过程产生的毒害、爆炸气体及粉尘，促进工业安全生产。

(2) 给作业场所送入足够数量和质量的空气，供作业人员呼吸。

(3) 调节作业场所的温度、湿度等气象条件，为作业人员提供舒适的作业环境。

二、工业通风的方法

所谓通风，是指为满足合乎卫生要求的空气环境，对厂房或居室进行换气的技术。这种换气技术是通过合理组织空气的流动，在局部地点或整个建筑物中把不符合卫生要求的空

气排走，将符合卫生要求的干净空气送至所需要的场所。

通风净化是指利用通风的方法排除并净化被粉尘、有害气体污染的空气的技术。通风是工业生产中经常采用的控制粉尘及有害气体的手段，目的是以最小的费用取得最大的控制效果。

(一) 控制有害物的通风方法

1. 有害物在室内的传播机理

粉尘、有害气体都要经过一定的传播过程扩散到周围空气中，在与人体相接触中，进入呼吸系统、皮肤等人体器官，造成对人体的危害。使有害物从静止状态变成悬浮于周围空气中的作用，称为有害物的尘化和传播。引起尘化作用的气流称为尘化气流。常见的尘化作用有：

(1) 剪切压缩造成的尘化作用。物料在进行上下往复振动时，疏松的物料受到挤压，使物料间隙中的空气被猛烈挤压出来，当这些气流向外高速运动时，由于气流和粉尘的剪切压缩作用，带动粉尘一起逸出，如图 4-1-1 所示。

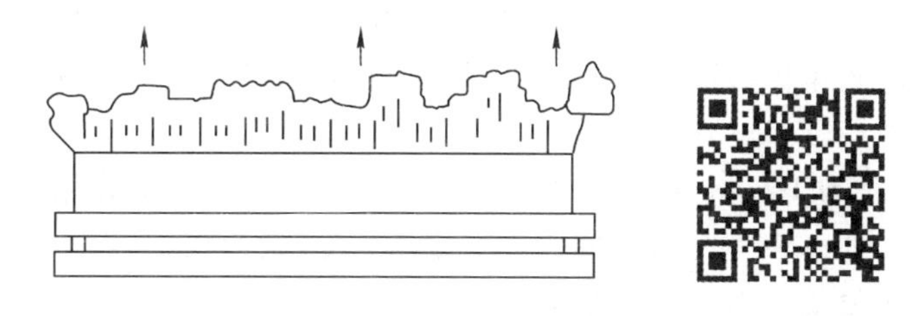

图 4-1-1 剪切压缩造成的尘化气流

(2) 诱导空气造成的尘化作用。物体或块、粒状物料的高速运动，能带动周围空气随其流动，这部分空气称为诱导空气，如图 4-1-2(a)所示。例如砂轮磨光金属时，在砂轮高速旋转下甩出的金属屑和砂轮粉末会产生出诱导空气，使磨削下来的细粉末随其扩散，如图 4-1-2(b)所示。

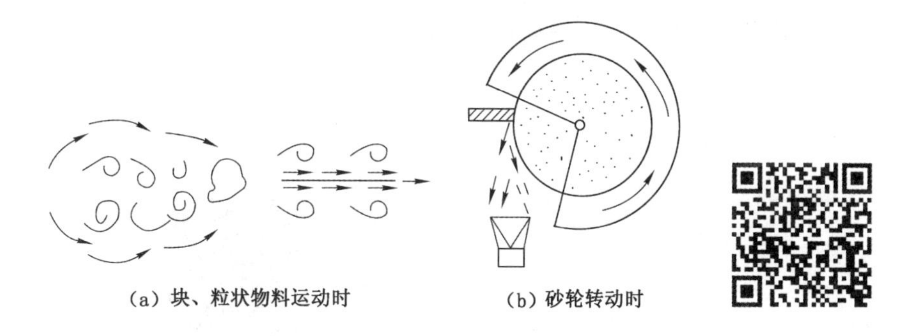

图 4-1-2 诱导空气造成的尘化作用

(3) 综合性尘化作用。实际尘源比较复杂，是上述两种气流的综合作用。如带式输送机输送的粉粒状物料从高处下落到地面时，由于物料流与周围空气产生的剪切作用，空气会被卷进物料流中，物料流逐渐扩散，相互的卷吸作用使粉尘不断向外飞扬，如图 4-1-3 所示。

(4) 热气流上升造成的尘化作用。当热设备表面温度很高时，它会形成一股向上运动

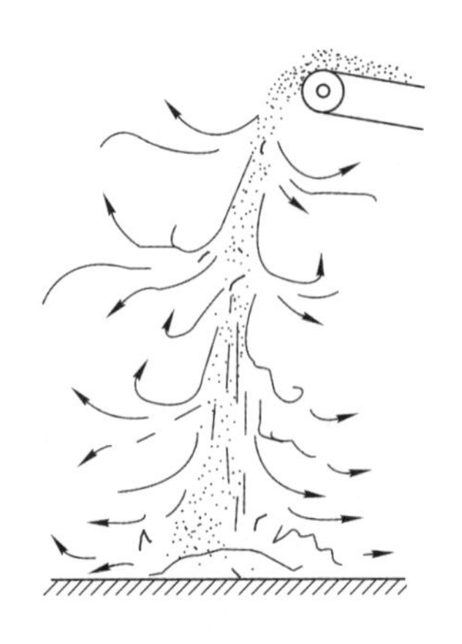

图 4-1-3　综合性的尘化作用

的热射流，在有粉末状散发物的情况下，粉尘也会随之上升。同时，也会卷吸周围空气，并在室内形成对流，使粉尘不断扩散。例如炼钢电炉、加热炉以及金属浇铸等过程所引起的尘化作用。通常把上述粉尘传播过程称为“一次尘化”作用，引起一次尘化作用的气流称为一次尘化气流。

例如，一个粒径为 10 μm、密度为 2 700 kg/m^3 的尘粒，在重力作用下自由下沉，其最大沉降速度约为 0.008 m/s，与一般车间内空气流动速度(约为 0.2～0.3 m/s)相比是很小的，说明粉尘的运动主要受室内气流的支配。

当一个粒径为 10 μm 的水泥尘粒，在静止空气中受到机械力作用以速度 5 m/s 抛出后，在距抛射点(即尘源点)约 4.5 mm 处，其速度即降至 0.005 m/s，很快失去动能。

以上实例说明，如果没有其他气流的影响，一次尘化作用给予粉尘的能量是不足以使粉尘在室内散布的，它只能造成小范围的局部气流污染。造成粉尘进一步扩散的原因是二次气流，它的方向和速度决定粉尘扩散的方向和范围，二次气流速度越大，粉尘扩散越严重，如图 4-1-4 所示。因此，采用削弱尘源强度、控制一次尘化气流、隔断二次气流和组织吸捕气流等措施，才能有效控制粉尘，达到控制粉尘扩散的目的。

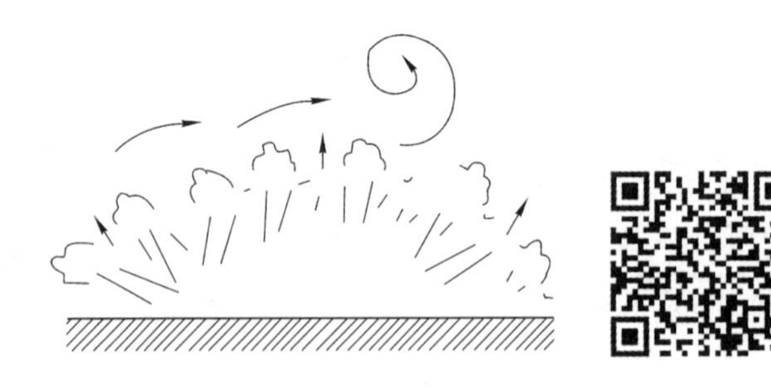

图 4-1-4　二次气流对粉尘的扩散作用

2. 控制有害物的通风方法

(1) 按动力设备分类

按通风过程中使空气流动的动力不同可分自然通风和机械通风两大类。

① 自然通风

自然通风是依靠风压或热压使空气流动来达到通风的目的。风压是指由于风力在建筑物迎风面与背风面之间产生的气压差;热压是由于建筑物内、外温度差导致空气密度差而形成的气压差。

图 4-1-5(a)所示为利用热压进行自然通风的简图,由于房间空气温度高、密度小,因此就产生了一种上升力,空气上升后从上部窗排出,使得室外冷空气从下边门窗或缝隙进入室内。因此,就在房间内形成了一种由室内、外气温差引起的自然通风,这种通风方式称为热压作用下的自然通风。图 4-1-5(b)所示为利用风压进行自然通风的简图,气流由建筑物迎风面的门窗进入房间内,同时把房间内的空气从背风面的门窗压出去。因此,在房间中形成了一种由风力引起的自然通风,这种通风方式称为风压作用下的自然通风。

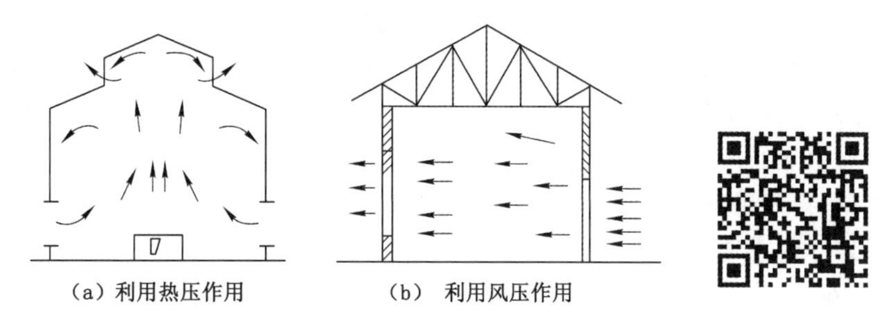

(a) 利用热压作用　　(b) 利用风压作用

图 4-1-5　自然通风

由于自然通风不需要人为提供动力,是一种既经济又节能的措施,应优先考虑。一般工业建筑中,应首先考虑充分利用有组织的自然通风来改善作业环境,只有当自然通风不能满足要求时,才考虑采用机械通风的方法。

另外,自然通风可分为有组织自然通风和无组织自然通风。有组织自然通风是利用侧窗和天窗控制,调节进、排气;有组织自然通风对热车间,特别是冶金、轧钢、铸造、锻造等车间是一种经济有效的通风方式,目前采用得较为广泛。无组织自然通风是靠门窗及缝隙进行空气交换的。

② 机械通风

机械通风是依靠风机、风扇或气泵等设备造成的压力使空气流动的。实现机械通风的装置及其通风流动管道称为机械通风系统。该系统主要由通风罩、通风管道和风机三部分组成。需对空气进行净化时,还需包括净化设备。系统中的风机等动力设备在工作时要消耗一定的电力,一个现代化的工厂用于机械通风的电力占全厂总电力消耗的10%左右。由于机械通风不受自然风压与热风压的限制,因此,其适用性强,不受自然风压和热风压的影响。

按空气流动组织形式不同,可将机械通风分为送风式和排风式两种。送风式是将符合卫生要求的空气送入所需的场所,作业人员处于干净空气流动的范围之内;排风式通风是把不符合卫生要求的污浊空气排至室外,干净空气自然补充到被排走空气的位置。在某些情况下,也可将送风和排风结合起来,构成送排式通风系统,以提高通风效果。无论是送风通风还是排风通风,均会影响室内气流的稳定性,使室内空气与内、外界发生质量交换和热量交换,因此在设计机械通风时,一般需考虑室内空气质量平衡和热平衡问题。

按通风范围大小不同，机械通风又可分为局部机械通风和全面机械通风两大类。

③ 混合通风

由机械通风与自然通风共同作用，通常是自然进风、机械排风。混合通风情况下，室内进风和排风既有由通风系统产生的有组织的进风或排风，也有从缝隙、窗户、门等形成的无组织进风或排风。这时，应校验房间内的空气热平衡，以保持房间空气温度恒定；还应校验空气质量的平衡，以保持房间处于正压状态或负压状态。当车间产生有毒气体时，应使房间处于负压状态，以防无组织排风污染周围环境。

(2) 按通风范围分类

按照通风系统作用范围的大小可分为局部通风与全面通风两大类。

① 全面通风

全面通风又称稀释通风，它是对整个厂房进行通风换气。它一方面用清洁空气稀释室内空气中有害物的浓度，同时不断地把污染空气排至室外，使室内空气中有害物的浓度不超过卫生标准的最高容许浓度。

全面通风有自然通风、机械通风和自然与机械联合通风等各种形式。由于它的换气范围大，因此所需的换气量一般较大。除了所需的换气量以外，合理的气流组织形式也是影响全面通风效果好坏的重要因素。

② 局部通风

局部通风是对房间内的某个或几个部分进行的通风，又可分为局部排风和局部送风。都是利用局部范围的气流，使局部工作地带的环境条件符合卫生标准。

(二) 局部通风

局部通风可分为局部送风和局部排风两大类，它们是利用局部气流，使局部工作地点不受有害物的污染，营造良好的空气环境。即通过局部通风排风系统直接排除有害物源附近有害物质。其优点是排风量小、控制效果好。凡是散发有害物质(蒸汽、气体和粉尘)的场合，结合生产工艺，应优先考虑。

1. 局部排风系统

一个完整的局部排风系统可用如图 4-1-6 所示的示意图来表示，它主要由以下几个部分组成：

(1) 局部排风罩。它是局部排风的重要装置，是用来捕集粉尘和有害物的。它的性能好坏直接影响整个系统的技术经济指标。性能良好的局部排风罩，如密闭罩，只要较小的风量就可以获得良好的工作效果。由于生产设备和操作的不同，排风罩的形式是多种多样的。

(2) 风管。通风系统中输送气体的管道称为风管，它把通风系统中的各种设备或部件连成了一个整体。为了提高系统的经济性，应合理选定风管中的气流速度，管路应力求短、直。风管通常用表面光滑的材料制作，如薄钢板、聚氯乙烯板等。

(3) 净化设备。当排风系统排出的空气中有害物含量超过国家规定的排放标准时，必须设置净化设备来处理含尘空气。净化设备的形式和种类很多，应根据实际情况和要求进行合理选择，达到空气净化的目的。

(4) 风机。风机是向机械排风系统提供气流流动的动力装置。为了防止风机的磨损和腐蚀，通常把风机放在净化设备后面，工作原理可分为离心式和轴流式两种。

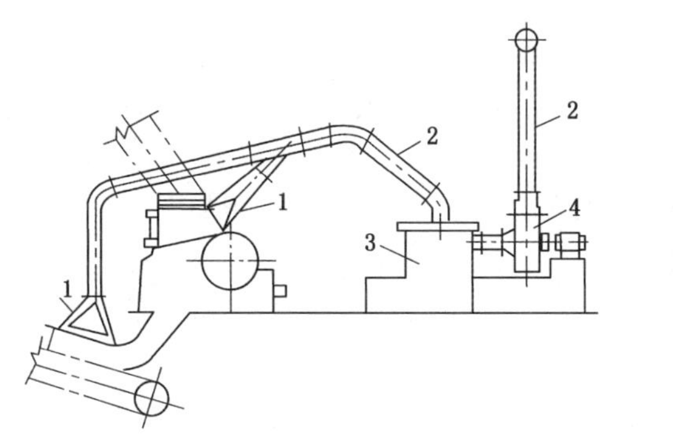

1—局部排风罩;2—风管;3—净化设备;4—风机。

图 4-1-6 局部排风系统示意图

2. 局部送风系统

局部送风是将新鲜空气或经过适当处理后的空气送至工人作业地带,以改善操作区空气质量、提高工作效率。局部送风常适用于高温车间内只有少数局部作业地点需要通风降温的场合。

局部送风系统分为系统式和分散式两种,系统式局部送风是将空气集中处理(净化、冷却等)后,通过送风管道和送风口分别送至局部作业区;分散式局部送风一般使用轴流通风机或喷雾通风机向局部作业区吹风,从而使局部作业场所的热量散发较快。图 4-1-7 所示为某铸造车间浇注工段系统式局部送风系统示意图。

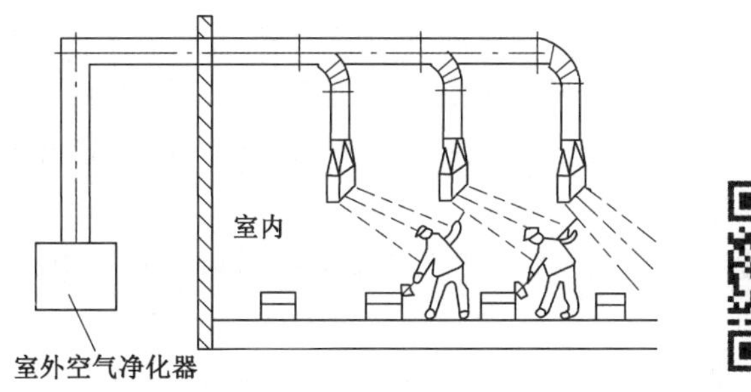

图 4-1-7 系统式局部送风系统示意图

(三) 全面通风

1. 全面通风的一般原则

全面通风设计过程中,应注意以下几点:

(1) 散发热、湿或有害物的车间,当不能采用局部通风时,或采用局部通风仍不能满足卫生要求时,应采用(辅助)全面通风。

(2) 全面通风设计时应尽量采用自然通风,以节约能源和投资。当自然通风达不到卫生要求时,则应采用机械通风或自然与机械相结合的联合通风。

(3) 设置集中供暖且有排风的生产厂房及辅助建筑物,应考虑自然补风的可能性。当自然补风达不到室内卫生和生产要求或在技术经济上不合理时,宜设置机械通风系统。

2. 全面通风气流组织

全面通风效果不仅取决于通风量的大小,还与通风气流组织有关。所谓气流组织,就是合理地布置送(排)风口位置、分配风量以及选用风口形式,以便用最小的通风量达到最佳的通风效果。图 4-1-8 所示为某车间全面通风的一个例子,采用如图 4-1-8(a)所示的通风方式,工人和工件都处在涡流区内,工人可能中毒昏倒;如改用如图 4-1-8(b)所示的通风方式,室外空气流经工作区,再由排风口排出,通风效果大为改善。因此,全面通风效果与车间的气流组织关系密切。一般通风房间的气流组织有多种方式,常见的有上送下排、下送上排和中间送上下排等。

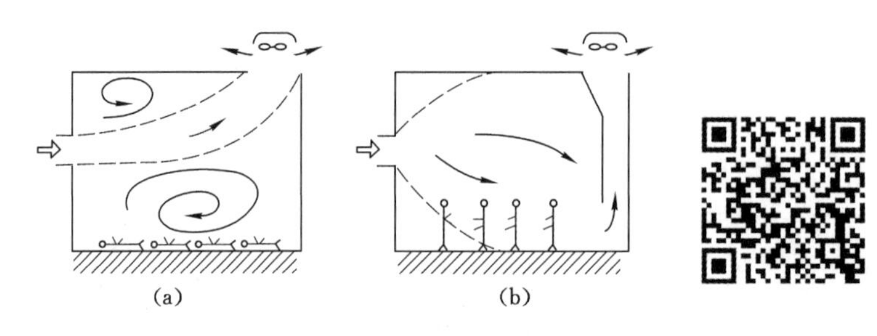

图 4-1-8 某车间气流组织

设计时应综合考虑有害物源与作业人员的相互关系、有害物的性质及浓度、建筑物的门窗等诸多因素,选择最佳气流组织形式,其原则如下:

(1) 全面通风的进、排风应避免使含有大量热、湿或有害物质的空气流入没有或仅有少量热、湿或有害物质的作业地带或人员经常停留的场所。一般来说,进风口应尽量靠近作业地点,排风口应尽量靠近有害物源或有害物质浓度高的区域。

(2) 房间内所要求的卫生条件比周围环境的卫生条件高时,应保持室内为正压状态。

(3) 在整个通风房间内,应尽量使进风气流均匀分布,减少涡流,避免有害物质在局部地点积聚。

(4) 进、排风口的位置应安排得当,防止进风气流不经污染地带就直接排出室外,形成"气流短路",如图 4-1-8(a)所示。

当车间内同时散发热量和有害气体时,如车间内设有工业炉、加热的工业槽及浇注的铸模等设备,在热设备上方常形成上升气流。在这种情况下,一般采用如图 4-1-9 所示的下送上排通风方式。清洁空气从车间下部进入,在工作区散开,然后带着有害气体或吸收的余热从上部排风中排出。

当使用机械送风系统时,送风方式应符合下列要求:

(1) 放散热或同时放散热、湿和有害气体的生产厂房及辅助建筑物,当采用上部或上下部同时全面排风时,宜送至作业地带。

(2) 放散粉尘或密度比空气大的气体或蒸汽,而不同时放散热的生产厂房及辅助建筑,当从下部地带排风时,宜送至上部地带。

(3) 当固定工作地点靠近有害物放散源,且不可能安装有效的局部排风装置时,应直接向工作地点送风。

当采用全面通风消除余热、余湿或其他有害物质时,应分别从室内温度最高、含湿量或

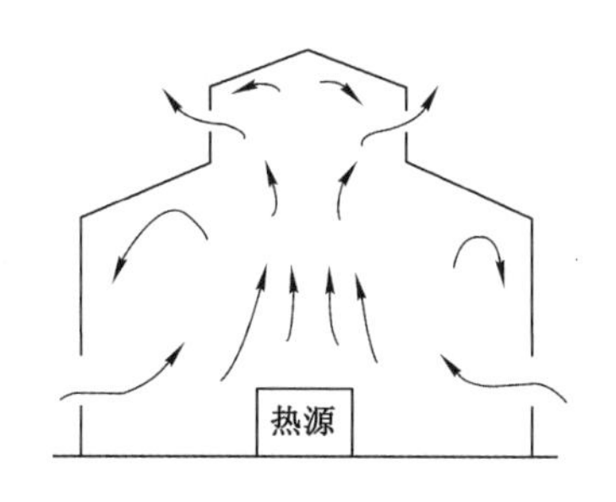

图 4-1-9　热车间的气流组织

有害物质浓度最大的区域排风，并且排风量分配应符合下列要求：

(1) 当有害气体和蒸汽密度比空气小，或在相反情况下，但车间内有稳定的上升气流时，宜从房间上部地带排出所需风量的三分之二，从下部地带排出三分之一。

(2) 当有害气体和蒸汽密度比空气大，车间内不会形成稳定的上升气流时，宜从房间上部地带排出所需风量的三分之一，从下部地带排出三分之二。

(3) 房间上部地带排出风量不应小于每小时一次换气。

(4) 从房间下部地带排出的风量，包括距地面 2 m 以内的局部排风量。

图 4-1-10 所示为各种送风与排风组合的优劣情况，设计时可根据实际情况选用合适的组织方式。其中，图 4-1-10(a)、(d)、(g)、(j)送风中位置不好；图 4-1-10(b)、(e)、(h)、(k)送风中位置一般；图 4-1-10(c)、(f)、(i)、(l)送风中位置较好。

(四) 置换通风的应用

置换通风在北欧已普遍采用，它最早应用于工业厂房以解决室内的污染物控制问题，然后转向民用建筑，如办公室、会议厅、剧院等。

1. 落地式置换通风末端装置在工业厂房的应用

落地式置换通风末端装置在工业厂房的应用如图 4-1-11 所示。

2. 落地式置换通风末端装置在会议厅的应用

落地式置换通风末端装置在会议厅应用时，分层高度在坐姿人员头部以上，下部区为新鲜空气，上部区为污浊空气，排风口设置在房间上部。

3. 架空式置换通风器在办公室的应用

架空式置换通风器在办公室的应用如图 4-1-12 所示。架空式置换通风器的出风以低流速向下沉降并在地面形成“空气湖”，在热源的浮力作用下新鲜空气向上流动，热浊的污染空气在顶部并经排风口排出。

(五) 事故通风

当生产设备发生偶然事故或故障时，可能突然散发出大量有害气体或有爆炸性气体进入车间，这时需要尽快地把有害物排到室外。用于排除或稀释生产房间内发生事故时突然散发的大量有害物质、有爆炸危险的气体或蒸汽的通风方式称为事故通风。事故通风装置只在发生事故时才开启使用，进行强制排风。

事故排风的吸风口，应布置在有害气体或爆炸性气体散发量可能最大的区域。当散发

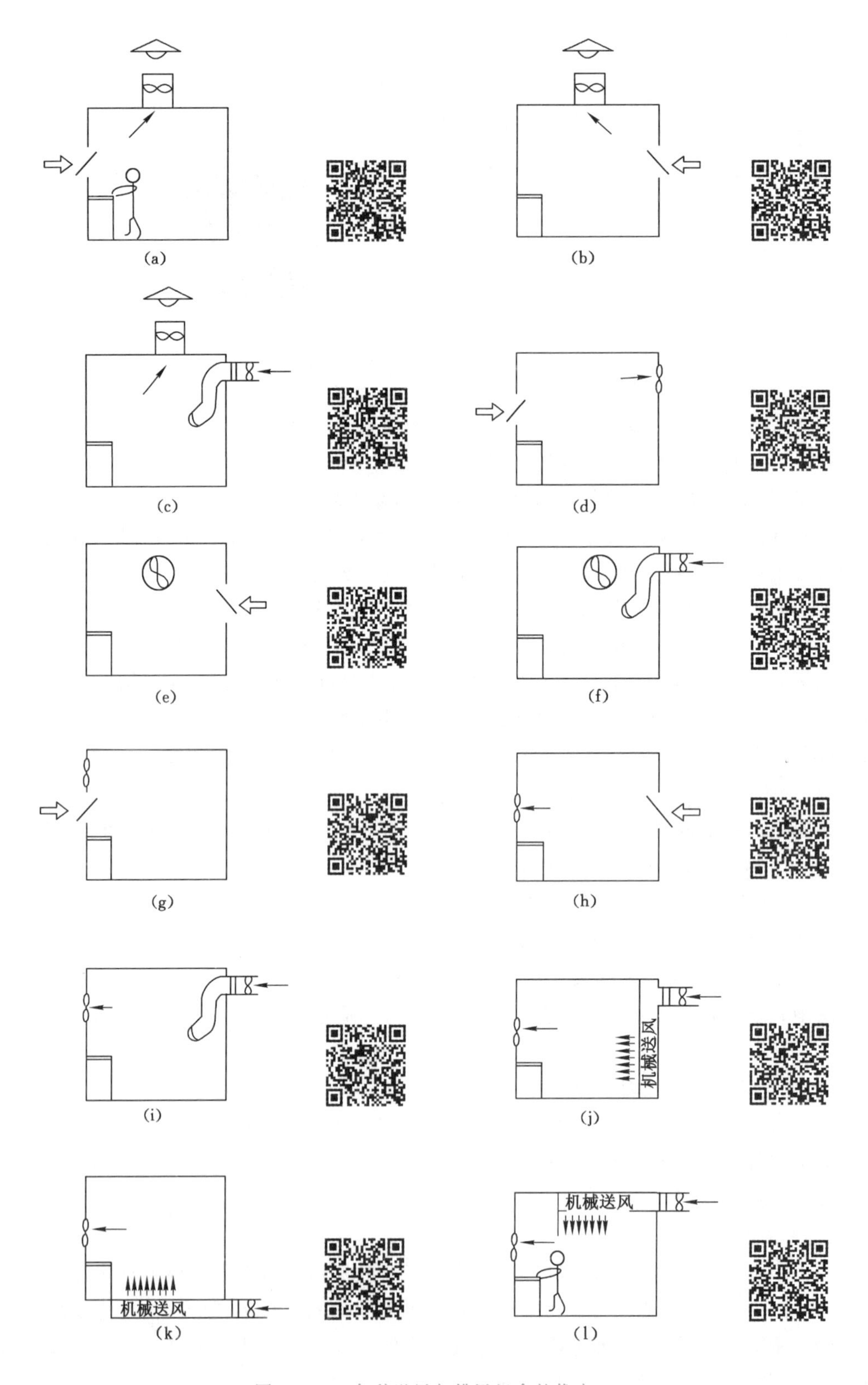

图 4-1-10　各种送风与排风组合的优劣

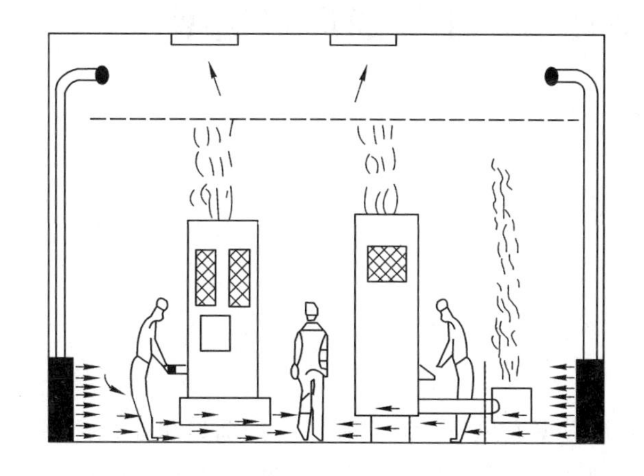

图 4-1-11 落地式置换通风末端装置在工业厂房的应用

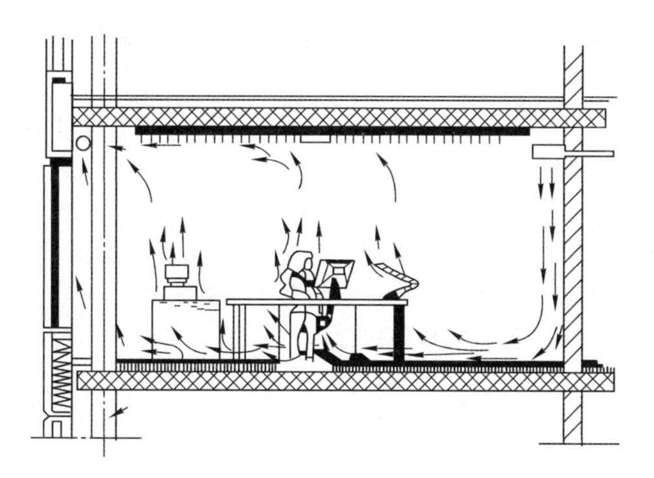

图 4-1-12 架空式置换通风器在办公室的应用

的气体或蒸汽比空气重时，吸气口主要应设在下部地带。当排除有爆炸性气体时，应考虑风机的防爆问题。事故排风机的开关，应分别设置在室内和室外便于开启的地点。

事故排风装置所排出的空气，可不设专门的进风系统来补偿，排出的空气一般不进行处理，当排出有剧毒的有害物时，应将它排到 10 m 以上的大气中稀释，仅在非常必要时，才采用化学方法处理，当排出的空气中含有可燃性气体时，排风口应远离火源。

事故排风时的排风量，应由事故排风系统和经常使用的排风系统共同保证。事故排风的排风量一般按房间的换气次数来确定，当有害气体的最高容许浓度大于 5 mg/m^3 时，换气次数不应小于：

(1) 车间高度在 6 m 及 6 m 以下者，8 次/h。

(2) 车间高度在 6 m 以上者，5 次/h。

当最高容许浓度等于或低于 5 mg/m^3 时，上述的换气次数应乘以 1.5。

实训任务　主要通风机选型

任务描述

学习并掌握主要通风机选型的方法。

任务引导

一、选型步骤

通风设备选型的主要任务是根据通风设计参数在已有的通风机系列产品中选择合适的通风机型号、转速和与之相匹配的电机。所选的通风机必须具有安全可靠、技术先进、经济技术指标良好等优点。通风机选型按下列步骤进行。

1. 计算通风机工作参数

风量 Q_f 及最大静压和最小静压（轴流式）H_{smax}、H_{smin}或全压（离心式）H_{tmax}、H_{tmin}。

2. 初选通风机

根据 Q_f、H_{smax}、H_{smin}（或 H_{tmax}、H_{tmin}）在新型高效通风机特性曲线上用直观法筛选出满足风量和风压要求的若干个通风机。

3. 求通风机的实际工况点

因为根据 Q_f、H_{smax}、H_{smin}（或 H_{tmax}、H_{tmin}）确定的工况点（即设计工况点）不一定恰好在所选择通风机的特性曲线上，所以通风机选择后必须确定实际工况点。

用静压特性曲线时，最大静压工作风阻按下式计算：

$$R_{smax}=\frac{H_{smax}}{Q_f^2} \tag{4-1-1}$$

同理可算出最小工作静风阻 R_{smin}。

用全压特性曲线时，根据通风机的最大和最小工作全压计算出最大和最小全压工作风阻 R_{tmax}和 R_{tmin}。

在通风机特性曲线上作出工作风阻曲线，与风压特性曲线的交点即为实际工况点。

4. 确定通风机的型号和转速

根据实际工况点所确定各个通风机的轴功率大小，并考虑对通风机调节性能的要求，进行经济、技术比较后确定通风机的型号和转速。

5. 电机选择

(1) 计算电机功率

根据最后选择通风机的实际工况点（H、Q 和 η）按下式计算所匹配电机的功率：

$$\begin{cases} N_{mmax}=\dfrac{Q_{fmax}H_{max}}{1\ 000\eta\cdot\eta_{tr}}K_m \\ N_{mmin}=\dfrac{Q_{fmin}H_{min}}{1\ 000\eta\cdot\eta_{tr}}K_m \end{cases} \tag{4-1-2}$$

式中　N_{mmax}（N_{mmin}）——通风阻力最大（最小）时期所配电机功率，kW；

$Q_{fmax}(Q_{fmin})$——通风阻力最大(最小)时期通风机工作风量,m^3/s;

$H_{max}(H_{min})$——通风机实际最大(最小)工作风压,Pa;

η——通风机工作效率(用全压时为 η_t,用静压时为 η_s),%;

η_{tr}——传动效率,直联传动时 $\eta_{tr}=1$,皮带传动时 $\eta_{tr}=0.90\sim0.95$,联轴器传动时 $\eta_{tr}=0.98$;

K_m——电机容量备用系数,$K_m=1.1\sim1.2$。

(2) 电机种类及台数选择

当电机功率 $N_{mmax}>500$ kW 时,宜选用同步电机,其功率为 N_{mmax}。其优点是在低负荷运转时,可用来改善电网功率因数,缺点是初期投资大。

采用异步电机,当 $N_{mmin}/N_{mmax}\geqslant0.6$ 时可选一台电机,功率为 N_{mmax};当 $N_{mmin}/N_{mmax}<0.6$ 时选两台电机,后期电机功率为 N_{mmax},初期电机功率可按下式计算:

$$N_m=\sqrt{N_{mmax}N_{mmin}} \tag{4-1-3}$$

根据计算的 N_{mmax}、N_m 和通风机要求的转数,在电机设备手册上选用合适的电机。

二、选型实例

某抽出式矿井通风系统,需风量为 $Q_m=40\ m^3/s$,矿井投产后 20 年内最大和最小通风阻力分别为 $h_{max}=2\ 551$ Pa 和 $h_{min}=1\ 668$ Pa,阻力最大和最小时自然风压分别为 $H_{NOP}=49$ Pa 和 $H_{NAS}=-147$ Pa,风井不作提升用。试选矿井主要通风机和主要电机。

解:(1) 计算主通风机的工作风量

$$Q_f=KQ_m=1.15\times40=46\ (m^3/s)=16.56\times10^4\quad(m^3/h)$$

(2) 计算通风机工作风压

取通风机装置各部分阻力 $\Delta h=196$ Pa,通风机装置动压 $h_{vd}=49$ Pa,有:

$$H_{smax}=h_{max}+\Delta h+H_{NOP}=2\ 551+196+49=2\ 796\ (Pa)$$

$$H_{smin}=h_{min}+\Delta h+H_{NAS}=1\ 668+196-147=1\ 717\ (Pa)$$

(3) 通风机的全压

$$H_{tmax}=h_{max}+\Delta h+h_{vd}+H_{NOP}=2\ 551+196+49+49=2\ 845\ (Pa)$$

$$H_{tmin}=h_{min}+\Delta h+h_{vd}+H_{NAS}=1\ 668+196+49-147=1\ 766\ (Pa)$$

(4) 根据设计工况点初选通风机

① 在 4-72-11 型离心式通风机性能曲线(图 4-1-13)风量坐标 $Q=46\ m^3/s$ 的点作 Q 轴垂线,在风压坐标 $H_t=1\ 766$ Pa 和 $H_t=2\ 845$ Pa 的点作 Q 轴平行线,三条线段分别相交于 M_1 和 M_2 两点。由图可见,能使两个时期工况点都在合理工作范围内的通风机只有№20 通风机。

② 观察 2K-60 系列轴流式通风机性能曲线(图 4-1-14)可知,№18 通风机基本可满足要求,在其风量坐标 $Q=46\ m^3/s$ 的点作 Q 轴垂线,在风压坐标 $H_t=1\ 766$ Pa 和 $H_t=2\ 845$ Pa 的点作 Q 轴平行线,三条线段分别相交于 M_1 和 M_2 两点。由图可见,此两个工况点均在合理工作范围内,故初选№18 通风机。

③ 在 G4-73-11 型离心式通风机性能曲线(图 4-1-15)风量坐标 $Q=16.56\times10^4\ m^3/h$ 的点作 Q 轴垂线,在风压坐标 $H_t=1\ 766$ Pa 和 $H_t=2\ 845$ Pa 的点作 Q 轴平行线,三条线段分别相交于 M_2 和 M_1 两点。由图可见,能使两个时期工况点都在合理工作范围内的通风机

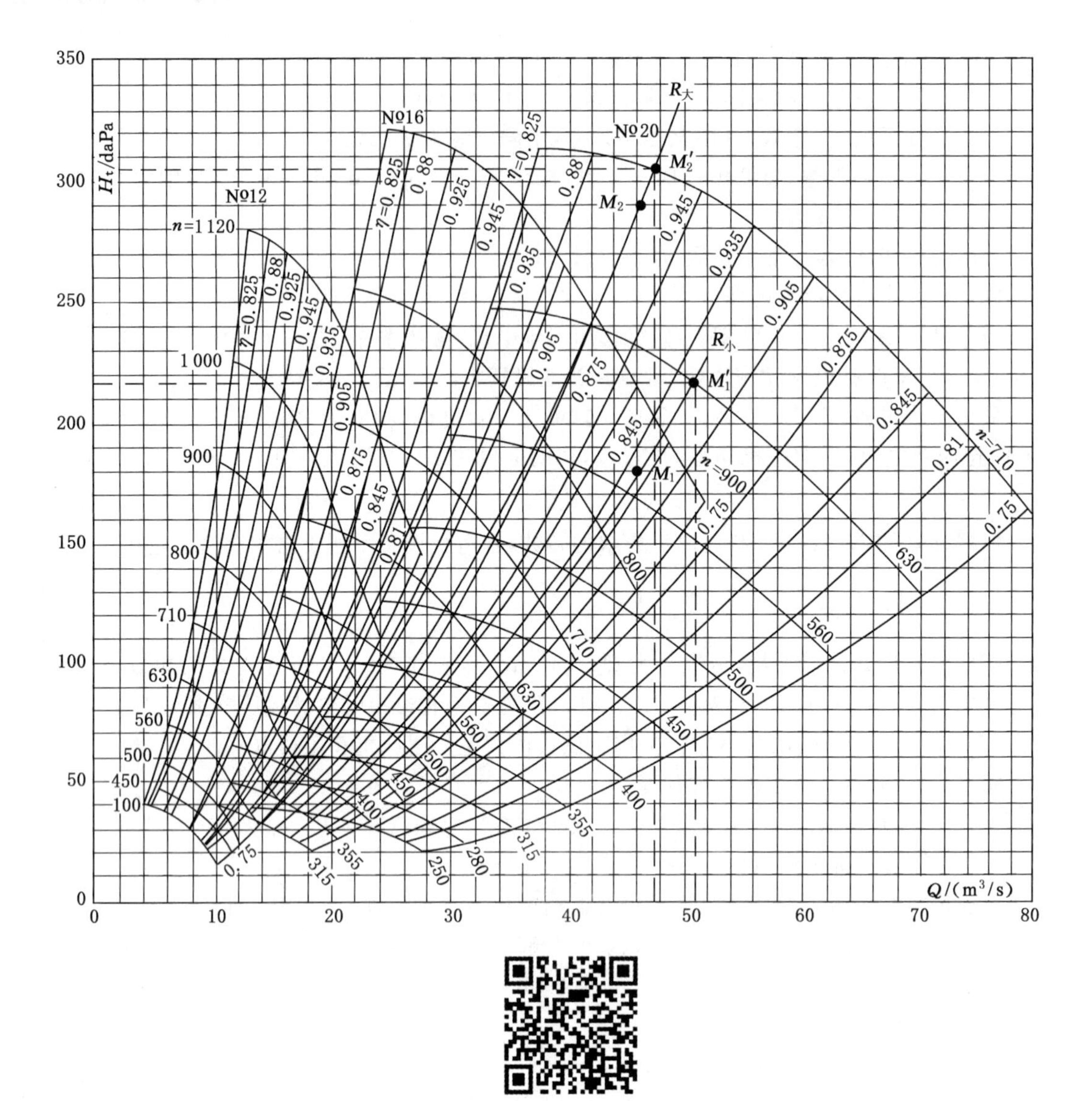

图 4-1-13　4-72-11 型离心式通风机性能曲线

只有№20 通风机。

初选择工况点：M_1(16.56，285.4)、M_2(16.56，176.6)；

实际工况点：M'_1(17.53，287.0)、M'_2(16.81，180.0)。

(5) 求通风机的实际工况点

① 计算通风机的工作风阻

a. 离心式通风机的工作风阻

$$R_{tmax} = H_{tmax}/Q_f^2 = 2\ 845/46^2 \approx 1.344\ 5\ (N \cdot s^2/m^8)$$

$$R_{tmin} = H_{tmin}/Q_f^2 = 1\ 766/46^2 \approx 0.834\ 6\ (N \cdot s^2/m^8)$$

b. 轴流式通风机工作风阻

$$R_{smax} = H_{smax}/Q_f^2 = 2\ 796/46^2 \approx 1.321\ 4\ (N \cdot s^2/m^8)$$

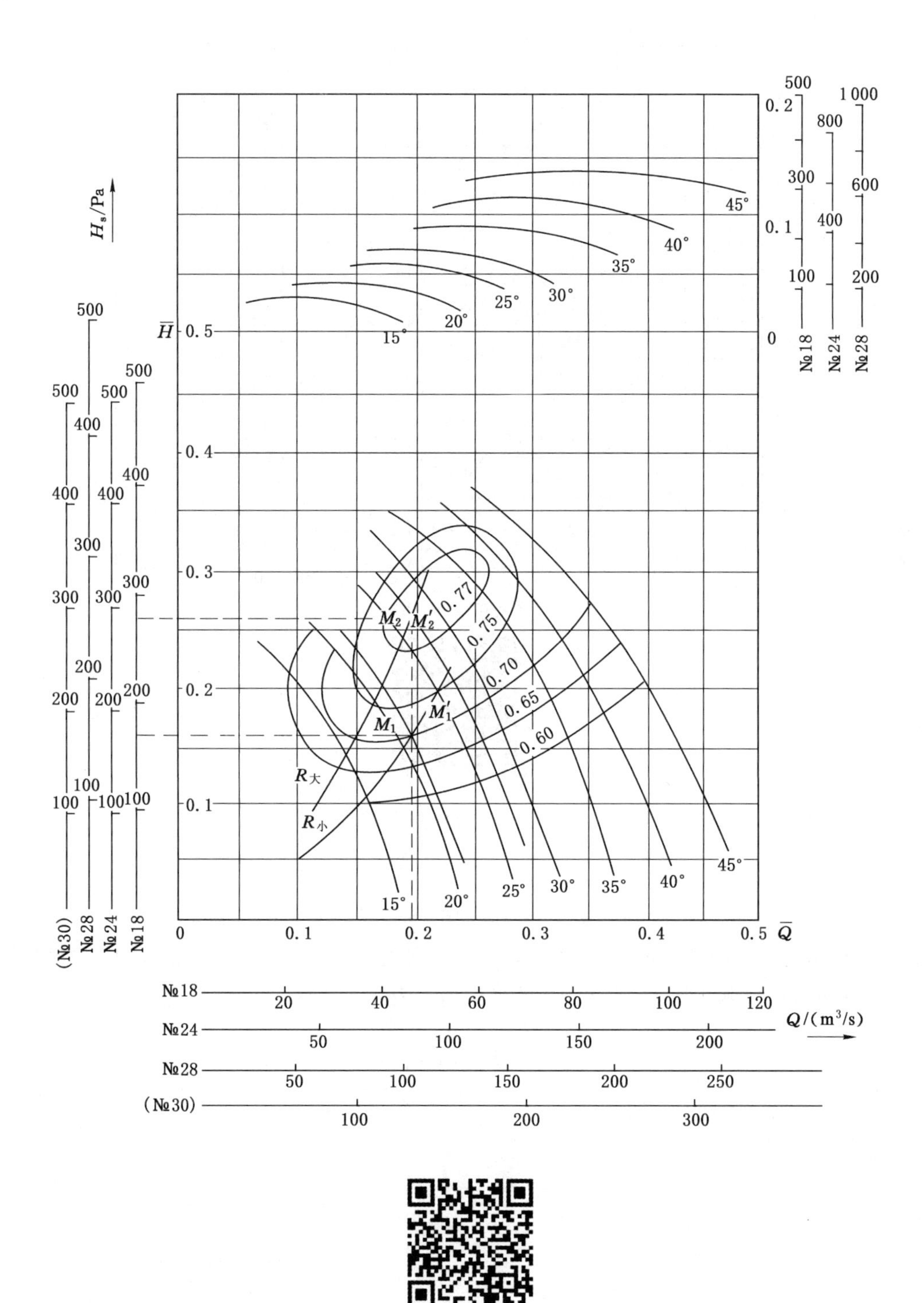

图 4-1-14　2K-60 系列轴流式通风机性能曲线
(№18，n=985 r/min；№24，n=750 r/min；№28，n=600 r/min)

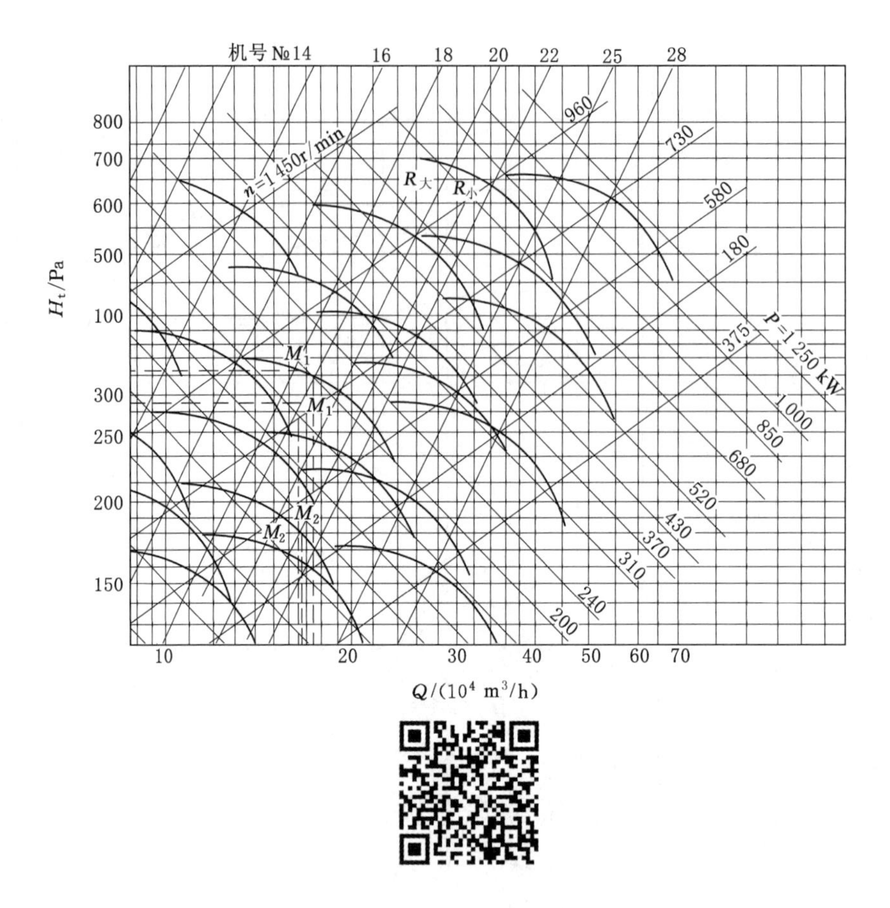

图 4-1-15　G4-73-11 型离心式风机性能曲线(轴向导流、前导叶片全开时)

(进口温度 20 ℃;进口压力 760 mmHg;空气密度 1.2 kg/m³)

$$R_{smin}=H_{smin}/Q_f^2=1\ 717/46^2\approx 0.811\ 4\ (\mathrm{N\cdot s^2/m^8})$$

② 根据通风机的工作风阻,分别在初选的三台通风机上作风阻曲线。由作图所得的三台初选通风机的实际工况点 M_1' 和 M_2' 的坐标列入表 4-1-1 中。

表 4-1-1　三台初选通风机的实际工况点参数

通风机型号	实际风压/Pa		实际风量/(m³/s)		效率/%		轴功率/kW		备注
	大	小	大	小	大	小	大	小	
2K-60№18	2 976	1 717	47.0	47.0	0.78	0.70	164.9	111.2	风压大时 $\theta=27°$,风压小时 $\theta=21°$
4-72-11№20	2 992	2 129	47.8	50.2	0.92	0.93	154.5	115.0	风压大时 $n=710$ r/min, 风压小时 $n=630$ r/min
G4-73-11№20	2 870	1 850	48.3	46.7			240.0	115.0	风压大时 $n=730$ r/min, 风压小时 $n=580$ r/min (未考虑前导器调节)

由表4-1-1可见，从电耗大小考虑，2K-60型和4-72-11型较小；从可调性上看，2K-60型通风机较好，且可反转反风，故选择2K-60№18型通风机。

任务实施

某抽出式通风系统，需风量为 $Q_m=100\ m^3/s$，运行最大和最小通风阻力分别为 $h_{max}=2\ 500\ Pa$ 和 $h_{min}=1\ 500\ Pa$，阻力最大和最小时自然风压分别为 $H_{NOP}=40\ Pa$ 和 $H_{NAS}=-100\ Pa$。试选系统主要通风机和主要电机，并填写如下任务单：

主通风机的工作风量	
通风机工作风压	
通风机的全压	
根据设计工况点初选通风机	
求通风机的实际工况点 （计算通风机的工作风阻， 绘制风阻曲线）	

思考与拓展

一、选择题

1. 工业通风里的“有限空间”指的范围较广，既可以指建筑物，又可以指（　　），还可指容器等。

A. 隧道　　B. 地下巷道　　C. 坑道　　D. 硐室

2. 物体或块、粒状物料的高速运动，能带动周围空气随其流动，这部分空气称为（　　）。

A. 纯净空气　　B. 静止空气　　C. 运动空气　　D. 诱导空气

3. 通风净化是指利用通风的方法排除并净化被（　　）污染的空气的技术。

A. 水蒸气　　B. 氮气　　C. 粉尘　　D. 有害气体

4. 常见的尘化作用有（　　）。

A. 剪切压缩造成的尘化作用　　B. 诱导空气造成的尘化作用

C. 综合性尘化作用　　D. 热气流上升造成的尘化作用

5. 车间高度在6 m及6 m以下者，换气次数不应小于（　　）次/h。

A. 10　　B. 8　　C. 6　　D. 5

二、判断题

1. 所谓通风，是指为满足合乎卫生要求的空气环境，对厂房或居室进行换气的技术。（　　）

2. 如果没有其他气流的影响，一次尘化作用给予粉尘的能量是不足以使粉尘在室内散布的，它只能造成小范围的局部气流污染。（　　）

3. 事故排风的吸风口，应布置在有害气体或爆炸性气体散发量可能最小的区域。（　　）

4. 当固定工作地点靠近有害物放散源，且不可能安装有效的局部排风装置时，应直接向工作地点送风。 ( )

5. 二次气流的方向和速度决定粉尘扩散的方向和范围，二次气流速度越大，粉尘扩散越严重。 ( )

三、简答题

1. 简述工业通风的作用。
2. 分析有害物在室内的传播机理。

任务二 工业通风的设施

学习目标

1. 了解排风罩、各类集气罩气体流动规律。
2. 了解局部和全面通风设施。

素质目标

主动思考，敢于创新。

知识链接

一、排风罩

排风罩是整个通风净化系统中的重要组成部分，它的主要作用是捕集散发在空气中的粉尘和有害物，不使其进入工作区内，保证室内工作区粉尘和有害物浓度不超过国家卫生标准的要求。要设计完善的排风罩，即用较小的排风量就可获得最佳的控制效果，从而降低设备能耗和维护等费用。

1. 排风罩的分类及特点

按照工作原理的不同，排风罩可分为以下几种基本形式：

(1) 密闭罩。它是将粉尘和有害物源全部或大部分围挡起来的排风罩，其特点是排风量小，控制有害物的效果好，不受环境气流影响，但影响操作。主要用于有害物危害较大，控制要求高的场合。

(2) 柜式排风罩。有一面敞开的工作面，其他面均密闭。敞开面上保持一定的吸风速度，以保证柜内有害物不逸出。主要用于化学实验室操作台等易受污染区域的通风。

(3) 外部罩。利用罩口外部吸气汇流的运动将粉尘和有害物吸入罩内的排风罩，对于生产操作影响小，安装维护方便，但排风量大，控制有害物效果相对较差。主要用于因工艺或操作条件的限制，不能将污染源密闭的场合。分上吸式、侧吸式、下吸式和槽边排风罩等。

(4) 接受罩。可将排风罩罩口迎着含尘或有害物气流来流方向，使其直接进入罩内。由于有害物混合气流的定向运动，罩口排风量只要能将有害物排走即可控制有害物的扩散。主要用于热工艺过程、砂轮磨削等有害物具有定向运动的污染源的通风。与外部罩的区别

在于:接受罩罩口外的气流运动是生产过程引起的,与罩子的排风无关;外部罩罩口外气流的运动是罩子排风时的抽吸作用造成的。

(5) 吹吸罩。它是由吹风和排风两部分组成,在相同条件下,排风量比外部排风罩的少,抗外界干扰气流能力强,控制效果好,不影响工艺操作,但增加了射流系统。主要用于因生产条件限制,外部吸气罩离有害物源较远,仅靠吸风控制有害物较困难的场合。

2. 排风罩的设计原则

设计排风罩时,应遵循以下原则:

(1) 排风罩应尽可能包围或靠近有害物发生源,使有害物局限于较小的空间,尽可能减小其吸气范围,便于捕集和控制。

(2) 排风罩的吸气气流方向尽可能与污染气流运动方向一致。

(3) 已被污染的吸入气流不允许通过人的呼吸区,设计时要充分考虑操作人员的位置和活动范围。

(4) 排风罩应力求结构简单、造价低,便于制作安装和拆卸维修。

(5) 要与工艺密切配合,使局部排风罩的配置与生产工艺协调一致,力求不影响工艺操作。

(6) 要尽可能避免或减弱干扰气流(如穿堂风、送风气流对吸气流的影响)。

排风罩的结构虽不十分复杂,但由于各种因素的相互制约,所以要同时满足上述要求并不容易,因此设计人员应充分了解生产工艺、操作特点及现场实际。

二、集气罩

为防止生产过程产生的有害物质扩散和传播,通常通过设置集气罩来控制或排除,集气罩也称为排风罩。集气罩的形式很多,按其作用原理可分为密闭罩、柜式集气罩、外部吸气罩、槽边吸气罩、接受式吸气罩、吹吸式集气罩等基本类型。

(一) 密闭罩

1. 密闭罩的工作原理

图 4-2-1 所示为密闭罩的结构图,它把有害物源全部密闭在罩内,在罩上设有工作孔,从罩外吸入空气,罩内污染空气由上部排风口排出。它只需较小的排风量就能有效控制有害物的扩散,排风罩气流不受周围气流的影响。它的缺点是影响设备检修,有的看不到罩内的工作状况。

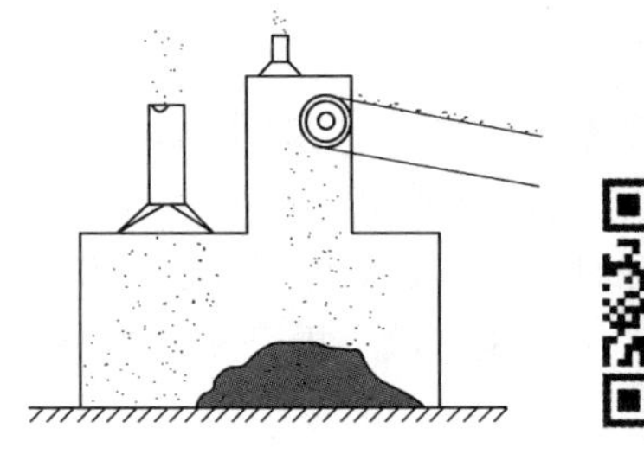

图 4-2-1　密闭罩

2. 密闭罩的形式

用于产尘设备的密闭罩称为防尘密闭罩。由于尘源和产尘设备各不相同、工艺生产条件千差万别，所以全密闭罩的形式也各种各样，按照全密闭罩密封范围的大小，可将它分为以下三种：

(1) 局部密闭罩

只将产尘点予以密闭，其特点是产尘设备及传动装置在罩外，便于观察和检修；罩内容积小，排风量少，经济性好。但是含尘气流速度较大或产尘设备引起的诱导气流速度较大时，罩内不易造成负压，致使粉尘外逸。因此，局部密闭罩适用于集中连续散发且含尘气流速度不大的尘源。

图 4-2-2 所示为四辊破碎机的局部密闭罩。物料在破碎过程中以及破碎后落到输送带上均散发出大量粉尘，因此设置局部密闭罩。粉尘经排气口 2 和 4 排走。

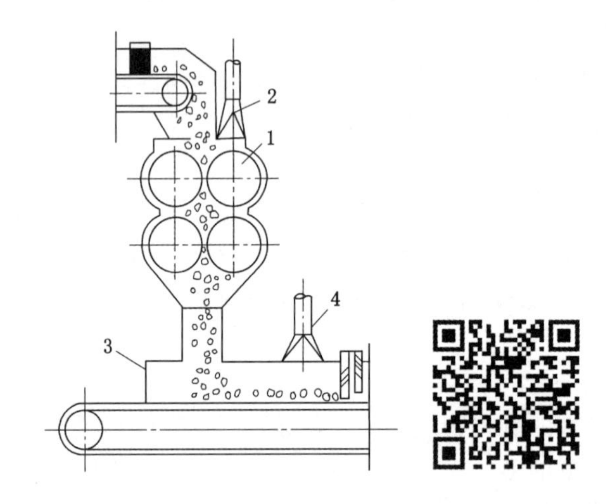

1—四辊破碎机；2—上部排气口；3—局部密闭罩；4—下部排气口。

图 4-2-2　四辊破碎机局部密闭罩

(2) 整体密闭罩

将产尘设备大部分或全部予以密闭，只将传动装置留在罩外。其特点是密闭罩基本上可成为独立整体，设计容易、密封性好，罩上设置观察窗监视设备运转情况。检修时可打开检修门，必要时可拆除部分罩体。整体密闭罩适用于振动或含尘气流速度较大、设备多处产尘等情况。图 4-2-3 所示为圆筒筛整体密闭罩。

(3) 大容积密闭罩(密闭小室)

将产尘设备(包括传动机构)全部密闭，形成独立的小室。其特点是罩内容积大，粉尘不易外逸，检修设备时可直接进入罩内。这种罩适用于产尘量大且不宜采用局部和整体密闭罩的情况，特别是设备需要频繁检修的场合。其缺点是占地面积大，建造费用高，不宜大量采用。图 4-2-4 所示为振动筛的密闭小室，振动筛、提升机等设备全部密闭在小室内，工人可直接进入小室检修和更换筛网。

3. 排风口位置的确定

(1) 排风口位置确定的原则

排风口位置应根据生产设备的工作特点及含尘气流运动规律确定。影响密闭罩内粉尘

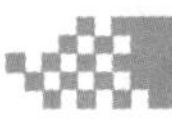

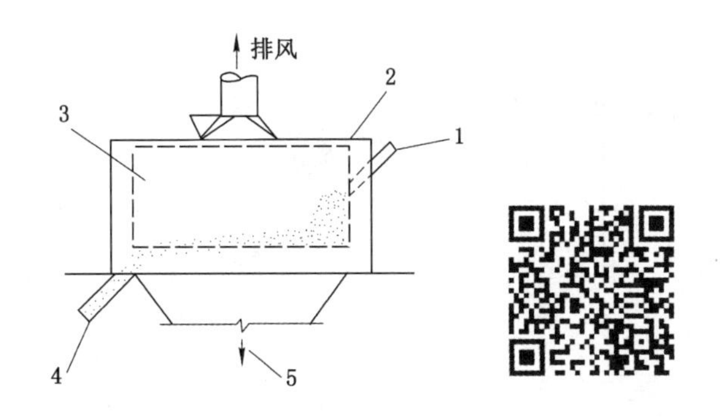

1—进料口；2—全部密闭；3—圆筒筛；4—粗料出口；5—细料出口。

图 4-2-3　圆筒筛整体密闭罩

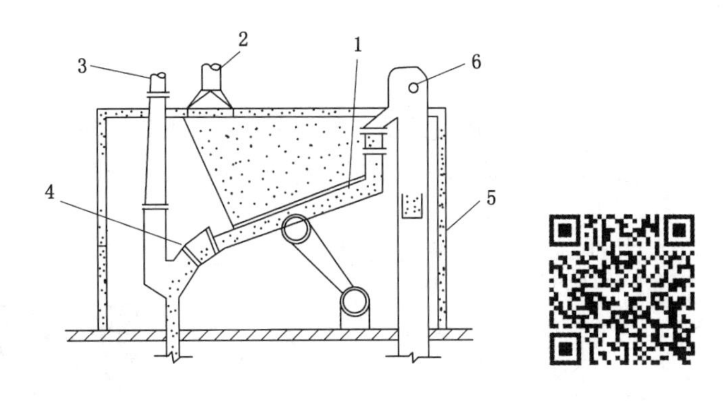

1—振动箱；2—护风罩；3—排风口；4—卸料口；5—密闭小室；6—提升机。

图 4-2-4　振动筛室密闭罩

等有害物外逸的主要因素是罩内正压，因此尘源密闭后要防止粉尘外逸，还需通过排风消除罩内正压。所以，排风口位置确定的原则是：排风口应设在罩内压力最高的部位，以利于消除正压；不应在含尘气流浓度高的部位或飞溅区内。

(2) 影响罩内正压形成的主要因素

① 机械设备运动

如图 4-2-4 所示的圆筒在工作过程中高速转动时，会带动周围空气一起运动，造成一次尘化气流。高速气流与罩壁发生碰撞时，把自身的动压转化为静压，使罩内压力升高。

② 物料运动

图 4-2-5 所示为带式输送机转载点的工作情况。物料的落差较大时，高速下落的物料诱导周围空气一起从上部罩口进入下部皮带密闭罩，使罩内压力升高。物料下落时的飞溅是造成罩内正压的另一个原因。为了消除下部密闭罩内诱导空气的影响，物料的落差大于 1 m 时，应按图 4-2-5(b)所示在下部进行抽风，同时设置宽大的缓冲箱以减弱飞溅的影响；落差不大于 1 m 时，物料诱导的空气量较小，可按图 4-2-5(a)所示设置排风口。

图 4-2-6 所示为发生飞溅时的情况，由于局部气流的飞溅速度较高，采用抽风的方法无

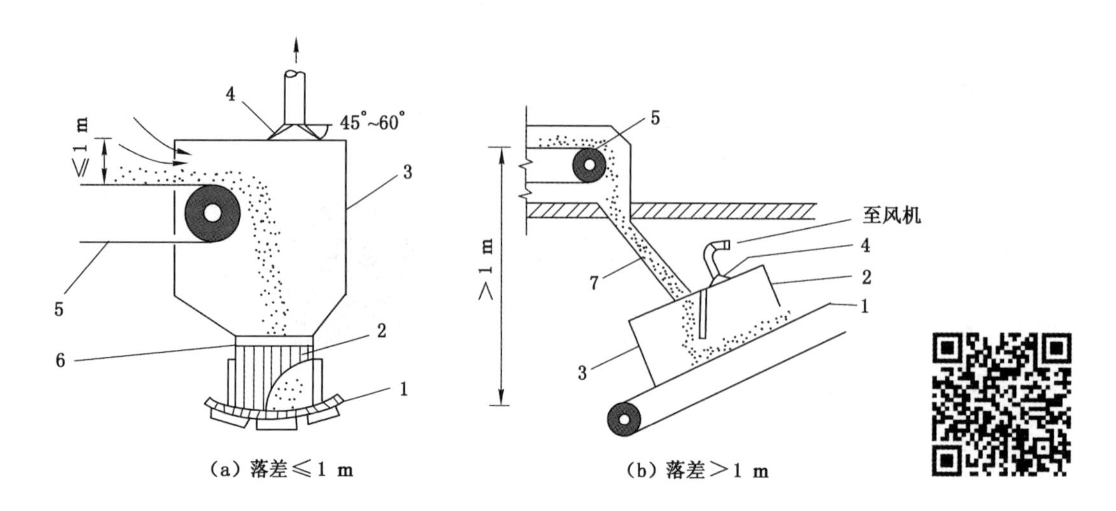

1—受料皮带；2—遮尘帘；3—密闭罩；4—排风口；5—转运皮带；6—两侧挡板；7—溜槽。

图 4-2-5 带式输送机转载点的工作情况

法抑制这种局部高速气流运动。正确的预防方法是：避免在飞溅区域内有孔口或缝隙，或者设置宽大密闭罩，使尘化气流在到达罩壁上的孔口前速度已大大降低。

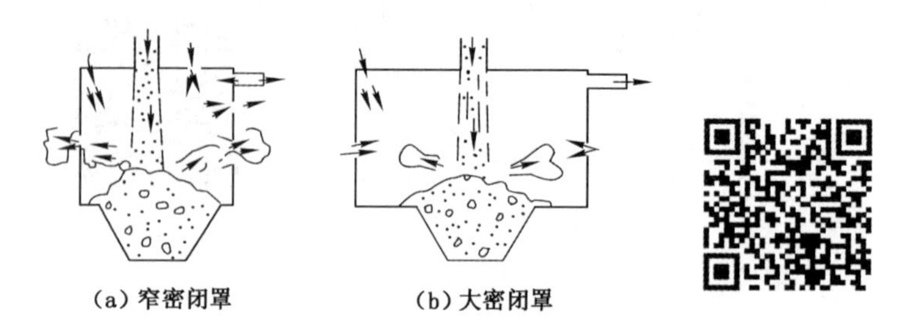

图 4-2-6 密闭罩内的飞溅

③ 罩内温度差

图 4-2-7 所示为斗式提升机的密闭。当提升机提升高度较小、输送冷物料时，主要在下部的物料点造成正压，可按图 4-2-7(a)所示在下部设排风点。当提升机输送热的物料时，提升机机壳类似于一根垂直风管，热气流带着粉尘由下向上运动，在上部形成较高的热压。因此，当物料温度为 50～150 ℃时，要在上、下同时排风，物料温度大于 150 ℃时只需在上部排风，如图 4-2-7(b)所示。

从上述分析可知，排风口位置根据生产设备的工作特点及含尘气流运动规律确定。排风口应设在罩内压力最高的部位，以利于消除正压。为了避免把过多的物料或粉尘吸入通风系统，增加除尘器的负担，排风口不应设在含尘浓度高的部位或飞溅区内。罩口风速不宜过高，通常采用下列数值：

筛落的极细粉尘，$v=0.4 \sim 0.6$ m/s；

粉碎或磨碎的细粉，$v<2$ m/s；

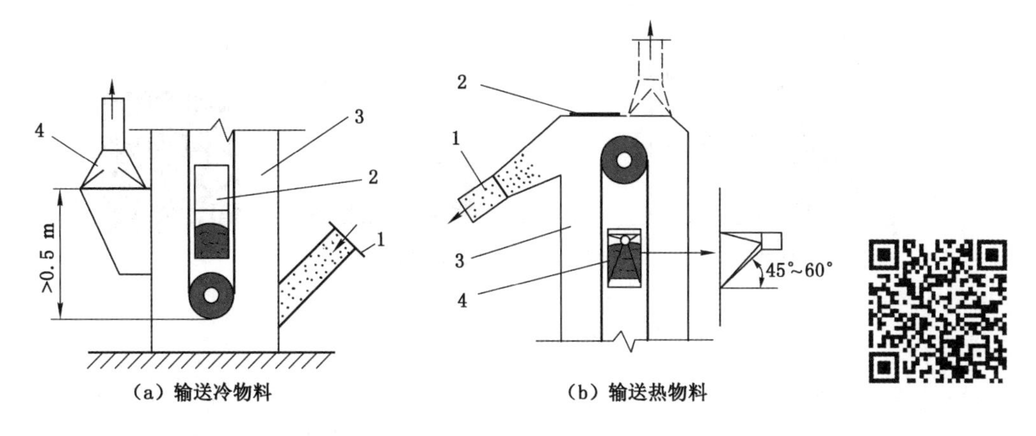

1—料管；2—检修门；3—斗式提升机；4—排风口。

图 4-2-7　斗式提升机的密闭

粗颗粒物料，$v<3$ m/s。

（二）柜式排风罩

1. 柜式排风罩的工作原理

柜式排风罩（又称通风柜）的结构与密闭罩相似，由于工艺操作需要，罩的一面可全部敞开，如图 4-2-8 所示。柜式排风罩的工作原理如图 4-2-9 所示。根据操作空间大小要求不同，可做成小型通风柜或大型的室式通风柜。小型通风柜适用于化学实验室及小零件喷漆等。大型的室式通风柜，操作人员在柜内工作，主要用于大件喷漆及粉料装袋等。防止柜内有害物从敞开面向外扩散，要在敞开面上形成一定的控制风速。控制风速的形成可以依靠抽吸作用，也可以依靠吹吸联合作用来实现。

图 4-2-8　柜式排风罩

通风柜孔口的风速分布状况对排除有害物的效果有很大影响，如果风速分布不均匀，有害物就有可能从风速低的部位向室内扩散。因此，在确定通风柜的结构形式及参数时，应尽可能使孔口风速分布均匀。

2. 柜式排风罩的形式

根据排气口的位置不同，柜式排风罩可分以下几种形式：

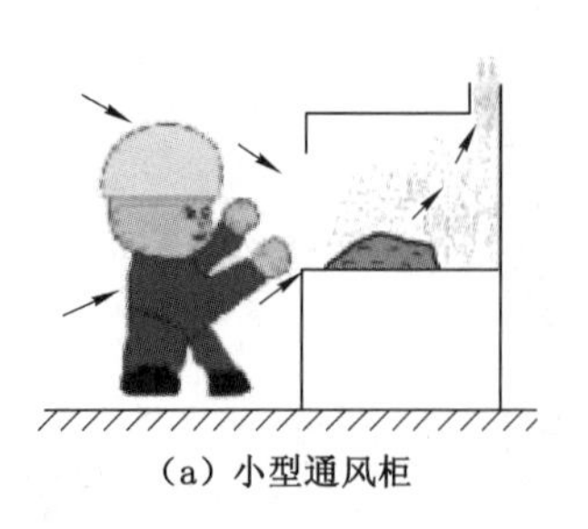
(a) 小型通风柜

(b) 大型的室式通风柜

图 4-2-9　通风柜的工作原理图

(1) 上部排风通风柜。当通风柜内产生的有害气体密度比空气小或当柜内存在发热体时，应选择上部排风通风柜。图 4-2-10 所示为典型的上部排风通风柜。这类通风柜结构简单，应用广泛。

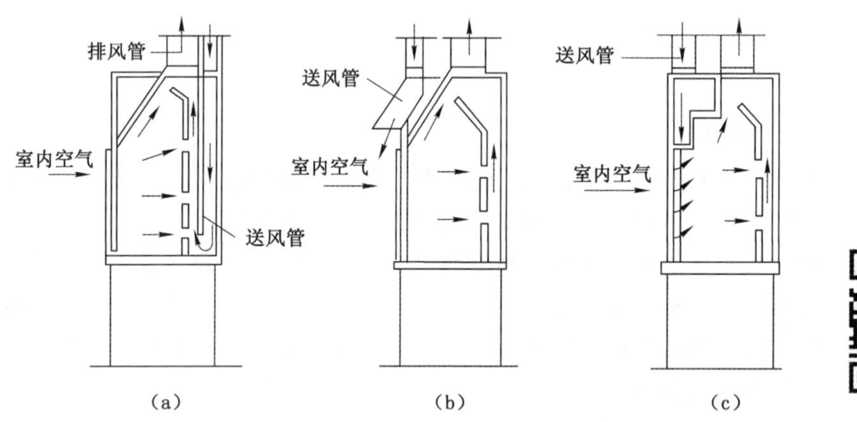

图 4-2-10　上部排风通风柜

(2) 下部排风通风柜。当柜内无发热体，且产生的有害气体密度比空气大，柜内气流下降时，应选择下部排风通风柜。下部排风口可紧靠工作台面或距工作台面有一定的距离，如图 4-2-11 所示。

(3) 上下联合排风通风柜。当柜内发热量不稳定或产生密度大小不等的有害气体时，为有效地适应各种不同的工况条件，可选用上下联合排风通风柜。图 4-2-12 所示为上下联合排风通风柜，上排风口和下排风口的排风量为 1∶2。这种通风柜结构简单、制作方便，多用于化学实验室。

(4) 供气式通风柜(送风式通风柜)。这种通风柜的工作孔口上部及两侧设有吹风口，由供气管道输送的空气从吹风口吹出，形成隔挡室内空气幕。通风柜排气量的 1/4～1/3 为室内空气，2/3～3/4 为辅助供给的空气。图 4-2-13 所示的供气式通风柜可减少从室内的排风量，有利于保证室内的洁净度和正压，在供暖和空调房间内使用时，能节约能量 60%左右，所以也称节能型通风柜。

(5) 吹吸联合工作的通风柜。图 4-2-14 所示为吹吸联合工作通风柜。它可以隔断室内干扰气流，防止柜内形成局部涡流，使有害物得到较好控制。

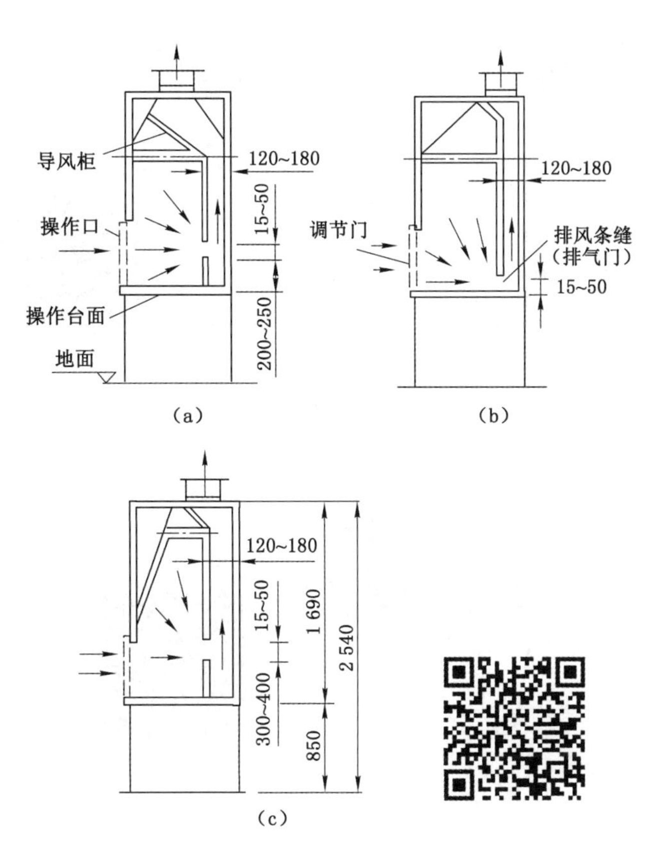

图 4-2-11 下部排风通风柜

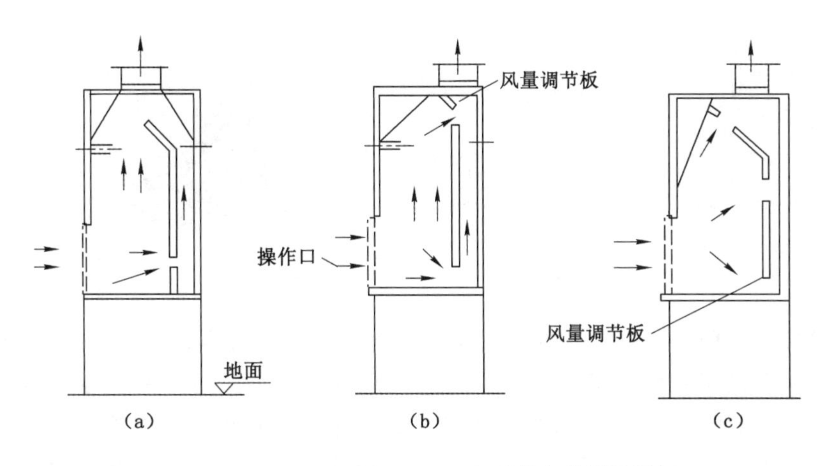

图 4-2-12 上下联合排风通风柜

(三)外部罩

1. 外部罩的工作原理

由于工艺条件限制,生产设备不能密闭时,可把排风罩设在有害物附近,依靠罩口的抽吸作用,在有害物发散地点造成一定的气流运动,把有害物吸入罩内。这类排风罩统称为外部吸气罩,如图 4-2-15 所示。

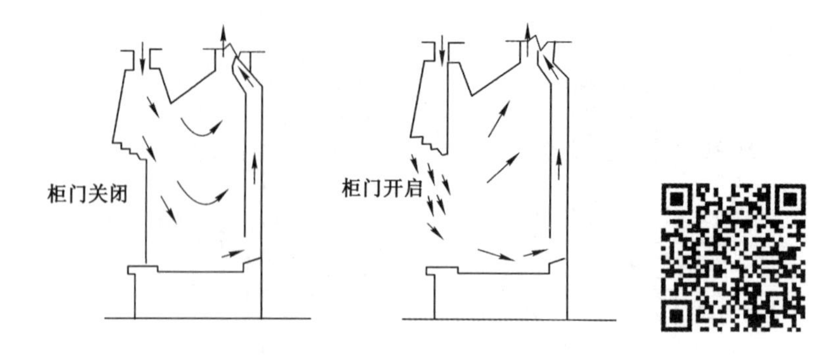

图 4-2-13　供气式通风柜

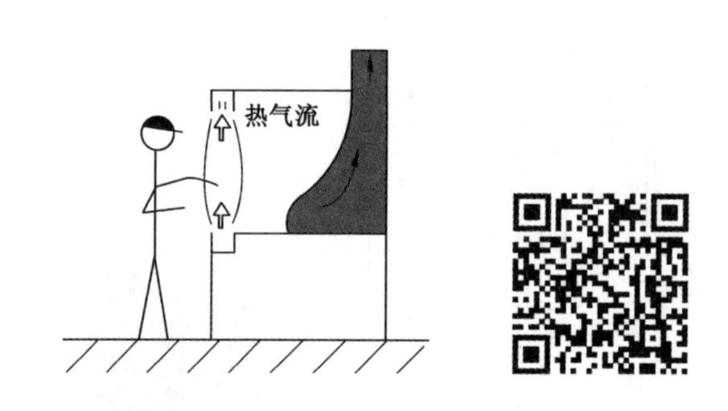

图 4-2-14　吹吸联合工作通风柜

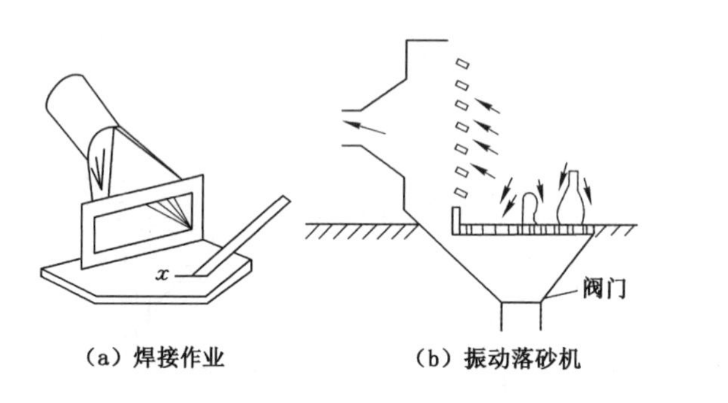

图 4-2-15　外部吸气罩

外部罩对粉尘的控制作用是通过罩外吸气汇流流动面产生的。粉尘离开尘源后，由于自身的动能以及罩外扰动气流的携带而扩散。只有当外部罩产生的吸气汇流流动足以克服粉尘向任一方向的扩散运动时，才能将尘源散发出的所有粉尘吸入罩内。外部罩产生的吸气汇流流场主要与外部罩的结构形式和吸气流量有关。设计外部罩的任务就是根据尘源的性质和工艺生产条件，正确选择外部罩的形式和以最小的吸气流量将粉尘捕集。在通风工程中，设计外部罩主要采用两种方法，即控制风速法和流量比法。

2. 外部罩的形式

（1）根据罩口前气流所受的约束情况不同，外部吸气罩分为前面无障碍的外部吸气罩和前面有障碍的外部吸气罩两类。

(2) 根据外部吸气罩的安装情况不同,可分为悬挂式和侧吸式。

(3) 根据外部吸气罩的罩口形状不同,可分为圆形罩、矩形罩和条缝罩。

(四) 接受罩

有些生产过程或设备本身产生或诱导一定的气流运动,带动有害物一起运动,如高温热源上部的对流气流及砂轮磨削时抛出的磨屑及大颗粒粉尘所诱导的气流等。对这种情况,应尽可能把排风罩设在污染气流前方,让它直接进入罩内。这类排风罩称为接受罩,如图 4-2-16 所示。

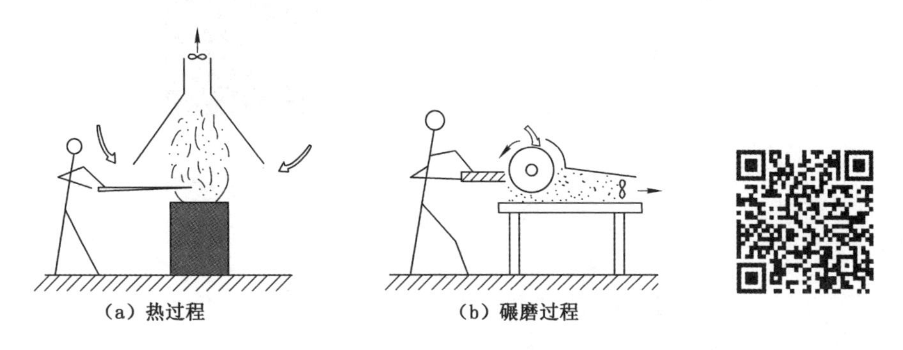

图 4-2-16 接受罩

接受罩在外形上和外部吸气罩完全相同,但作用原理不同。对接受罩而言,罩口外的气流运动是生产过程本身造成的,接受罩只起接受作用,它的排风量取决于接受的污染空气量的大小。接受罩的断面尺寸应不小于罩口处污染气流的尺寸。粒状物料高速运动时所诱导的空气量,由于影响因素较为复杂,通常按经验公式确定。

(五) 槽边排风罩

槽边排风罩是外部排风罩的一种特殊形式,专门用于各种工业槽(如酸洗槽、电镀槽、中和槽、盐浴炉池等)。它的特点是不影响工艺操作,有害气体在进入人的呼吸区之前就被槽边上设置的条缝形吸气口抽走。

根据罩的布置和罩口形式不同,槽边排风罩可划分为不同的形式。

1. 按布置方式分

根据布置方式不同可分为单侧式、双侧式和周边式(环形)。单侧式适用于槽宽 $B\leqslant 700$ mm;双侧式适用于 $B>700$ mm;当 $B>1\ 200$ mm 时,应采用吹吸式排风罩;当槽的直径 $D=500\sim1\ 000$ mm 时,宜采用环形排风罩,布置形式如图 4-2-17 所示。

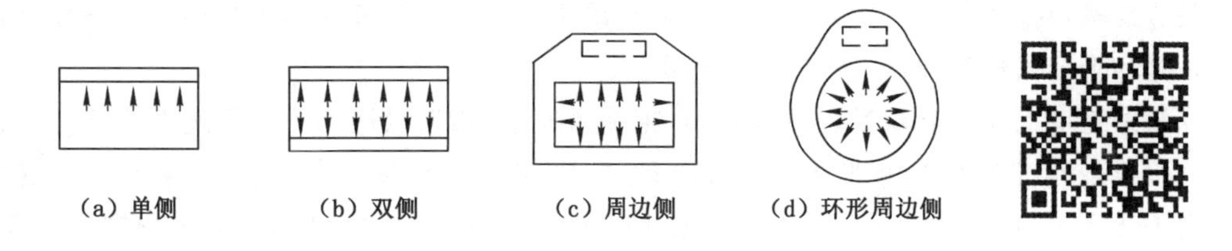

图 4-2-17 槽边排风罩的形式

2. 按罩口形式分

槽边排风罩的罩口有平口式和条缝式两种形式，如图 4-2-18 和图 4-2-19 所示。

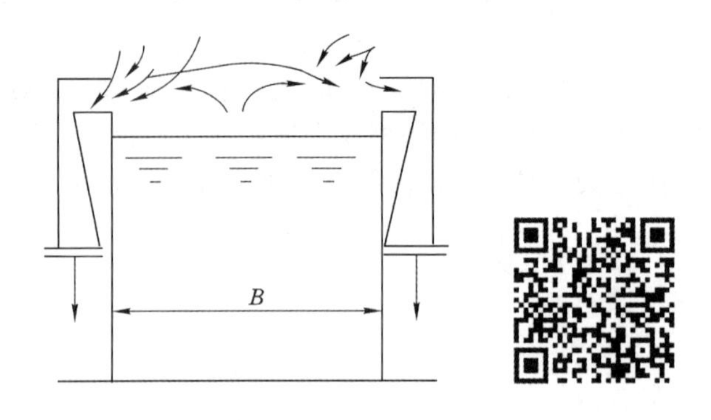

图 4-2-18 平口式双侧槽边排风罩

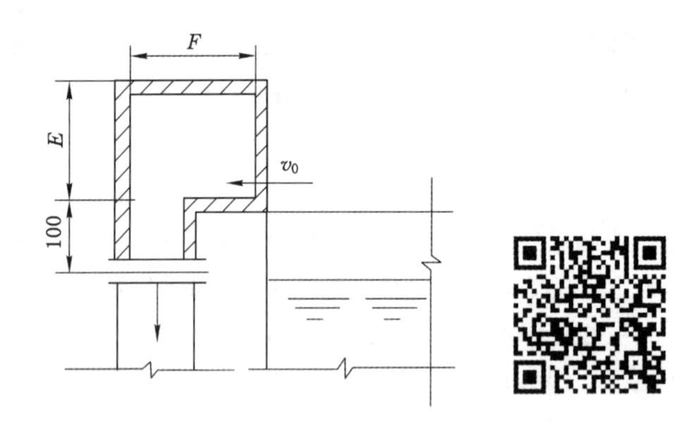

图 4-2-19 条缝式槽边排风罩

(1) 平口式槽边排风罩

平口式槽边排风罩的吸气口上不设法兰边，吸气范围大。若将平口式槽边排风罩靠墙布置，则同设置法兰边一样，吸气范围由 $3\pi/2$ 减小为 $\pi/2$，如图 4-2-20 所示，此时的排风量会相应减小。条缝式槽边排风罩的特点是截面高度 E 较大，$E<250$ mm 的称为低截面，$E\geqslant250$ mm 的称为高截面。增大截面高度如同在罩口上设置挡板，可减小吸气范围，因此，它的排风量比平口式小。但它占用的空间大，对操作有一定影响。

(2) 条缝式槽边排风罩

条缝式槽边排风罩广泛用在电镀车间的自动生产线上。条缝式槽边排风罩的条缝口有等高条缝和楔形条缝两种，如图 4-2-21 所示。

等高条缝口上速度分布难以达到均匀，末端风速小，靠近风机的一端风速大。条缝口的速度分布与条缝口面积 f 和排风罩断面积 F_1 之比(f/F_1)有关，f/F_1 越小，速度分布越均匀。当 $f/F_1\leqslant0.3$ 时，可以认为速度分布是均匀的。当 $f/F_1>0.3$ 时，可以采用楔形条缝，以使之能均匀排风。但是，楔形条缝制作比较麻烦，因此，有时在 $f/F_1>0.3$ 时仍采用等高条缝罩口，这时为了使条缝口速度分布较均匀，可以沿槽的长度方向分设两个排风罩，各自设立排气立管。条缝口上采用较高的风速，一般为 7～10 m/s。排风量大时，上述数值应适

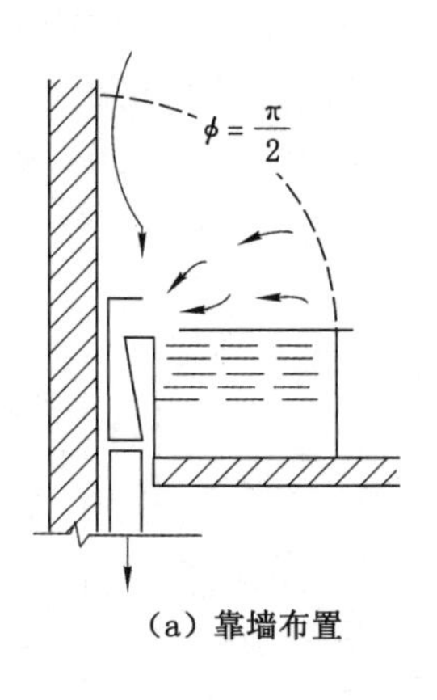

(a) 靠墙布置

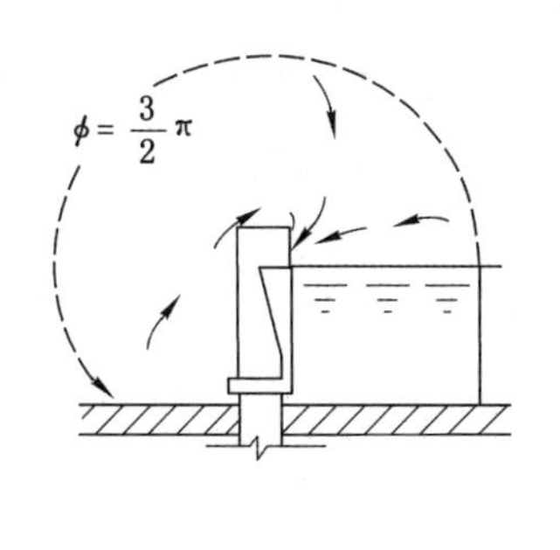

(b) 自由布置

图 4-2-20　槽的布置形式

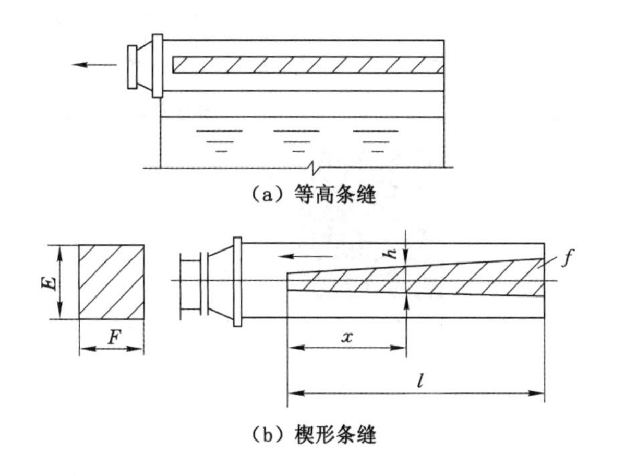

(a) 等高条缝

(b) 楔形条缝

图 4-2-21　条缝形式

当提高。楔形条缝口的高度按表 4-2-1 确定。

表 4-2-1　楔形条缝口高度的确定

f/F_1	≤0.5	≤1.0
条缝末端高度 h_1	1.3h	1.4h
条缝始端高度 h_2	0.7h	0.6h

(六) 吹吸罩

1. 吹吸罩的工作原理

利用外部罩控制有害物的扩散时,由于流向罩口的空气速度衰减很快,因此要在较远的控制点形成必要的吸入速度,需要的排风量就较大,而且易受干扰气流的影响。为此,可以采用在一侧吸气的同时,在另一侧设置吹气流,形成气幕组成吹吸罩以提高其控制有害物的效果。在同样的控制效果下,采用吹吸式通风罩,风量可以大大减小。控制点至排风口的距离越大,效果越明显。

吹吸式通风中的喷吹气流一般可视作平面射流,它的特点是速度衰减慢。如图 4-2-22(b)

所示，二维吸气气流在罩口中心轴线上 $x=2b_0$（b_0 为条缝口宽度）处，空气的吸入速度已降为 $v=0.1v_0$（v_0 为罩口风速）。而在如图 4-2-22(a)所示的平面射流中，在距罩口 $x=10b_0$ 处，轴心速度仅降低到 $v=0.8v_0$（v_0 为吹风口出口平均风速），即使在 $x=100b_0$ 处，还有 $v=0.2v_0$。由此可见，利用射流作动力，把有害物吹吸至排风口再进行排除是十分有利的。

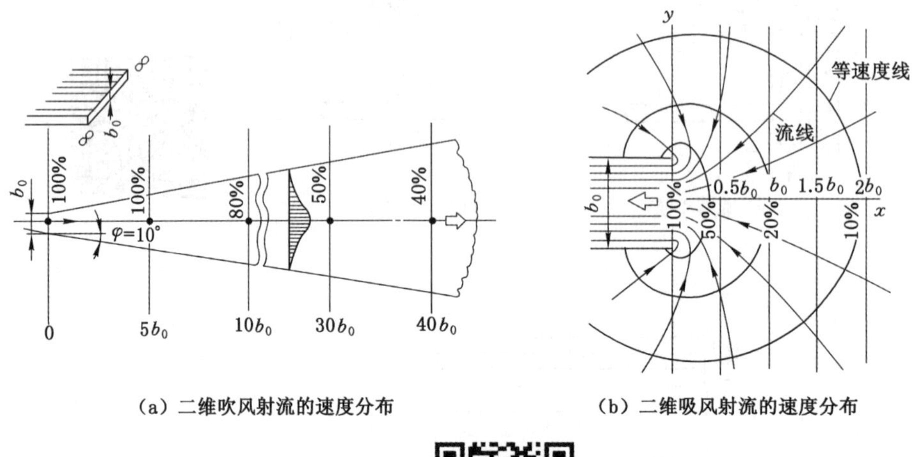

图 4-2-22 吹风和吸风速度分布比较

2. 吹吸罩的应用

图 4-2-23 所示为吹吸式通风的示意图。吹吸式通风依靠吹吸气流的联合工作进行有害物的控制和输送，它具有风量小、污染控制效果好、抗干扰能力强、不影响工艺操作等特点，近年来在国内外得到日益广泛的应用。下面是应用吹吸气流进行有害物控制的实例。

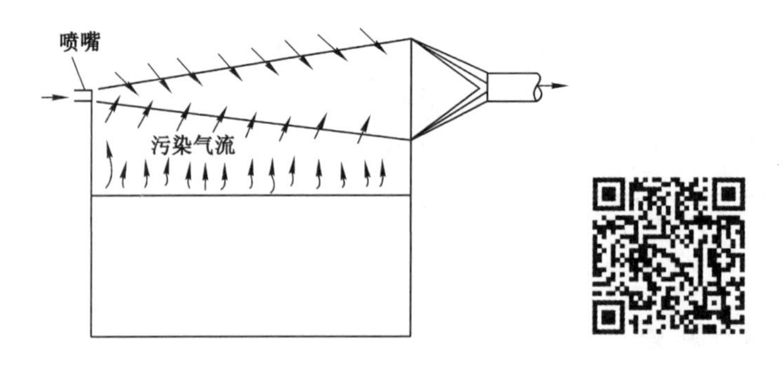

图 4-2-23 吹吸式通风示意图

(1) 图 4-2-24 所示为吹吸气流用于金属熔化炉的情况。如前所述，热源上部接受罩的安装高度较大时，排风量较大，而且容易受横向气流影响，为了解决这个矛盾，可以在热源前方设置吹风口，在操作人员和热源之间组成一道气幕，同时利用吹出的射流诱导污染气流进入上部接受罩。

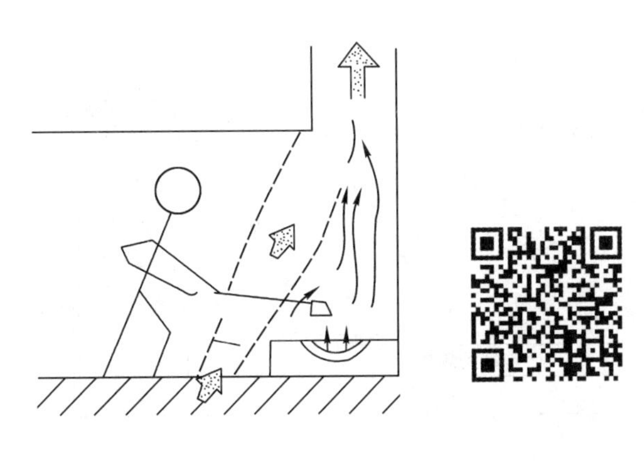

图 4-2-24　吹吸气流在金属熔化炉的应用

（2）图 4-2-25 所示为用气幕控制破碎机坑粉尘的情况。当卡车向地坑卸大块物料时，地坑上部无法设置局部排风罩，会扬起大量粉尘。为此，可在地坑一侧设吹风口，利用吹吸气流抑制粉尘的飞扬，含尘气流由对面的吸风口吸除，经除尘器后排出。

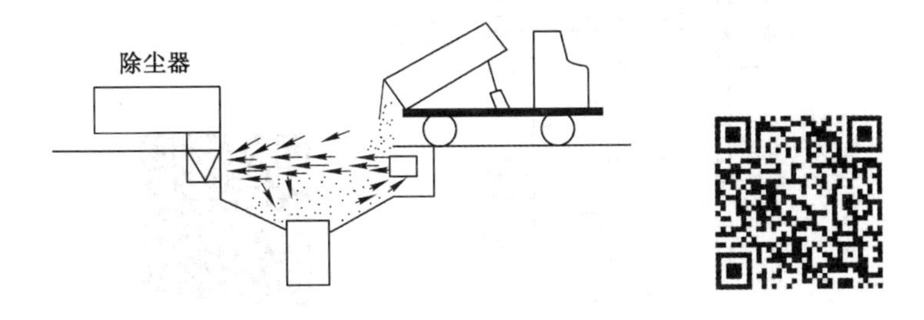

图 4-2-25　用气幕控制破碎机坑的粉尘

（3）吹吸气流不但可以控制单个设备散发的有害物，而且可以对整个车间的有害物进行有效控制。按照传统的设计方法采用车间全面通风时，需要用大量室外空气对有害物进行稀释，使整个车间的有害物浓度不超过卫生标准的规定。如前所述，由于车间有害物和气流分布的不均匀，要使整个车间都达到要求是很困难的。图 4-2-26 所示为在大型电解精炼车间采用吹吸气流控制有害物的实例。在基本射流作用下，有害物被抑制在工人呼吸区以下，最后经屋顶排风机组排除。设在屋顶上的送风小室供给操作人员新鲜空气，在车间中部有局部加压射流，使整个车间的气流按预定路线流动。这种通风方式也称单向流通风。采用这种通风方式，污染控制效果好，送、排风量少。

三、引射器

引射器是一种输送流体的装置，其原理如图 4-2-27 所示，由引射器喷管、引射管、混合管及扩散器所组成。高压流体从喷管喷出形成射流，卷吸周围部分空气一起前进，在引射管内形成一个低压区，使被引射的空气连续被吸进，与射流共同进入混合管，再经扩散器流出，此过程称为引射作用。显然，引射作用的实质是高压射流将自身的部分能量传递给被引射的流体。

煤矿中应用的引射器有水力引射器和压气引射器两种。水力引射器的结构如图 4-2-28

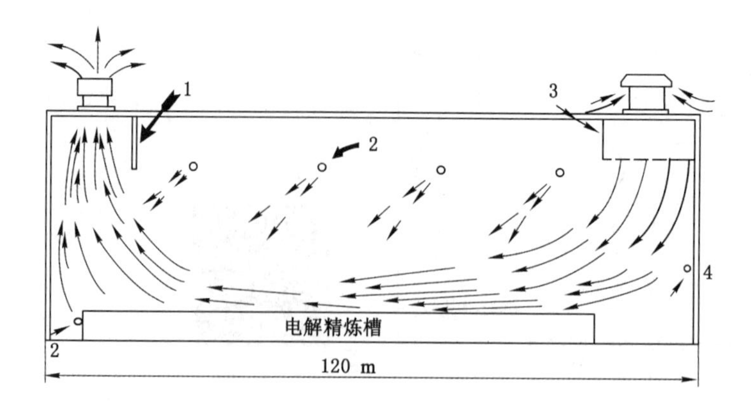

1—屋顶排气装置；2—局部加压射流；3—屋顶送风小室；4—基本射流。

图 4-2-26 电解精炼车间直流式气流简图

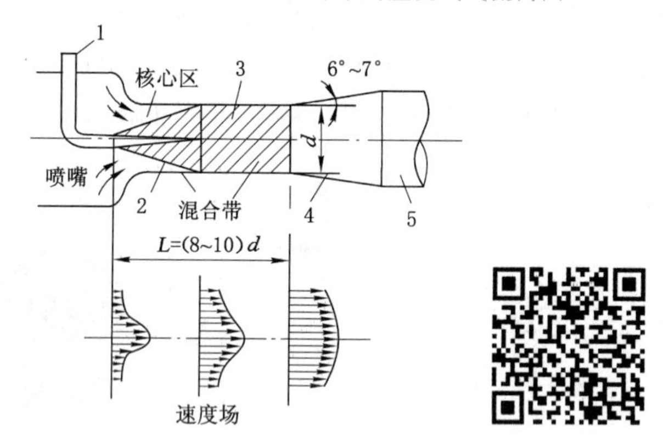

1—喷管；2—引射管；3—混合管；4—扩散器；5—风筒。

图 4-2-27 引射器原理示意图

所示，工作水压一般在 1.5～3.0 MPa，超过 3.0 MPa 时经济效益差，低于 0.5 MPa 时引射效果差。压气引射器有两种：一种是中心喷嘴式引射器，另一种是环隙式引射器。

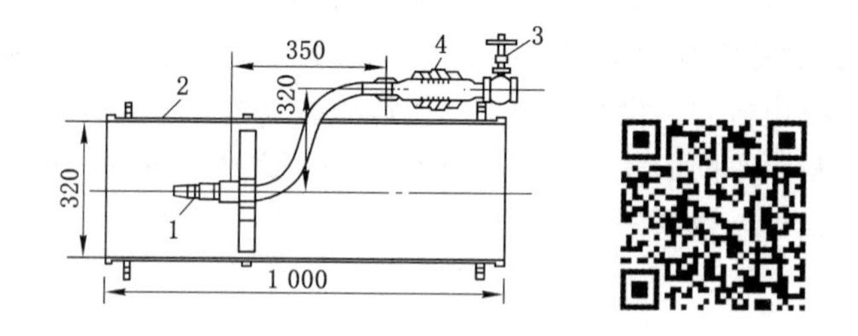

1—喷嘴；2—混合管；3—阀门；4—过滤网。

图 4-2-28 水力引射器结构图

四、全面通风设施

地面建筑全面通风设施主要包括避风天窗、避风风帽、屋顶集气罩等。其中，避风天窗、

避风风帽为自然通风设施，而屋顶集气罩为集气罩的一种特殊形式。

1. 避风天窗

地面建筑物采用自然通风时，在风力作用下，普通天窗迎风面的排风窗孔会发生倒灌现象，使建筑物气流原组织受到破坏，不能满足安全卫生要求。因此，当出现这种情况时应及时关闭迎风面天窗，只能依靠背风面的天窗进行排风，给管理上带来了麻烦。为使天窗能保持稳定的排风性能而不出现倒灌现象，需采取一定的措施，如在天窗上加装挡风板，以保证天窗的排风口在任何风向时均处于负压区而顺利排风，这种天窗称为避风天窗。

常用的避风天窗主要有以下几种：

(1) 矩形避风天窗。如图 4-2-29 所示，挡风板高度为 1.1～1.5 倍的天窗高度，其下缘至屋顶设 100 mm 的间隙。这种天窗采光面积较大，窗孔多集中在中部，当热源集中在中间时热气流能迅速排除，但其造价高、结构复杂。

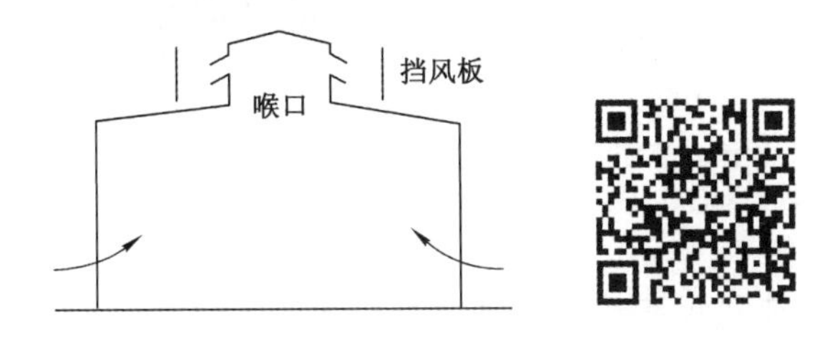

图 4-2-29　矩形避风天窗

(2) 曲(折)线形天窗。这种天窗将矩形天窗的竖直板改成曲(折)线形结构，如图 4-2-30 所示。其特点是阻力小，产生的负压大，通风能力强。

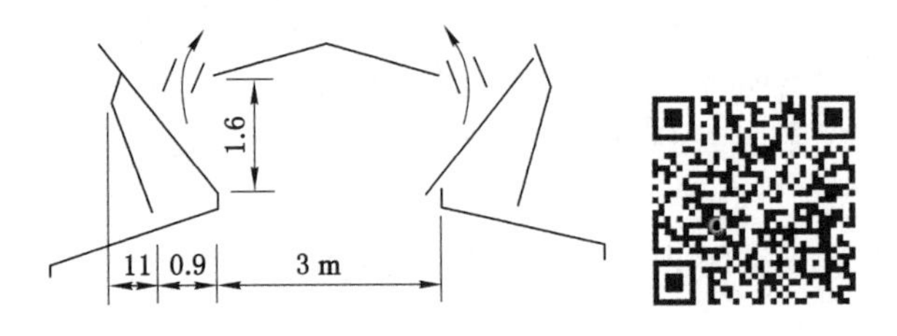

图 4-2-30　曲(折)线型天窗

(3) 下沉式避风天窗。这种天窗是利用屋架上、下弦之间的空间，让屋面部分下沉而形成的，如图 4-2-31 所示。下沉式天窗比矩形天窗降低厂房高度 2.5 m，节省挡风板和天窗架，但天窗高度受屋架的限制，排水也较困难。

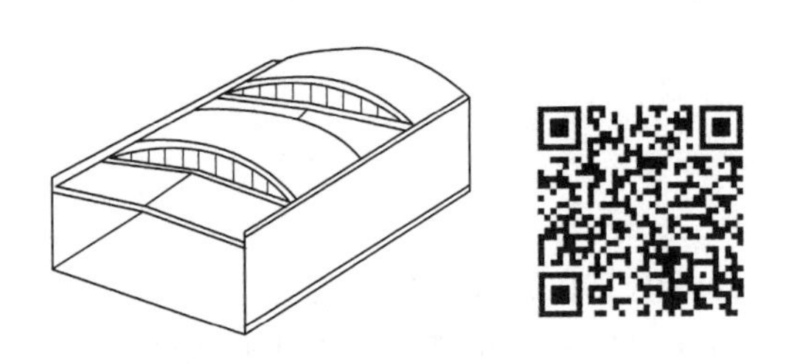

图 4-2-31　下沉式避风天窗

2. 避风风帽

避风风帽是在普通风帽的外围增设一圈挡风板而制成的。避风风帽的作用与避风天窗基本相同,其目的是减少风力作用下自然风压的倒灌现象,稳定抽出式通风系统的通风性能。避风风帽可制成多种形状,图 4-2-32 所示为圆形避风风帽示意图。

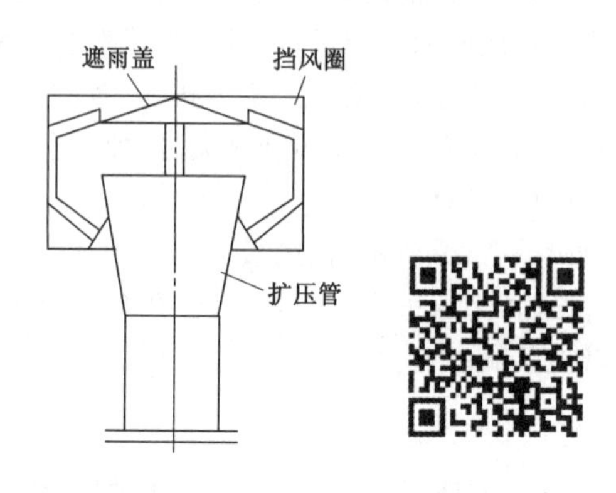

图 4-2-32　圆形避风风帽

3. 屋顶集气罩

屋顶集气罩是一种特殊的高悬罩,它是布置在车间顶部的一种大型集气罩,它不仅抽走了废气,而且还兼有自然换气的作用。以下介绍的就是几种不同形式的屋顶集气罩。

(1) 顶部集气罩方式。设置在污浊气体排放源及吊车上方屋顶部位,直接抽出工艺过程中产生的污浊气体,捕集效率较高。

(2) 屋顶密闭方式。将厂房顶部视为烟囱贮留污浊气体,并组织排放,可以减少处理风量。但如果贮留与抽气量不平衡,就会出现污浊气体回流现象,使得作业区环境恶化。

(3) 天窗开闭型屋顶密闭方式。在天窗部位增设排气罩,污浊气体量少时只能使用自然换气,当污浊气体量骤增时启用吸气罩,可保持作业区环境良好,很适用于处理阵发性污浊气体,但维护工作量大。

(4) 顶部集尘罩及屋顶密闭共用方式。该方式处理风量大,但设备费用高。

实训任务　风道点压力测定

任务描述

学习并掌风道点压力测定的原理和方法。

任务引导

一、测定原理

测定风流点压力的常用器具是压差计和皮托管。

压差计是度量压力差或相对压力的仪器。在矿井通风中测定较大压差时,常用 U 形水柱计;测值较小或要求测定精度较高时,则用各种倾斜压差计或补偿式微压计。现在,一些

先进的电子微压计正在进入通风测量中。

皮托管是一种感受和传递压力的工具。它由两个同心管(一般为圆形)组成,其结构如图 4-2-33 所示。尖端孔口 a 为全压孔,与标着"+"号的接头相通;侧壁小孔 b 为静压孔,与标着"-"号的接头相通。

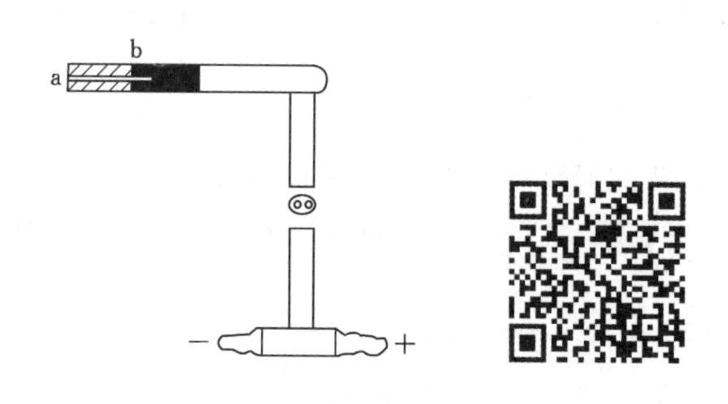

图 4-2-33 皮托管

二、测压步骤

测压时,将皮托管插入风筒,如图 4-2-34 所示。将皮托管尖端孔口 a 在 i 点正对风流,感受该点的静压(p_i)和动压 h_{vi},即感受 i 点的全压 p_{ti};侧壁孔口 b 平行于风流方向,只感受 i 点的绝对静压 p_i。

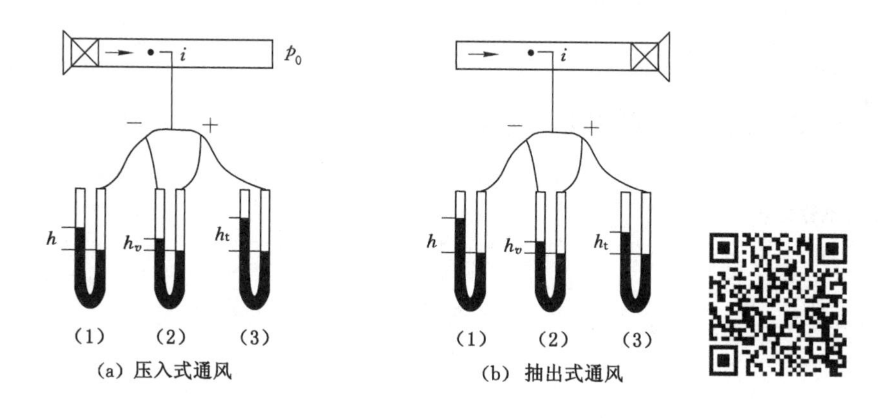

图 4-2-34 点压力测定

图 4-2-34(a)、(b)分别表示压入式和抽出式通风风筒中 i 点的相对全压、相对静压和动压测定方法及其原理。

用胶皮管分别将皮托管的"+""-"接头连至 U 形压差计上,(1)、(2)、(3)分别测定的是相对静压、动压和相对全压。

当胶皮管内空气密度与其外大气的空气密度近似相等且水柱计与风道距离较近(胶皮管内空气柱重量可忽略),无论是抽出式通风还是压入式通风,3 个水柱计测量参数为:

① 水柱计(1)接皮托管"-"端口,其液面感受风流的绝对静压,未接胶皮管端的液面感受大气压,测量相对静压。

② 水柱计(2)分别接皮托管“+”“−”接头的液面，分别感受风流的绝对静压和绝对全压，测量风流的动压。

③ 水柱计(3)接皮托管“+”端口的液面，感受风流的绝对全压，未接胶皮管端的液面感受的是大气压，测量相对全压。

试问在测定中，水柱计的放置位置是否对测值 h 有影响，请读者考虑。

三、测定数据处理

如图 4-2-34 所示，压入式通风风筒中某点 i 的 $h_i=1\ 000$ Pa，$h_{vi}=150$ Pa，风筒外与 i 点同标高的 $p_{0i}=101\ 332$ Pa。求：(1) i 点的绝对静压 p_i；(2) i 点的相对全压 h_{ti}；(3) i 点的绝对全压 p_{ti}。

解：(1) $p_i=p_{0i}+h_i=101\ 332+1\ 000=102\ 332$ (Pa)；

(2) $h_{ti}=h_i+h_{vi}=1\ 000+150=1\ 150$ (Pa)；

(3) $p_{ti}=p_{0i}+h_{ti}=p_i+h_{vi}=101\ 332+1\ 150=102\ 482$ (Pa)。

如图 4-2-34 所示，抽出式通风风筒中某点 i 的 $h_i=1\ 000$ Pa，$h_{vi}=150$ Pa，风筒外与 i 点同标高的 $p_{0i}=101\ 332$ Pa。求：(1) i 点的绝对静压 p_i；(2) i 点的相对全压 h_{ti}；(3) i 点的绝对全压 p_{ti}。

解：(1) $p_i=p_{0i}+h_i=101\ 332-1\ 000=100\ 332$ (Pa)；

(2) $|h_{ti}|=|h_i|-h_{vi}=1\ 000-150=850$ (Pa)；

(3) $p_{ti}=p_{0i}+h_{ti}=101\ 332-850=100\ 482$ (Pa)。

任务实施

完成指定风道测点压力测定，并填写如下任务单：

仪器设备名称及型号	
测定过程	
测定结果记录	
计算待测各点压力 (1) 绝对静压 (2) 相对静压 (3) 绝对全压 (4) 相对全压 (5) 动压	

思考与拓展

一、选择题

1. 按照工作原理的不同，排风罩可分为(　　)、吹吸罩等几种基本形式。

A. 密闭罩　　B. 柜式排风罩　　C. 外部罩　　D. 接受罩

2. 排风罩的吸气气流方向尽可能与污染气流运动方向(　　)。

A. 相反　　B. 相交　　C. 垂直　　D. 相同

3. 在距罩口 0.5 倍罩口直径处，其流速衰减为罩口流速的(　　)。

A. 50％　　B. 25％　　C. 10％　　D. 5％

4. 按照全密闭罩密封范围的大小，可将它分为(　　)几种。

A. 局部密闭罩　　B. 整体密闭罩　　C. 大容积密闭罩　　D. 小容积密闭罩

5. 影响密闭罩内粉尘等有害物外逸的主要因素是罩内(　　)。

A. 湿度　　B. 温度　　C. 正压　　D. 负压

二、判断题

1. 如果空气从各个方向均匀地流向吸气口，不受任何固体边壁的影响，则气流的等速面为一系列以吸气口为中心的同心球面。(　　)

2. 接受罩罩口外的气流运动是生产过程引起的，与罩子的排风无关。(　　)

3. 平口式槽边排风罩的吸气口上不设法兰边，吸气范围大。(　　)

4. 吹吸式通风中的喷吹气流一般可视作平面射流，它的特点是速度衰减慢。(　　)

5. 隔断风流的通风构筑物有风硐、风桥、导风板和调节风窗等。(　　)

三、简答题

1. 设计排风罩时，应遵循哪些原则？

2. 简述排风罩罩口速度场分布的特点。

项目五　工业通风设计与调节

项目五知识树

任务一　典型场所通风系统

学习目标

了解地面建筑通风系统、隧道通风系统、矿井通风系统通风方式。

素质目标

树立安全意识。

知识链接

通风系统由通风动力、通风网路、通风设施、污浊气体处理设备等部分组成。下面介绍典型场所通风系统类型及其选择。

一、地面建筑通风系统

通常，将通风风道均在地表以上的地面建筑物通风系统称为地面建筑通风系统。地面建筑通风系统类型有两种分类方法。

（一）根据进、回风道的数量及通风机排风量的大小分类

根据进、回风道的数量及通风机排风量的大小，通风系统可分为集中式、分散式、分区集中式三种形式。

1. 集中式通风系统

通风系统的总进风道或回风道只有一个，建筑物内通风系统的总进风或总回风仅有一台通风机提供风量。其特点是风量大、管路长、系统复杂、阻力平衡困难、初期投资大。

2. 分散式通风系统

每处污染源均设置一台通风机进行通风排污，并形成独立通风系统。这种通风系统基本上无须敷设或只设较短的通风除尘管道，系统布置紧凑、简单，维护管理方便，但是由于它

受生产工艺条件的限制，应用面很窄。

3. 分区集中式通风系统

根据污染物性质及位置，将污染源进行分区通风。每一分区内至少有两个或两个以上污染源，相当于一个小型集中式通风系统，分区内的进风道或回风道只有一个，并由一台通风机进行供风，而对于整个系统，至少有两台或两台以上通风机供风。分区集中式通风系统的净化器和风机应尽量靠近污染源，该系统风道较短、布置简单，系统阻力容易平衡，但粉尘回收较为麻烦。这种系统目前应用较多。

通风系统分区时应当考虑的原则有以下八条：

(1) 空气处理要求相同的、建筑物内参数要求相同的可以划为一个分区系统。

(2) 同一生产流程、运行时间相同、有害物性质相同且相互距离不远的污染源，可划为一个分区系统；对于同时生产但有害物性质不同的污染源，一般不宜合为一个分区通风系统。如果工艺生产允许不同种类粉尘混合回收处理时，也可合为一个通风除尘系统，但具有下列情况时严禁合为一个分区通风系统：

① 凡混合后有引起着火燃烧或爆炸危险者，或会形成毒害更大的混合物或化合物时。

② 不同温度和湿度的含尘气体，混合后可能引起管道内结露者。

③ 排除水蒸气的排风点不能和产尘的排风点合为一个系统，以免堵塞管道。

④ 因粉尘性质不同，共享一种除尘设备除尘效果差别较大者。

⑤ 如果排风量大的排风点位于风机附近，就不宜与远处的排风量小的排风点合为一个系统，否则会使整个系统阻力增大，增加运行费用。

(3) 分区通风系统的吸气点不宜过多，一般不宜超过 10 个。吸气点较多时，可采用大断面的集合管连接各个支管，集合管内流速不宜超过 3 m/s，以利于各支管间阻力平衡。由于集合管内流速低，气流中的部分粉尘容易沉聚下来，因此在管底要有清除积灰的装置。

(4) 有消声要求的建筑物空间不宜和有噪声源的建筑物空间划为同一个分区系统。

(5) 对于多污染源建筑物，既可采用集中式通风除尘系统，也可采用分区集中式通风除尘系统，具体采用哪种，要根据技术经济比较和现场条件决定。

(6) 通风除尘系统管网的布置，应在满足除尘要求(如各点的抽风量和净化要求等)的前提下，力争简单、紧凑、操作和检修方便，管道不积灰、磨损少，并且管路短、占地少、投资省。

(7) 为了便于管理和运行调节，系统不宜过大。同一个分区系统有多个分支管道时，可将这些分支管道分组控制。

(8) 防排烟通风系统的分区符合相关要求。

(二) 根据建筑物空间的气流组织方式分类

根据建筑物空间的气流组织方式不同，可分为上进风上回风、下进风上回风、侧进风上下回风、上进风下回风、侧进风侧回风等类型。

1. 气流组织方式选择的原则、要求

这些类型的选择，要根据有害物源的位置、操作地点、有害物的性质及浓度分布等具体情况，按下列原则确定：进风口应尽量接近操作地点，进入通风房间的清洁空气，要先经过操作地点，再经污染区排至室外；回风口尽量靠近有害物源或有害物浓度高的区域，以利于把有害物迅速从建筑物内排出；在整个建筑物内，尽量使进风气流均匀分布，减少涡流，避免有害物在局部地区积聚。

一般来说，建筑物空间的气流组织应符合如下要求：一是放散热或同时放散热、湿和有害气体的空间，当采用上部或下部同时回风时，进风宜送至作业地带；二是放散粉尘或密度比空气大的蒸汽和气体而不同时放热的空间，当从下部回风时，进风宜送至上部地带；三是当固定工作地点靠近有害物放散源，且不可能安装有效的局部通风装置时，应直接向工作地点送风。

2. 常用气流组织方式

工程设计中通常采用的气流组织方式如下：

(1) 如果没有热气流的影响，散发的有害气体密度比周围气体密度小时，应采用下进风上回风的形式；比周围空气密度大时，应从上下两个部位回风，从中间部位将清洁空气直接送至工作地带。

(2) 如果散发的有害气体温度比周围气体温度高，或受车间发热设备影响产生上升气流时，不论有害气体密度大小，均应采用下进风上回风的气流组织方式。

(3) 在复杂情况下，要预先进行模型试验，以确定气流组织方式。因为通风房间内有害气体浓度分布除了受对流气流影响外，还受局部气流、通风气流的影响。

二、隧道通风系统

根据通风风流的流向和气流组织，铁路和公路营运隧道通风系统可分为纵向式、全横向式、半横向式、横向-半横向式通风系统。

1. 全横向式

用通风孔将隧道分成若干区段，新鲜空气从隧道一侧的通风孔横向流经隧道断面空间，将隧道内的有害气体与烟尘稀释后从另一侧通风孔进入通风区排出洞外，各通风区段的风流基本上不流至相邻的通风区段，故称为全横向式通风，如图 5-1-1 所示。

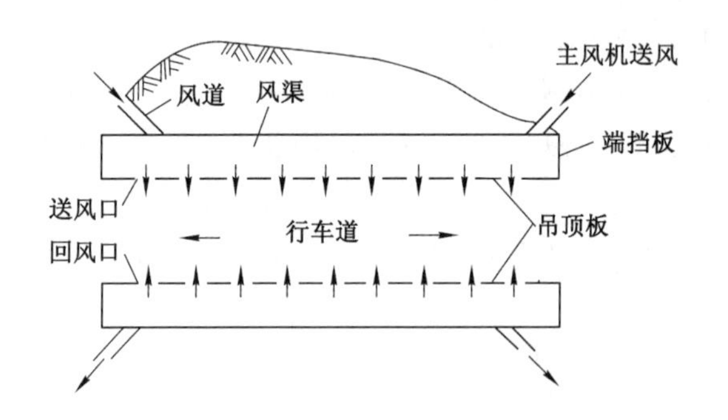

图 5-1-1　全横向式通风示意图

此类型适合于中、长隧道，是最可靠、最舒适的一种通风系统类型。其特点如下：

(1) 隧道长度不受限制，能适应最大的隧道长度。

(2) 隧道纵向无气流流动，对驾驶人员舒适感有利，同时有利于防火。

(3) 全横向式通风能保持整个隧道全程均匀的废气浓度和最佳的能见度，新鲜空气得到充分利用。

(4) 但在所有隧道通风方式中，全横向式通风是投资成本最高和运行费用最贵的。

2. 纵向式

新鲜空气从隧道一端引入，有害气体与烟尘从另一端排出。在通风过程中，隧道内的有害气体与烟尘沿纵向流经全隧道。

纵向式通风系统根据采用通风设备的不同，又可分为洞口风道式纵向通风与使用通风机的纵向通风。

(1) 洞口风道式纵向通风：在隧道口处装设 1 台或多台通风机，经隧道口上方的一个环状间隙与隧道轴线成 15°～20°、以 25～30 m/s 的速度吹入隧道通行区内，这一具有较高能量的吹入气体将能量传递给隧道内的空气，产生克服隧道阻力的动压，推动隧道内空气顺气流方向流动，完成从隧道一端进入新气而从另一端排出废气的过程。将这种方式应用于单管双车道对向行驶的隧道时，受车流影响有时需要反向吹入完成上述过程。此时，需在另一端隧道口处设置相同的通风系统。不难理解，这一通风方式，隧道中废气浓度是从隧道一端向另一端增加的。

(2) 使用通风机的纵向通风：通常是以一定数量的通风机以一定间距吊挂于隧道顶部来完成的。新气由通风机一侧吸入后以 25～30 m/s 的速度从另一侧喷出，喷射气流的动能传递给隧道内气体，带动隧道内气体流动，完成从隧道一端进另一端排出废气的过程。对于长隧道，由于考虑通风机供电电缆的敷设和减少电缆的电压降，也采用使通风机集中成群布置于隧道口的布置方式。当然，在考虑通风机的布置时，应注意通风机的“主动喷射能”与隧道中气体有较良好的均匀混合。不难看出，用通风机来完成纵向通风，隧道中废气浓度也是从一端向另一端增加的。

若隧道很长，纵向通风不能满足规范要求时，可采用竖井、斜井、平行导洞等辅助通道将隧道长度分成几个通风区段，称为分段纵向式通风。按通风机工作方法的不同，分段纵向式通风又可分为压入式、抽出式、压-抽混合式通风系统。压入式、压-抽混合式通风系统如图 5-1-2、图 5-1-3 所示。

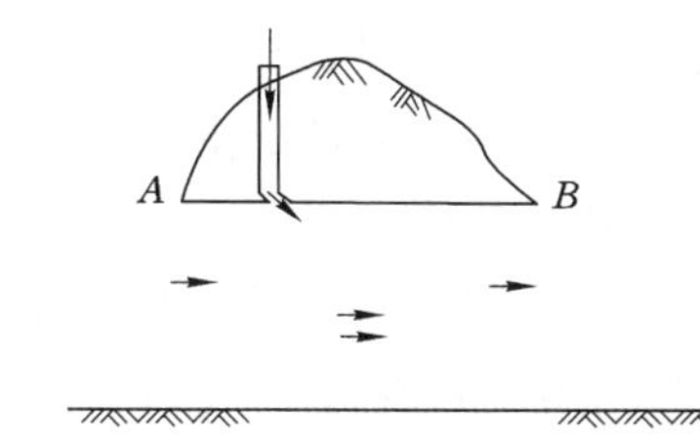

图 5-1-2　压入式

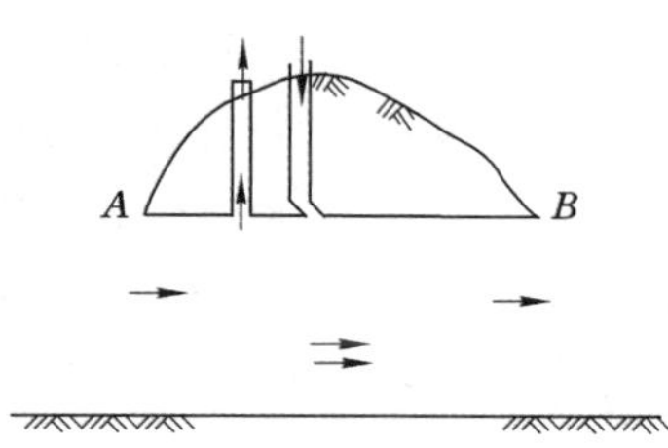

图 5-1-3　压-抽混合式

纵向式通风系统具有如下特点：

(1) 能充分发挥汽车活塞风作用，所需通风量较小。

(2) 以隧道作为通风道，若气流速度较高，汽车司机会有不适之感。

(3) 无额外的通风管道，隧道断面小，工程费用低，使用也比较经济。

(4) 由于存在自然热风压，因而不利于控制火灾，往往需要避车道。

3. 半横向式

半横向式通风是由通风机经新气管道送入隧道，并沿隧道长度各个截面的通风孔进入隧道通行区内，废气则自两端隧道口逸出，如图 5-1-4 所示。此种通风方式一般可应用于中型(5～6 km)隧道，一般半横向式通风在两端隧道口的风速小于 8 m/s。

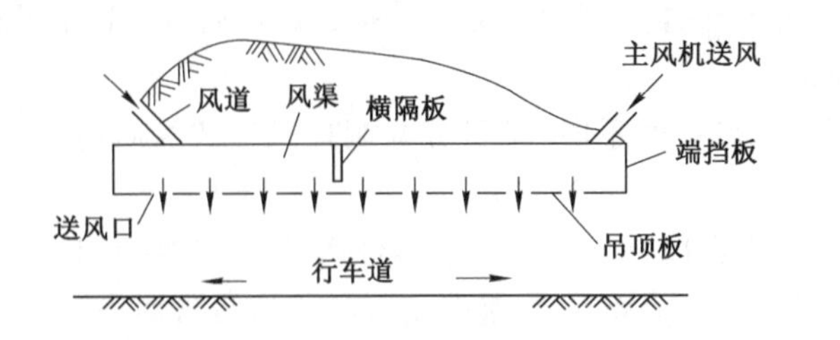

图 5-1-4　半横向式通风示意图

半横向式通风系统的机房通常安排在两隧道口。由于沿隧道长度均设置有通风孔，因此在隧道中可获得较均匀的废气浓度。其特点如下：

(1) 由于只有一个专门的通风渠，其工程投资、设备费用与运营管理费用均较全横向式有很大降低，但总的说来，通风、土建工程结构复杂，施工难度大、工期长。

(2) 一旦在隧道内发生火灾，使用可反转的通风机，压入式变为吸出式，只要方法得当，利于控制火灾蔓延和抢险。

(3) 进风管道和车道之间保持一定的压差，以抵消车辆活塞风和自然风影响，从而保证了均匀送风，使得沿车道长度有害气体浓度均匀分布。

(4) 半横向式通风系统是以中隔板为界，向两端洞口分别送风，在隔板附近存在角联风路，这一带的通风效果要比别处差得多。

4. 横向-半横向式通风

这种通风系统需要风量的 50%由通风机抽吸，另外的 50%需要风量由隧道口逸出。其优点是在可获得较舒适的通风状态下，投资成本及隧道营运费用均较全横向式通风低，以通风机计，其投资仅为全横向式通风系统的 50%。

在营运隧道通风中，隧道长度及交通流量对通风系统类型的选择往往起着关键作用。如日本《道路公团设计要领》中对各种通风方式所能适应的隧道长度，在一般情况下建议采用：无竖井的纵向式通风 0.5～2 km；有竖井的纵向式通风 2 km 以上；半横向式通风 1.5～3 km；全横向式通风 2 km 以上。我国《公路隧道设计规范》中也认为：纵向式通风一般适用于单向行驶，且长度为 1.5 km 以下的隧道；半横向式通风一般适用于长度为 1～3 km 的隧道。

然而，在实际选择营运隧道通风系统类型时，不能单纯由隧道长度来决定，同时也要考虑隧道所在地的道路、交通、人文、气象及采取的气体净化装置等条件，要对各种类型的通风效果、技术条件、经济效益、维护管理等进行综合分析比较后才能决定。

三、隧道施工与地下巷道施工局部通风系统

根据通风机工作方式，隧道与地下巷道施工局部通风系统类型分为压入式、抽出式和混合式。地下巷道施工作业地点，习惯上称作插进工作面。下面以地下巷道施工局部通风系统为例进行介绍。

1. 压入式通风

地下巷道施工的压入式通风布置如图 5-1-5 所示，局部通风机及其附属装置安装在离巷道口 10～30 m 以外的新鲜风流中，并将新鲜风流输送到施工作业地点，污风沿施工隧道或巷道排出。若将风筒出口至射流方向的最远距离称射流有效射程，并以 L_s 表示，则在巷道边界条件下，一般有：

$$L_s = (4 \sim 5)\sqrt{S} \tag{5-1-1}$$

式中　S——巷道断面面积，m^2。

在有效射程以外的独头巷道中会出现循环涡流区，为了能有效地排出炮烟，风筒出口与工作面的距离应不超过有效射程。

2. 抽出式通风

地下巷道施工抽出式通风布置如图 5-1-6 所示。局部通风机安装在离施工巷道 10 m 以外的回风侧。新风沿巷道流入，污风通过风筒由局部通风机抽出。风机工作时风筒吸口吸入空气的作用范围被称为有效吸程，以 L_e 表示。在巷道边界条件下，其一般计算式为：

$$L_e = 1.5\sqrt{S} \tag{5-1-2}$$

式中　S——巷道断面面积，m^2。

图 5-1-5　压入式通风　　　　图 5-1-6　抽出式通风

实践证明，在有效吸程以外的独头巷道中会出现循环涡流区，只有当吸风口离工作面距离小于有效吸程 L_e 时，才有良好的吸出有害气体效果。理论和实践都证明，抽出式通风的有效吸程比压入式通风的有效射程要小。

压入式和抽出式通风相比，有如下特点：

(1) 压入式通风风筒出口风速和有效射程均较大，可防止有害气体层状积聚，且因风速较大而可以提高散热效果。然而，抽出式通风有效吸程小，施工中难以保证风筒吸入口到工作面的距离在有效吸程之内。与压入式通风相比，抽出式风量小，工作面排污风所需时间长、速度慢。

(2) 抽出式通风时，新鲜风流沿巷道进入工作面，整个施工巷道空气清新，劳动环境好；而压入式通风时，污风沿巷道缓慢排出，掘进巷道越长，排污风速度越慢，受污染时间越久。这种情况在大断面、长距离巷道掘进中尤为突出。

(3) 压入式通风时，局部通风机及其附属电气设备均布置在新鲜风流中，污风不通过局部通风机，安全性好；而抽出式通风时，若含爆炸性的气体通过局部通风机，且局部通风机不具备防爆性能，则是非常危险的。

(4) 压入式通风可用柔性风筒，其成本低、重量轻、便于运输；而抽出式通风的风筒承受负压作用，必须使用刚性或带刚性骨架的可伸缩风筒，成本高、重量大、运输不便。

基于上述分析，当以排除有害气体为主的隧道与地下巷道施工时，应采用压入式通风；而当以排除粉尘为主的隧道与地下巷道施工时，宜采用抽出式通风。

3. 混合式通风

混合式通风是压入式和抽出式两种类型的联合运用，兼有压入式和抽出式两者的优点，是大断面、长距离岩巷施工通风的较好方式，其中压入式向开挖工作面供新风，抽出式从开挖工作面排出污风。其布置方式取决于开挖工作面空气中污染物的空间分布和相关机械的位置。按局部通风机和风筒的布设位置，分为长压短抽、长抽短压和长抽长压三种，长压短抽、长抽短压通风系统如图 5-1-7 所示。

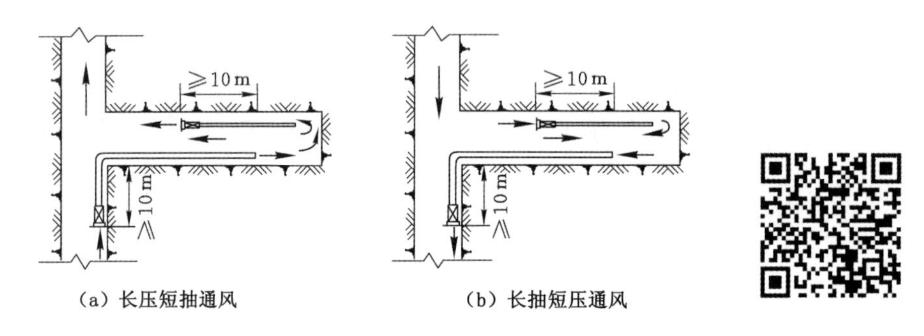

图 5-1-7 混合式通风

混合式通风的主要缺点是降低了压入式与抽出式两列风筒重叠段巷道内的风量，当施工巷道断面大时，风速就更小，则此段巷道顶板附近易形成有害气体层状积聚。因此，两台风机之间的风量要合理匹配，以免发生循环风，并使风筒重叠段内风速大于最低风速。

实训任务 压差计法测定通风阻力

任务描述

学习并掌握压差计法测定通风阻力的原理和方法。

任务引导

一、测量仪器

压差计法一般是用单管倾斜压差计作为显示压差的仪器，传递压力用内径 4～6 mm 的胶皮管，接受压力的仪器用皮托管或静压管。静压管如图 5-1-8 所示，它是由流线型的中空管 1 与管接头 3 组成。在管的侧壁径向开小孔 2，静压从此传递。为了测量动压值，还需用风表、湿度计和气压计。

二、测量阻力原理

欲测某倾斜风道 1、2 两断面之间的通风阻力，仪器布置如图 5-1-9 所示。

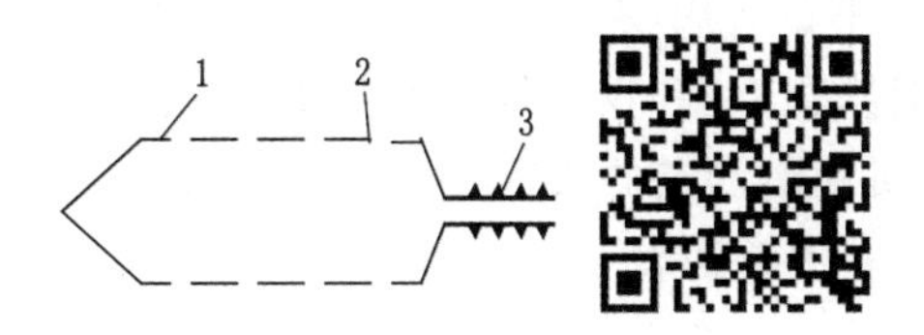

1—中空管；2—小孔；3—管接头。

图 5-1-8　静压管

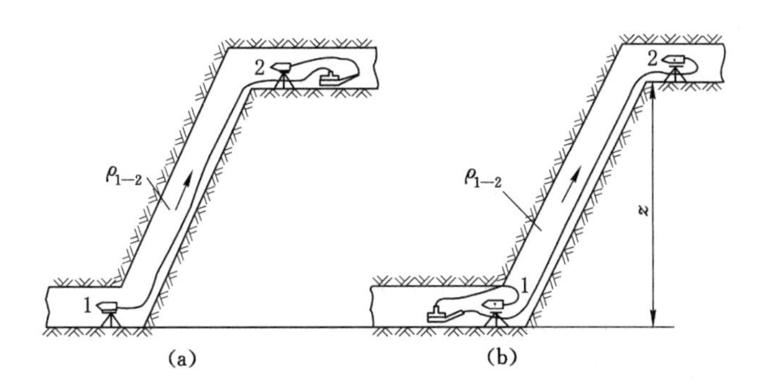

图 5-1-9　单管倾斜压差计测量阻力布置图

如果将单管倾斜压差计放在 2 点之后[图 5-1-9(a)]，则作用在压差计“+”接头的压力为 $p_1+zg\rho_{1-2}$，作用在压差计“−”接头的压力为 p_2，将压差计的读数 $L_{读}$ 换算成 Pa 值，由式(5-1-3) 表示：

$$KL_{读}g=(p_1-zg\rho_{1-2})-p_2=(p_1-p_2)-zg\rho_{1-2} \tag{5-1-3}$$

如果将单管倾斜压差计放在 1 点之后[图 5-1-9(b)]，则作用在压差计“+”接头的压力为 p_1，作用在压差计“−”接头的压力为 $p_2+zg\rho_{1-2}$，由式(5-1-4)表示：

$$KL_{读}g=p_1-(p_2+zg\rho_{1-2})=(p_1-p_2)-zg\rho_{1-2} \tag{5-1-4}$$

上两式说明：用单管倾斜压差计测出的压差值为 1、2 两断面的静压差与位压差之和，即 1、2 两断面的势压差。不论将单管倾斜压差计放在 2 点之后、1 点之前或 1、2 两点之间，其测量结果都是相同的。根据能量方程式，1、2 两断面之间的通风阻力可按式(5-1-5)计算：

$$h_{阻1-2}=(p_1-p_2)+(0-zg\rho_{1-2})+(\frac{\rho_1 v_1^2}{2}-\frac{\rho_2 v_2^2}{2}) \tag{5-1-5}$$

因为 $KL_{读}g=(p_1-p_2)-zg\rho_{1-2}$，所以用单管倾斜压差计测量阻力的计算公式也可由式(5-1-6)表示：

$$h_{阻}=KL_{读}g\pm\Delta h_{动} \tag{5-1-6}$$

式中　$L_{读}$——单管倾斜压差计的读数，mmH_2O。

K——单管倾斜压差计的校正系数。

$\Delta h_{动}$——两断面动压之差，Pa。当 1 断面的平均动压大于 2 断面的平均动压时，$\Delta h_{动}$ 为正值；反之，为负值。

三、测定步骤

(1) 井下测量时仪器的布置如图 5-1-19 所示，将两个静压管用三脚架设于 1 点和 2

点，其尖部迎风，管轴和风向平行。用胶皮管将静压管与压差计相连。

(2) 读取压差计的液面读数 $L_{读}$ 和仪器校正系数 K，记录于表 5-1-1 中。

(3) 与此同时，其他人员测量测点的风速、干湿球温度、大气压、风道断面尺寸及测点间距，分别记录于表 5-1-2、表 5-1-3 和表 5-1-4 中。

表 5-1-1 风速记录表

测点序号	表速/(m/s)				校正真风速/(m/s)	附注
	第一次	第二次	第三次	平均		
1						
2						
3						
4						

表 5-1-2 大气情况记录表

测点序号	干温度/℃	湿温度/℃	干湿温度之差/℃	相对湿度/%	大气压力/Pa	空气密度/(kg/m³)	附注
1							
2							
3							
4							

表 5-1-3 风压基础记录表

测点序号	压差计读数				仪器的校正系数 K	换算成 Pa	附注
	第一次	第二次	第三次	平均			
1							
2							
3							
4							

表 5-1-4 管道规格记录表

测点序号	管道名称	测点位置	管道形状	支架种类	管道规格						测点距离/m	累计长度/m	测点标高/m	附注
					上宽/m	下宽/m	高/m	斜高/m	断面/m²	周界/m				
1														
2														
3														
4														

(4) 当1、2两测点测完后，顺着风流方向将1测点的静压管移至测点3，进行与上述相同的测量工作，如此循环进行，直到测完为止。

四、注意事项

(1) 在倾斜风道内，不宜安设测点，始、末两点尽量安设在上、下水平风道内。

(2) 开始测量前，用小气筒将两根胶皮管内原有的空气换成测定地点的空气。

(3) 测工作面压差时，仪器应安置在不易受干扰的地点。

(4) 测定过程中，如果压差计出现异常现象，必须立即查明原因，排除故障，重新测定。故障可能是：胶皮管因积水、污物进入或打折而堵塞；胶皮管被扎有小眼或破裂；压差计漏气，测压管内或测压管与容器连接处有气泡；静压管放置在风流的涡流区内。

(5) 在测定时，应尽可能增加两测点的长度，以减少分段测定的积累误差和缩短测定时间。

目前，矿井阻力测定已基本淘汰了倾斜压差计测定法，大多采用省时省力、操作简单的气压计测定法，特别是在大型矿井的全矿井阻力测定中更是如此。

任务实施

利用压差计法完成指定风道系统通风阻力测定，并填写如下任务单：

仪器设备名称及型号	
确定测定路线	
确定测点	
测定过程	
计算系统测定阻力	

思考与拓展

一、选择题

1. 根据进、回风道的数量及通风机排风量的大小，通风系统可分为(　　)几种形式。

A. 混合式　　B. 集中式　　C. 分散式　　D. 分区集中式

2. 如果没有热气流的影响，散发的有害气体密度比周围气体密度小时，应采用(　　)的形式。

A. 下进风上回风　　B. 侧进风上下回风　　C. 上进风下回风　　D. 侧进风侧回风

3. 通风房间内有害气体浓度分布除了受对流气流影响外，还受(　　)的影响。

A. 风量　　B. 局部气流　　C. 通风气流　　D. 风压

4. 铁路和公路营运隧道通风系统可分为(　　)通风系统。

A. 纵向式　　B. 全横向式　　C. 半横向式　　D. 横向-半横向式

5. 半横向式通风系统一般可应用于中型(　　)隧道。

A. 2～4 km　　B. 3～5 km　　C. 5～6 km　　D. 8～10 km

二、判断题

1. 横向-半横向式通风需风量的 50%由通风机抽吸，另外的需风量由隧道口逸出。(　　)

2. 一般半横向式通风方式在两端隧道口的风速小于 10 m/s。(　　)

3. 局部通风机安装在离施工巷道 15 m 以外的回风侧。(　　)

4. 混合式通风的主要缺点是降低了压入式与抽出式两列风筒重叠段巷道内的风量。(　　)

5. 按进、回风井在井田内的位置不同，通风系统可分为中央式、对角式、区域式及混合式。(　　)

三、简答题

1. 通风系统分区时应当考虑的原则有哪些？

2. 简述气流组织方式选择的原则和要求。

3. 分析全横向式通风系统的特点。

4. 分析压入式和抽出式通风的优缺点。

任务二　工业通风需要风量计算

学习目标

掌握厂房全面通风、隧道通风、矿井通风、集气罩需风量计算。

素质目标

培养科学严谨的工作作风。

知识链接

工业厂房的有害物主要包括有毒有害气体或蒸汽、余热、余湿等，计算其全面通风风量时，应分别按稀释有毒有害气体或蒸汽、余热、余湿等因素计算其需要风量后取其最大值，亦即分别按如下计算后取其最大值。

一、厂房全面通风风量计算

下面主要介绍厂房全面通风、地下巷道施工与隧道通风、集气罩的需要风量，单位为 m^3/min。其他用风地点可参照进行。

1．按稀释有毒有害气体或蒸汽的需要风量

如工业厂房只有一种有毒有害气体或蒸汽，则稀释有毒有害气体或蒸汽的需要风量 Q_{ki} 可按如下公式计算：

$$Q_{ki}=\frac{K_x D}{C} \tag{5-2-1}$$

式中　D——生产过程中单位时间内产生的有毒有害气体或蒸汽量，m^3/min。

C——有毒有害气体或蒸汽安全容许浓度。

K_x——考虑有毒有害气体或蒸汽散发的不均匀性、分布状况及通风气流的组织等因素的安全系数。对于一般通风房间，取 $K_x=3\sim10$；对于生产车间的全面通风，取 $K_x\geqslant6$；只有精心设计的小型实验室，才能取 $K_x=1$。

如工业厂房有 n 种有毒有害气体或蒸汽，则稀释有毒有害气体或蒸汽的需要风量 Q_{ki} 应按消除各有毒有害气体或蒸汽所需的最大通风量计算，即：

$$Q_{ki}=\max\left(\frac{K_x D_i}{C_i}\right) \tag{5-2-2}$$

式中　D_i——生产过程中单位时间产生的第 i 种有毒有害气体或蒸汽量，m^3/min；

C_i——第 i 种有毒有害气体或蒸汽安全容许浓度。

2．按稀释余热的需要风量

根据热平衡原理，消除余热所需的全面通风量计算式为：

$$Q_{ki}=\frac{D_r}{c(t_p-t_j)} \tag{5-2-3}$$

式中　D_r——厂房产生的余热量，m^3/min；

c——空气的比热容，取 $c=1.01\ kJ/(kg\cdot℃)$；

t_p——排出的空气温度，℃；

t_j——进入的空气温度，℃。

3．按稀释余湿的需要风量

根据湿量平衡原理，消除余湿所需的全面通风量 Q_{ki} 计算式为：

$$Q_{ki}=\frac{W}{d_p-d_j} \tag{5-2-4}$$

式中　W——厂房产生的余湿量，m^3/min；

d_p——排出空气的含湿量；

d_j——进入空气的含湿量。

4．按厂房换气次数的需要风量

所谓换气次数 n，是指按厂房换气次数的需要风量 Q_{ki} 与通风房间体积 V_f 的比值，即 $n=Q_{ki}/V_f$。若已知换气次数，可以按下式确定全面通风量：

$$Q_{ki}=nV_f \tag{5-2-5}$$

应当指出，在实际计算时，如果无法具体确定产生的有毒有害气体或蒸汽、余热、余湿量，全面通风量可按照类似房间的换气次数经验值确定。工厂、企业的生活间和办公室，通常也按换气次数来确定所需的全面通风换气量。

二、隧道施工需要风量计算

每个需要供风地点的需要风量应按下列因素分别计算，取其最大值。

1. 按稀释爆炸产生毒害气体的需要风量计算

$$Q_{ki}=\frac{K_d D}{C} \tag{5-2-6}$$

式中　D、C——物理意义与前相同；

K_d——考虑爆炸产生毒害气体的不均匀性、分布状况等因素的安全系数，应根据实际观测的结果确定，一般可取 $K_d=1.2\sim2.0$。

2. 按炸药量计算

$$Q_{ki}=25A_{ki} \tag{5-2-7}$$

式中　25——使用 1 kg 炸药的需要供风量，m^3/min；

A_{ki}——作业地点一次爆破所用的最大炸药量，kg。

3. 按局部通风机吸风量计算

$$Q_{ki}=\sum Q_{hfi}k_{hfi} \tag{5-2-8}$$

式中　$\sum Q_{hfi}$——作业地点同时运转的局部通风机额定风量的和，额定风量以局部通风机出厂说明中风机最高效率时所需的风量为准；

K_{hfi}——防止局部通风机吸循环风的风量备用系数，一般取 1.2～1.3。

4. 按工作人员数量计算

$$Q_{ki}=4n_{wi} \tag{5-2-9}$$

式中　4——每人每分钟应供给的最低风量，m^3/min；

n_{wi}——作业地点同时工作的最多人数，人。

5. 按风速进行验算

按最小风速验算，各作业地点最小风量为：

$$Q_{ki}=60v_{min}S_{ki} \tag{5-2-10}$$

式中　S_{ki}——作业地点巷道或隧道断面，m^2；

v_{min}——最低风速，含煤作业地点取 0.25 m/s，其他施工地点取 0.15 m/s。

三、集气罩需风量计算

1. 密闭罩

密闭罩的需要风量 Q_{mb} 一般由两部分组成，一部分是由运动物料（如物料输送）带入罩内的诱导空气量或工艺设备（如有鼓风装置的混砂机）供给的空气量，另一部分是为消除内正压并保持一定负压所需经孔口或不严密缝隙吸入的空气量，即：

$$Q_{mb}=Q_{mb1}+Q_{mb2} \tag{5-2-11}$$

式中　Q_{mb1}——物料或工艺设备带入罩内的空气量，m^3/min；

Q_{mb2}——由孔口或不严密缝隙吸入的空气量，m^3/min。

对于不同的生产设备，它们的工作特点、所用密闭罩的结构形式和密闭情况以及尘化气流运动规律并不相同，因此很难用某一个统一公式计算得到，甚至其空气量值大相径庭，在设计计算时可参考有关手册。应当指出，在工程上为减少密闭罩的排风量，应尽可能减少孔口或缝隙面积，并限制诱导空气随物料一起进入罩内。

2. 通风柜

通风柜的工作原理与密闭罩相似，为防止罩内有害物逸出罩外，需在工作孔上形成一定

的吸入速度(或称控制风速)。

通风柜的需要风量 Q_g 按下式计算：

$$Q_g = L_1 + v_g S_g K_g \tag{5-2-12}$$

式中　L_1——柜内有害气体散发量，m^3/min；

v_g——工作孔上的吸入速度，m/s；

S_g——工作孔及不严密缝隙面积，m^2；

K_g——富裕系数，可取 1.2～1.3。

工作孔上的吸入速度一般为 0.25～0.75 m/s，也可按表 5-2-1 及相关手册确定。

表 5-2-1　通风柜的吸入速度　　单位：m/s

有害气体性质	吸入速度	有害气体性质	吸入速度
无毒	0.25～0.375	剧毒或有少量放射性	0.5～0.6
有毒或有危险	0.4～0.5		

通风柜上工作孔的速度分布对其控制效果有很大影响，速度分布不均匀，污染气流会从吸入速度低的部位逸入室内。

3. 外部吸气罩

前面无障碍，四周无边和有边的圆形排风罩需要风量按下式计算：

四周无边：
$$Q_{wb} = (10x^2 + F)v_x \tag{5-2-13}$$

四周有边：
$$Q_{wb} = 0.75(10x^2 + F)v_x \tag{5-2-14}$$

对于设在工作台上的外部罩，可以把它看成是一个假想大排风罩的一半，其排风量按下式计算：

$$Q_{wb} = \frac{1}{2}(10x^2 + F)v_x \tag{5-2-15}$$

控制风速的大小与工艺操作、有害物毒性、周围干扰气流运动状况等多种因素有关，设计时可参照表 5-2-2 确定。

表 5-2-2　控制点的风速

污染物放散情况	最小控制风速/(m/s)	举例
以轻微的速度放散到相当平静的空气中	0.25～0.5	槽内液体蒸发；气体或烟从敞口容器外逸
以较低的速度放散到尚属平静的空气中	0.5～1.0	喷漆室内喷漆；断续地倾倒有尘屑的干物料到容器中；焊接
以相当大的速度放散出来，或是放散到空气运动迅速的区域	1～2.5	在小喷漆室内用高压力喷漆；快速装袋或装桶往运输器上给料
以高速放散出来	2.5～10	磨削；重破碎；滚筒清理

4. 槽边吸气罩

不同形式的槽边吸气罩，其需要风量计算公式不同，下面介绍条缝式吸气罩需要风量计算公式。

(1) 高截面单侧吸风

$$Q_c = 2v_x AB\left(\frac{B}{A}\right)^{0.2} \tag{5-2-16}$$

(2) 低截面单侧吸风

$$Q_c = 3v_x AB\left(\frac{B}{A}\right)^{0.2} \tag{5-2-17}$$

(3) 高截面双侧吸风

$$Q_c = 2v_x AB\left(\frac{B}{2A}\right)^{0.2} \tag{5-2-18}$$

(4) 低截面双侧吸风

$$Q_c = 3v_x AB\left(\frac{B}{2A}\right)^{0.2} \tag{5-2-19}$$

(5) 高截面环形吸风

$$Q_c = 1.57v_x D^2 \tag{5-2-20}$$

(6) 低截面环形吸风

$$Q_c = 2.36v_x D^2 \tag{5-2-21}$$

式中 A——槽长,m;

B——槽宽,m;

D——圆槽直径,m;

v_x——边缘控制点的控制风速,m/s,一般取 $v_x=0.25\sim0.5$ m/s。

5. 热源上部吸风罩

高悬罩需要风量按下式计算:

$$Q_r = L_z + v'F' \tag{5-2-22}$$

式中 L_z——罩口断面上热射流流量,m^3/s;

F'——罩口的扩大面积,即罩口面积减去热射流的断面积,m^2;

v'——扩大面积上空气的吸入速度,$v'=0.5\sim0.75$ m/s。

对于低悬罩,则有:

$$Q_r = L_0 + v'F' \tag{5-2-23}$$

高悬罩排风量大,易受横向气流影响,工作不稳定,设计时应尽可能降低其安装高度。在工艺条件允许时,可在接受罩上设活动卷帘。罩上的柔性卷帘设在钢管上,通过传动机构转动钢管,带动卷帘上下移动,升降高度视工艺条件而定。

6. 吹吸式集气罩

由于吹吸气流运动的复杂性,目前尚缺乏精确的计算方法。下面介绍目前较常用的美国工业卫生协会(ACGIH)推荐的计算方法。

工业槽上的吹吸式排风罩如图 5-2-1 所示。假设吹出气流的扩展角 $\alpha=10°$,条缝式排风口的高度 H 按下式计算:

$$H = B\tan\alpha = 0.18B \tag{5-2-24}$$

式中 H——排风口高度,m;

B——吹吸风口间距,m。

吸风量 Q_{cx1} 取决于槽液面面积、液温、干扰气流等因素。

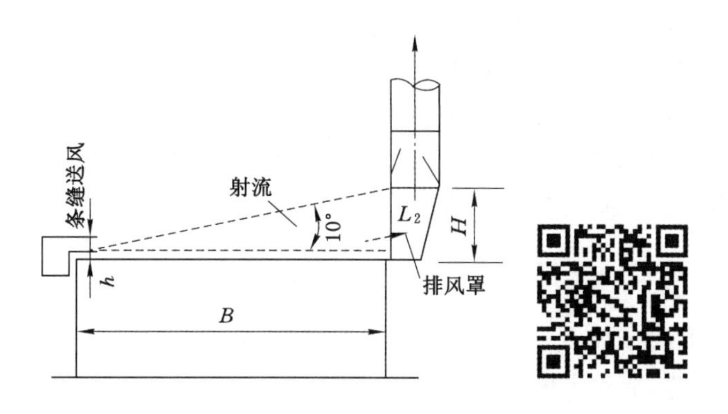

图 5-2-1　吹吸式排风罩

$$Q_{cx1} = (1\ 800 \sim 2\ 750)A \tag{5-2-25}$$

式中　A——液面面积，m^2；

1 800～2 750——每平方米液面所需的吸风量。

吹风口流速按出口流速 5～10 m/s 确定，吹风量 Q_{cx2} 按下式计算：

$$Q_{cx2} = \frac{1}{BE} Q_{cx1} \tag{5-2-26}$$

式中　E——修正系数，见表 5-2-3。

表 5-2-3　修正系数

槽宽 B/m	0～2.4	2.4～4.9	4.9～7.3	>7.3
修正系数 E	6.6	4.6	3.3	2.3

实训任务　大型风道风量测算

任务描述

学习并掌握大型风道风量测算的原理和方法。

任务引导

测风方法与测风断面选择合理与否，直接影响风量测定精度。目前常用的测风方法如下。

一、直接测定

(一) 测定仪器

1. 机械叶轮式风速计

机械叶轮式风速计又叫风表，按其结构有叶轮式和杯式两种，如图 5-2-2 所示，两者内部结构相似。叶轮式风表主要由叶轮、传动蜗轮、蜗杆、计数器、指针及回零杆、离合闸板、护壳底座等构成。离合闸板能使计数器与叶轮轴连接和分开，用来开关计数器。回零杆的作用是能够使风表指针回零。风表的叶轮由铝合金叶片组成，叶片与旋转轴的垂直平面成一定角度。当风流吹动叶轮时，通过传动机构将运动传给计数器，指示出叶轮的转速，称为表速 v_a。再按风表校正曲线查得真实风速 v_t，即为测风断面上的风速。图 5-2-3 所示为某叶轮式风表的校正曲线，图中 1 部分为非线性区，2 部分为线性区。在线性区内 v_t 与 v_a 的关系可用下式表示：

$$v_t = a + b v_a \tag{5-2-27}$$

式中 a——常数，取决于风表转动部件的惯性和摩擦力；

b——校正系数，取决于风表的构造和尺寸；

v_a——风表的指示风速（即表速），m/min 或 m/s。

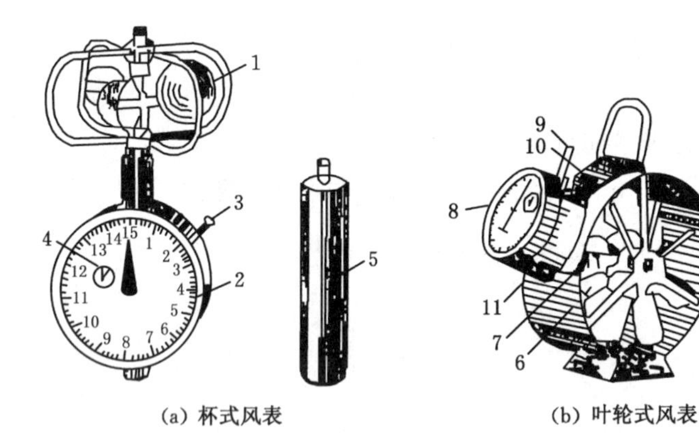

1—旋杯；2，8—计数器；3—启动杆；4—计时指针；5—表把；6—叶轮；
7—蜗杆轴；9—开关；10—回零杆；11—外壳。

图 5-2-2 机械风表

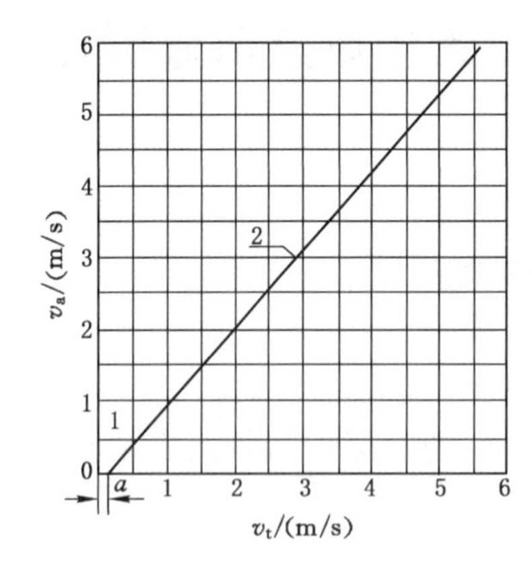

图 5-2-3 风表校正曲线图

风表又分为高速风表（1～30 m/s）、中速风表（1～10 m/s）和低速风表（0.1～0.5 m/s）。不同风道中风速大小不等，有时要携带几种风表，比较麻烦。为此，在原中速风表上加一个扩速装置（即高速风罩），如图 5-2-4 所示。其结构是在风表的进风侧套上一个开若干小孔

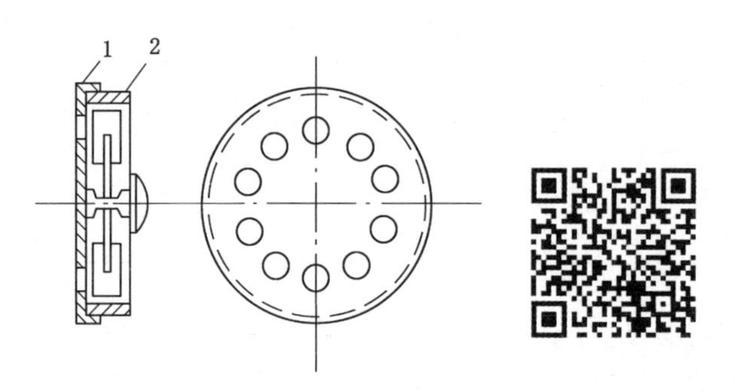

1—扩速装置；2—风表。

图 5-2-4　扩速装置示意图

的圆形罩，使通过叶轮的流速下降，中速风表能在高速气流中使用，使用时将测得的风表读数乘以系数后即为表速 v_a，再查扩速后的校正曲线（图 5-2-5）即得实际风速。

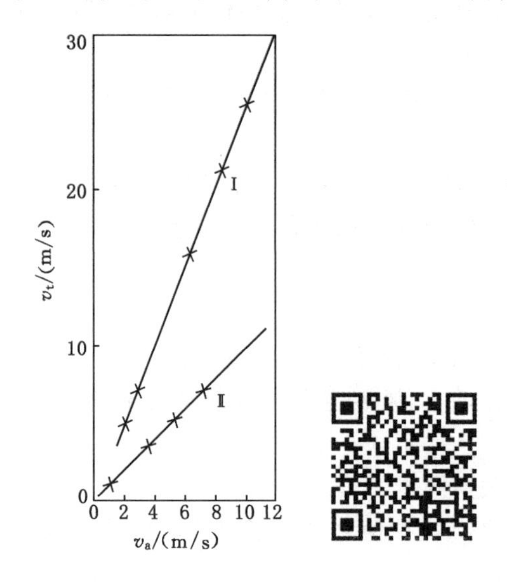

Ⅰ—安有扩速装置的校正曲线；Ⅱ—未安扩速装置的校正曲线。

图 5-2-5　风表校正曲线

2. 数字风表

叶轮式数字风表感受元件仍是叶轮，只是在叶轮上安装一些附件，根据光电、电感和干簧管等原理把物理量转变为电量，利用电子线路实现自动记录和检测数字化。如 XSF-1 型数字风表，叶轮在风流作用下连续不断转动，带动同轴上的光轮做同步转动。当光轮上的孔正对红外光电管时，发射管发出的脉冲信号被接收管接收，光轮每转动一次，接收管接收到两个脉冲信号。由于风轮的转动与风速呈线性关系，因此接收管接收到的脉冲与风速也呈线性关系。脉冲信号经整形、分频和 1 min 计数后，LED 数码管显示 1 min 的平均风速值。

KDF9403 型矿用电子计算式风速计也是采用机械光电原理，以单片微机为核心的矿用智能测风仪表，使用时不必查对校正曲线，通过预置表头修正系数和常数，可测量 1 s、1 min、2 min 时间内的平均风速，并具有风量计算、数据储存、保护和调用等功能。XSF-1 型数字风表和 KDF9403 型风速计的主要技术参数见表 5-2-4。

表 5-2-4　XSF-1 型数字风表和 KDF9403 型风速计的主要技术参数

型号	测量范围/(m/s)	测量误差/(m/s)	显示方式	启动风速/(m/s)	防爆型式	外形尺寸/(mm×mm×mm)
XSF-1	0.4～15	<±0.3	3 位 LED	0.4	ibI(+150 ℃)	140×40×25
KDF9403	0.4～20		8 位 LED	0.4	ibI(+150 ℃)	50×150×40

另外，常用的测量微风速的仪表有热球风速仪、热线风速仪。热球风速仪的测风原理是：一个被加热的物体置于风流中，其温度随风速大小和散热多少而变化，因此测量物体在风流中的温度便可测量风速。如 QDF-2A 型和 QDF-2B 型，前者测量范围为 0.05～10 m/s，后者测量范围为 0.05～5 m/s，误差不大于测量值的±0.5%。

（二）测定方法

1. 机械叶轮式风速计操作方法

(1) 测定前先打开离合闸板，风表转动而指针不动；然后按下回零杆，使大小指针回零；同时准备好一块秒表，并使秒表回零。

(2) 为了克服风表运转部件的惯性抵抗力，让风表空转 20～30 s，风表的叶轮面尽量与风流方向垂直。

(3) 测风时，风表和秒表同时动作，并按一定的测定路线均匀地移动风表。当到达测定时间后，同时制动风表和秒表，从风表的表盘上读取表速 v_a。

2. 使用风表注意事项

(1) 风表要远离人体。

(2) 所用风表的测量范围要与所测风速相适应。

(3) 风轮平面要与风流垂直，风表度盘一侧背向风流；按线路法测风时，移动风表速度要均匀。

(4) 秒表和风表的开关要同步。

(5) 同一断面测定 3 次，3 次测值之差不应超过 5%，然后取其平均值。

二、间接测定

1. 测定动压计算风量

此方法要求测定断面上的速度场比较稳定。在图 5-2-6(a)所示的系统中，进风侧为一段铁风筒，可选择在进风侧 *B* 断面测风；在图 5-2-6(b)所示的系统中，进风侧无铁风筒，可在风机出风侧的 *B* 断面测风。实测表明，风流以螺旋状高速流出风机，造成风机出口风筒相当长度的范围内风流不稳定。一般局部通风机出口风筒中风流不稳定长度可达 50 m 以上。图 5-2-7 所示为距局部通风机出口不同距离(l)断面上的速度分布图。由图可见，测风断面距风机出口应大于 50 m，否则影响测风精度。

2. 测集风器断面相对静压求算风量

如图 5-2-6(a)所示，测定断面布置在 *A* 断面上，同一断面的风筒壁上均匀布置 4 个静压孔，孔径约 2.5 mm，在孔上垂直壁面焊接 4 个金属管，然后用内径和长度相等的胶皮管将其并联后接在补偿式微压差计上。

这种方法测值精度高，局部通风机的风量可按下式计算：

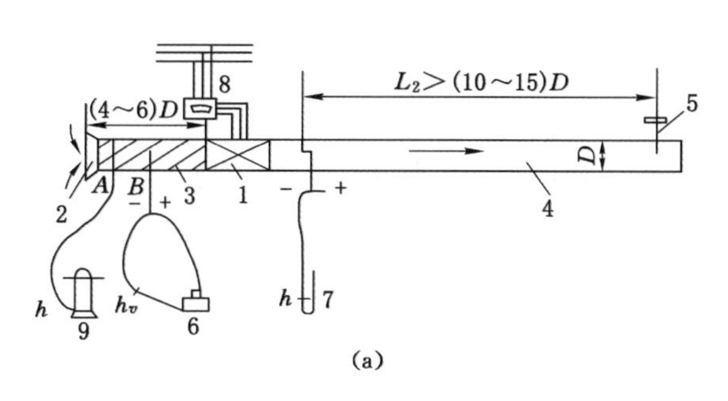

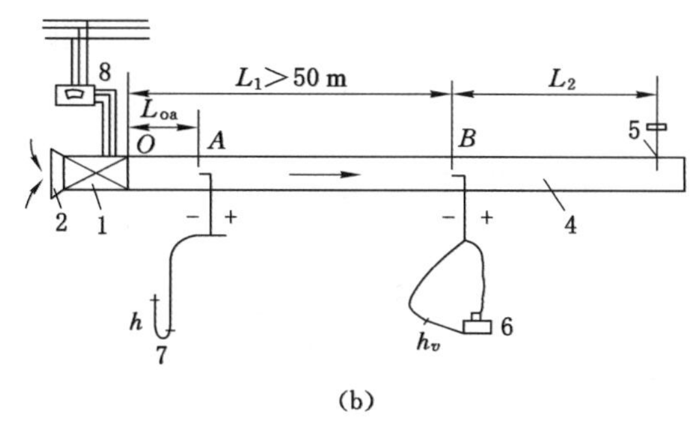

1—局部通风机；2—集风器；3—进风段风筒；4—出风段风筒；5—调节闸板；
6—单管倾斜压差计；7—垂直U形水柱计；8—三相功率表；9—补偿式微压计。

图 5-2-6　局部通风机性能测定

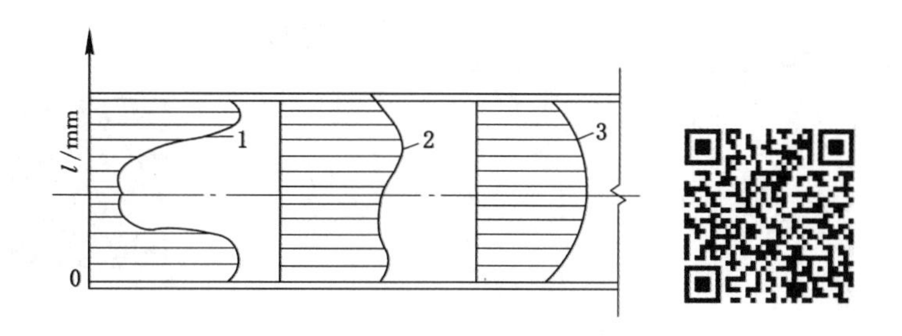

1—l=8.52 m；2—l=47.5 m；3—l=87.35 m。

图 5-2-7　距风机出口不同距离时的速度分布

$$Q_f = S_A\sqrt{\frac{2}{\rho}Kh} \tag{5-2-28}$$

$$K = \frac{\rho}{2}v_m^2/h \tag{5-2-29}$$

式中　Q_f——局部通风机的风量，m^3/s；

S_A——A 断面的风筒面积，m^2；

h——A 断面的相对静压，Pa；

K——集风器系数，表明入口风流能损失的情况，与集风器的形状有关；

v_m——A 断面的平均风速。

K 值事先要进行标定。测定时，只要读取相对静压 h，即可根据已标定的 K 值求算出局部通风机的风量。

据开滦矿实测，佳木斯电机厂生产的 11 kW 局部通风机(JBT-52-2)的集风器系数 $K=0.92\sim0.93$。

3. 风量测定

由于风筒存在漏风，故应分别在测段的两端 A、B 两断面上布置测点。

测风断面选择应满足图 5-2-8 的尺寸要求。一般采用测定动压 h_{vi} 计算点风速 v_i，即：

$$v_i=\sqrt{\frac{2h_{vi}}{\rho}} \tag{5-2-30}$$

式中　ρ——空气密度，kg/m^3。

这种方法只能测出断面上一点的风速，而一般情况下断面上的风速分布是不均匀的。因此，为了准确测定断面上的平均风速，必须在同一断面上布置多个测点。

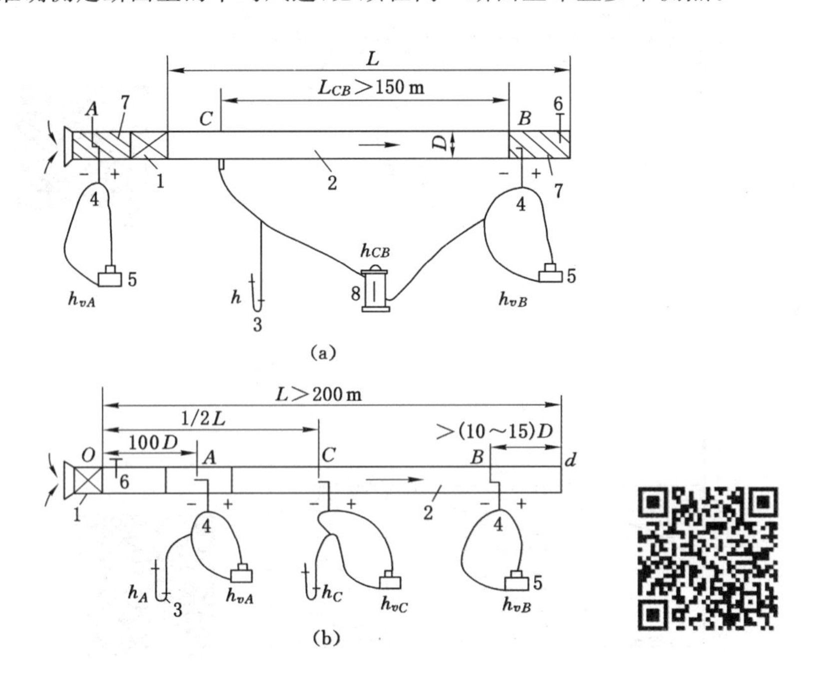

1—局部通风机；2—柔性风筒；3—垂直 U 形水柱计；4—皮托管；
5—单管倾斜压差计；6—调节闸板；7—铁质风筒；8—补偿式微压计。

图 5-2-8　风筒性能测定系统布置图

对于圆形或环形断面的风道，一般划分若干等面积环，沿水平和垂直方向在每个面积环的面积平分线上布置测点，如图 5-2-9 所示。如果速度场分布均匀，也可以只在一个方向上布置测点。等面积环的数目与管道直径有关，可按表 5-2-5 所列数目划分。

表 5-2-5　断面直径 D 与圆环数 n 之间的关系

D/m	<1.6	2.2	2.6	2.8	3.0
n	5	6	7	8	10

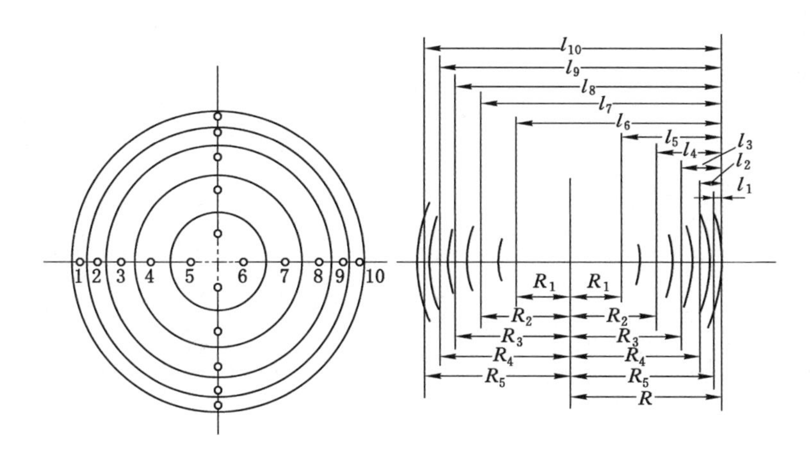

图 5-2-9 圆形或环形断面测点

各测点至圆心距离 R_i 可按下式计算：

$$R_i = D\sqrt{\frac{2i-1}{8n}} \tag{5-2-31}$$

或按下式计算各测点距风道壁的距离：

$$l_i = R \pm D\sqrt{\frac{2i-1}{8n}} \tag{5-2-32}$$

式中 i——从中心算起等面积环的编号；

R——断面半径，m；

l_i——i 环中心至壁面的距离，m，$l_i>R$ 时取“＋”号，$l_i<R$ 时取“－”号。

对于环形断面，其等面积环数可用内、外径决定的圆环数之差决定。各测点的位置可按下式计算：

$$R_i = R\sqrt{\left(\frac{d}{D}\right)^2 + \frac{2i-1}{2n}\left[1-\left(\frac{d}{D}\right)^2\right]} \tag{5-2-33}$$

用皮托管测风时，管嘴应与风流平行，管身垂直风流方向。在动压波动较大时，应连续读 3 次值，然后取平均值。则 A、B 两断面的风量可按下式计算：

$$Q = S\sqrt{\frac{2}{\rho}} \cdot \frac{\sum_{i=1}^{n}\sqrt{h_{vi}}}{n} \tag{5-2-34}$$

式中 S——测风断面的面积，m^2；

$\sum_{i=1}^{n}\sqrt{h_{vi}}$——测风断面上各点动压平方根之和；

n——断面上的测点数；

d——环形风道内径；

D——环形风道外径。

任务实施

完成指定大型风道风量测算，并填写如下任务单：

仪器设备名称及型号	
直接测定过程	
直接测定风道风量	
间接测定过程	
间接测定风道风量	

思考与拓展

一、选择题

1. 工业通风需要风量计算是先分别按稀释有毒有害气体或蒸汽、余热、余湿等因素，计算每种因素的需要风量后，取其(　　)。

A. 最大值　　B. 最小值　　C. 之和　　D. 之积

2. 使用 1 kg 炸药的需要供风量为(　　)m^3/min。

A. 10　　B. 20　　C. 25　　D. 30

3. 在矿井里每人每分钟应供给的最低风量为(　　)m^3/min。

A. 10　　B. 8　　C. 6　　D. 4

4. 防止局部通风机吸循环风的风量备用系数一般取(　　)。

A. 1.0～1.2　　B. 1.2～1.3　　C. 1.5～1.6　　D. 1.8～2.0

5. 换气次数是指按厂房换气次数的需要风量与通风房间(　　)的比值。

A. 压力　　B. 温度　　C. 湿度　　D. 体积

6. 大型爆破材料库的风量不得小于(　　)m^3/min。

A. 50　　B. 100　　C. 200　　D. 300

7. 考虑爆炸产生毒害气体的不均匀性、分布状况等因素的安全系数，一般可取(　　)。

A. 1.0～1.5　　B. 1.2～1.8　　C. 1.2～2.0　　D. 1.3～2.2

二、判断题

1. 串联风路总风量等于各分支的风量之和。(　　)

2. 通风柜为防止罩内有害物逸出罩外，需在工作孔上形成一定的吸入速度。(　　)

3. 高悬罩排风量大，易受横向气流影响，工作不稳定，设计时应尽可能降低其安装高度。(　　)

4. 工厂、企业的生活间和办公室，不能按换气次数来确定所需的全面通风换气量。(　　)

5. 中小型爆破材料库的风量不得小于 50 m^3/min。(　　)

6. 在工程上为减少密闭罩的排风量，应尽可能减少孔口或缝隙面积，并限制诱导空气随物料一起进入罩内。　　（　　）

任务三　通风设计

学习目标

1. 了解工业通风设计的要求和步骤。
2. 掌握管道通风系统设计。
3. 了解均匀送风、厂房自然通风设计。

素质目标

培养科学严谨的工作作风。

知识链接

工业通风设计与调节是整个工业设计内容的重要组成部分，是反映工业设计质量和水平的主要因素，其设计合理与否对工业安全生产及经济效益具有长期而重要的影响。管道通风系统设计包括抽出式和压入式管道通风系统设计，本节主要介绍抽出式管道通风系统设计和压入式均匀送风系统设计。

一、工业通风设计的要求和步骤

（一）工业通风设计的要求

对工业通风设计的一般要求有五个方面：

(1) 能将足够的新鲜空气有效地送到工作场所，保证生产和创造良好的劳动条件。

(2) 通风系统简单，风流稳定，易于管理，具有抗灾能力。

(3) 发生事故时，风流易于控制，人员便于撤出。

(4) 有符合规定的作业环境及安全监测系统或检测措施。

(5) 通风系统的基建投资省，营运费用低，综合经济效益好。

（二）工业通风设计的步骤

工业通风系统设计一般按如下步骤进行：

(1) 根据通风地点的实际情况，计算各用风地点需要风量。

(2) 提出多种通风系统类型并进行优选确定。尽可能多地提出可能的通风系统类型，并按技术可行、经济合理的原则优选。

(3) 确定风道形状，计算风道尺寸。

(4) 计算通风阻力，包括局部阻力和摩擦阻力。

(5) 计算通风系统总风量。

(6) 选择通风机和配套电机。

(7) 绘制通风系统图。

二、抽出式管道通风系统设计的一般步骤及相关问题

(一) 抽出式局部通风系统设计的一般步骤

抽出式局部通风系统设计一般按如下步骤进行:

(1) 根据需要抽排风地点的实际情况,确定集气罩、空气净化装置(如除尘器)形式,计算各用风地点需要风量。

(2) 提出多种通风系统类型并进行优选。尽可能多地提出可能的通风系统类型,并按技术可行、经济合理的原则优选。

(3) 布置并绘制通风系统的轴测示意图,并对各管段编号,标注相应的长度。管段编号一般从距风机最远的一段开始,由远而近顺序编号。管段长度按两构件间的中心线长度计算,不扣除构件(如三通、弯头)本身的长度,这样可以保证安全。

(4) 计算各管段的需要风量,选择风道内空气流速。

袋式除尘器和静电除尘器后风道内的风量应把漏风量和反吹风量计入。在正常运行条件下,除尘器的漏风率应不大于5%。

风道内的空气流速对通风系统的经济性有重要影响。选用的气流速度高,可使风道断面小,材料耗量省,建造费用低,占用建筑的空间小;但是系统阻力大,即动力消耗增大,运行费用增加。选用的流速低,系统阻力小,动力消耗减少,但是风道断面增大,材料耗量和建造费用提高,风道占用的空间也会增大。此外,如果管内流速过低,对通风除尘系统来说,还会造成粉尘沉积、管道堵塞。由此可见,管内气流速度的数值,必须通过技术经济综合比较才能确定。根据实践总结和分析,风道内的流速可参考表5-3-1、表5-3-2和表5-3-3确定。

表 5-3-1 一般通风系统中常使用的空气流速 单位:m/s

风道部位	生产厂房机械通风		民用及辅助建筑物	
	钢板及塑料风道	砖及混凝土风道	自然通风	机械通风
干管	6~14	4~12	0.5~1.0	5~8
支管	2~3	2~6	0.5~0.7	2~5

表 5-3-2 通风除尘系统管道内最低气流速度 单位:m/s

粉尘种类	垂直管	水平管	粉尘种类	垂直管	水平管
粉状的黏土和砂	11	13	铁和钢(屑)	19	23
耐火泥	14	17	灰土、砂尘	16	18
重矿物粉尘	14	16	锯屑、刨屑	12	14
轻矿物粉尘	12	14	大块干木屑	14	15
干型砂	11	13	干微尘	8	10
煤灰	10~12	13	染料粉尘	14~16	16
湿土(2%以下水分)	15	18	大块湿木屑	18	18
铁和钢(尘末)	13	15	谷物粉尘	10	20
棉絮	8	10	麻(短纤维粉尘、杂质)	8	12
水泥粉尘	12~13	16~18	碳化硅、刚玉尘	15	19

表 5-3-3　空调系统中的空气流速　　单位：m/s

位置	低速风道						高速风道	
	推荐风速			最大风速			推荐	最大
	居住	公共	工业	居住	公共	工业	一般建筑	
新风入口	2.5	2.5	2.5	4.0	4.5	6	3	3
风机入口	3.5	4.0	5.0	4.5	5.0	7	8.5	16.5
风机出口	5～8	6.5～10	8～12	8.5	7.5～11	8.5～14	12.5	25
主风道	3.5～4.5	5～6.5	6～9	4～6	5.5～8	6.5～11	12.5	30
水平主风道	3.0	3.0～4.5	4～5	3.5～4.0	4.0～6.5	5～9	10	22.5
垂直支风道	2.5	3.0～3.5	4	3.25～4.0	4.0～6.0	5～8	10	22.5
送风口	1～2	1.5～3.5	3.0～4.0	2.0～3.0	3.0～5.0	3～5	4	—

(5) 根据各管段的风量和所选的气流速度，确定各管段的断面尺寸，计算摩擦阻力和局部阻力。

在设计时应保证管道统一规格，这对通风系统的管道及构件的工业化生产是有利的，断面形状根据现场实际确定。风道断面尺寸确定之后，根据管内实际流速计算阻力。阻力计算应从最不利的环路(即距风机最远的排风点)开始，以最大阻力管路为主线进行计算。各管段的阻力为摩擦阻力和局部阻力之和。

(6) 对并联管路必须进行阻力平衡，然后计算系统的总阻力。

各并联管路之间的允许计算阻力差值，视系统使用要求而定。例如除尘系统不大于10%，一般通风系统不大于15%。在各并联管路之间的阻力平衡达到上述要求时，所得的最不利环路的阻力即是系统的总阻力。

若超过上述规定，可采用下述方法使其阻力平衡：

① 调整支管管径

这种方法是通过改变支管管径来改变支管的阻力，从而达到阻力平衡。调整后的管径按下式计算：

$$D'_1 = D_1\left(\frac{h_1}{h'_1}\right)^{0.225} \tag{5-3-1}$$

式中　D_1——调整前的管径，mm；

D'_1——调整后的管径，mm；

h_1——调整前支管的气流阻力，Pa；

h'_1——要求达到的支管阻力，Pa。

应当指出，采用本方法时，不宜改变三通的支管直径，可在三通支管上先增设一节渐扩管，以免引起三通局部阻力的变化。

② 增大风量

当两支管的阻力相差不大时(如在20%以内)，可不改变支管管径，将阻力小的那段支管的流量适当加大，达到阻力平衡。增大后的风量按下式计算：

$$Q_1' = Q\left(\frac{h_1}{h_1'}\right)^{0.5} \tag{5-3-2}$$

式中　Q_1——调整前的支管的风量，m^3/s；

Q_1'——调整后的支管的风量，m^3/s。

采用此方法会引起后面干管的流量相应增大，阻力也随之增大；同时，通风机的风量和风压也会相应增大。

③ 阀门调节

通过改变阀门的开启度，调节管道阻力。必须指出，对一个支管的通风除尘系统进行实际调试是一项复杂的技术工作，必须进行反复调整、测试才能完成，以达到预期的流量分配。

(7) 根据系统的总阻力和总风量选择通风机及电机，绘制通风系统正式轴测图。

通风机风量：
$$Q = K_1 Q_{fj} \tag{5-3-3}$$

通风机静压：
$$H_s = K_p h \tag{5-3-4}$$

式中　Q_{fj}——通风系统计算风量；

h——通风系统的计算阻力；

K_1——风量附加安全系数，一般送排风系统 $K_1=1\sim1.1$，除尘系统 $K_1=1.11\sim1.15$，气力运输系统 $K_1=1.15$；

K_p——风压附加安全系数，一般送排风系统 $K_p=1\sim1.15$，除尘系统 $K_p=15\sim1.2$。

在选择通风机时还应注意以下问题：

① 根据输送的气体性质和具体用途，确定通风机的类型。例如输送清洁空气，可以选择一般通风换气用的通风机；输送腐蚀性气体，选用防腐通风机；输送易燃气体或含尘气体，则应选用防爆通风机或排尘通风机。空气调节用的通风机，对噪声的要求较高。

② 根据系统所需风量、风压和选定的通风机类型，确定通风机型号。为了便于管道的连接和现场安装，还要选择合适的通风机出口方向和传动方式，在设计或订货时均应注明。

③ 通风机样本上的性能参数是在标准状态(大气压力为 101.325 kPa，温度为 20 ℃，相对湿度为 50%)下得出的。当实际使用情况不是标准状态时，或现有通风机转速改变时，通风机的实际性能会发生变化(风量不变)。

④ 选择通风机时，在满足所需风量、风压的前提下，应尽可能采用效率最高、价格便宜、订货方便的通风机。

(二) 抽出式管道通风系统设计举例

有一通风除尘系统如图 5-3-1 所示。风道用钢板制作，输送含有轻矿物粉尘的空气，气体温度为常温。该系统采用布袋式除尘器，除尘器阻力 $h_c=1\ 200$ Pa。对该系统进行设计计算，并选择通风机。

本例的第一至第三步为已知，可直接从第四步开始。

(1) 计算各管段的需要风量，选择风道内空气流速。

考虑到除尘器及风道漏风，管段 6 及 7 的计算风量为 6 300×1.05=6 615 (m^3/h)。根据表 5-3-1、表 5-3-2，输送含有轻矿物粉尘的空气时，风道内最小风速为：垂直风道 12 m/s、水平风道 14 m/s。

(2) 根据各管段的风量和所选的气流速度，确定各管段的断面尺寸，计算摩擦阻力和局部阻力。

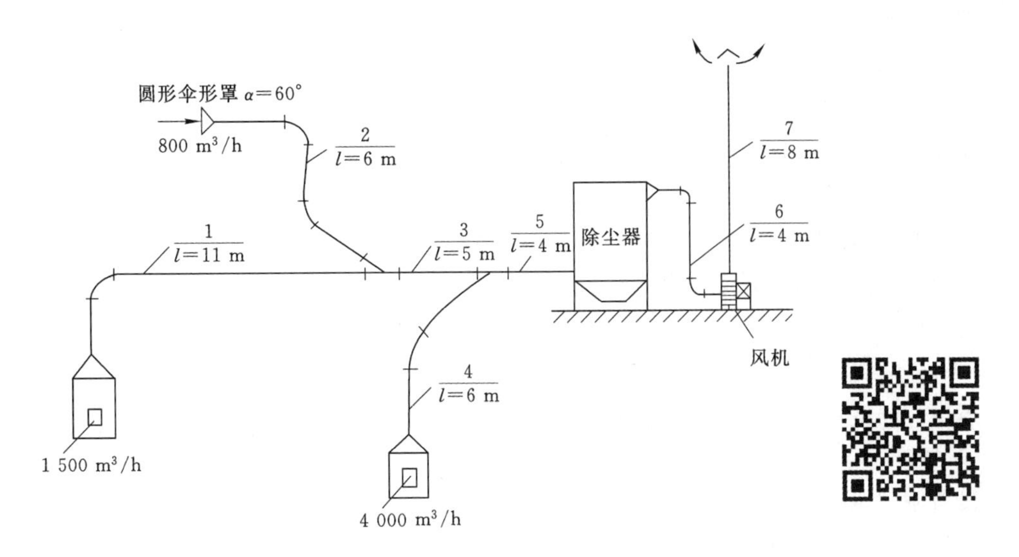

图 5-3-1　通风除尘系统的系统图

本系统选择 1→3→5→除尘器→6→风机→7 为最大阻力管线。

对于管段 1，根据 1 500 m^3/h(≈0.42 m^3/s)、v_1=14 m/s，可查出管径和单位长度摩擦阻力。所选管径应尽量符合通风管道的统一规格，即选：

$$D_1 = 200\ \text{mm},\quad h_{b1} = 12.5\ \text{Pa/m}$$

同理，计算确定管段 3、5、6、7、2、4 的管径及比摩阻，具体结果见表 5-3-4。

表 5-3-4　管道系统设计计算表

管段编号	风量/(m^3/s)	长度/m	管径/mm	流速/(m/s)	局部阻力系数	局部阻力/Pa	比摩阻/(Pa/m)	摩擦阻力/Pa	管段总阻力/Pa	备注
1	0.42	11	200	14	1.37	161	12.5	137.5	298.5	
3	0.64	5	240	14	−0.05	−6	12	60	54	
5	1.75	5	380	12	0.60	71.7	5.5	27.5	99.2	
6	1.84	4	420	12	0.47	40.6	4.5	18	58.6	
7	1.84	8	420	14	0.60	51.6	5.5	36	87.6	阻力不平衡
2	0.22	6	140	14	0.61	71.7	18	108	179.7	
4	1.11	6	280	16	1.81	278	14	84	362	
除尘器									1 200	

各段风道内局部阻力系数的计算如下：

① 管段 1

设备密闭罩 ζ=1.0；

90° 弯头(R/D = 1.5)1 个，ζ = 0.17；

直流三通(1→3)1个,$\alpha = 30°$,$\zeta = 0.20$;

合计$\sum\zeta = 1.0 + 0.17 + 0.20 = 1.37$。

② 管段2

圆形吸气伞形罩,$\alpha = 60°$,$\zeta = 0.09$;

90°弯头($R/D = 1.5$)1个,$\zeta = 0.17$;

60°弯头($R/D = 1.5$)1个,$\zeta = 0.15$;

合流三通(2→3)1个,$\zeta = 0.20$;

合计$\sum\zeta = 0.09 + 0.17 + 0.15 + 0.20 = 0.61$。

③ 管段3

直流三通(3→5)1个,$\zeta = -0.05$。

④ 管段4

设备密闭罩1个,$\zeta = 1.0$;

90°弯头($R/D = 1.5$)1个,$\zeta = 0.17$;

合流三通(4→5)1个,$\zeta = 0.64$;

合计$\sum\zeta = 1.0 + 0.17 + 0.64 = 1.81$。

⑤ 管段5

除尘器进口变径管(渐扩管);

除尘器进口尺寸300 mm×800 mm,变径管长度500 mm,$\tan\alpha = \frac{1}{2}\frac{(800-380)}{500} = 0.42$,$\alpha = 22.7°$,$\zeta = 0.60$。

⑥ 管段6

除尘器出口变径管(渐缩管);

除尘器出口尺寸300 mm×800 mm,变径管长度400 mm,$\tan\alpha = \frac{1}{2}\frac{(800-420)}{400} = 0.475$,$\alpha = 25.4°$,$\zeta = 0.10$;

90°弯头($R/D = 1.5$)2个,$\zeta = 0.17 \times 2 = 0.34$;

通风机进口渐扩管;

先近似选出一台通风机,通风机进口直径$D_1 = 500$ mm,变径管长度300 mm,$\tan\alpha = \frac{1}{2}\frac{(500-420)}{300} = 0.13$,$\alpha = 7.6°$,$\zeta = 0.03$;

合计$\sum\zeta = 0.10 + 0.34 + 0.03 = 0.47$。

⑦ 管段7

通风机出口渐扩管;

通风机出口尺寸410 mm×315 mm,$D_7 = 420$ mm;

带扩散管的伞形风帽($h/D_0 = 0.5$)1个,$\zeta = 0.60$;

合计$\sum\zeta = 0.60$。

(3) 计算各管段的沿程摩擦阻力和局部阻力。计算结果见表5-3-4。

(4) 对并联管路进行阻力平衡。

① 汇合点 A

$$h_1 = 298.5 \text{ Pa}, \quad h_2 = 179.7 \text{ Pa}$$

$$\frac{h_1 - h_2}{h_1} = \frac{298.5 - 179.7}{298.5} \approx 39.8\% > 10\%$$

为使管段1、2达到阻力平衡，改变管段2的管径，增大其阻力。

根据式(5-3-1)有：

$$D_2' = D_2\left(\frac{h_2}{h_2'}\right)^{0.225} = 140 \times \left(\frac{179.7}{298.5}\right)^{0.225} \approx 124.8 \text{ (mm)}$$

根据通风管道统一规格，取 D_2=130 mm。其对应的阻力为：

$$h_2' = 179.7 \times \left(\frac{140}{130}\right)^{0.225} \approx 249.7 \text{ (Pa)}$$

$$\frac{h_1 - h_2'}{h_1} = \frac{298.5 - 249.7}{298.5} \approx 16.3\% > 10\%$$

此时仍处于不平衡状态。如继续减小管径，取 D_2＝120 mm，其对应的阻力为 355.8 Pa，同样处于不平衡状态。因此，决定取 D_2＝130 mm，在运行时再辅以阀门调节，消除不平衡。

② 汇合点 B

$$h_1 + h_3 = 298.5 + 54 = 352.5 \text{ (Pa)}$$

$$h_4 = 362 \text{ Pa}$$

$$\frac{h_4 - (h_1 + h_3)}{h_1} = \frac{362 - 352.5}{362} \approx 2.6\% < 10\%$$

计算结果说明符合要求。

(5) 计算系统的总阻力

$$h_t = 298.5 + 54 + 99.2 + 58.6 + 87.8 = 598.1 \text{ (Pa)}$$

(6) 选择通风机

通风机风量：$Q=K_1Q_{fj}=1.15\times 6\,615\approx 7\,607\ (m^3/h)=2.11\ (m^3/s)$

通风机静压：　　$H_s=K_p h=(598+1\,200)\times 1.16\approx 2\,086\ (Pa)$

根据通风机的风量和风压，选用 C4-6S№6.3 通风机，通风机转速为 1 600 r/min，皮带传动；配用 Y132S2-Z 型电机，电机功率为 7.5 kW。

（三）通风管道设计中的注意事项

1. 管道的敷设

为了防止粉尘沉积堵塞，并且阻力小，管道的敷设应符合如下要求：

(1) 通风除尘管道应垂直或倾斜敷设。倾斜管道的倾斜角(与水平的夹角)应不小于粉尘的自然堆积角，一般不小于45°，最好不小于60°。

(2) 分支管与水平或倾斜主干管连接时，应从上面或侧面接入。三通管的夹角一般不宜小于30°，最大不能超过45°。布置管网时要尽可能地减少转弯。弯管的曲率半径尽可能大些，不应小于管道直径。

(3) 除尘管道一般应明设，尽量避免留有间隙，沟宽应大于金属管道250 mm以上，并应设置有效的清扫排水及防腐蚀措施。除尘系统的排出管道，排出口一般应高出屋脊1.0～1.5 m，并应考虑加固设施。

(4) 为了防止风道堵塞，风道的直径不宜小于下列数值：

① 排送细小粉尘(矿物粉尘)：80 mm；

② 排送较粗粉尘(如木屑)：100 mm；

③ 排送粗粉尘(如刨花)：130 mm；

④ 排送木片：150 mm。

(5) 为了调整和检查除尘系统的参数，在支管除尘器及风机出入口上应设置测孔。测孔应设在气流平稳的直管段上，尽可能远离弯头、三通等部件，以减少局部涡流对测定结果的影响。大型的除尘系统可根据具体情况设置测量风量、风压、阻力、温度参数的仪表。

(6) 输送潮湿空气时，管道应进行保温，以防止水蒸气在管道内凝结。管道壁温度应高于气体露点温度 10～20 ℃。排风点较多的除尘系统应在各支管上装设插板阀、蝶阀等调节风量的装置。阀门应设在易于操作和不易积尘的位置。

2. 通风除尘系统的防爆措施

当输送空气中含有可燃性粉尘或气体，同时又具备爆炸的条件，就会发生爆炸。为了防止爆炸，应采取下列防爆措施：

(1) 排除爆炸危险性气体、蒸汽和粉尘的局部排风系统，通风机应装设由较软的不产生火花的金属制的机壳或叶轮，其风量应按在排风罩、风道及其连接通风设备内这些物质的浓度不超过爆炸极限的 50%设计，否则应在进入通风机前进行净化。

(2) 排除或运输含有爆炸性危险性物质的空气混合物的通风设备及管道均应接地。三角皮带上的静电应采取有效方法导除。通风设备及风道不应采用容易积聚静电的绝缘材料制作。

(3) 防止可燃物在通风系统的局部地点积聚。

(4) 选用防爆通风机，并采用直联或联轴器传动方式。采用三角皮带传动时，为防止静电火花，应用接地电刷把静电引入地下。有爆炸危险的通风系统，应设防爆门。在发生意外情况，系统内压力急剧升高时，依靠防爆门自动开启卸压。卸压口应朝向室外或无人操作处。

(5) 含有爆炸危险性物质的局部通风系统所排出的气体，应排至建筑物背风涡流区以上；当屋顶上有设备或有操作平台时，排风口应高出设备或平台 2.5 m 以上。

(6) 排出含有剧毒、易燃、易爆物质的排风道，其正压管段一般不应该穿过其他房间，穿过其他房间时，该管段上不应该设法兰或闸门。用于净化爆炸性粉尘的干式除尘器和过滤器应布置在通风机的吸入段。布袋除尘器的织物材料和构件应选用阻燃材料制成。

(7) 风道中不应存在可能积留和粘着粉尘的不平处及粗糙处。风道的容积在 10 m^3 以上时，每 10 m^3 容积应设置泄爆口，泄爆口的间距不大于 6 m。

3. 风道的保温和防腐

空调系统的风道应当保温，一般的通风系统管道有时也要保温，不仅可以节省能耗，还能防止低温风道表面结露。

保温材料主要有软木、聚苯乙烯泡沫塑料、超细玻璃棉、玻璃纤维保护板、聚氨酯泡沫塑料和蜂石板等。保温层厚度经过技术经济比较确定，即按照保温要求计算出经济厚度，再按其他要求进行校核。

保温层结构在国家标准图集中均有规定，有特殊需要的则需另行设计计算，保温层结构

通常有四层：

（1）防护层涂刷防腐漆或沥青。

（2）保温层填贴保温材料。

（3）防潮层包油毛毡、塑料布或涂刷沥青，用以防止潮湿空气或水分渗入保温层内。

（4）保护层室内管道可用玻璃丝布、塑料布或胶合板等做成；室外管道应当用铁丝网水泥或薄钢板作保护层。对于要求高的工程采用铝合金薄板。

工程上常用的防腐方法是在金属表面涂刷油漆。选用的油漆种类根据用途及风道的材质而定。薄钢板风道的防锈漆及底漆用红丹油性防锈漆，具有很好的防锈效果。此外，铁红酚醛底漆、铝粉铁红酚醛防锈漆也有良好的防锈效果。至于选用哪种具体的油漆种类、涂油漆遍数，可以参考有关的手册确定。

三、均匀送风设计

由项目二理论可知，实现均匀送风的途径有多种。由于保持$f_0\sqrt{p_j}$变化，μ也随之变化途径的复杂性，在工程设计中一般按照$f_0\sqrt{p_j}$和μ均相等的途径。这里仅介绍各侧孔μ均相等、孔口面积f_0相等、风道断面变化保持各侧孔静压p_j相等途径的设计计算方法和步骤。以图 5-3-2 为例，该途径的计算方法和步骤如下：

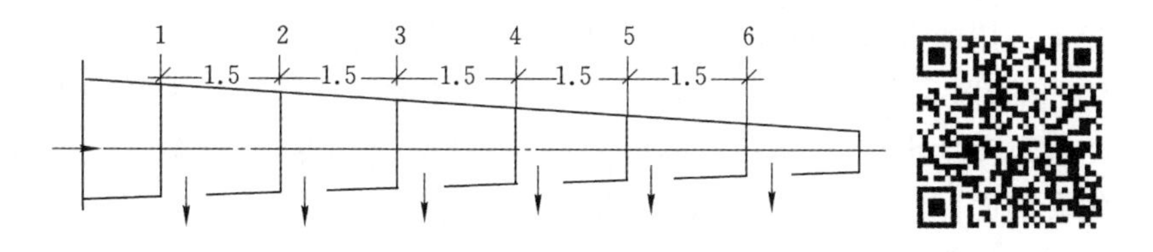

图 5-3-2　均匀送风系统

（1）根据室内对送风速度的要求，设定孔口平均流速v_0，计算出第一侧孔静压流速v_j、侧孔面积和静压p_j。

从侧孔或条缝口出流时，孔口的流量系数可近似取$\mu=\frac{v_j}{v_0}=0.6$，侧孔静压流速按$v_j=\mu v_0$计算，静压p_j计算根据公式进行。

（2）按$\frac{v_j}{v_d}\geqslant 1.73$的原则设定第一侧孔处风道断面的速度$v_{d1}$，求出第一侧孔前管道断面的速压$p_{d1}$、直径$D_1$（或断面尺寸）、全压$p_{q2}$。

（3）计算管段 1—2 的摩擦阻力和局部阻力，再根据能量方程求出断面 2 处的全压p_{q2}、速压p_{d2}和直径D_2。

计算局部阻力或局部压力损失时，通常把侧孔送风的均匀送风道看作是支管长度为零的三通，当空气从侧孔送出时，产生两部分局部阻力，即直通部分的局部阻力和侧孔出流时的局部阻力。

直通部分的局部阻力系数可用下式计算：

$$\zeta=0.35\left(\frac{Q_c}{Q_g}\right)^2 \tag{5-3-5}$$

式中　Q_c——侧孔流量；

　　Q_g——侧孔处风道流量。

侧孔部分局部阻力系数一般取 2.37。

(4) 计算管段 2—3 的摩擦阻力和局部阻力，再根据能量方程求出断面 3 处的全压 p_{q3}、速压 p_{d3} 和直径 D_3，并依次类推，可求得其余各断面直径 $D_2,\cdots,D_{n-1},D_n$。最后把各断面连接起来，成为一条锥形风道。

第一侧孔断面 1 处具有的全压，即为此均匀送风管道的总压力损失或称通风总阻力。

四、厂房自然通风设计

工业厂房自然通风的计算方法较多，一般主要考虑密度差引起的自然风压，且仅考虑夏季情况。工业厂房自然通风设计包括设计计算和校核计算。工业厂房的设计计算是根据已确定的厂房形状尺寸、工艺条件和要求的工作区温度，计算需要的全面通风风量，确定进、排窗孔位置和所需要的开启窗孔面积；校核计算是在工艺、建筑窗孔位置和面积确定的条件下，计算所能达到的最大自然通风量，校核工作区温度是否满足卫生标准的要求。

厂房内部的温度分布和气流分布比较复杂，例如热源上部的热射流、各种局部气流、热源分布都会影响车间的温度分布和气流分布。车间内部的温度分布和气流分布对自然通风有较大的影响。具体地说，影响厂房自然通风的主要因素有厂房形式、工艺设备布置、设备散热量等。目前采用的自然通风计算方法都是在一定的简化条件下建立的，例如认为：通风流动过程是稳定的；同一水平上的各点静压相等；空气流动不受任何障碍物的阻挡等。

厂房自然通风设计步骤，先是计算厂房全面通风的需要风量，再是确定窗孔的位置，最后计算排风窗孔的面积。由项目三可知，自然风压与高差成正比，因此，在厂房形状尺寸已确定的情况下，尽可能增加进风窗和排风窗的高差，即在已有的厂房内进风窗低、排风窗尽可能高。下面重点介绍消除厂房余热所需的全面通风量和排风窗孔面积计算。

(一) 消除厂房余热所需的全面通风量的计算

消除厂房余热所需的全面通风量的计算可按式(5-2-3)进行。

在实际计算时，厂房的进风温度 t_j 等于夏季通风计算室外温度 t_w。夏季通风计算室外温度，应采用历年最热月 14 时的夏季月平均温度的平均值；冬季通风室外计算温度，应采用累年最冷月平均温度。

对于厂房排风温度 t_p 的计算，由于车间的温度分布和气流分布均比较复杂，不同的研究者对此有不同的理解，提出厂房排风温度的计算方法也不尽相同。下面介绍两种计算方法，即有效热量系数法和温度梯度法。

1. 有效热量系数法

在有强热源的厂房内，空气温度沿高度方向分布的情况相当复杂。由图 5-3-3 可以看出，热源上部的热射流在上升过程中由于不断卷入周围空气，热射流的温度会逐渐下降。上升的热射流到达屋顶后，一部分由天窗排出，一部分则沿四周外墙向下回流，返回到工作区或者在工作区上部重新卷入射流。返回工作区的那部分循环气流与经下部窗孔进入室内的室外气流混合后一起进入室内工作区，工作区的温度就是这两股气流的混合温度。若厂房外温度为 t_w，厂房入口后空气温度为 t_n，厂房出口前空气温度为 t_p，厂房内工艺设备的总散热量为 D_r，其中直接散入工作区的那部分热量称为有效余热量，以 mD_r 表示，m 为有效热

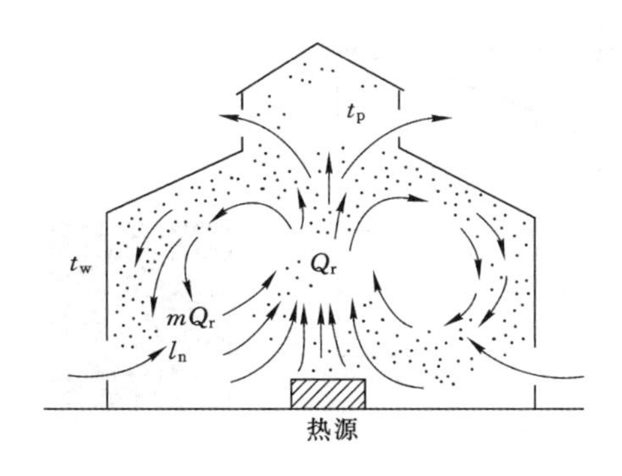

图 5-3-3 厂房内热源上部热射流

量系数。

根据整个厂房的热平衡，可按下式确定消除厂房余热所需的全面进风量 Q_{z1}，即：

$$Q_{z1}=\frac{D_r}{c(t_p-t_w)\rho_n} \tag{5-3-6}$$

式中 c——空气比热容，kJ/(kg·℃)；

ρ_n——厂房内空气密度，kg/m³；

根据工作区的热平衡，可按下式确定消除工作区余热所需的全面进风量 Q_{z2}，即：

$$Q_{z2}=\frac{mD_r}{c(t_n-t_w)\rho_n} \tag{5-3-7}$$

由于 $Q_{z1}=Q_{z2}$，由式(5-3-6)和式(5-3-7)可得：

$$\frac{D_r}{c(t_p-t_w)\rho_n}=\frac{mD_r}{c(t_n-t_w)\rho_n} \tag{5-3-8}$$

所以有：

$$t_p=t_w+\frac{t_n-t_w}{m}$$

在通常情况下，m 值按下式计算：

$$m=m_1m_2m_3$$

式中 m_1——根据热源占地面积 S_1 与地板面积 S_2 之比值，按图 5-3-4 确定；

m_2——根据热源高度，按表 5-3-5 确定；

m_3——与热源的辐射热量 Q_f 和总散热量 Q 的比值有关的系数，按表 5-3-6 确定。

表 5-3-5 m_2 值

热源高度/m	<2	4	6	8	10	12	>14
m_2	1.0	0.85	0.75	0.65	0.60	0.55	0.5

表 5-3-6 m_3 值

Q_f/Q	<0.4	0.5	0.55	0.60	0.65	0.7
m_3	1.0	1.07	1.12	1.18	1.30	1.45

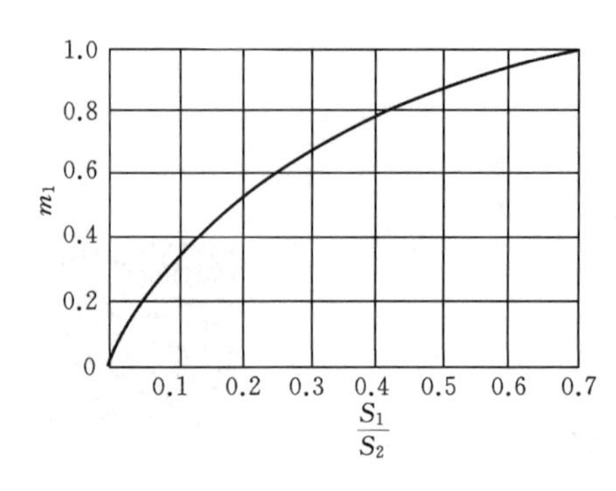

图 5-3-4 m_1 与 S_1/S_2 的关系

2. 温度梯度法

这是应用较早的一种计算方法，它假定在厂房工作区以上空气温度上升值与高度成正比，目前该方法主要在厂房高度不大于 15 m、室内散热较均匀且散热量不大于 116 W/m^3 的场合。根据温度梯度法，厂房上部窗孔的排风温度按下式确定：

$$t_p = t_n + \Delta t(H - 2) \tag{5-3-9}$$

式中 Δt——温度梯度，按表 5-3-7 确定，℃/m；

H——厂房上部排风窗孔离地面的高度，m；

t_n——厂房工作区空气温度，按卫生标准规定的室内外温差确定，℃。

表 5-3-7 温度梯度 Δt 值

散热量/(W/m^3)	5	6	7	8	9	10	11	12	13	14	15
12～23	1.0	0.9	0.8	0.7	0.6	0.5	0.4	0.4	0.4	0.3	0.2
24～47	1.2	1.2	0.9	0.8	0.7	0.6	0.5	0.5	0.5	0.4	0.4
48～70	1.5	1.5	1.2	1.1	0.9	0.8	0.8	0.8	0.8	0.8	0.5
71～93		1.5	1.5	1.3	1.2	1.2	1.2	1.2	1.1	1.0	0.9
94～116				1.5	1.5	1.5	1.5	1.5	1.5	1.4	1.3

应当指出，对某些特定的厂房，排风温度可按排风温度与夏季通风计算温度差的允许值确定，对大多数车间要保证 $t_n - t_w \leqslant 5$ ℃，$t_n - t_w$ 应不超过 10～12 ℃。

(二) 排风窗孔面积计算

在 n_1 个进风窗孔、n_2 个回风窗孔自然通风系统中，如考虑密度差与大气运动(风压)合成的自然风压，忽略空气流动摩擦阻力，则自然风压等于所有通风窗孔的局部阻力之和，根据式(3-1-4)及局部阻力计算公式有：

$$zg(\rho_{m1} - \rho_{m2}) + \sum_{i=1}^{n_1} A_{ji} \frac{\rho_w v_w^2}{2} + \sum_{j=1}^{n_2} A_{hj} \frac{\rho_w v_w^2}{2} = \sum_{i=1}^{n_1} \zeta_{ji} \frac{\rho_j}{2} \left(\frac{Q}{S_{ji}}\right)^2 + \sum_{j=1}^{n_2} \zeta_{hj} \frac{\rho_h}{2} \left(\frac{Q}{S_{hj}}\right)^2 \tag{5-3-10}$$

式中 A_{ji}、A_{hj}——在大气运动风速为 v_w 时各进风窗孔、回风窗孔的空气动力系数；

ρ_w——大气密度；

ζ_{ji}、ζ_{hj}——各进风窗孔、回风窗孔的局部阻力系数；

S_{ji}、S_{hj}——各进风窗孔、回风窗孔的面积。

很显然，若已知各进风窗孔、回风窗孔的空气动力系数和局部阻力系数以及进风窗孔的面积，各回风窗孔面积相等，就可以由式(5-3-10)计算出回风窗孔的面积。

实训任务　小型风道内气流流量的测定

任务描述

学习并掌握小型风道内气流流量测定的原理和方法。

任务引导

一、根据弯头处的压差测定流量

弯头流量计是利用管道弯管处的压差测量管内气体流量的装置，其测量原理如图 5-3-5 所示。当气流在弯管处流动时，在曲率半径方向 A 及 B 两点之间会产生静压差，这一压差与气流的速度成正比。测出这两点间的静压差就可以计算出通过该管的气体流量：

$$Q=\mu F\sqrt{\frac{2}{\rho}(p_A-p_B)}\cdot\frac{1}{2}\sqrt{\frac{R}{D}} \tag{5-3-11}$$

式中　Q——在某工况下气体的流量，m^3/s；

μ——流量系数，通过试验标定；

F——弯管断面积，m^2；

p_A——弯管外侧的静压，Pa；

p_B——弯管内侧的静压，Pa；

R——弯管(轴线)的曲率半径，m；

D——弯管的内径，m。

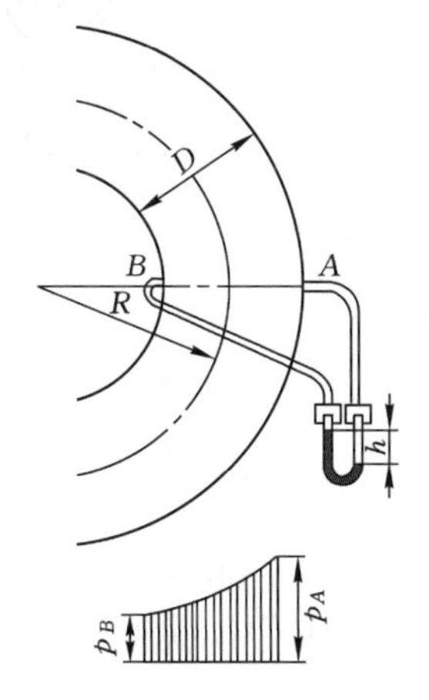

图 5-3-5　弯头流量计的测定

根据试验资料，当 $R/D>1$ 时，在精度为±5%的范围内，流量系数 μ 可取为 1。如果测量精度要求高于±5%时，则可以事先用皮托管进行校正。

试验数据表明，流量系数 μ 与进入弯管时断面上的气流分布均匀性有关，在弯管前面希望有尽可能长的直管段。插板阀门等部件设于弯头前大于 $25D$、弯头后大于 $10D$ 处。当在所测弯管前同一平面内有一反向弯管时，如图 5-3-6 所示，测定结果比较精确。

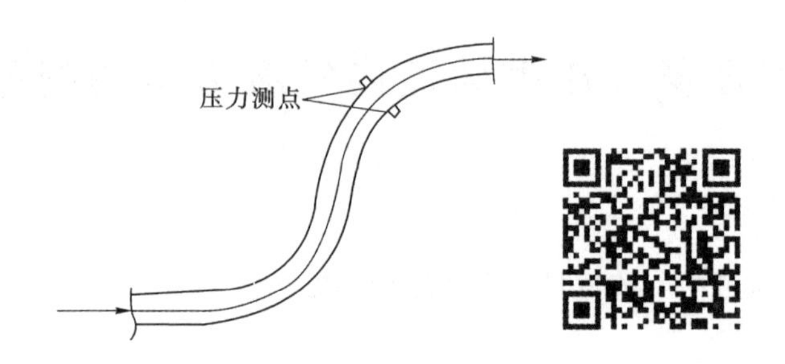

图 5-3-6　弯头测定流量的测点布置

二、在管道入口处测定流量

管道的入口处做成角度为 45°的圆锥管，如图 5-3-7 所示。如果用阻力系数 $\zeta=0.15$ 来表示圆锥管入口处的压力损失和在距离为 1 倍管径的管段阻力，则距圆锥 1 倍管径处的静压按伯努利方程式为：

$$p_j=(1+0.15)\frac{u^2\rho}{2}=1.15\times\frac{u^2\rho}{2} \tag{5-3-12}$$

式中　u——测定静压处的流速，m/s。

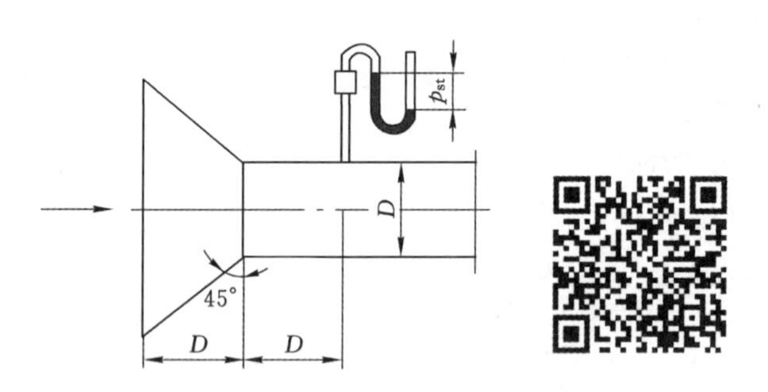

图 5-3-7　入口流量的测定

由式(5-3-12)得：

$$u=\sqrt{\frac{p_j\cdot 2}{1.15\rho}}=1.32\sqrt{\frac{p_j}{\rho}} \tag{5-3-13}$$

测出静压 p_j，由式(5-3-13)可计算出气体的流速和流量。

这一方法简单方便，但只有当气流均匀流入时才能获得正确的结果，而这点却不是经常能做到的。

任务实施

完成指定小型风道风量测算，并填写如下任务单：

仪器设备名称及型号	
弯头处流量测定过程	
弯头处流量	
管道入口处流量测定过程	
管道入口处流量	

思考与拓展

一、选择题

1. 在正常运行条件下，除尘器的漏风率应不大于（　　）。

A. 2%　　B. 3%　　C. 5%　　D. 10%

2. 一般通风系统各并联管路之间的允许计算阻力差值不大于（　　）。

A. 10%　　B. 15%　　C. 20%　　D. 25%

3. 倾斜管道的倾斜角（与水平的夹角）应不小于粉尘的自然堆积角，一般不小于（　　），最好不小于（　　）。

A. 30°　　B. 45°　　C. 50°　　D. 60°

4. 为了防止风道堵塞，排送细小粉尘（矿物粉尘）风道的直径不宜小于（　　）。

A. 50 mm　　B. 60 mm　　C. 80 mm　　D. 100 mm

5. 为防止水蒸气在管道内凝结，管道壁温度应高于气体露点温度（　　）。

A. 5～10 ℃　　B. 10～15 ℃　　C. 10～20 ℃　　D. 15～20 ℃

6. 进、出风井井口的高差在（　　）以上，或进、出风井井口标高相同，但井深（　　）以上时，宜计算矿井的自然风压。

A. 100 m　　B. 150 m　　C. 400 m　　D. 500 m

7. 通风机能力应留有一定的余量，轴流式通风机在最大设计负压和风量时，轮叶运转角度应比允许范围小（　　）。

A. 2°　　B. 2.5°　　C. 5°　　D. 5.5°

8. 若通风容易时期功率大于困难时期功率的（　　），可选一台电机。

A. 50%　　B. 60%　　C. 70%　　D. 80%

二、判断题

1. 除尘系统各并联管路之间的允许计算阻力差值不大于5%。（　）

2. 当两支管的阻力相差不大时，可不改变支管管径，将阻力小的那段支管的流量适当加大，达到阻力平衡。（　）

3. 通风除尘管道应垂直或倾斜敷设。（　）

4. 为了调整和检查除尘系统的参数，在支管除尘器及风机出入口上不应设置测孔。（　）

5. 风道的容积在10 m^3 以上时，每10 m^3 容积应设置泄爆口，泄爆口的间距不大于6 m。（　）

6. 矿井通风的总阻力，不应超过2 940 Pa。（　）

7. 离心式通风机的选型设计转速不宜大于允许最高转速的80%。（　）

8. 电机功率在400～500 kW以上时，宜选用同步电机。（　）

9. 电机与通风机直联时，传动效率 $\eta_{tr}=1$。（　）

10. 通风机全压和矿井自然风压共同作用克服矿井通风系统的总阻力、通风机附属装置的阻力及扩散器出口动能损失。（　）

三、简答题

1. 简述工业通风设计的要求。

2. 在选择通风机时应注意哪些问题？

3. 当输送空气中含有可燃性粉尘或气体，为了防止爆炸，应采取哪些防爆措施？

任务四　通风风量调节

学习目标

1. 掌握增阻、减阻、增能等局部风流调节方法。
2. 掌握系统总风量调节方法。

素质目标

培养科学严谨的工作作风。

知识链接

在通风网路中，风量的自然分配往往不能满足通风设计或作业地点的风量需求，因而需要对风量进行调节，尤其对于地下及隧道作业，随着生产的发展和变化以及工作地点的推进和更替，通风风阻、网路结构及所需的风量均在不断变化，相应地要求及时进行风量调节。所以风量调节是移动性作业地点通风技术管理中的一项经常性的工作，它对生产安全和节约通风能耗都有重大的影响。

通风风量调节的措施多种多样。从通风能量的角度看，可分为增能调节、耗能调节和节

能调节。从通风风量调节的范围来看，可分为局部风量调节和系统总风量调节。本节主要介绍这些不同的调节方法的原理与特点。

一、局部风量调节

局部风量调节是指在风道内部间的风量调节。调节方法有增阻调节法、减阻调节法及增能调节法。

（一）增阻调节法

增阻调节法是一种耗能调节法，它简便易行，是目前使用最普遍的局部调节风量的方法，采用最多的措施是地下巷道调节风窗或管道通风调节阀门。

1. 计算

调节风窗或管道通风调节阀门的开口断面积的计算：

当 $S_c/S \leqslant 0.5$ 时：

$$S_c = \frac{QS}{0.65Q + 0.84S\sqrt{h_c}} \tag{5-4-1}$$

$$S_c = \frac{S}{0.65 + 0.84S\sqrt{R_c}} \tag{5-4-2}$$

当 $S_c/S > 0.5$ 时：

$$S_c = \frac{QS}{Q + 0.759S\sqrt{h_c}} \tag{5-4-3}$$

$$S_c = \frac{S}{1 + 0.759S\sqrt{R_c}} \tag{5-4-4}$$

式中　S_c——调节风窗的断面积，m^2；

S——风道的断面积，m^2；

Q——通过的风量，m^3/s；

h_c——调节风窗阻力，Pa；

R_c——调节风窗的风阻，$R_c = h_c/Q^2$，$N \cdot s^2/m^8$。

2. 增阻调节的方法

地下风道调节方法通常是预先计算调节风窗开口断面积，然后用调节风窗的可滑移的窗板来改变窗口的面积，从而改变风道中的局部阻力，调节风道的风量。

管道通风的调节方法通常采用风量等比分配法和基准风口调整法调节风量至设计要求。

（1）风量等比分配法

此方法从系统的最不利支管的风口开始，逐步调向通风机。利用两套仪器分别测量支管的风量，调节三通调节阀或支管上调节阀的开启度，使两条支管的实测风量比值与设计风量比值相等，最后调整总风道的风量达到设计风量，这时各支管和干管的风量会按各自的比值进行分配，并符合设计风量值。风量等比分配法比较准确，调试时间较省。但是要求每一管段上都要打测孔，有时还会因空间限制而难以做到，因而限制了它的应用。

（2）基准风口调整法

用风速仪测出所有风口的风量；在每一支管上选取最初实测风量和设计风量比值为最

小的风口作为基准风口，一组一组地同时测定各支管上基准风口和其他风口的风量，借助三通调节阀，达到两风口的实测风量与设计风量的比值近似相等；最后将总干管上的风量调整到设计风量，各支管、各风口的风量即会自动进行等比分配，达到设计风量。这种方法有时要反复进行几次才能完成。采用这种方法时不需要打测孔，因此经常采用。

3. 增阻调节法的优缺点

增阻调节法具有简单、方便、易行、见效快等优点。但会增加风路总风阻，减少总风量。如图 5-4-1(a)所示，并联风网在分支 1 中进行增阻调节。图 5-4-1(b)所示为增阻调节的网络图解示意图。图 5-4-1(b)中 F 为通风机特性曲线，$R_1 \sim R_4$ 为阻力特性曲线。通风机特性曲线 F 克服分支 3、4 的阻力后，其剩余(或称转移)特性曲线为 F'，对并联分支 1、2 工作。并联阻力特性曲线 R_{12} 与 F' 的交点为 M，通风机实际工况点为 N，通风机风量为 Q，1、2 分支分配的风量分别为 Q_1 和 Q_2。当 Q_2 不能满足需要时，增加分支 1 中的风阻至 R'_1，1、2 分支的并联阻力特性曲线为 R'_{12}，它与 F' 的交点为 M'，通风机实际工况点为 N'，通风机风量为 Q'，1、2 分支分配的风量分别为 Q'_1 和 Q'_2。由图可见，1 分支增阻后，风量减少 $\Delta Q_1 = Q_1 - Q'_1$，2 分支风量增加 $\Delta Q_2 = Q'_2 - Q_2$，且 $\Delta Q_2 < \Delta Q_1$；二者的差值等于通风机风量在增阻调节前后的差值，即 $\Delta Q_1 - \Delta Q_2 = Q - Q'$。因此，在主干风路中增阻调节时必须考虑主要通风机风量的变化，否则可能出现风量不能满足需要的情况。

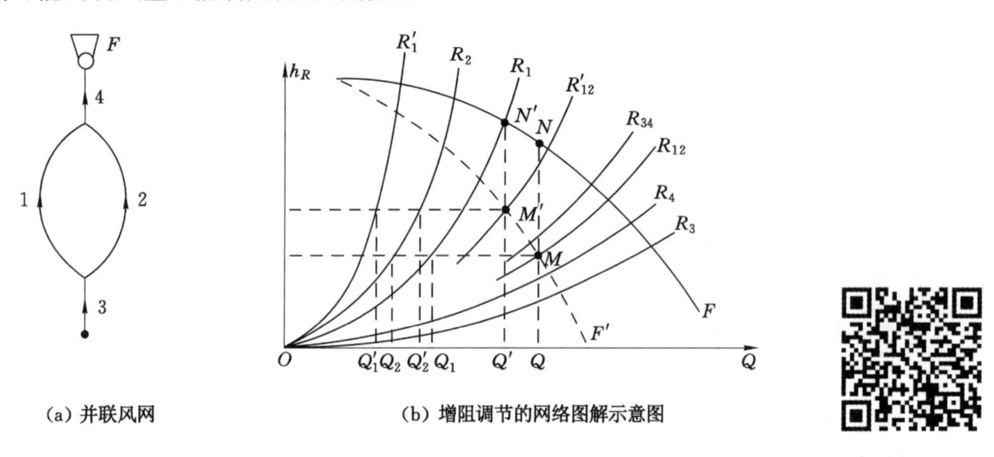

(a) 并联风网

(b) 增阻调节的网络图解示意图

图 5-4-1 增阻调节对通风机工况的影响

另外，调节风窗及管道通风调节阀门应设置在适宜地点，否则会影响通风调节效果。在煤巷中布置时，要考虑由于风窗两侧压差引起煤体裂隙漏风而发生自燃的危险性。

（二）减阻调节法

减阻调节法是通过在风路中采取降阻措施，降低风路的通风阻力，从而增大与该风路处于同一通路中的风量，或减小与其并联通路上的风量。

减阻调节的措施主要有：

(1) 扩大风道断面或增大阀门开启度。

(2) 降低摩擦阻力系数。

(3) 清除风道中的局部阻力物。

(4) 采用并联风路。

(5) 缩短风流路线的总长度。

减阻调节法在管道通风系统中不常用，它与增阻调节法相反，可以降低风道总风阻，并增加风道总风量，但降阻措施的工程量和投资一般都较大，施工工期较长，所以一般在对矿井通风系统进行较大的改造时采用。另外，在矿井通风生产实际中，对于通过风量大、风阻也大的风硐、回风石门、总回风道等地段，采取扩大断面、改变支护形式等减阻措施，往往效果明显。

(三) 增能调节法

增能调节法主要是采用辅助通风机等增加通风能量的方法增加局部地点的风量，通常在系统复杂的通风系统中采用。

增能调节的措施主要如下：

(1) 辅助通风机调节法。它是指在需要增加风量的支路安设辅助通风机。

(2) 利用自然风压调节法。少数风路通过改变进、回风路线，降低进风流温度，增加回风流的温度等方法，增大风路或局部的自然风压，达到增加风量的目的。

增能调节法的施工相对比较方便，并可增加风路总风量，同时可以减少风路主要通风机能耗。但采用辅助通风机调节时设备投资较大，辅助通风机的能耗较大，且辅助通风机的安全管理工作比较复杂，安全性较差。增能调节法在金属矿使用较多。

二、系统总风量调节

当风路总风量不足或过剩时，需调节总风量，也就是调整主要通风机的工况点。采取的措施是改变主要通风机的工作特性或改变风道风网的总风阻。

(一) 改变主要通风机工作特性

主要通风机是通风的主要动力源。通过改变主要通风机的叶轮转速、轴流式风机叶片安装角度和离心式风机前导器叶片角度等，可以改变通风机的风压特性，从而达到调节通风机所在系统总风量的目的。

(二) 改变风道总风阻值

1. 闸门调节法

它是指在总风道中安设调节闸门，通过改变闸门的开口大小可以改变通风机的总工作风阻，从而可调节通风机的工作风量。对于离心式通风机，当风量过剩时，用总风道中的调节闸门增加风阻以降低风量，可减少电耗。这是因为离心式通风机的功率特性曲线随风量减小而降低。对于轴流式通风机，由于其功率特性曲线随风量减小而上升，因此一般不用增加风阻的方法降低风量。

2. 降低风路总风阻

当风道总风量不足时，如果能降低风道总风阻，则不仅可增大风道总风量，而且可以降低风道总阻力。

风道总风阻不仅与风道最大阻力路线上的风路的风阻有关，而且与风道所构成风网的结构有关。因此，降低风道总风阻一方面应降低风路最大阻力路线上各风道的风阻，另一方面应改善风网的结构，尽量缩短最大阻力路线的长度，避免在主要风路上安装调节风窗或减小阀门开启度等。

实训任务　一段风道通风阻力测定

任务描述

学习并掌握一段风道通风阻力测定的原理和方法。

知识链接

一、压差计法

用压差计法测定通风阻力的实质是测量风流两点间的势能差和动压差，计算出两测点间的通风阻力。如图 5-4-2 所示，压差计两侧用胶皮管与固定于 1、2 断面的皮托管的静压接口"－"端相连，则压差计两侧液面所受压力分别为 $p_1+\rho'_{m1}g(z_1+z_2)$ 和 $p_2+\rho'_{m2}gz_2$，其中 ρ'_{m1} 和 ρ'_{m2} 分别为两胶皮管中空气的平均密度，故压差计所示测值为：

$$h = p_1 + \rho'_{m1}g(z_1+z_2) - (p_2+\rho'_{m2}gz_2) \tag{5-4-5}$$

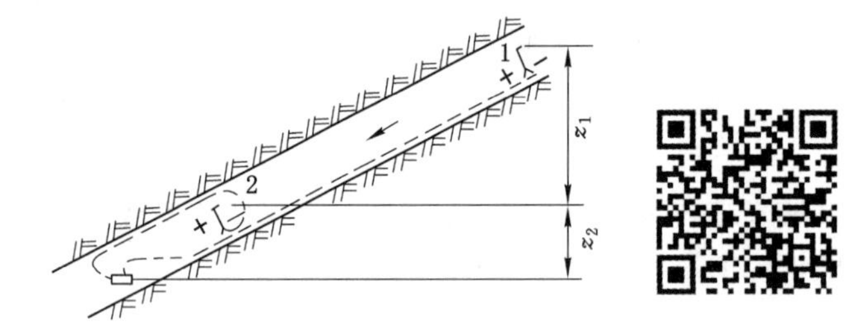

图 5-4-2　压差计法测定通风阻力测点布置(一)

设 $\rho'_{m1}(z_1+z_2)-\rho'_{m2}z_2=\rho'_m z_{12}$，且 ρ'_m 与 1、2 断面间风道中空气平均密度 ρ_m 相等，则：

$$h = (p_1 - p_2) + z_{12}\rho_m g \tag{5-4-6}$$

式中　z_{12}——1、2 断面高差；

h——1、2 两断面压能与位能和的差值。

根据能量方程，1、2 风道段的通风阻力 $h_{R_{12}}$ 为：

$$h_{R_{12}} = h + \frac{\rho_1}{2}v_1^2 - \frac{\rho_2}{2}v_2^2 \tag{5-4-7}$$

式(5-4-7)成立的前提是胶皮管内的空气平均密度 ρ'_m 与风道中的空气平均密度 ρ_m 相等。为此，测定前应将胶皮管放置在风道相应位置上保存一定时间，使胶皮管中的气温与外界气温平衡，必要时可用唧气筒换气，把风道中的空气置换到胶管中，以缩短气温平衡时间。这在测段高差较大的巷道中测定阻力时尤为重要。

如果采用图 5-4-3 所示布置方式，即把压差计放在 1、2 断面之间，测值是否变化？

如图 5-4-3 所示，压差计右侧液面承压为 $p_1+z_1\rho'_{m1}g$，左侧液面承压为 $p_2-z_2\rho'_{m2}g$，压差计测值为：

$$h = (p_1 - p_2) + (z_1\rho'_{m1} + z_2\rho'_{m2})g \tag{5-4-8}$$

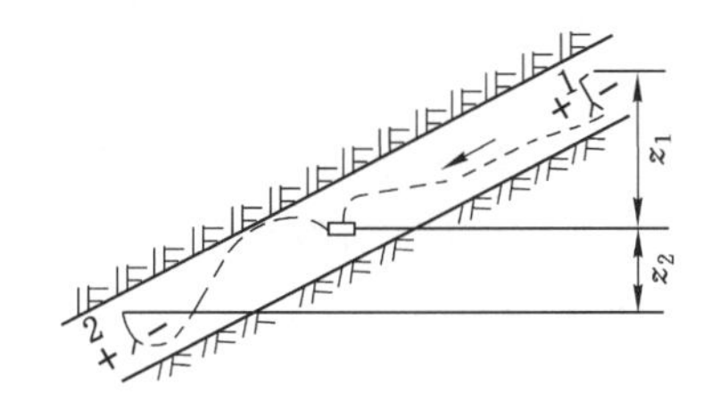

图 5-4-3　压差计法测定通风阻力测点布置(二)

同理,设 $z_1\rho'_{m1}+z_2\rho'_{m2}=(z_1+z_2)\rho'_m$,且 ρ'_m 与风道测段中空气平均密度 ρ_m 相等,则 $h=(p_1-p_2)+(z_1+z_2)\rho_m g$。其中,$(z_1+z_2)$ 为 1、2 断面的高差。

由此可见,压差计所在位置对测值没有影响。但是在实际测定时,一般不把压差计放在两断面之间,以防使测值增大而导致误差增大。

在进行通风阻力测定时,风道断面的平均风速常用风表测定。

井下通风阻力测定的具体做法是:从第 1 个测点开始,在 1、2 两个测点处各设置一个皮托管(或静压管)。在 2 测点的下侧 6～8 m 处安设压差计。皮托管应设置在风流正常稳定的地点,其尖端正对风流。两测点压差测定后,为节省时间,可以把 2 测点的皮托管(或静压管)和压差计暂时不动,只将 1 测点的皮托管连同胶皮管移到 3 测点,就可进行第二段的测量。这时仪器位于两测点之间,为减少人体挡风对测值的影响,只需一人测压读数。依次顺序前进,直到全部路线测定完毕。

一条通风系统路线的通风阻力要求一次性测完全程,对于通风路线较长的系统,可分两组同时测定,一般一组测进风路线,从进风井口开始向回风系统测定;另一组测回风路线,从回风井口(或井底)开始向进风系统测定,直到两组相遇为止。

在进行通风系统阻力测定的同时,每隔一定时间(一般 10～20 min)读取该系统通风机房水柱计的示数一次。

二、气压计法

用气压计法测定通风阻力,是用精密气压计测出测点间的绝对静压差,再加上动压差和位能差,以计算出通风阻力。

由能量方程知:

$$h_{R_{12}}=(p_1-p_2)+\left(\frac{\rho_1}{2}v_1^2-\frac{\rho_2}{2}v_2^2\right)+\rho_m g z_{12} \tag{5-4-9}$$

对于 1、2 两断面,用一台精密气压计分别测出其绝对静压 p_1、p_2;用风表测出平均风速 v_1、v_2;用干湿温度计测出气温 t_1、t_2 和相对湿度 φ_1、φ_2。然后根据各断面的 p、t、φ 值求出各断面的空气密度 ρ。若两断面标高差不大,式中 1、2 两断面间空气柱的平均密度 ρ_m 可近似取为 $\frac{\rho_1+\rho_2}{2}$;若两断面标高差很大,则应分段测算空气密度,精确求出两断面的位能差。能量方程右端各基础数据测得后,即可求出测段的通风阻力。

若用一台精密气压计分别测定 p_1、p_2 时,由于两点测定不同时,在这一段时间内,地面大气压力可能发生变化,通风系统中风门的开启也可能使各地点的风压发生变化,这些因素会严重影响测值精度。目前,通常使用两台温度漂移特性基本一致的精密气压计,采用逐点测定法或双测点同时测定法测定，可以基本上消除上述因素的影响。

双测点同时测定法的测定步骤为：

(1) 将№1、№2两台仪器放在测点1，待仪器读值稳定后同时读数，分别记为 $p_{1,1}$、$p_{1,2}$。

(2) №1仪器原地不动，作为基点气压变化监测仪，将№2仪器移至测点2，约定时间在1、2测点同时分别读取两台仪器的读数，读值为 $p'_{1,1}$、$p'_{2,2}$。

(3) 按下式求算两测点的绝对静压差 p_1-p_2：

$$p_1-p_2=(p_{1,2}-p'_{2,2})-(p_{1,1}-p'_{1,1}) \tag{5-4-10}$$

上式右端第一项为№2仪器在1、2测点的测值差；第二项为№1仪器在1测点不同时间的测值差，它是前、后两次读数时地面大气压变化(认为基点的气压变化与地面大气压变化是同步且同幅度的)和通风系统内风压变化的修正值。如果此修正值很大，说明测定时通风系统不正常(风量也发生了变化)，测定无效；如果修正值很小，可认为是地面大气压力的影响，予以修正。

设在测点1，№1、№2两台仪器测出的相对气压分别为 $\Delta p_{1,1}$ 和 $\Delta p_{1,2}$。以№1仪器为监测仪，将№2仪器移至测点2后，同时测出在测点1的№1仪器的读值 $\Delta p'_{1,1}$ 和在测点2的№2仪器的读值 $\Delta p'_{2,2}$，则两测点的静压差 p_1-p_2 可按下式计算：

$$p_1-p_2=(\Delta p_{1,2}-\Delta p'_{2,2})-(\Delta p_{1,1}-\Delta p'_{1,1}) \tag{5-4-11}$$

将式(5-4-11)代入式(5-4-9)，即可求算测段通风阻力。

任务实施

完成指定风道阻力测定，并填写如下任务单：

仪器设备名称及型号	
压差计法测定过程	
压差计法测定结果	
气压计法测定过程	
气压计法测定结果	
压差计法和压差计法测定结果分析	

思考与拓展

一、选择题

1. 从通风能量的角度看，通风风量调节的措施可分为(　　)。

A. 增能调节　　B. 耗能调节　　C. 节能调节　　D. 等能调节

2. 局部风量调节方法有(　　)。

A. 增阻调节法　　B. 减能调节法　　C. 减阻调节法　　D. 增能调节法

3. 通过改变主要通风机的(　　)、轴流式风机的(　　)和离心式风机的(　　)等，可

以改变通风机的风压特性。

A. 叶轮转速　　B. 叶片安装角度　　C. 前导器叶片角度　　D. 功率

4. 增阻调节法会增加风路(　　),减少(　　)。

A. 总阻力　　B. 总长度　　C. 总风阻　　D. 总风量

5. 少数风路通过增加回风流的(　　)等方法,增大风路或局部的自然风压,达到增加风量的目的。

A. 长度　　B. 湿度　　C. 温度　　D. 风量

二、判断题

1. 局部风量调节是指在风道内部间的风量调节。(　　)

2. 增阻调节法是一种耗能调节法,它简便易行。(　　)

3. 减阻调节法具有简单、方便、易行、见效快等优点。(　　)

4. 减阻调节法可以降低风道总风阻,并增加风道总风量。(　　)

5. 当风道总风量不足时,如果能降低风道总风阻,则不仅可增大风道总风量,而且可以降低风道总阻力。(　　)

三、简答题

1. 分析增阻调节法的优缺点。

2. 分析减阻调节的措施。

项目六　作业场所粉尘及其危害

项目六知识树

任务一　粉　　尘

学习目标

1. 了解粉尘的概念及分类。
2. 熟悉粉尘的主要物理参数及性质。
3. 理解粉尘扩散与传播机理。

素质目标

透过现象看本质，抓住事物主要矛盾。

知识链接

一、粉尘的概念及分类

1. 粉尘的概念及来源

粉尘泛指因机械过程（如破碎、筛分、运输等）和物理化学过程（如冶炼、燃烧、金属焊接）而产生的，粒径一般在 1 mm 以下的微细固体颗粒的总称。其中，因物理化学过程而产生的微细固体粒子又称为烟尘。在采矿、冶金、机械、建材、轻工、电力等许多工业部门的生产中均会产生大量粉尘。

粉尘的来源主要有以下几个方面：

(1) 固体物料的机械破碎和研磨，如采矿、选矿、耐火材料车间的矿物质破碎过程和各种研磨加工过程，如图 6-1-1 所示。

(2) 粉状物料的混合、筛分、包装及运输，如水泥、面粉等的生产和运输过程，如图 6-1-2 所示。

(3) 物质的燃烧，如煤燃烧时产生的烟尘量，占燃煤量的 10%以上。

(a) 煤矿

(b) 非煤矿山

图 6-1-1　粉尘来源——采矿业

图 6-1-2　粉尘来源——物料运输

(4) 物质被加热时产生的蒸气在空气中的氧化和凝结，如矿石烧结、金属冶炼等过程中产生的锌蒸气，在空气中冷却时，会凝结、氧化成氧化锌固体微粒，如图 6-1-3 所示。

图 6-1-3　粉尘来源——金属冶炼

2. 粉尘的分类

粉尘可以根据许多特征进行分类。对于与通风防尘有关的一些常用分类方法，主要分为以下几种：

(1) 按粉尘的成分分类，可分为无机粉尘、有机粉尘和混合性粉尘。

① 无机粉尘，包括矿物性粉尘(如石英、石棉、滑石粉等)、金属粉尘(如铁、锡、铝、锰、铍及其氧化物等)和人工无机性粉尘(如金刚砂、水泥、耐火材料、石墨等)。

② 有机粉尘，包括植物性粉尘（如棉、亚麻、谷物、烟草等）、动物性粉尘（如毛发、角质、骨质等）和人工有机粉尘（如炸药、有机染料等）。

③ 混合性粉尘，包括数种粉尘的混合物。大气中的粉尘通常都是混合性粉尘，因此在进行空气过滤器试验时所采取的人工试验尘，除了有无机性粉尘，通常还要加入少量棉尘。

(2) 按粉尘的颗粒大小分类，可分为可见粉尘、显微粉尘和超显微粉尘。

① 可见粉尘，用眼睛可以分辨的粉尘，粒径大于 10 μm。

② 显微粉尘，在普通显微镜下可以分辨的粉尘，粒径为 0.25～10 μm。

③ 超显微粉尘，在超倍显微镜或电子显微镜下才可以分辨的粉尘，径粒小于 0.25 μm。

在工程技术中有时用到超微米粉尘（亚微米粉尘），指的是粒径在 1 μm 以下的粉尘。

(3) 根据卫生学角度分类，可分为全尘和呼吸性粉尘。

① 全尘，悬浮于空气中粉尘的总量，也称总粉尘。

② 呼吸性粉尘，由于呼吸作用能进入人体肺泡并沉积在肺泡内的粉尘，其颗粒直径一般指小于 5 μm 的粉尘。

(4) 按有无爆炸性分类，可分为爆炸性粉尘和无爆炸性粉尘。

① 爆炸性粉尘，经过粉尘爆炸性鉴定，确定悬浮在空气中的粉尘在一定浓度和有引爆热源的条件下，本身能发生爆炸和传播爆炸的粉尘，如煤尘、硫黄粉尘。

② 无爆炸性粉尘，经过粉尘爆炸性鉴定，确定不能发生爆炸和传播爆炸的粉尘，如石灰石粉尘。

(5) 按粉尘的存在状态分类，可分为浮尘和落尘。

① 浮尘，是指悬浮在空气中的粉尘，也称飘尘。

② 落尘，是指沉积在器物表面、地面及有限空间四周的粉尘，也称积尘。

浮尘和落尘在不同的条件下可相互转化。

二、粉尘的主要物理参数

1. 个体粉尘粒径

粉尘的颗粒大小（粒径）是其重要的物理性质之一，许多其他性质也都与其有关，如粉尘对光的散射强度随粉尘的颗粒大小不同而不同。粉尘对人体的危害在很大程度上取决于颗粒大小。对粉尘的吸捕、从气流中清除粉尘等都要考虑粉尘的粒径大小。因此，粉尘的粒径是通风除尘中的基础特性，对粉尘大小的意义及其表示方法要有明确的概念。

球形尘粒是用其直径（粒径）来表示其大小的。对于非球形粒子，一般也用“粒径”来衡量其大小，然而此时的粒径有不同的含义。一般来说，有三种形式的粒径：投影径、几何当量直径和物理当量直径。

(1) 投影径

投影径是指尘粒在显微镜下所观察到的粒径，有四种表示方法：

① 面积等分径，指将粉尘的投影面积二等分的直线长度。面积等分径与所取的方向有关，通常采用等分线与底边平行，如图 6-1-4 中的线段 2。

② 定向径，指尘粒投影面上两平行切线之间的距离，定向径可取任意方向，通常取其与底边平行，如图 6-1-4 中的线段 1。

③ 长径，不考虑方向的最长径，如图 6-1-4 中的线段 3。

④ 短径，不考虑方向的最短径，如图 6-1-4 中的线段 4。

(2) 几何当量直径

几何当量直径是指取粉尘的某一几何量(面积、体积等)相同时的球形粒子的直径。有如下几种表示方法：

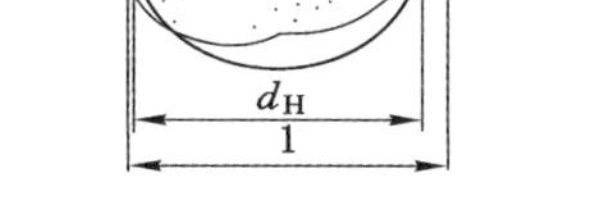

图 6-1-4　粉尘粒径

① 等投影面积径 d_A，与粉尘的投影面积相同的某一圆面积的直径。

② 等体积径 d_V，与粉尘体积相同的某一圆球体直径。

③ 等表面积径 d_S，与尘粒的外表面积相同的某一圆球的直径。

④ 体面积径 d_{SV}，粉尘的外表面积与体积之比相同的圆球的直径。

⑤ 周长径 d_L，粉尘投影面上的周长与圆的周长相同的圆直径。

(3) 物理当量直径

物理当量直径是指取尘粒的某一物理量相同时的球形粒子的直径，有如下几种表示方法：

① 阻力径 d_d，在相同黏性的气体中，速度相同时，粉尘所受到的阻力与圆球受到的阻力相同时的圆球直径。

② 自由沉降径 d_f，特定气体中，在重力影响下，密度相同的尘粒因自由沉降所达到的末速度与圆球所达到的末速度相同时的球体直径。

③ 空气动力径 d_a，在静止的空气中尘粒的沉降速度与密度为 1 g/cm^3 的圆球的沉降速度相同时的圆球直径。

另外，还可以根据粉尘的其他物理量(如质量、透气率、扩散率等)来定义粉尘的粒径。同一粉尘按不同定义所得的粒径，在数值上是不同的，因此在使用粉尘的粒径时必须清楚了解所采用的粒径的含义。不同的粒径测试方法得出不同概念的粒径，如用显微镜法测得的是投影径，而用光散射法测定时为等体积径等。

2. 粉尘粒度

粉尘粒度指所有粉尘颗粒的平均直径或中位径，也称粉尘粒径，单位为 μm。通风除尘中所研究的粉尘都是由许多大小不同的粉尘粒子所组成的聚合体。当这些粒子都具有同一粒径时称为均一性粉尘或单分散性粉尘，而粒径各不相同时则称为非均一性粉尘或多分散性粉尘。在实际中所遇到的粉尘大多数为多分散性粉尘，对于这种粉尘由于“平均”“中位”的方法不同，其平均粒径、中位径也有不同的定义。

对于通风防尘具有重要意义的平均粒径及中位径，主要表示方法如下：

① 算术平均径 $\overline{d}_{10}$，指粉尘直径的总和除以粉尘的颗粒数。

② 平均表面积径 $\overline{d}_{20}$，指粉尘表面积的总和除以粉尘的颗粒数，平均表面径特别适用于研究粉尘的表面特性。

③ 体积(或质量)平均径 $\overline{d}_{30}$，指各粉尘的体积(质量)的总和除以粉尘的颗粒数。

④ 质量中位径 d_{m50}，指直径大于 d_{m50} 的所有粉尘的质量等于直径小于 d_{m50} 的所有粉尘的质量。

⑤ 计数中位径 d_{n50}，指中位径将所有粉尘分成数量相等的两部分。

⑥ 几何平均径 $\overline{d}_g$，指 n 个粉尘粒径的连乘积的 n 次方根。

3. 比表面积

比表面积是指粉尘单位质量的表面积，用 m^2/kg 或 cm^2/g 表示。因此，比表面积也是从另一角度衡量粉尘颗粒大小的一个指标。

对于单一粉尘，比表面积为：

$$S_{ss} = \frac{A}{m} \tag{6-1-1}$$

式中 S_{ss}——比表面积，m^2/kg；

A——粉尘表面积，m^2；

m——粉尘的质量，kg。

对于球形颗粒粉尘群，比表面积为：

$$S_{ss} = \frac{\sum(n_i \pi d_i^2)}{\sum(n_i \rho_p \frac{1}{6}\pi d_i^3)} = \frac{6\sum(n_i d_i^2)}{\rho_p \sum(n_i d_i^3)} \tag{6-1-2}$$

式中 d_i——粉尘粒径；

ρ_p——粉尘密度。

4. 粉尘密度

粉尘密度有真密度和假密度之分。

粉尘的真密度是指单位实际体积粉尘的质量。这里指的粉尘实际体积，不包括粉尘之间的空隙，因而称之为粉尘的真密度 ρ_p，单位为 kg/m^3 或 g/cm^3。在一般情况下，粉尘的真密度与组成此种粉尘的物质的密度是不相同的，因为粉尘在形成过程中，粉尘的表面甚至其内部可能形成某些孔隙。只有表面光滑而又密实的粉尘的真密度才与其物质密度相同。通常物质密度比粉尘真密度要大 20%～50%。粉尘的真密度在通风防尘中有广泛用途。许多除尘设备的选择不仅要考虑粉尘的粒度大小，而且要考虑粉尘的真密度。例如，对于颗粒粗、真密度大的粉尘，可以选用沉降室或旋风除尘器；而对于真密度小的粉尘，即使颗粒粗，也不宜采用这种类型的除尘设备。

粉尘假密度 ρ_B，也称堆积密度或表观密度，它是指粉尘呈自然扩散状态时单位容积中粉尘的质量，单位为 kg/m^3 或 g/cm^3。这里指的单位容积包含了尘粒之间存在的空隙，因此堆积密度要比粉尘的真密度小。

$$\rho_B = \frac{m}{V} \tag{6-1-3}$$

式中 m——粉尘质量，kg；

V——粉尘占据的空间，m^3。

粉尘的堆积密度对通风除尘也有着重要意义，如灰斗容积的设计依据不是粉尘的真密度或物质密度，而是粉尘的堆积密度。在粉尘的气力输送中也要考虑粉尘的堆积密度。

粉尘的相对密度是指粉尘的质量与同体积标准物质的质量之比，因而是无量纲的。通常都采用压力为 1.013×10^5 Pa 和温度为 4 ℃时的纯水作为标准物质。由于在这种状态下 1 cm^3 的水的质量为 1 g，因而粉尘的相对密度在数值上就等于其密度。但是相对密度和密

度应是两个不同的概念。

5. 粉尘浓度和分散度

单位体积空气中所含浮尘的数量称为粉尘浓度，其表示方法有两种：

(1) 质量法：单位体积空气中所含浮尘的质量，单位为 mg/m^3 或 g/m^3。

(2) 计数法：单位体积空气中所含浮尘的颗粒数，单位为粒/cm^3 或粒/m^3。

我国规定采用质量法来计量粉尘浓度。计数法因其测定复杂且不能很好地反映粉尘的危害性，因而在国外使用也越来越少。粉尘浓度的大小直接影响着粉尘危害的严重程度，是衡量作业环境的劳动卫生状况和评价防尘技术效果的重要指标。

粉尘是由各种不同粒径的粒子组成的集合体，显然单纯用"平均"粒径来表征这种集合体是不够的。在气溶胶力学中经常采用"分散度"这一概念。

粉尘分散度又称粒度分布，指的是在不同粒径范围内粉尘所含的个数或质量占总粉尘的百分比，可分为数量分散度和质量分散度两种表示方法。数量分散度是以粉尘颗粒数为基准计量的，用各粒级区间的颗粒数占总颗粒数的百分数表示；质量分散度是以粉尘的质量为基准计量的，用各粒级区间粉尘的质量占总质量的百分数表示。粒径较小的粉尘所占比例越大，表示其分散度越高。

粉尘分散度的表示手段很多，最简单和最常用的是列表法，即将粒径分成若干个区段，然后分别给出每个区段的颗粒数或质量，用绝对数或百分数表示。粒径区段的划分是根据粒度大小和测试目的确定的。中国工矿企业将粉尘粒径区段划分为 4 级：$<2\ \mu m$、$2\sim5\ \mu m$、$5\sim10\ \mu m$ 和 $>10\ \mu m$。

6. 粉尘比电阻

粉尘比电阻是指单位面积、单位厚度粉尘的电阻，此概念在电除尘中经常用到。影响粉尘比电阻的主要因素是粉尘的成分、温度和湿度。导电性能好的粉尘，比电阻小，反之则大；水是导电物质，湿度大，比电阻小，反之则大；在温度较低的范围内，粉尘比电阻是随温度升高而提高的，当温度达到一定值时，粉尘比电阻达到某一最大值，之后又随温度的升高而下降。

7. 粉尘的安置角与滑动角

将粉尘自然并连续落到水平板上，会堆积成圆锥体，圆锥体的母线同水平面的夹角，即圆锥体的锥体角，称为粉尘的安置角，也叫堆积角、安息角等。

粉尘滑动角是指光滑平面倾斜时粉尘开始滑动的倾斜角。

粉尘的安置角及滑动角是评价粉尘流动特性的一个重要指标，是设计除尘器灰斗锥度、除尘管路倾斜度等的主要依据。安置角小的粉尘，其流动性好，反之则流动性差。

影响粉尘安置角和滑动角的因素有：粉尘粒径、含水率、粒子形状、粒子表面光滑程度、粉尘黏性等。粉尘粒径越小，其接触表面越大，相互吸附力越大，安置角越大；粉尘含水率增加，安置角增大；球形粒子和球形系数接近于 1 的粒子比其他粒子的安置角小；表面光滑的粒子比表面粗糙的粒子安置角小；黏性大的粉尘安置角大；等等。

三、粉尘的性质

1. 悬浮性

粉尘的悬浮性是指粉尘可在空气中长时间悬浮的特性。粉尘粒度越小，质量越轻，粉尘比表面积越大，吸附空气能力越强，从而形成一层空气膜，不易沉降，可以长时间悬浮在空气中。一般来说，静止的空气中，粒径大于 10 μm 的粉尘呈加速沉降，粒径在 0.1～10 μm 之间的粉尘呈等速沉降，粒径小于 0.1 μm 的粉尘基本不沉降。

2. 凝聚与附着性

凝聚是指细小颗粒粉尘尘粒互相结合成新的大尘粒的现象，附着是指尘粒和其他物质结合的现象。粉尘体积小、质量轻、比表面积大，增强了尘粒间的结合力。当粉尘间的间距非常小时，由于分子引力的作用，就会产生凝聚；当粉尘与其他物体间距非常小时，由于分子引力的作用，就会产生附着。如尘粒间距离较大，则可通过外力作用使尘粒间碰撞、接触，促使其凝聚与附着。这些力包括粒子热运动(布朗运动)、静电力、超声波、紊流脉动等。

3. 湿润性

粉尘的湿润性是指粉尘与液体亲和的能力。液体对固体表面的湿润程度，主要取决于液体分子对固体表面作用力的大小，而对于同一粉尘尘粒来说，液体分子对尘粒表面的作用力又与液体的力学性质即表面张力的大小有关。表面张力越小的液体，对尘粒越容易湿润，例如酒精、煤油的表面张力小，对粉尘的浸润就比水好。另外，粉尘的湿润性还与粉尘的形状和大小有关，球形颗粒的粉尘湿润性要比不规则的尘粒差；粉尘越细，亲水能力越差。如石英的亲水性好，但粉碎成粉末后的亲水能力大大降低。

湿润性决定采用液体除尘的效果，容易被水湿润的矿尘称为亲水性粉尘，不容易被水湿润的粉尘称为疏水性粉尘。对于亲水性粉尘，当尘粒被湿润后，尘粒间相互凝聚，尘粒逐渐增大、增重，其沉降速度加速，粉尘能从气流中分离出来，可达到除尘目的。工业常用的喷雾洒水和湿式除尘就是利用粉尘的湿润性使其沉降的。对于疏水性粉尘，一般不宜采用湿式除尘，如要采用，则多采用水中添加湿润剂、增加水滴的动能等方法进行湿式除尘。

4. 自燃性和爆炸性

固体物料破碎以后，其表面积急剧增加。例如，边长 1 cm 的立方体物料粉碎成边长 1 μm 的微粒，总表面积由 6 cm^2 增大到 6 m^2。随着粉尘比表面积增加，系统中粉尘的自由表面能也随之增加，从而提高了粉尘的化学活性，尤其提高了氧化产热的能力，在一定的条件下会燃烧。粉尘自燃是由于放热反应时散热速度超过系统的排热速度，氧化反应自动加速造成的。

在封闭或半封闭的空间内可燃性悬浮粉尘的燃烧会导致爆炸。爆炸是急剧的氧化燃烧现象，产生高温、高压、冲击波，同时产生大量的 CO 等有毒有害气体，对安全生产有极大危害。

5. 粒度及分散度特性

粒度及分散度特性是指粉尘的粒度及分散度大小与粉尘危害的关系特性。

粉尘的比表面积与粒度成反比，与分散度成正比，粒度越小，分散度越高，比表面积越大，危害性越大。这是因为原始物质破碎成细微的尘粒后，一是其比表面积增加，化学活性、溶解性和吸附能力明显增加，越容易参与理化反应，致使参与爆炸活力高，人体吸入后，发病快，病变也严重，其危害也越大；二是粗的粉尘(>5 μm)在通过鼻腔、喉头、气管上呼吸道时，被这些器官的纤毛和分泌黏液所阻留，经咳嗽、喷嚏等保护性反射作用而排出，只有 5 μm 以下粒径的细粉尘会深入和滞留在肺泡中；三是粉尘越细，在空气中停留时间越长，被吸入的机会也就越多。

6. 荷电性

粉尘的荷电性是指粉尘可带电荷的特性，电除尘就是利用此特性来除尘的。一般而言，因天然辐射、空气的电离、尘粒之间的碰撞、摩擦等作用，可使尘粒带有电荷，可能是正电荷，也可能是负电荷。非金属粉尘和酸性氧化物常带正电荷，金属粉尘和碱性氧化物常带负电荷。美国亚利桑那大学研究表明，粒径小于 3 μm 的呼吸性粉尘一般带负电荷，大颗粒粉尘带正电荷或呈中性。带有相同电荷的尘粒，互相排斥，不易凝聚沉降；带有异电荷时，则相互吸引，加速沉降。因此，有效利用粉尘的这种荷电性，也是降低粉尘浓度、减少粉尘危害的方法之一。

7. 光学特性

粉尘的光学特性包括粉尘对光的反射、吸收和透光强度等。在测尘技术中，常常用到这一特性。当光线穿过含尘介质时，由于尘粒对光的反射、吸收和透光等，光强被减弱的程度与粉尘浓度、粒径、透明度、形状有关。

8. 磨损性

粉尘的磨损性是指粉尘在流动过程中对器壁或管壁的磨损性能。

粉尘的磨损性除了与其硬度有关外，还与粉尘的形状、大小、密度等因素有关。表面具有尖棱形状的粉尘(如烧结尘)比表面光滑的粉尘的磨损性大。微细粉尘比粗粉尘的磨损性小。一般认为，小于 5～10 μm 的粉尘的磨损性是不严重的，然而随着粉尘颗粒增大，磨损性增强，但增加到某一最大值后便开始下降。

粉尘的磨损性与气流速度的 2～3 次方成正比。在高气流速度下，粉尘对管壁的磨损显得更为严重。气流中粉尘浓度增加，磨损性也增加，但当粉尘浓度达到某一程度时，由于粉尘粒子之间的碰撞而减轻了与管壁的碰撞摩擦。为了减轻粉尘的磨损，需要适当地选取除尘管道中的气流速度和选择壁厚。但是对于易于磨损的部位，如管道的弯头、旋风除尘器的内壁最好是采用耐磨材料作为内衬，除了一般的耐磨涂料外，还可以采用铸石、铸铁等材料。

四、粉尘的扩散与传播

任何一个尘源所产生的粉尘，都要以空气为媒介。经过扩散和传播过程进入人体，危害健康。

一次尘化作用，使粉尘从静止状态进入周围空气呈运动状态。通常把引起一次尘化作用的气流，称为尘化气流，一次尘化作用造成局部作业地点的空气污染。悬浮于空气中的粉尘受气流作用在作业场所传播，形成范围广泛的空气污染。与一般作业场所的气流速度(0.2～0.35 m/s)相比，粉尘的沉降速度是很小的。这说明，粉尘本身在空气中几乎没有独立运动的能力，它是受作业场所气流的支配并随之一起运动的。

细小粉尘本身没有独立运动的能力，一次尘化的粉尘由静止状态进入周围空气，造成局部地点的空气污染。只有在作业场所二次气流(常称横向气流)的作用下，粉尘才能随其一起运动并传播到整个作业场所，造成大范围的空气污染。由此可见，只要控制尘源周围的气流流动，就可以控制粉尘在作业场所的扩散传播，从而改善作业场所的空气环境。这是用通风方法控制工业有害物污染的基本知识，是作业场所通风设计的基本原理之一。

实训任务　粉尘安置角测定

任务描述

学习并掌握粉尘安置角测定的原理和方法。

任务引导

一、样品分取

测定粉尘的各种特性，必须以具体的粉尘为对象。从尘源处收集来的粉尘，要经过随机分取处理，以使所测的粉尘具有良好的代表性。分取样品的方法一般有：圆锥四分法、流动切断法和回转分取法等。

1. 圆锥四分法

圆锥四分法是将粉尘经漏斗下落到水平板上堆积成圆锥体，再将圆锥垂直分成四等份 a、b、c、d，舍去对角上两份 a、c，而取其另一对角上的两份 b、d。混合后重新堆成圆锥再分成四份进行取舍。如此重复 2～3 次，最后取其任意对角两份作为测试用粉尘样品。如图 6-1-5 所示。

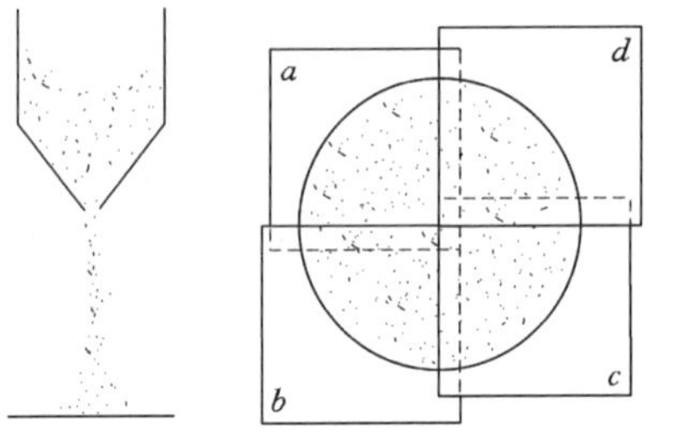

图 6-1-5　圆锥四分法取样

2. 流动切断法

流动切断法是在从现场取回的试料比较少的情况下采用的。把试料放入固定的漏斗中，使其从漏斗小孔中流出，如图 6-1-6 所示。用容器在漏斗下部左右移动，随机接取一定量的粉料作为分析用样品，如图 6-1-6(a)所示。此外也可以将装有粉尘的漏斗左右移动，使粉尘漏入两个并在一起的容器内，然后取其中一个。将试料重复分缩几次，直至所取试料的数量满足分析用样为止，如图 6-1-6(b)所示。

3. 回转分取法

回转分取法是使粉尘从固定的漏斗中流出，漏斗下部设有转动的分隔成八个部分的圆盘。粉尘均匀地落到圆盘上的各部分，取其中一部分作为分析测定用料。有时为了简化设备，也可使圆盘固定而将漏斗回转，使粉尘均匀落入圆盘各部分中，如图 6-1-7 所示。

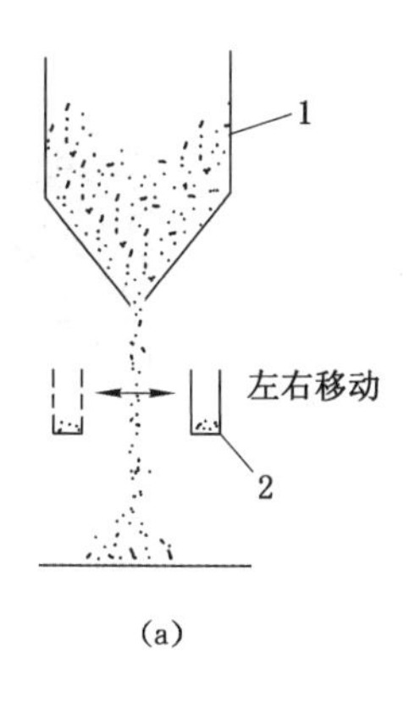

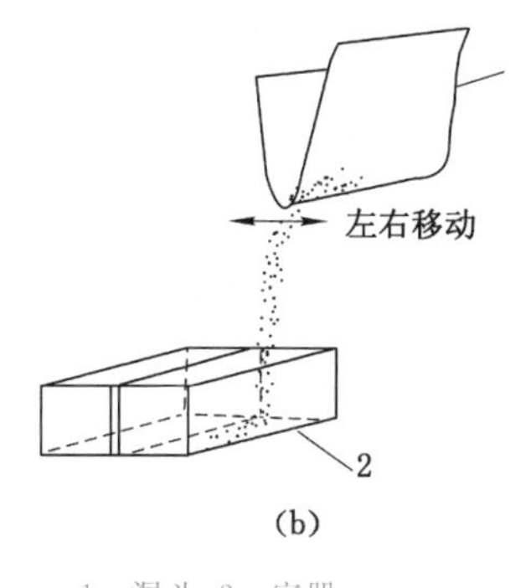

1—漏斗；2—容器。

图 6-1-6　流动切断法取样

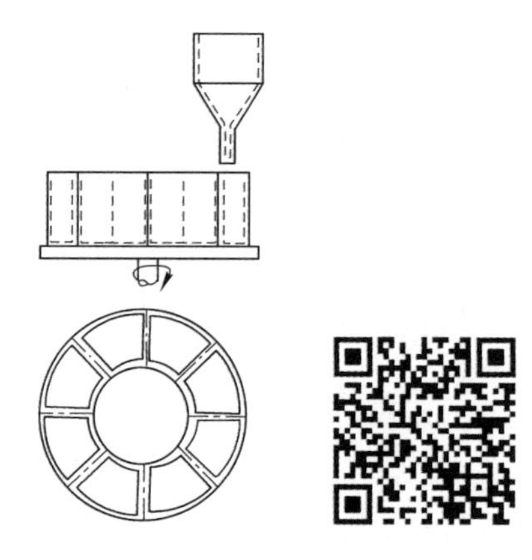

图 6-1-7　回转分取法

二、粉尘安置角测定

粉尘安置角的测定方法很多，现简单介绍如下：

1．注入法

如图 6-1-8(a)所示，粉尘自漏斗流出落到水平圆板上，用测角器直接量其堆积角或量得粉尘锥体的高度求其堆积角，即：

$$\tan \alpha = \frac{H}{R} \tag{6-1-4}$$

式中　H——粉尘锥体高度，cm；

R——底板半径，cm，一般为 40 cm；

α——粉尘安置角，(°)。

2．排出法

如图 6-1-8(b)所示，粉尘从容器的底部圆孔排出，测量粉尘流出后在容器内的堆积斜面与容器底部水平面的夹角。装粉尘的容器可以是带有刻度的透明圆筒。粉尘安置角为：

$$\tan \alpha = \frac{H}{R-r} \tag{6-1-5}$$

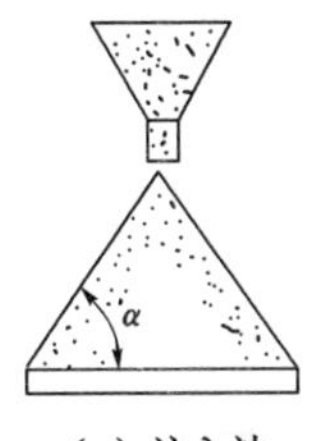

(a) 注入法

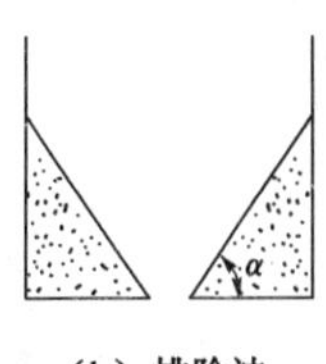

(b) 排除法

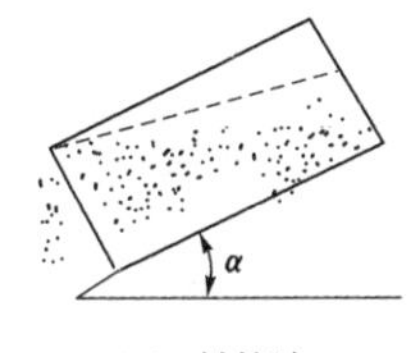

(c) 斜箱法

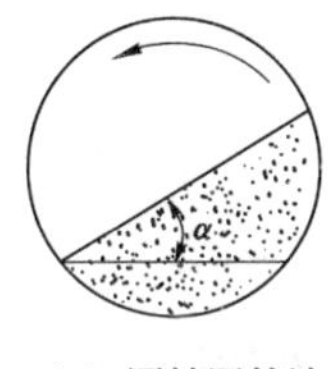

(d) 回转圆筒法

图 6-1-8 粉尘安置角测定装置示意图

式中 H——粉尘斜面高,cm,可由圆筒刻度上直接读出;

R——圆筒半径,cm;

r——流出孔口半径,cm。

3. 斜箱法

如图 6-1-8(c)所示,在水平放置的箱内装满粉尘,然后提高箱子的一端,使箱子倾斜,测量粉尘开始流动时粉尘表面与水平面的夹角。

4. 回转圆筒法

如图 6-1-8(d)所示,粉尘装入透明圆筒中(粉尘体积占筒体 1/2)。然后将筒水平滚动,测量粉尘开始流动时的粉尘表面与水平面的夹角。

任务实施

完成给定粉尘安置角的浓度,并填写如下任务单:

仪器设备名称及型号	
样品制取过程	
安置角测定过程	
粉尘安置角	

思考与拓展

一、选择题

1. 粉尘泛指粒径一般在(　　)以下的微细固体颗粒的总称。

A. 1 mm B. 10 mm C. 1 μm D. 10 μm

2. 按粉尘的成分不同可分为（ ）。

A. 硅尘 B. 无机粉尘 C. 有机粉尘 D. 混合性粉尘

3. 可见粉尘为用眼睛可以分辨的粉尘，粒径大于（ ）。

A. 1 μm B. 5 μm C. 10 μm D. 100 μm

4. 投影径是指尘粒在显微镜下所观察到的粒径，有（ ）几种粒径的表示方法。

A. 面积等分径 B. 定向径 C. 长径 D. 短径

5. 粉尘（ ）的大小直接影响着粉尘危害的严重程度，是衡量作业环境的劳动卫生状况和评价防尘技术效果的重要指标。

A. 密度 B. 浓度 C. 粒径 D. 质量

6. 中国工矿企业将粉尘粒径区段划分为（ ）。

A. <2 μm B. 2～5 μm C. 5～10 μm D. >10 μm

7. 影响粉尘比电阻的主要因素是粉尘的（ ）。

A. 成分 B. 大小 C. 温度 D. 湿度

8. 粉尘的（ ）是评价粉尘流动特性的一个重要指标，是设计除尘器灰斗锥度、除尘管路倾斜度等的主要依据。

A. 粒径 B. 密度 C. 安置角 D. 滑动角

9. 一般来说，静止的空气中，粒径大于（ ）的粉尘呈加速沉降。

A. 40 μm B. 10 μm C. 5 μm D. 2 μm

10. 爆炸是急剧的氧化燃烧现象，产生（ ），同时产生大量的 CO 等有毒有害气体。

A. 高温 B. 高压 C. 冲击波 D. 发光

11. 粉尘的比表面积与粒度成（ ），与分散度成正比，粒度越小，分散度越（ ）。

A. 反比 B. 正比 C. 低 D. 高

12. 一般而言，因（ ）等作用，可使尘粒带有电荷。

A. 天然辐射 B. 空气的电离 C. 尘粒之间的碰撞 D. 尘粒之间的摩擦

13. 一般认为，小于（ ）的粉尘的磨损性是不严重的。

A. 2～5 μm B. 5～10 μm C. 10～40 μm D. 40 μm 以上

14. 粉尘的磨损性与气流的速度的（ ）次方成正比。

A. 1～2 B. 2～3 C. 3～4 D. 4～5

15. 当光线穿过含尘介质时，光强被减弱的程度与粉尘（ ）有关。

A. 浓度 B. 粒径 C. 透明度 D. 形状

二、判断题

1. 煤燃烧时产生的烟尘量，占燃煤量的 10%以上。（ ）
2. 显微粉尘是在普通显微镜下可以分辨的粉尘，粒径为 0.25～10 μm。（ ）
3. 比表面积是指粉尘单位体积的表面积。（ ）
4. 粉尘的真密度总比粉尘假密度大。（ ）
5. 粉尘粒度指所有粉尘颗粒的平均直径或中位径。（ ）

6. 粉尘的相对密度是指粉尘的质量与同体积标准物质的质量之比，因而是无量纲的。（　　）

7. 安置角小的粉尘，其流动性好，反之则流动性差。（　　）

8. 粉尘含水率增加，安置角增大。（　　）

9. 球形粒子和球形系数接近于10的粒子比其他粒子的安置角小。（　　）

10. 表面光滑的粒子比表面粗糙的粒子安置角大。（　　）

11. 黏性大的粉尘安置角大。（　　）

12. 粒径小于0.1 μm的粉尘基本不沉降。（　　）

13. 表面张力越小的液体，对尘粒越容易湿润。（　　）

14. 美国亚利桑那大学研究表明，粒径小于3 μm的呼吸性粉尘一般带负电荷。（　　）

15. 粉尘随着颗粒增大，磨损性增强，但增加到某一最大值后便开始下降。（　　）

16. 与一般作业场所的气流速度相比，粉尘的沉降速度是很大的。（　　）

17. 任何一个尘源所产生的粉尘，都要以空气为媒介。（　　）

18. 只要控制尘源周围的气流流动，就可以控制粉尘在作业场所的扩散传播，从而改善作业场所的空气环境。（　　）

19. 粉尘体积小、质量轻、比表面积大，会增强尘粒间的结合力。（　　）

20. 粉尘的磨损性除了与其硬度有关外，还与粉尘的形状、大小、密度等因素有关。（　　）

任务二　粉尘的危害

学习目标

1. 理解肺尘埃沉着病发病机理。
2. 了解肺尘埃沉着病发病症状。
3. 理解粉尘爆炸条件。
4. 了解粉尘的危害。

素质目标

培养安全意识，尊重生命，以人为本。

知识链接

一、肺尘埃沉着病

工人长期吸入粉尘后，轻者会导致呼吸道炎症、皮肤病，重者会导致肺尘埃沉着病（旧称

尘肺),而肺尘埃沉着病引发的工人致残和死亡人数在国内外都十分惊人。据相关资料统计,肺尘埃沉着病的死亡人数为工伤事故死亡人数的6倍,德国煤矿死于肺尘埃沉着病的人数曾比工伤事故死亡人数高10倍。

有些粉尘不但能引起肺尘埃沉着病,还具有致癌性,如石棉尘、铬、砷、镍及放射性矿尘致癌已被确认。研究证明,石棉有多致癌性。据报道,美国接触石棉的307名连续死亡的工人,约有17.30%的患者死于肺癌,滑石工人肺癌死亡率明显增高,且随工龄延长而增加,滑石肺尘埃沉着病例的肺癌也高于非肺尘埃沉着病工人。

由粉尘引起的各种疾病,导致许多工人轻则劳动能力降低,重则完全丧失劳动能力甚至死亡,严重制约着工矿企业的发展,同时也给国家和企业造成了巨大经济损失。根据十几个省市和重点产业系统的调查资料,平均每个肺尘埃沉着病人每年的直接经济损失为2 869元,间接经济损失为1 280元,按1986年的31万例肺尘埃沉着病人计算,国家从此每年将因肺尘埃沉着病人而蒙受的经济损失高达50多亿元;死亡近8万人,仅丧葬费和抚恤费就有3亿多元。此外,给患者家庭带来了很大不幸,对社会也造成了不良的影响。

肺尘埃沉着病是生产作业人员的职业病,一旦患病很难彻底治愈,又因其发病缓慢,得病后容易引起结核,促进肺尘埃沉着病的恶化,加速患者的死亡。肺尘埃沉着病不仅给患者造成巨大的病痛,而且大大缩短了患者的生命周期。因此,在工业生产过程中应采取有效措施,更好地预防肺尘埃沉着病的发生,减轻其危害。

(一)肺尘埃沉着病的分类

根据人体吸入粉尘成分的不同,肺尘埃沉着病可分为五类。

1. 硅沉着病(旧称硅肺、矽肺)

硅沉着病是由于在工作场所吸入大量游离SiO_2含量较高的粉尘所引起的。游离SiO_2粉尘即硅尘,以石英为代表,约95%的矿山岩石中含有石英。因此,在矿山岩石采掘、开山筑路、开凿隧道、采石等作业中,均能接触含有石英的粉尘。此外,在工厂,如石英粉厂、玻璃厂、耐火材料厂等生产中的原料破碎、研磨、筛选等加工过程,在机械制造业中型砂的准备和铸件的清砂等生产过程,在钢铁冶金业的矿石原料加工过程,在制造业、陶瓷工业中原料准备、加工等过程中均可接触硅尘。

2. 硅酸盐肺尘埃沉着病

硅酸盐肺尘埃沉着病是由于人体吸入硅酸盐粉尘引起的肺尘埃沉着病。硅酸盐由SiO_2、金属氧化物和结晶水组成,在自然界分布很广,地壳主要由各种硅酸盐岩石构成。它还可分为天然和人造两类,有纤维状和非纤维状两种形态。纤维状硅酸盐主要有石棉、耐火材料、滑石等;非纤维状硅酸盐有黏土、水泥、高岭土、矾土、云母等。

多数硅酸盐粉尘均可引起肺尘埃沉着病。不同的硅酸盐可引起各种不同的硅酸盐肺尘埃沉着病。纤维性硅酸盐粉尘特别是石棉尘,不仅能引起石棉肺,还能诱发肺癌或间皮瘤。硅酸盐肺尘埃沉着病有许多种,包括石棉肺、滑石肺、水泥肺尘埃沉着病,云母肺尘埃沉着病,高岭土肺尘埃沉着病,硅藻土肺尘埃沉着病,蜡石肺尘埃沉着病等。

3. 炭系肺尘埃沉着病

炭尘是自然界中以单质炭或元素碳形式存在的一组粉尘的总称,极少或基本不含SiO_2和硅酸盐。常见的炭尘有煤、炭黑、石墨和活性炭等,能引起煤肺尘埃沉着病、炭黑肺尘埃沉着病、石墨肺尘埃沉着病和活性炭肺尘埃沉着病等。

4. 混合肺尘埃沉着病

在生产活动中，接触单一性质粉尘的机会是很少的，大多是两种或两种以上的粉尘混合在一起，如 SiO_2 粉尘和煤尘、铁尘、锅尘等粉尘混合，即形成混合性粉尘。混合性粉尘能引发混合性肺尘埃沉着病，常见的混合肺尘埃沉着病有电焊工肺尘埃沉着病、铸工肺尘埃沉着病、石膏肺尘埃沉着病、磨工肺尘埃沉着病等。

5. 金属肺尘埃沉着病

金属矿山在冶炼加工过程中产生金属及其氧化物粉尘，如铝、铁、钡、锡、锑等及其氧化物，工人长期吸入能引起金属肺尘埃沉着病。常见的金属肺尘埃沉着病有铝肺尘埃沉着病、白刚玉肺尘埃沉着病、碳化硅肺尘埃沉着病、金刚砂肺尘埃沉着病、铁肺尘埃沉着病、钡肺尘埃沉着病、锡肺尘埃沉着病和锑肺尘埃沉着病等。其中，铝肺尘埃沉着病已被列入中国职业病名单中。

（二）肺尘埃沉着病的发病机理

肺尘埃沉着病的发病机理至今尚未完全研究清楚。多数学者认为，进入人体呼吸系统的粉尘大体上经历以下四个过程，如图 6-2-1 所示。

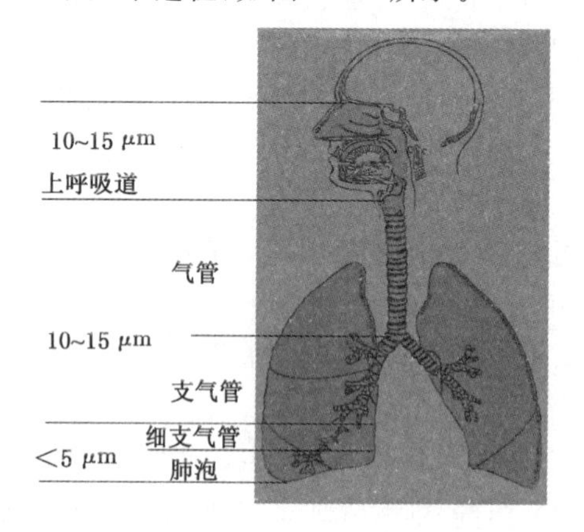

图 6-2-1　肺尘埃沉着病发病机理

(1) 在上呼吸道的咽喉、气管内，含尘气流由于沿程的惯性碰撞作用使大于 10 μm 的尘粒首先沉降在其内。经过鼻腔和气管黏膜分泌物黏结后形成痰排出体外。

(2) 在上呼吸道的较大支气管内，通过惯性碰撞及少量的重力沉降作用，使 5～10 μm 的尘粒沉积下来，经气管、支气管上皮的纤毛运动，咳嗽随痰排出体外。因此，其真正进入下呼吸道的粉尘，其粒度均小于 5 μm，所以目前比较一致的看法是：空气中 5 μm 以下的粉尘是引起肺尘埃沉着病的有害部分。

(3) 在下呼吸道的细小支气管内，由于支气管分支增多，气流速度减慢，使部分 2～5 μm 的尘粒依靠重力沉降作用沉积下来，通过毛细运动逐级排出体外。

(4) 其余的细小粉尘进入呼吸性支气管和肺内后，一部分可随呼气排出体外，另一部分沉积在肺泡壁上或进入肺内。残留在肺内的粉尘仅占总吸入量的 1%～2%以下。残留在肺内的细小粉尘，表面活性很强，并被肺泡中的吞噬细胞吞食，使吞噬细胞崩解死亡，使肺泡组织形成纤维病变出现网眼，逐步失去弹性而硬化（即纤维化），无法担负呼吸作用，使肺功能受到损害，降低了人体抵抗能力，并容易诱发其他疾病，如肺结核、肺心病等。在发病过程

中，由于游离的 SiO_2 表面活性很强，加速了肺泡组织的死亡，因此硅沉着病是各种肺尘埃沉着病中发病期最短、病情发展最快也最为严重的一种。

（三）肺尘埃沉着病的发病症状

肺尘埃沉着病的发展有一定的过程，轻者影响劳动生产力，严重时丧失劳动能力甚至死亡。这一发展过程是不可逆转的，因此要及早发现、及时治疗，以防病情加重。从自然症状上看，肺尘埃沉着病分为三期：

第一期，重体力劳动时，呼吸困难、胸痛、轻度咳。

第二期，中等体力劳动或正常工作时，感觉呼吸困难、胸闷、干咳或带痰咳嗽。

第三期，做一般工作甚至休息时，也感到呼吸困难、胸痛、连续带痰咳嗽，甚至咳血和行动困难。

（四）影响肺尘埃沉着病的发病因素

1. 粉尘的成分

能够引起肺部纤维病变的粉尘，多半含有游离 SiO_2，其含量越高，发病工龄越短，病变的发展程度越快。

2. 粉尘粒度及分散度

肺尘埃沉着病变主要是发生在肺脏的最基本单元即肺泡内。粉尘粒度不同，对人体的危害性也不同。5 μm 以上的粉尘对肺尘埃沉着病的发生影响不大；5 μm 以下的粉尘可以进入下呼吸道并沉积在肺泡中，最危险的粒度是 2 μm 左右的粉尘。由此可见，粉尘的粒度越小，分散度越高，对人体的危害就越大。

3. 接触粉尘的时间

连续在含粉尘的环境中工作的时间越长，吸尘越多，发病率越高。据统计，工龄在 10 年以上的工人比同工种工龄 10 年以下的工人发病率高 2 倍。

4. 粉尘浓度

肺尘埃沉着病的发生和进入肺部的粉尘量有直接的关系，也就是说，肺尘埃沉着病的发病工龄和作业场所的粉尘浓度成正比。粉尘浓度越高，被吸入肺部的量越多，越容易患肺尘埃沉着病。事实表明，在粉尘浓度为 1 000 mg/m^3 的环境中工作 1～3 年即能致病，而在国家规定的粉尘浓度以下的环境中工作几十年，肺部积尘总量也达不到致病的程度。国外的统计资料表明，在高粉尘浓度的场所工作时，平均 5～10 年就有可能导致硅沉着病，如果粉尘中的游离 SiO_2 含量达 80%～90%，甚至 1.5～2 年即可发病。

5. 个体方面的因素

粉尘引起肺尘埃沉着病是通过人体而进行的，所以人的机体条件，如年龄、营养、健康状况、生活习性、卫生条件等，对肺尘埃沉着病的发生、发展有一定的影响。

二、粉尘爆炸

某些粉尘（如谷物、煤、铝、织物纤维、硫化物等粉尘）在一定条件下可以爆炸，导致人身伤亡、财产损失。第一次有记载的粉尘爆炸发生在 1785 年意大利的一个面粉厂，至今已有 200 多年。据日本 1952—1979 年 28 年间粉尘爆炸灾害的统计，共发生 209 起事故，死伤 546 人，一次灾害财产损失超过 1 亿日元的已不止一次。美国在 1970—1980 年间有记载的工业粉尘爆炸有 100 起左右，平均每年因此而引起的直接财产损失为 2 000 万美元（不包括粮食粉尘爆炸的损失)。据美国劳工部统计,仅 1977 年一年就发生 21 起粮食粉尘爆炸,死亡多人,财产损失超过 5 亿美元。据报道,1906 年 3 月 10 日法国柯利尔煤矿发生的煤尘爆炸事故,死亡几百人,财产损失巨大。目前,我国粉尘爆炸事故与可燃气爆炸事故比起来,次数还不算多,但是造成的危害却相当大。如 1987 年 3 月 15 日,哈尔滨亚麻厂粉尘大爆炸,死伤 230 多人,直接经济损失上千万元。粉尘爆炸如图 6-2-2 所示。

图 6-2-2　粉尘爆炸

根据可燃粉尘的爆炸特性,又可将其分为两大类:活性粉尘和非活性粉尘。其基本区别是:非活性粉尘是典型的燃料,本身不含氧,故只有分散在含氧的气体(如空气)中才有可能发生爆炸;而活性粉尘本身含氧,故含氧气体并不是发生爆炸的必要条件,它在惰性气体中也可爆炸,而且在活性粉尘的浓度与爆炸特性的关系中表现出不存在浓度上限的情形。显而易见,炸药和烟火类粉尘属于活性粉尘。而其他粉尘,如金属、煤、粮食、塑料及纤维粉尘等属于非活性粉尘。这里主要介绍非活性粉尘爆炸的相关内容。

(一) 粉尘爆炸的条件及爆炸过程

1. 粉尘爆炸的条件

粉尘爆炸必须同时具备以下三个条件:

(1) 粉尘本身具有爆炸性。这是粉尘爆炸的必要条件,粉尘爆炸的危险性必须经过试验确定。

(2) 粉尘悬浮在一定氧含量的空气中,并达到一定浓度。爆炸只在一定浓度范围内才能发生,这一浓度称为爆炸的浓度极限,它又有爆炸上限和下限之分,前者是指粉尘能发生爆炸的上限浓度,后者则是指能发生爆炸的下限最低浓度,粉尘浓度处于上、下限浓度之间则有爆炸危险,而在此之外的粉尘浓度不可能发生爆炸,属于安全范围。

(3) 有足以引起粉尘爆炸的起始能量,即点火源。如煤尘爆炸的引燃温度在 610～1 050 ℃之间,一般为 700～800 ℃,这样的温度条件,几乎一切火源均可达到,如爆破火焰、电气火花、机械摩擦火花、气体燃烧或爆炸、火灾等。

以上三个条件缺任何一个都不可能造成粉尘的爆炸。

2. 爆炸过程

粉尘爆炸是粉尘粒子表面和氧作用的结果,此时有可燃气体产生。不过粉尘爆炸是个非常复杂的过程,受很多物理因素的影响。一般认为,粉尘爆炸经过以下发展过程:

(1) 尘粒子表面通过热传导和热辐射,从点火源获得点火能量,使表面温度急剧升高。

(2) 粒子表面的分子，由于热分解或干馏作用，在粒子周围生成气体。

(3) 这些气体与空气混合，生成爆炸性混合气体，遇火产生火焰。

(4) 粉尘粒子本身从表面一直到内部相继发生熔融和气化，迸发出微小的火花成为周围未燃烧粉尘的点火源，使粉尘着火，从而扩大了爆炸范围。

(5) 燃烧产生的热量会更进一步促进粉尘的分解，不断地放出可燃气体和空气混合而使火焰继续传播。

这是一种连锁反应，当外界热量足够时，火焰传播速度越来越快，最后引起爆炸；若热量不足，火焰则会熄灭。这个过程与可燃气爆炸相似，但有两点区别：一是粉尘爆炸所需的发火能要大得多；二是在可燃气爆炸中，促使温度上升的传热方式主要是热传导，而在粉尘爆炸中，热辐射起的作用更大。

(二) 粉尘爆炸的特性

与气体爆炸相比，粉尘爆炸有如下特性：

(1) 粉尘爆炸的感应期长，可达数十秒，为气体爆炸的数十倍，这是因为粉尘燃烧是一种团体燃烧，其过程比气体燃烧复杂。

(2) 点燃粉尘所需的初始能量大，为气体爆炸的近百倍。

(3) 破坏力比气体爆炸强。粉尘密度比气体大，爆炸时能量密度也大，爆炸产生的温度、压力很高，冲击波速度快。例如，煤尘的火焰温度为 1 600～1 900 ℃，火焰速度可达 1 120 m/s，冲击波速度可达 2 340 m/s，初次爆炸的平均理论爆炸压力为 736 kPa。

(4) 粉尘爆炸时发生二次爆炸或多次连续爆炸的可能性较大，且爆炸威力跳跃式增大。由于初次粉尘爆炸的冲击波速度快，可扬起沉积的粉尘，在新空间形成爆炸浓度而产生二次爆炸或多次连续爆炸，且爆炸压力随着离开爆源距离的延长而跳跃式增大。爆炸过程中如遇障碍物，压力将进一步增加，尤其是二次爆炸或多次连续爆炸，后一次爆炸的理论压力将是前一次的 5～7 倍。

(5) 粉尘易发生不完全燃烧，爆炸产物气体中 CO 含量比气体大。如煤尘爆炸时产生的 CO，在灾区气体中的浓度可达 2%～3%，甚至高达 8%左右。爆炸事故受害者中的大多数(70%～80%)是由于 CO 中毒造成的。

(6) 多半会产生“黏渣”，并残留在爆炸现场附近。粉尘爆炸时因粒子一面燃烧一面飞散，一部分粉尘会被焦化，黏结在一起，残留在爆炸现场附近，如气煤、肥煤、焦煤等黏结性煤的煤尘爆炸，会形成煤尘爆炸所特有的产物——焦炭皮渣或黏块，统称“黏焦”。

(三) 影响粉尘爆炸的主要因素

粉尘爆炸比可燃气爆炸要复杂，影响因素也较多，可以分为粉尘自身性质和外部条件两大方面的影响。下面择其主要分述之。

1. 粉尘的化学组分及性质

这是引起粉尘爆炸的内因。粉尘的化学结构及反应特性对能否引起粉尘爆炸具有决定性作用。此外，燃烧热大的粉尘，爆炸性强；粉尘中含有的挥发成分(可燃气成分)越多，越易爆炸。

2. 粒度及分散度

粒度对爆炸性的影响极大。粉尘粒度越细越易飞扬，且粒度细的粉尘比表面积大，表面活性大，爆炸性强。粒径 1 μm 以下的粉尘粒子都可能参与爆炸，而且爆炸的危险性随粒度的减小而迅速增加。75 μm 以下的粉尘，特别是 20～75 μm 的粉尘爆炸性最强。

3. 氧含量

粉尘和空气混合物中，气相中氧含量的多少对其爆炸特性影响很大。粉尘爆炸体系是一个缺氧的体系，所以气相中氧含量增加，粉尘的爆炸下限浓度降低、上限浓度增高、爆炸范围扩大。在纯氧中的爆炸下限浓度只为在空气中爆炸下限的1/4～1/3，而能发生爆炸的最大颗粒尺寸则加大到空气中相应值的5倍。

4. 灰分及水分

灰分是指不燃性物质，能吸收能量、阻挡热辐射、破坏链反应、降低粉尘的爆炸性。水的吸热能力大，能促使细微尘粒聚结为较大的颗粒，减少尘粒总表面积，同时还能降低落尘的飞扬能力，粉尘中含水量越大，粉尘爆炸的危险性越小。

5. 可燃气含量

可燃气存在使粉尘爆炸浓度下限下降，最小点燃能量也降低，增加了粉尘爆炸的危险。

6. 点火能量

随着火源的能量强弱不同，粉尘爆炸浓度下限有2～3倍的变化，火源能量大时，爆炸下限较低。

7.粉尘粒子形状和表面状态

在自然界或工业生产过程中产生的粉尘，不仅形状不规则，而且其粒度分布范围也广。当这些尘粒都具有同一粒径时称为均一性粉尘或单分散性粉尘，而粒径各不相同时则称为非均质性粉尘或多分散性粉尘。在实际中遇到的粉尘大多数为多分散性粉尘，往往采用粉尘的平均直径表示。但即使平均粒径相同的粉尘，其形状和表面状态不同时，爆炸危险性也不一样。扁平状粒子爆炸危险性最大，针状粒子次之，球形粒子最小。粒子表面新鲜，暴露时间短，则爆炸危险性高。

三、粉尘的其他危害

1. 增加工伤事故的发生

粉尘会使作业环境的能见度和光照度降低，当粉尘浓度很高时，作业场所能见度较低，影响作业环境中人员的视野，往往会导致误操作，造成人身的意外伤亡。

2. 影响生产

粉尘会降低产品的质量和机器设备的工作精度。例如，粉尘加速机械磨损，缩短精密仪器使用寿命；在集成电路、化学试剂、医药、感光胶片、精密仪表等生产部门，粉尘的危害不仅会使产品质量降低，甚至还会导致产品报废。

3. 对大气造成污染

粉尘污染空气，影响人类的生存，不仅危害人类健康，而且还会损坏树木或农作物的生长。

实训任务　粉尘真密度测定

任务描述

学习并掌握粉尘真密度测定的原理和方法。

任务引导

粉尘真密度是研究粉尘运动规律的重要参数，也是测定粉尘分散度（即粉尘粒度分布）的依据。

一、测定原理

粉尘真密度的测定是通过求出粉尘的真实体积进而计算出真密度，其方法一般用液体置换法（或称比重瓶法）将粉尘颗粒之间的空隙和外开孔孔隙的空气置换出来以获得粉尘的真实体积，按下式计算粉尘真密度：

$$\rho = \frac{m_3 - m_2}{m_1 + m_3 - m_2 - m_4}\rho_0 \tag{6-2-1}$$

式中　ρ——粉尘真密度，g/cm^3；

m_1——装满液体的比重瓶质量，g；

m_2——装半瓶液体的比重瓶质量，g；

m_3——装半瓶液体加粉尘的比重瓶质量，g；

m_4——装满液体、粉尘的比重瓶质量，g；

ρ_0——液体密度，g/cm^3。

二、仪器设备与材料

液体置换法需要的仪器设备与材料包括天平（感量 0.001 g）、恒温器（0～50 ℃）、抽气装置（真空度低于 0.09 MPa）、比重瓶（25 mL）、烧杯（25 mL）、滴管（10 mL）、温度计（0～50 ℃，分度值 0.1 ℃）、漏斗（ϕ50 mm）、支架等。

三、测定步骤

（1）洗净并烘干比重瓶。

（2）将比重瓶注满液体，放入恒温器恒温 20 min，记录恒温器中的温度。

（3）从恒温器中取出比重瓶，擦干外表面液迹，添满液体，称量液体和比重瓶的质量，记为式中的 m_1。

（4）将比重瓶中的液体倒出约一半，称量此时液体和比重瓶的质量，记为式中的 m_2；在比重瓶中装入粉尘试样约 3～5 g，称量此时液体、粉尘和比重瓶的质量，记为式中的 m_3，并静止存放 30 min 以上。

（5）将装有粉尘和液体的比重瓶放入抽气装置中，抽气，抽气时间应不少于 20 min，并防止比重瓶中的气泡不要太大以免将粉尘带出，待比重瓶中液体不冒气泡后停止抽气。

（6）取出比重瓶，将液体添至瓶颈，放入恒温器中按步骤（2）中的温度恒温 20 min。

（7）从恒温器中取出比重瓶，擦干瓶外液迹，添满液体，称量此时装有粉尘、液体的比重瓶质量，计为式中的 m_4。

该法测定时，一个试样做两次平行测定，取其平均值作为测定结果，测定数据按《煤的真相对密度测定方法》（GB/T 217—2008）中规定处理，即同一试样测定的平行试样误差应不大于 0.02 g/cm^3，否则重做。

任务实施

完成粉尘样品真密度测定，并填写如下任务单：

仪器设备名称及型号	
真密度测定过程	
测定结果 m_1： m_2： m_3： m_4：	
计算粉尘真密度	

思考与拓展

一、选择题

1. 硅沉着病是由于在工作场所吸入大量游离（　　）含量较高的粉尘所引起的。

A. Na_2O　　B. SiO_2　　C. CaO　　D. $CaCO_3$

2. 游离 SiO_2 粉尘即硅尘，以石英为代表，约（　　）的矿山岩石中含有石英。

A. 80%　　B. 85%　　C. 90%　　D. 95%

3. 空气中（　　）以下的粉尘是引起肺尘埃沉着病的有害部分。

A. 2 μm　　B. 3 μm　　C. 5 μm　　D. 10 μm

4. 肺尘埃沉着病的发病工龄和作业场所的粉尘浓度成（　　）。

A. 反比　　B. 正比　　C. 不确定　　D. 无关

5. 煤尘爆炸的引燃温度在（　　）之间，一般为 700～800 ℃。

A. 300～800 ℃　　B. 400～1 000 ℃　　C. 610～1 050 ℃　　D. 700～1 200 ℃

二、判断题

1. 据相关资料统计，肺尘埃沉着病的死亡人数为工伤事故死亡人数的 6 倍。（　　）
2. 肺尘埃沉着病不是生产作业人员的职业病。（　　）
3. 多数硅酸盐粉尘不可引起肺尘埃沉着病。（　　）
4. 在生产活动中，接触单一性质粉尘的机会是很少的。（　　）
5. 铝肺尘埃沉着病已被列入中国职业病名单中。（　　）

6. 所有粉尘在一定条件下均可以爆炸。 （ ）

三、简答题

1. 分析肺尘埃沉着病的发病机理。
2. 分析粉尘爆炸的条件。
3. 简述肺尘埃沉看病的发病症状。
4. 分析影垧肺尘埃沉着病的发病因素。
5. 分析影响粉尘爆炸的主要因素。

项目七　除尘原理与设备

项目七知识树

任务一　除 尘 机 理

1. 了解尘粒在连续介质中的运动规律。
2. 理解除尘器除尘机理。

培养科学严谨的工作作风。

知识链接

除尘器都是依靠一种或几种捕尘分离机理而除去含尘气体中的尘粒的。例如，旋风除尘器主要借助于尘粒的离心力进行分离，过滤式除尘器则依靠拦截、碰撞和扩散等几种机理进行捕尘分离。

在除尘器中，常用的捕尘分离机理有重力分离、惯性碰撞分离、截留、布朗扩散、凝集和电力捕尘分离等。此外，还有热泳力、扩散泳力、辐射力等捕尘分离机理。下面对相关捕尘分离的理论基础做简要介绍。

一、尘粒在连续介质中的运动阻力

在连续的流体介质中，尘粒与流体做相对运动，尘粒所受到的阻力可以用下式表示：

$$F = C_D A_p \frac{\rho_g v^2}{2} \tag{7-1-1}$$

式中　F——尘粒受到的运动阻力，N；

C_D——阻力系数（主要取决于雷诺数 Re）；

A_p——尘粒垂直于运动方向上的最大断面积，m^2；

ρ_g——气体密度，kg/m^3；

v——微粒与气体之间的相对运动速度，m/s。

尘粒在气体中运动所受到的阻力与微粒的形状有关。

对于球形颗粒，设 d_p 为球形微粒的直径，则有 $A_p=\frac{\pi d_p^2}{4}$，因此：

$$F=\frac{1}{8}C_D\pi d_p^2\rho_g v^2 \tag{7-1-2}$$

根据实验，阻力系数 C_D 与粒子雷诺数有如下关系：

$$C_D=\frac{\rho_g d_p v}{\mu}=\frac{\beta}{Re^m} \tag{7-1-3}$$

式中　μ——气体动力黏度，Pa·s；

β、m——实验参数，在不同的数值范围，实验常数 m 和 β 有不同的值。

（1）当 $Re\leqslant 1.0$ 时，流过尘粒的气体运动为层流状态，C_D 与 Re 间近似呈线性关系，此时 $\beta=24$，$m=1$，则：

$$C_D=\frac{24}{Re}=\frac{24\mu}{\rho_g d_p v} \tag{7-1-4}$$

对于球形颗粒，将上式代入式(7-1-2)，即可得到：

$$F=3\pi\mu d_p v \tag{7-1-5}$$

此式即为层流区球形颗粒的阻力计算公式，也就是著名的斯托克斯阻力定律，通常把 $Re<1$ 的区域称为斯托克斯区域。在实际工程应用中，当 $Re<2$ 时，仍可近似采用。由于在除尘设备中，粉尘与气流的相对运动状态一般不超出斯托克斯区域，因而上式可作为分析除尘器内粉尘与气流相对运动和计算粉尘沉降速度的基本公式。

（2）当 $1<Re\leqslant 500$ 时，流过尘粒的气体处于紊流过渡状态，相应的 $\beta=18.5$，$m=0.6$，则：

$$C_D=\frac{18.5}{Re^{0.5}} \tag{7-1-6}$$

（3）当 $Re>500$ 时，流过尘粒的气体处于紊流状态，为通常所说的牛顿区域，相应的 $\beta=0.38\sim0.50$，通常取平均值 $\beta=0.44$，$m=0$，则：

$$C_D=0.44 \tag{7-1-7}$$

由此得到紊流区尘粒的阻力计算式为：

$$F=0.055\pi\rho_g v^2 d_p^2 \tag{7-1-8}$$

从式(7-1-5)和式(7-1-8)可以看到，在斯托克斯区域，阻力与相对速度 v 的一次方成正比；在牛顿区域，阻力与相对速度 v 的平方成正比。

当颗粒尺寸与气体分子平均自由程大小差不多时，颗粒开始脱离，与气体分子接触，颗粒运动发生“滑动”现象。这时，相对颗粒来说，气体不再具有连续流体介质的特性，流体阻力将减小。为了对这种滑动现象进行修正，将一个称为坎宁汉系数 k_c 引入斯托克斯定律，即：

$$F=\frac{3\pi\mu d_p v}{k_c} \tag{7-1-9}$$

坎宁汉系数 k_c 与气体的温度、压力和颗粒大小有关，温度越高、压力越低，k_c 值越大。作为粗略估计，当空气的温度为 20 ℃、压力为 $1.013\ 25\times10^5$ Pa 时，有：

$$k_c = 1 + \frac{0.172}{d_p} \tag{7-1-10}$$

式中　d_p——尘粒直径，μm。

二、除尘机理

1. 重力沉降分离

重力沉降分离是指含尘气体中的粉尘在重力作用下自然沉降而得以分离的过程。

当球尘粒在静止的气体中开始运动时，受到的外力是重力 G 和浮力 p，合力 $F_f=G-p$。

$$F_f = G - p = \frac{1}{6}\pi d_p^3(\rho_p - \rho_g)g \tag{7-1-11}$$

式中　g——重力加速度，取 9.81 m/s^2。

在上述外力作用下，尘粒做加速沉降，并受到气体阻力 F 的作用，此时微粒的运动方程为：

$$F_f - F = m_p\frac{dv}{dt} \tag{7-1-12}$$

式中　m_p——尘粒质量。

将式(7-1-2)、式(7-1-11)代入式(7-1-12)可得：

$$\frac{dv}{dt} = \frac{(\rho_p - \rho_g)g}{\rho_p} - \frac{3C_D\rho_g v^2}{4d_p\rho_p} \tag{7-1-13}$$

尘粒加速沉降时受到的阻力随运动速度增加而增大，直到使微粒沉降的作用力与阻力平衡。尘粒沉降的速度达到最大值 v_s，此后微粒做匀速沉降运动，此时的速度称为重力沉降速度。

在微粒做匀速沉降运动时，存在如下关系：

$$\frac{dv}{dt} = \frac{(\rho_p - \rho_g)g}{\rho_p} - \frac{3C_D\rho_g v_s^2}{4d_p\rho_p} = 0 \tag{7-1-14}$$

由此不难得到：

$$v_s = \left[\frac{4d_p(\rho_p - \rho_g)g}{3\rho_g C_D}\right]^{\frac{1}{2}} \tag{7-1-15}$$

由于通风除尘过程中的流动一般为斯托克斯区域，所以将式(7-1-4)代入式(7-1-15)，则得：

$$v_s = \frac{(\rho_p - \rho_g)gd_p^2}{18\mu} \tag{7-1-16}$$

由于 $\rho_p \gg \rho_g$，所以式(7-1-16)可以简化成：

$$v_s = \frac{\rho_p g d_p^2}{18\mu} \tag{7-1-17}$$

相对应的尘粒的直径可简化为：

$$d_p = \sqrt{\frac{18\mu v_s}{\rho_g g}} \tag{7-1-18}$$

若尘粒不是在静止空气中，而是在流速为 v_s 的上升气流中，这时尘粒将会处于悬浮状态，此气流速度称为悬浮速度。悬浮速度与沉降速度大小相等，但物理意义不同。沉降速度是指尘粒在沉降时所能达到的最大速度，悬浮速度则是指使尘粒处于悬浮状态，上升气流速度的最小值。

例如，已知空气的温度为 20 ℃，压力为 1.013 25×10⁵ Pa，尘粒密度为 2 800 kg/m³，粒径 $d_p = 55\ \mu m$，试计算尘粒在静止空气中的沉降速度。

对于 $d_p = 55\ \mu m$ 的尘粒有：

$$v_s = \frac{\rho_p g d_p^2}{18\mu} = \frac{2\ 800 \times 9.81 \times (55 \times 10^{16})^2}{18 \times 1.79 \times 10^{-5}} \approx 0.258\ (m/s) = 258\ (mm/s)$$

应当指出，上面分析的是单颗球形微粒的自由沉降，沉降速度由重力、浮力和阻力相平衡的关系推导而得到。实际上影响微粒沉降的因素很多，其中重要的因素有微粒的形状、微粒的凝并和变形、微粒间的互相作用、器壁影响、气流的对流作用等。

2. 离心力捕集分离

当含尘气体做曲线运动时，粉尘就会受到离心力的作用。粉尘在离心力和流体阻力的作用下，沿着离心力方向运动而沉降的过程，称为离心力捕尘分离。工业上广泛运用的旋风除尘器就是利用离心力分离原理工作的。

尘粒在离心力的作用下做离心运动时，同时也受到空气阻力的作用。刚开始离心运动时，离心力与空气阻力的合力使尘粒做加速运动，方向为远离旋转中心的径向。与此同时，尘粒所受到的流体阻力也迅速增大，使作用合力逐渐减小，直至为零，则离心运动速度达到最大并保持恒定，该离心运动速度称为离心沉降速度。

尘粒受到的离心力 F_r 为：

$$F_r = \frac{m_p v_t^2}{r} \tag{7-1-19}$$

式中 m_p——尘粒的质量，kg；

r——尘粒的旋转半径，m；

v_t——旋转半径为 r 处的切线速度，m/s。

在斯托克斯区域，尘粒受到的阻力可见式(7-1-5)。因 $m_p = \frac{\pi d_p^3 \rho_p}{6}$，则由式(7-1-19)和式(7-1-5)可得：

$$F_r = \frac{\pi d_p^3 \rho_p v_t^2}{6r} = 3\pi\mu d_p v_s \tag{7-1-20}$$

式中 v_s——离心沉降速度，m/s。

所以有：

$$v_s = \frac{d_p^3 \rho_p}{18\mu} \cdot \frac{v_t^2}{r} \tag{7-1-21}$$

由式(7-1-21)可知，径向沉降速度与粒径二次方成正比，与旋转半径成反比。

比较式(7-1-17)和式(7-1-21)可以看出，径向沉降速度是重力沉降速度的 v_t/rg 倍。因此，旋风除尘器的除尘效率总比运用重力分离的沉降室的效率高。

3. 惯性碰撞捕集分离

当含尘气体绕流液珠或固体捕集体(如过滤式除尘器中的纤维体)时，尘粒与气体分子相比具有较大的惯性力，因此气流中的尘粒会脱离弯曲的气体流线，按虚线继续向前运动，并与捕集体碰撞而被捕集沉降(如图 7-1-1 中的尘粒 1)，这种作用称惯性碰撞捕集分离。

惯性碰撞效应中，斯托克斯数 Stk 极为重要。Stk 数又称惯性参数，表征了作用在尘粒上的惯性力与气体介质作用在尘粒上的流体阻力的比值。该参数在数值上等于尘粒在无外力作用时，由初速度 v_p 降低到零所通过的距离和所绕流的捕集体定性尺寸（如球或圆柱体直径）之比值。

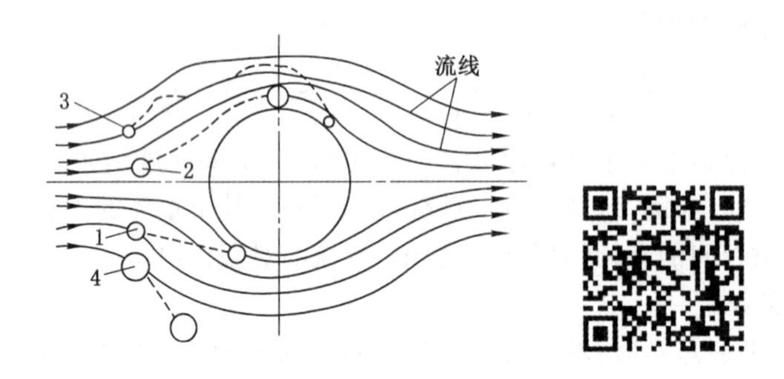

1—惯性碰撞；2—截留；3—布朗扩散；4—重力。

图 7-1-1　惯性碰撞、截留、布朗扩散捕集分离机理示意图

惯性碰撞效应在各种捕集粉尘机理中是最普遍和最重要的（特别是对于 $d_p>1\ \mu m$ 的尘粒），对此人们已有很多研究，提出了多种计算式。

研究结果表明，当 $Re>500$ 时，气流流线强烈弯曲，流动成为有势绕流。

$Stk \geqslant 0.1$ 且为有势流动的球面捕集体的惯性捕集效率 η_t 为：

$$\eta_t = \frac{Stk^2}{(Stk+0.25)^2} \tag{7-1-22}$$

4. 截留捕集分离

当尘粒沿气体流线随着气流直接向液珠或固体捕集体运动时，气流流线离液珠或固体捕集体表面的距离在尘粒半径 $d_p/2$ 的范围以内以及在流线与被绕物体相交表面上的粉尘，将与液珠或固体捕集体接触并被捕集（如图 7-1-1 中的尘粒 3），这种作用称截留捕集分离。对截留捕尘起作用的是尘粒大小，而不是尘粒的惯性，并且与气流速度无关。

如引入拦截参数 R'，且 $R'=\frac{d_p}{d_c}$，d_c 是捕集体的直径。则有势绕流截留捕集分离效率 η_k 仅取决于 R'。截留捕集分离效率 η_k 可以用下列关系式计算：

对于球形捕集体：

$$\eta_k = (1+R')^2 - \frac{1}{1+R'} \tag{7-1-23}$$

对于圆柱捕集体：

$$\eta_k = (1+R') - \frac{1}{1+R'} \tag{7-1-24}$$

5. 布朗扩散捕集分离

由于气体分子热运动，微细的粉尘随气流运动过程中常伴随有布朗扩散运动（即运行轨迹不规则的运动），如图 7-1-1 中的尘粒 2。由于布朗扩散运动而使微细粉尘碰撞到捕集体上而被捕集的机理，称为布朗扩散捕集分离。尘粒越细小，布朗扩散越强烈，$0.1\ \mu m$ 的微细尘粒，在常温下每秒钟扩散距离达 $17\ \mu m$，这比一般过滤器的纤维间距大几倍至几十倍，这

就使微粒有更多的机会运动到捕集体表面而沉积，即被捕集体捕集，因此，在分析 $d_p<2\ \mu m$ 的尘粒沉积时，通常要考虑这种机理。

孤立捕集体的扩散捕集效率计算公式繁多，计算结果也有差异。但是，不同学者提出不同计算公式的基本假设是一致的，即是气流通过捕集体的时间内，在捕集体附近的气流层内的尘粒有可能扩散到捕集体表面上。

现设扩散系数为 D_n，气体运动黏度为 ν，引入贝克来数 Pe 为：

$$Pe = ReS_c = \frac{\nu}{D_n} \tag{7-1-25}$$

对于绕流圆柱体的捕集体，当 Pe 很大，$(La/Pe)^{1/3}\ll 1$，$Re<1$ 时，扩散捕集效率 η 为：

$$\eta = KLa^{-\frac{1}{2}}Pe^{-\frac{2}{3}} \tag{7-1-26}$$

式中　$La=2.002-\ln Re$；$K=1.71$。

对于绕流单一圆球形捕集体，扩散效率 η 可以按下式计算：

$$\eta = \frac{8}{Pe} + 2.23Re^{\frac{1}{8}}Pe^{-\frac{5}{8}} \tag{7-1-27}$$

6. 凝集分离

粉尘的凝集分离是指微细粉尘通过不同途径互相接触（不一定是由于粉尘自身的黏性）而结合成较大颗粒的过程。可以有多种途径使微细粉尘产生凝集作用，如紊流凝集、动力凝集等。显然，凝集分离本身并不是一种除尘机理，但它可以使微小的粉尘凝聚增大，有利于采用各种除尘方法去除。

7. 电力捕集分离

气体中尘粒的电力捕集分离有两种形式：一种是带电尘粒或凝并后的带电尘粒，在捕集体上出现的电力捕集；另一种形式是在外加电场作用下，带有电晕电荷的尘粒在集尘极上发生的电力捕集。前一种形式的电力捕集，是尘粒在机械加工、筛分、输送或由气体冷凝成尘粒形成过程中的带电现象，这种荷电过程又称自然荷电。按照电荷守恒原理，在尘粒和捕集体上带有的正电荷数和负电荷数应当相等，一般情况下，自然荷电的电量很小。第二种形式的电力捕集则是含尘气流通过一个强电场，尘粒带上电晕放电的电荷，在电场力作用下，向集尘极运动并被捕获。

对于粉尘直径大于 1 μm 的尘粒，电场荷电量可用下式计算：

$$q_1 = 3\pi\varepsilon_0 E_0 d_p^2\left(\frac{\varepsilon}{\varepsilon+2}\right) \tag{7-1-28}$$

式中　q_1——尘粒的饱和荷电量，C；

ε_0——自由空间介电常数，且 $\varepsilon_0=8.85\times10^{-12}$；

ε——尘粒的相对介电常数，即与真空条件下的介电常数之比；

E_0——电场强度，V/m。

荷电尘粒在电场内受到的静电力为：

$$F_j = q_1 E_0 \tag{7-1-29}$$

当尘粒所受的静电力和尘粒的运动阻力相等时，尘粒向集尘极做匀速运动，此时的运动速度就称为驱进速度，用 ω 表示。由式(7-1-29)、式(7-1-28)和式(7-1-5)可得到驱进速度计算公式为：

$$\omega=\frac{\varepsilon_0\varepsilon E^2 d_p}{(\varepsilon+2)\mu} \tag{7-1-30}$$

对于粉尘直径小于 5 μm 的尘粒，由式(7-1-29)、式(7-1-28)和式(7-1-9)可得到驱进速度计算公式为：

$$\omega=k_c\frac{\varepsilon_0\varepsilon E^2 d_p}{(\varepsilon+2)\mu} \tag{7-1-31}$$

现假定：① 除尘器中气流为紊流状态；② 在垂直于集尘极表面任一横断面上，粒子浓度和气流分布是均匀的；③ 粉尘粒径是均一的，且进入除尘器后立即完成荷电过程；④ 忽略风流和二次扬尘的影响。多依奇在上述假定的基础上，提出了理论捕集效率 η 的计算公式：

$$\eta=1-\frac{c_2}{c_1}=1-\exp\left(-\frac{A\omega}{Q}\right) \tag{7-1-32}$$

式中 c_1——电除尘器进口含尘气体的浓度，g/m^3；

c_2——电除尘器出口含尘气体的浓度，g/m^3；

A——集尘极总面积，m^2；

Q——含小气流流量，m^3/s。

8. 泳力捕集分离

气体中的尘粒在电场、磁场、温度场、浓度场或光的作用下，会产生一些物理效应，其中就有被称为电泳、热泳、扩散泳或光泳的物理效应，它们也是形成尘粒运动和分离的因素，被用作测定的根据。

在上面讨论的静电捕集机理中已涉及电泳，这里不再做进一步的分析。下面简要介绍热泳力和扩散泳力原理。

(1) 热泳力捕集分离

含尘气体如有温度梯度存在，尘粒就会受到由热侧指向冷侧的力作用。温度高的区域气体分子运动剧烈，单位时间内碰撞尘粒的次数增多；温度低的区域气体分子碰撞尘粒的次数较少。尘粒两侧气体分子碰撞次数和能量传递的差异，使微粒产生由高温区向低温区的运动，这种现象称为热泳或温差泳，而把气体分子推动尘粒从高温侧向低温侧移动的力(推力)称为热泳力。热泳力促使粉尘捕集分离的作用，被称为热泳力捕集分离。

(2) 扩散泳力捕集分离

如图 7-1-2 所示，扩散泳是因气体混合物存在浓度梯度造成的尘粒运动。气体介质中

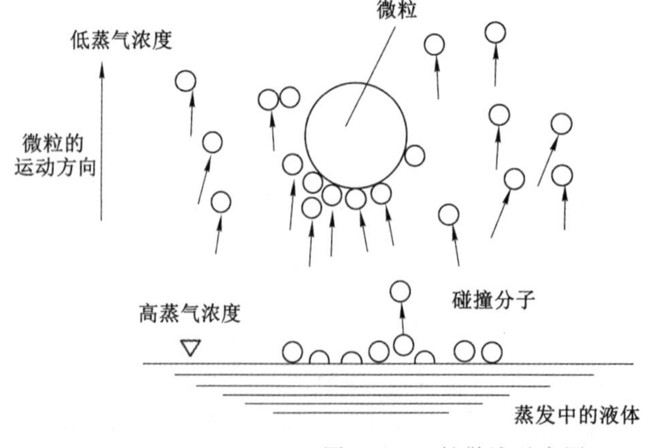

图 7-1-2 扩散泳示意图

有浓度梯度存在时，某一方向的物质扩散速度明显大于其他方向上的扩散速度。尘粒在扩散运动分子的碰撞下，也会出现与扩散方向相同的运动。尘粒扩散泳运动速度与扩散体系的组成和压强、扩散物质的性质、扩散物浓度、浓度梯度等因素有关。

扩散泳力对尘粒的运动和分离具有实际意义。例如，在用喷水雾分离尘粒的净化设备中，当气体中的水蒸气未饱和时，扩散泳力对水滴捕集尘粒起阻碍作用；当气相中水蒸气达到过饱和时，扩散泳力有助于水滴捕集尘粒。

实训任务　粉尘堆积密度测定

任务描述

学习并掌握粉尘堆积密度测定的原理和方法。

任务引导

测定粉尘的堆积密度（表观密度、容积密度）时，需要准确地测出粉尘（包括尘粒间的空隙）所占据的体积及粉尘的质量。如图 7-1-3 所示的标准粉尘堆积密度测定装置。首先称出灰桶 1 的质量 m_0(kg)，灰桶容积规定为 100 cm^3。漏斗 2 中装入灰桶容积 1.2～1.5 倍的粉尘。抽出塞棒 3 后，粉尘由一定的高度（115 mm）落入灰桶，然后用厚 3 mm 的刮片将灰

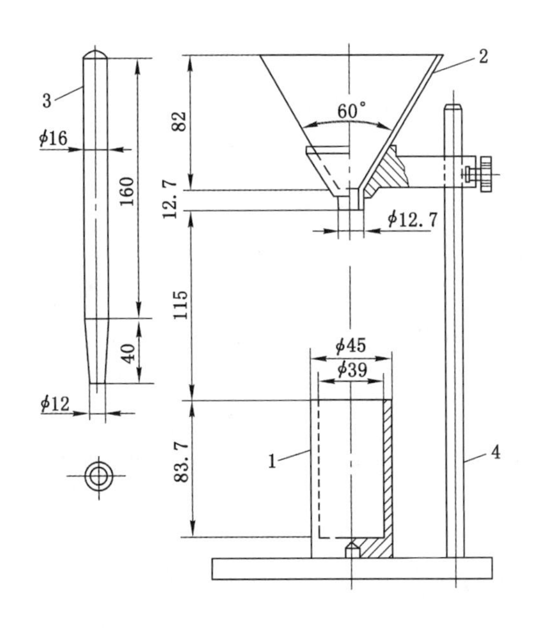

1—灰桶；2—漏斗；3—塞棒；4—支架。

图 7-1-3　粉尘堆积密度计

桶上堆积的粉尘刮平。称取灰桶加粉尘的质量 m_s(kg)，即可求得粉尘的堆积密度：

$$\rho_b = \frac{m_s - m_0}{V} \tag{7-1-33}$$

式中 V——灰桶的体积，m^3，标准规定为 $V=100\ cm^3$。

任务实施

完成粉尘样品堆积密度测定，并填写如下任务单：

仪器设备名称及型号	
堆积密度测定过程	
测定结果 m_0： m_s：	
计算粉尘堆积密度	

思考与拓展

一、选择题

1. 坎宁汉系数与气体的温度、压力和颗粒(　　)有关，温度越高、压力越低，值越大。

A. 大小　　B. 质量　　C. 浓度　　D. 成分

2. 影响微粒沉降的因素很多，其中重要的因素有：气流的对流作用、(　　)。

A. 微粒的形状　　B. 微粒的凝并和变形

C. 微粒间的互相作用　　D. 器壁影响

3. 惯性碰撞效应在各种捕集粉尘机理中是最普遍和最重要的，特别是对于 $d_p>$(　　)的尘粒。

A. 1 μm　　B. 2 μm　　C. 3 μm　　D. 4 μm

4. 对截留捕尘起作用的是尘粒的(　　)，而不是尘粒的(　　)，并且与气流(　　)无关。

A. 大小　　B. 惯性　　C. 速度　　D. 质量

5. 在分析 $d_p<2\ \mu m$ 的尘粒沉积时，通常要考虑(　　)机理。

A. 惯性碰撞　　B. 截留捕集　　C. 布朗扩散　　D. 凝集分离

二、判断题

1. 重力沉降分离是指含尘气体中的粉尘在重力作用下自然沉降而得以分离的过程。
（　　）

2. 凝集分离本身并不是一种除尘机理，但它可以使微小的粉尘凝聚增大，有利于采用各种除尘方法去除。（　　）

3. 尘粒越细小，布朗扩散越强烈。（　　）

4. 当尘粒所受的静电力和尘粒的运动阻力相等时，尘粒向集尘极做匀速运动。（　　）

5. 含尘气体如有温度梯度存在，尘粒就会受到由热侧指向冷侧的力的作用。（　　）

三、简答题

1. 简述除尘器的除尘机理。
2. 简述置换通风的原理。
3. 分析惯性碰撞捕集分离的原理。

任务二　除　尘　器

1. 了解除尘器的分类。
2. 了解各类除尘器的结构。
3. 理解各类除尘器的除尘过程。

素质目标

积极思考，培养创新意识。

知识链接

一、除尘器的分类

1. 按除尘器分离捕集粉尘的机理分类

按照分离捕集粉尘的主要机理，除尘器可分为如下几类：

(1) 机械式除尘器。它是利用质量力（重力、惯性力和离心力等）的作用使粉尘与气流分离沉降的装置，包括重力沉降室、惯性除尘器和旋风除尘器等。

(2) 湿式除尘器（亦称湿式洗涤器）。它是利用液滴或液膜洗涤含尘气流，使粉尘与气流分离沉降的装置。湿式洗涤器既可用于气体除尘，亦可用于气体吸收。

(3) 过滤式除尘器。它是使含尘气流通过织物或多孔的填料层进行过滤分离的装置，包括袋式除尘器、颗粒层(床)除尘器等。

(4) 电除尘器。它是利用高压电场使尘粒荷电，在库仑力作用下使粉尘与气流分离沉降的装置。

其他形式除尘器除前四种除尘器以外，随着科技的发展和通风防尘人员的努力，目前已经研制了利用声波、磁力等去除粉尘的其他形式除尘器，如声波除尘器、高梯度磁式除尘器和陶瓷过滤式除尘器等。这类除尘器也可称为新型除尘器，不过这类除尘器目前应用较少。

应当指出，在实际通风除尘过程中，有的是一种机理的应用，有的则是几种机理的复合应用，如旋风颗粒层除尘器、湿式旋风除尘器、旋风静电除尘器等。

2. 按除尘效率的高低分类

按除尘器除尘效率的高低，可分为低效、中效和高效除尘器。如电除尘器、袋式除尘器和文丘里除尘器，是目前国内外应用较广的三种高效除尘器；重力沉降室和惯性除尘器则属于低效除尘器，一般只用于多级除尘系统中的初级除尘；旋风除尘器和其他湿式除尘器一般属于中效除尘器。

二、机械式除尘器

机械式除尘器包括重力沉降室、惯性除尘器和旋风除尘器等类型。这种除尘器防尘效率一般在40%～85%之间，是国内常用的一种除尘设备。

(一) 重力除尘器

1. 重力除尘器的原理

重力除尘器又叫重力沉降室，它是利用尘粒与气体的密度不同，通过重力作用使尘粒从气流中自然沉降分离的除尘设备。当含尘气流从管道进入比管道横截面积大得多的沉降室时，由于横截面积的扩大，气体的流速就大大降低，在流速降低的一段时间内，较大的尘粒在沉降室内有足够的时间因受重力作用而沉降下来，并进入灰斗中，净化气体从沉降室的另一端排出，如图 7-2-1 所示。

2. 重力除尘器类型

根据含尘气流在除尘器内的运动状态，重力除尘器可分为水平气流重力沉降室和垂直气流重力沉降室两种。

水平气流重力沉降室如图 7-2-1 所示。气体流速降低后，在重力和风力共同作用下，大颗粒粉尘沿重力方向沉降到灰斗中，细小粉尘和空气气流在除尘器中呈近水平运动后从沉降室的另一端排出。根据水平沉降室内部结构，水平重力沉降室又分为单层水平重力沉降室、多层水平重力沉降室。

垂直气流重力沉降室如图 7-2-2 所示。气体流经沉降室后，风速降低，在重力和风力共同作用下，大颗粒粉尘沿重力方向沉降到灰斗中，细小粉尘和空气气流在除尘器中继续向上或向人为预先设置方向运动后从沉降室的另一端排出。这种除尘器一般安装在烟囱顶部，多用于小型冲天炉或锅炉的除尘。图 7-2-2(a)所示为屋顶式沉降室，捕集下来的粉尘堆积在烟气进入管伞型挡板周围的底板上，待一定时间进行清扫后，粉尘返回冲天炉中，因此它需要定期停止排尘运转以清除积尘。图 7-2-2(b)所示为扩大烟管式沉降室，在烟囱顶部用大直径的可耐火材料作沉降室，沉降室的直径一般比烟囱大 2～3 倍，气体进入沉降室的流速为烟囱中气体流速的 1/9～1/4，当烟囱中气体流速为 1.5～2.0 m/s 时，沉降室可去除

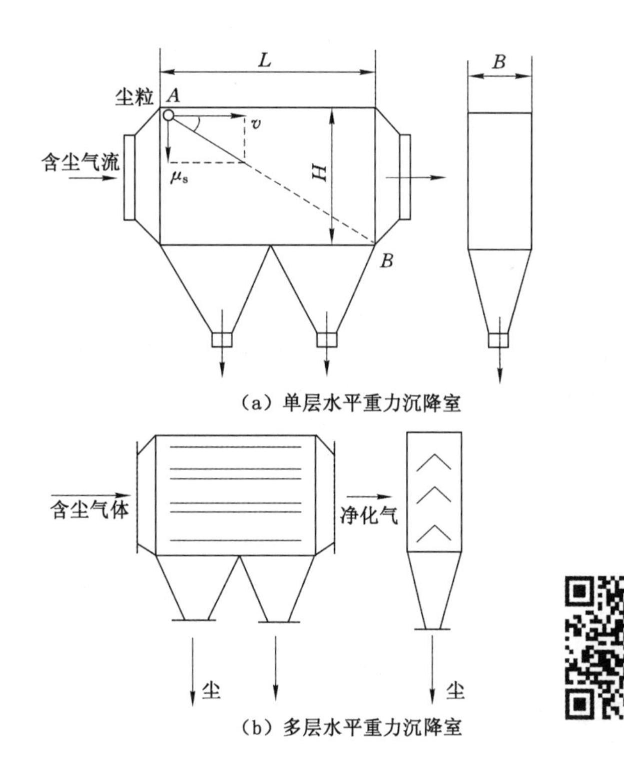

图 7-2-1　水平气流重力沉降室

200～400 μm 的尘粒，所捕集的粉尘随时通过侧面降尘管落到灰斗中。

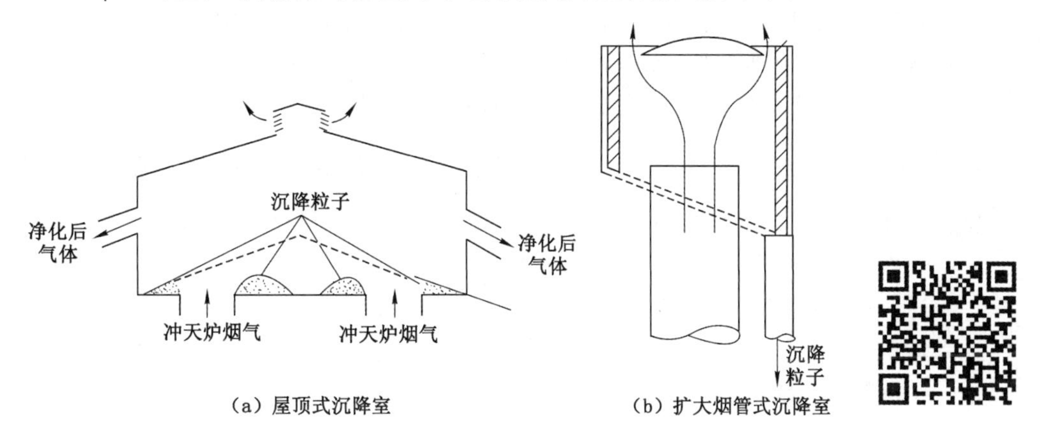

图 7-2-2　垂直气流重力沉降室

3. 重力除尘器沉降条件与设计计算

(1) 水平气流重力沉降室

在水平气流重力沉降室内，尘粒一方面以沉降速度 v_s 下降，另一方面则以气体流速 v 在沉降室内向前运动，气流通过沉降室的时间为 τ，其计算式为：

$$\tau = \frac{L}{v} \tag{7-2-1}$$

式中　L——沉降室长度，m。

尘粒从沉降室顶部沉降到底部所需要的时间为 τ_s，其计算式为：

$$\tau_s = \frac{H}{v_s} \tag{7-2-2}$$

式中　H——沉降室高度，m；

v_s——尘粒的沉降速度，m/s。

要使尘粒不被气流带走，则必须使 $\tau > \tau_s$，即：

$$L \geqslant \frac{vH}{v_s} \tag{7-2-3}$$

此式即为水平气流重力沉降室沉降条件，也就是沉降室设计时应满足沉降室的长度。

如设沉降室高度为 H，处理风量为 Q，则设计沉降室的宽度 B 为：

$$B = \frac{Q}{vH} \tag{7-2-4}$$

（2）垂直气流重力沉降室

对于垂直气流重力沉降室，要使尘粒不被气流带走，则必须使粉尘沉降速度 v_s 大于气体流速 v，则对于圆筒形垂直气流重力沉降室，设计的重力除尘器沉降条件为：

$$d \geqslant \sqrt{\frac{4Q}{v_s \pi}} \tag{7-2-5}$$

式中　d——圆筒形沉降室直径。

（二）惯性除尘器

惯性除尘器是使含尘气体冲击在挡板上，气流急剧地改变方向，借助其中粉尘粒子的惯性作用使其与气流分离并被捕集的一种装置。

图 7-2-3 所示为惯性除尘器分离机理示意图。当含尘气流冲击到挡板 B_1 上时，惯性大的粗尘粒（d_1）首先被分离下来。被气流带走的尘粒（d_2，且 $d_2 < d_1$），由于挡板 B_2 使气流方向转变，借助离心力作用也被分离下来。若设该点气流的旋转半径为 R_2，切向速度为 u_t，则尘粒 d_2 所受离心力与 $d_2^2 \frac{u_t^2}{R_2}$ 成正比。回旋气流的曲率半径越小，越能分离捕集细小的粒子。显然，惯性除尘器的除尘是惯性力、离心力和重力共同作用的结果。

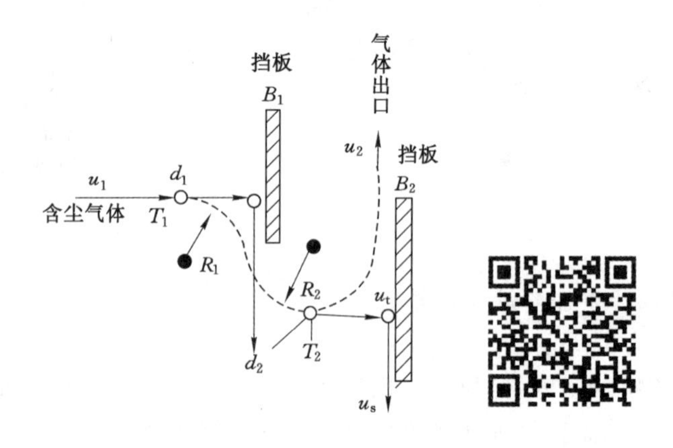

图 7-2-3　惯性除尘器的分离机理

惯性除尘器分为碰撞式和回转式两种。碰撞式惯性除尘器一般是在气流流动的通道内增设挡板构成的，当含尘气流流经挡板时，尘粒借助惯性力撞击在挡板上，失去动能后的尘粒在重力的作用下沿挡板下落，进入灰斗中。挡板可以是单级，也可以是多级，如图 7-2-4 所示。多级挡板交错布置，一般可设置 3～6 排。在实际工作中多采用多级式，目的是增加撞击的机会，以提高除尘效率。回转式惯性除尘器又分为弯管型、百叶窗型和多层隔板塔型三种，如图 7-2-5 所示。它使含尘气体多次改变运动方向，在转向的过程中把粉尘分离出来。

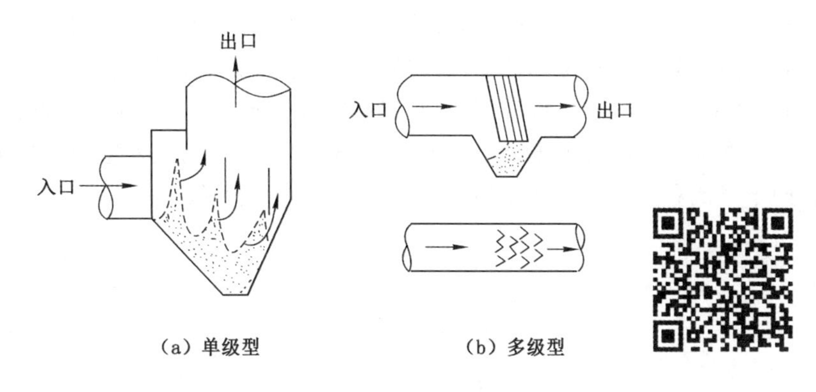

图 7-2-4　碰撞式惯性除尘器

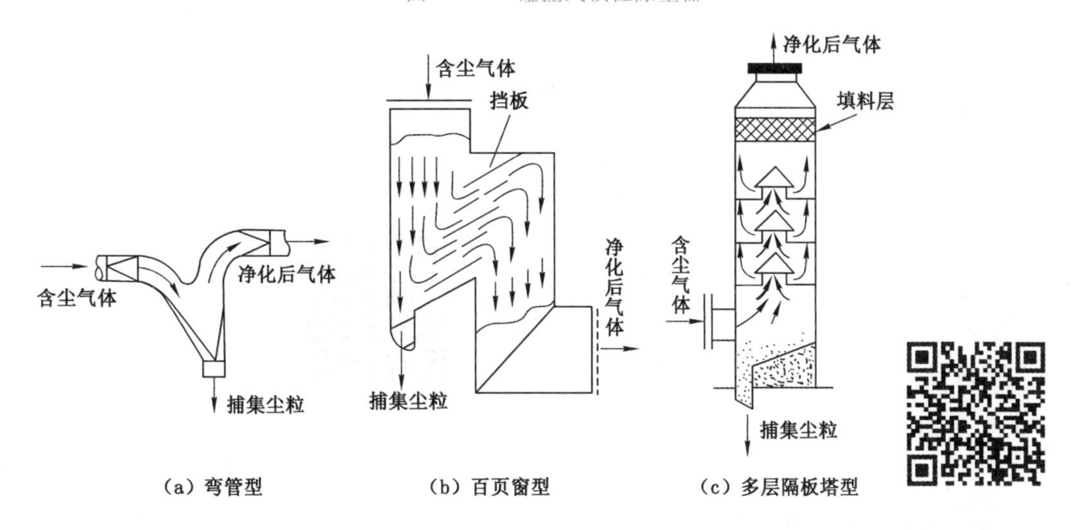

图 7-2-5　回转式惯性除尘器

一般来说，惯性除尘器的气流速度越高，气流方向转变角度越大，转变次数越多，净化效率越高，压力损失或称阻力也越大。惯性除尘器用于净化密度和粒径较大的金属或矿物性粉尘具有较高的除尘效率。对黏结性和纤维性粉尘，则因易堵塞而不宜采用。由于惯性除尘器的净化效率不高，故一般只用于多级除尘中的第一级除尘，捕集 10～20 μm 以上的粗尘粒。压力损失依形式而定，一般为 100～1 000 Pa。

（三）旋风除尘器

旋风除尘器是利用气流在旋转运动中产生的离心力来清除气流中尘粒的设备。在旋风除尘器中作用在尘粒上的离心力比单纯利用重力的沉降室的重力大上千倍。在惯性除尘器中气流只简单地改变初始方向，尘粒所得到的惯性力是有限的，而在旋风除尘器中含尘气流要完整地完成一系列旋转运动，因而尘粒获得的离心力比较大。因此，旋风除尘器的除尘效率比上述两种除尘器都要高。

1. 旋风除尘器的工作原理

如图 7-2-6 所示，旋风除尘器由进气管、筒体、锥体和排气管组成。排气管插入外圆筒形成内圆筒，进气管与筒体相切，筒体下部是锥体，锥体下部是集尘室。含尘气体由除尘器进气管的入口高速进入旋风除尘器，气流由直线运动变成沿筒壁向下做螺旋形的旋转运动，通常称此气流为外旋流。外旋流向下到达锥体部分时，因圆锥形收缩而向除尘器中心靠近。根据旋转矩不变原理，其切向速度不断提高。外旋流到达锥体底部后，转而向上，并以同样旋转方向沿轴心向上旋转，最后经排气管排出。这股向上旋转的气流称为内旋流。气流做旋转运动时，尘粒在惯性离心力的推动下向外壁移动，尘粒一旦到达外壁与之接触，便失去惯性力，并在向下气流和重力的共同作用下，沿壁面落入集尘室(灰斗)。

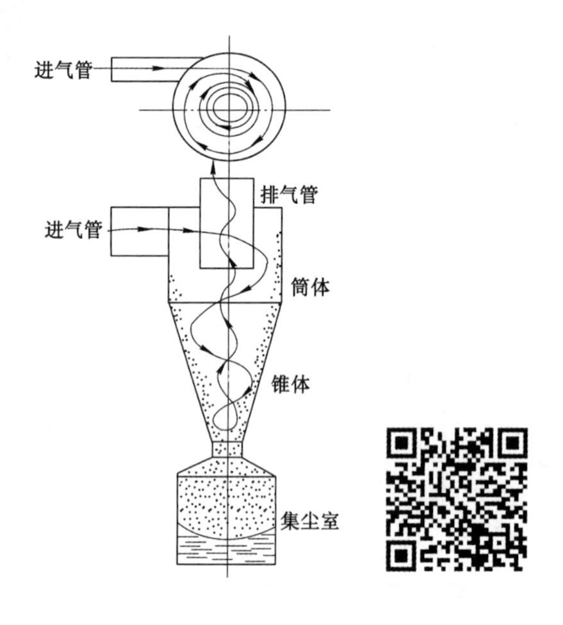

图 7-2-6　旋风除尘器原理图

2. 除尘器的除尘效率计算

当含尘气体进入旋风除尘器形成外旋流时，处于气流中的尘粒既会受到尘粒运动的离心力的作用，又会受到因风流能量差造成的气流向心力作用。在其他条件一定的情况下，离心力的大小与粉尘的粒径等因素有关，粒径越大，粉尘获得的离心力越大，因此，必定有一个临界粒径，当粉尘的粒径大于临界粒径时，粉尘受到的离心力大于向心力，尘粒被推至外壁面而被分离去除；相反，当粉尘的粒径小于临界粒径时，粉尘受到的离心力小于所受到的因风流能量差造成的向心力，尘粒被推入上升的内旋涡中，在轴向气流的作用下，随着气体排出除尘器。

对于粒径等于临界粒径的尘粒，由于所受的离心力等于所受的向心力，它将在内、外旋涡的交界面上旋转。在各种随机因素的影响下，或被分离排除或被内旋涡随气体带出，其概率为 50%。把能够被旋风除尘器除掉 50%的尘粒粒径称为分割粒径，用 d_c 表示。

对于球形尘粒，所受的向心力 F_c 可近似按下式计算为：

$$F_c = \frac{\pi d_p^2}{4}\Delta p \tag{7-2-6}$$

式中　Δp——风流全压差，即为风流能量差。

由式(7-1-20)可知，尘粒所受的离心力为：

$$F_r = \frac{\pi d_p^3 \rho_p v_t^2}{6r} \tag{7-2-7}$$

对于粒径等于临界粒径的尘粒，$F_c = F_r$，即：

$$\frac{\pi d_c^2}{4}\Delta p = \frac{\pi d_c^3 \rho_p v_t^2}{6r} \tag{7-2-8}$$

由此可得：

$$d_c = \frac{3r\Delta p}{2\rho_p v_t^2} \tag{7-2-9}$$

显然，d_c 越小，除尘器的除尘效率越高。

一般情况，当尘粒的密度越大，气体进口的切向速度越大，排出管直径越小，除尘器的分割粒径越小，除尘效率也就越高。

在确定分割粒径的基础上，可以用下面公式近似计算旋风除尘器的分级效率：

$$\eta_d = 1 - \exp\left[-0.163\left(\frac{d_p}{d_c}\right)\right] \tag{7-2-10}$$

应当指出，尘粒在旋风除尘器内的分离过程是非常复杂的。因此，根据某些假设条件得出的理论公式还不能进行比较精确的计算。目前，旋风除尘器的效率一般通过实验确定。

3. 影响旋风除尘器性能的因素

由式(7-2-9)可以看出，影响旋风除尘器性能的主要因素有以下几个方面：

(1) 进口风速

旋风除尘器的分割粒径 d_c 是随进口速度 v_t 的增大而减小的，d_c 越小，除尘效率越高。但是进口速度也有一定范围，工程上一般取 10～25 m/s，取值越高，越能除掉较小粒径的尘粒，从而提高除尘器的除尘效率。但是进口速度也不宜取得过高。v_t 值过大，如大于 25 m/s，将会使除尘器内的气流运动过于强烈，把有些已分离的尘粒重新带走，反而导致除尘效率的降低。此外，除尘器的阻力也会急剧增大，磨损加剧。进口速度也不能取用过小(如 $v_t \leqslant 10$ m/s)；否则，不仅造成除尘器的除尘效率降低，而且在除尘器入口管中还容易造成积尘或堵塞。在实际应用中，小型旋风除尘器多取用较低的速度，大型除尘器则取用较高的速度。

(2) 筒体和锥体高度

从直观上看，增加旋风除尘器的筒体高度和锥体高度，似乎增加了气流在除尘器内的旋转圈数，有利于尘粒的分离。实际上由于外涡旋气流有向心的径向运动，当外涡旋气流由上而下旋转时，气流会不断流入内涡旋，同时筒体与锥体的总高度过大，还会使阻力增加。实践证明，筒体和锥体的总高度一般以不超过筒体直径的 5 倍为宜。在锥体部分断面缩小时，尘粒到达外壁的距离也逐渐减小，气流切向速度就不断增大，这对尘粒的分离都是有利的；相对地，筒体长度对分离的影响不如锥体部分。

(3) 筒体与排出管的直径

在相同的转速下，筒体的直径越小，尘粒受到的离心力越大，除尘效率越高。但筒体直径越小，处理的风量也就越少，并且筒体直径过小还会引起粉尘堵塞，筒体直径与排出管直径相近时，尘粒容易逃逸，使效率下降，因此筒体的直径一般不小于 0.15 m。同时，为了保证除尘效率，筒体的直径也不要大于 1 m。在需要处理风量大的情况时，往往采用同型号旋风除尘器的并联组合或采用多管型旋风除尘器。研究表明，内、外涡旋交界面的直径近似于排出管直径的 0.6 倍。内涡旋的范围随排出管直径的减小而减小。因此，减小排出管直径有利于提高除尘效率，但同时会加大出口阻力。一般取筒体直径与排出管直径的比值为 1.5～2.0。

(4) 除尘器底部的严密性

无论旋风除尘器在正压还是在负压下操作，其底部总是处于负压状态。如果除尘器的底部不严密，从外部漏入的空气就会把正在落入灰斗的粉尘重新带起，使除尘效率显著下降。因此，在不漏风的情况下进行正常排灰是保证旋风除尘器正常运行的重要条件。收尘量不大的除尘器可在下部设固定灰斗，定期排放。当收尘量较大，要求连续排灰时，可设双翻板式锁气器或回转式锁气器，如图 7-2-7 所示。

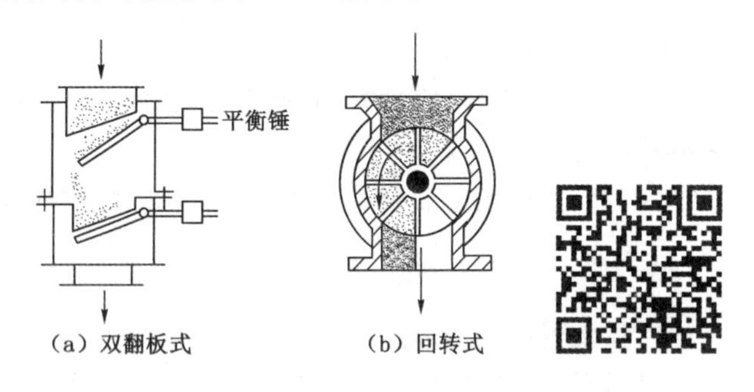

图 7-2-7　锁气器

双翻板式锁气器利用翻板上的平衡锤和积灰质量的平衡发生变化进行自动卸灰，它设有两块翻板，轮流启闭，可以避免漏风。回转式锁气器采用外来动力使刮板缓慢旋转进行自动卸灰，它适用于排灰量较大的除尘器。回转式锁气器能否保持严密，关键在于刮板和外壳之间紧密贴合的程度。

(5) 进口和出口形式

旋风除尘器的入口形式大致可分为轴向进入式(图 7-2-8)和切向进入式(图 7-2-9)。不同的进口形式有着不同的性能、特点和用途。切向进入式又分为直入式和蜗壳式。直入式又分螺丝顶式和狭缝式，其入口进气管外壁与筒体相切，蜗壳式的入口进气管内壁与筒体相切，外壁采用渐开线的形式。除尘器入口断面的宽高之比也很重要，一般认为，宽高比越小，进口气流在径向方向越薄，越有利于粉尘在圆筒内分离和沉降，收尘效率越高。因此，进口断面多采用矩形，宽高之比为 2 左右。

旋风除尘器的排气管口均为直筒形，排气管的插入深度与除尘效率有直接关系。插入加深，效率提高，但阻力增大；插入变浅，效率降低，阻力减小。这是因为短浅的排气管容易形成短路现象，造成一部分尘粒来不及分离便从排气管排出。

(6) 粉尘参数

在其他条件不变时，由式(7-2-9)可以看出，除尘器分割粒径与粉尘密度成反比，即粉

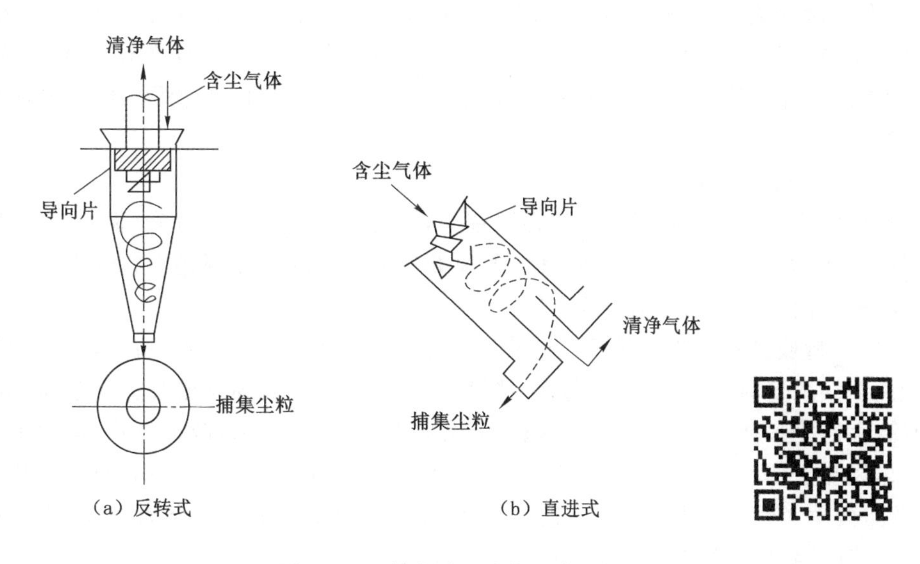

图 7-2-8　轴向进入式旋风除尘器

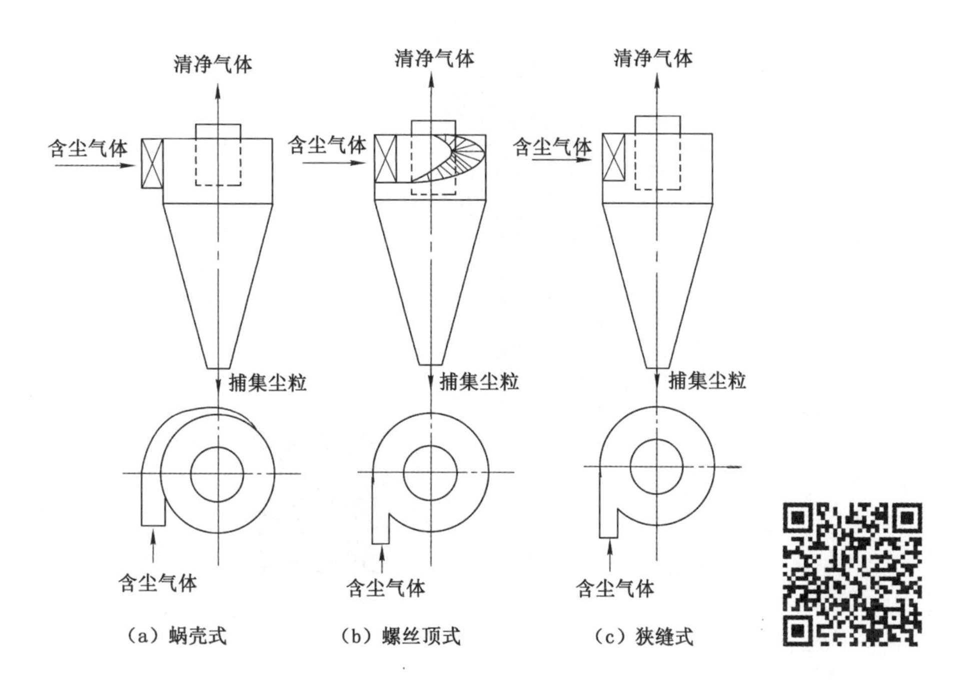

图 7-2-9　切向进入式旋风除尘器

尘真密度增大，分割粒径减小，除尘效率提高；粉尘和气体温度升高，粉尘密度降低，分割粒径增大，除尘效率降低。

4. 几种常见的旋风除尘器结构

旋风除尘器的结构形式很多，主要有多管组合式、旁路式、扩散式、直流式、平旋式、旋流式等。根据在系统中安装位置的不同分为吸入式和压出式。根据进入气流的方向，分为 S 型和 N 型，从除尘器的顶部看，进入气流按顺时针旋转者为 S 型，逆时针旋转者为 N 型。旋风除尘器的型号名称也很多，主要有 XLT（CLT）型、XLP（CLP）型、XLK（CLK）型、XZT

(CZT)型等。除此之外,还有适应于不同场合的旋风除尘器,如XZ2型、XZD/G型、XND/G型、XPX(XNX)型、XCX/G型、XZY型、XZS型、XWD型、XP型、XD(XM)型旋风除尘器,CR型双级蜗旋除尘器,XS-1B型双旋风除尘器等十多种。下面仅介绍几种国内常用的旋风除尘器。

(1) 普通型旋风除尘器

普通型旋风除尘器是应用最早的旋风除尘器,这种除尘器结构简单、制造容易、压力损失小、处理气量大,但除尘效率不高,其他各种类型的旋风除尘器都是由它改进而来的。目前已逐渐被其他高效旋风除尘器所取代。

XLT/A型旋风除尘器是普通型旋风除尘器的改进型,如图7-2-10所示,其结构特点是具有螺旋下倾顶盖的直接式进口,螺旋下倾角为15°,筒体和锥体均较长。有单筒、双筒、三筒、四筒、六筒等多种组合。单筒体和蜗壳可做成右旋转和左旋转两种形式,每种组合又分为水平出风和上部出风两种出风形式。含尘气体入口速度在10~18 m/s范围内,压力损失较大,除尘效率大约为80%~90%,适用于除去密度较大的干燥非纤维性灰尘,主要用于冶炼、铸造、喷砂、建筑材料、水泥、耐火材料等工业除尘。

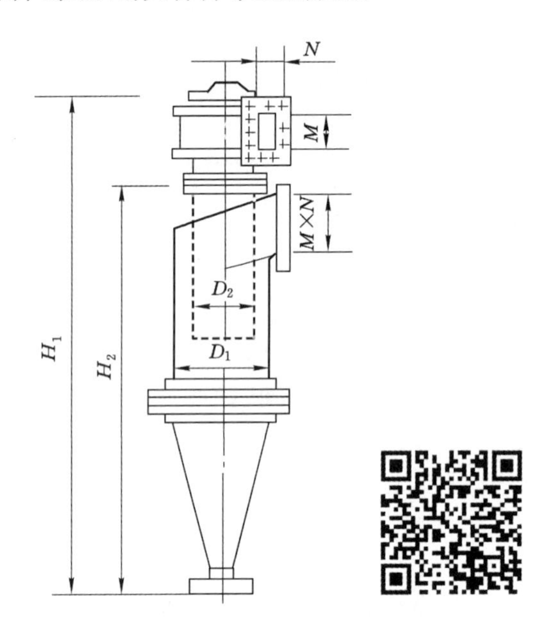

图7-2-10　XLT/A型旋风除尘器

(2) 旁路式旋风除尘器

对于一般的旋风除尘器,含尘气流直接沿顶盖进入,在进口气流的干扰下,上涡旋并不明显。如果除尘器按图7-2-11所示的形式布置,会形成明显的上涡旋,细小粉尘在除尘器顶部积聚而形成上灰环,经排出管排走,除尘效率降低。为了消除上涡旋造成的上灰环影响,在旁路式旋风除尘器的圆筒体上设置一个专门的旁路分离室,与锥体部分相通。处于上涡旋和外涡旋分界面上的粉尘产生强烈的分离作用,较粗的粉尘趋向外壁,然后沿外壁由下涡旋气流带至除尘器底部,另一部分细小尘粒由上涡旋气流带至上部而形成强烈的灰环,并随之造成细小粉尘的集聚作用。在圆锥处负压作用下,上涡旋的部分气流夹带粉尘一起进

入旁路，灰尘在旁路出口处分离出来进入灰斗，利用这一原理制成了多种形式的旁路式旋风除尘器。

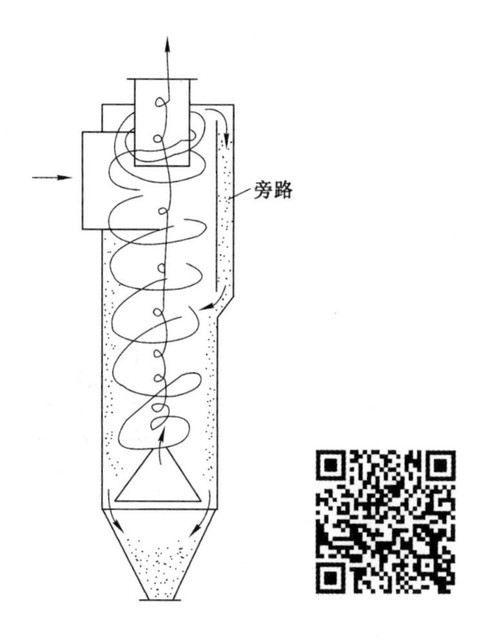

图 7-2-11　旁路式旋风除尘器

必须指出，旁路的设置不是随意的，要经过试验研究确定其合理的尺寸。使用时要十分注意旁路的积灰问题，严格防止旁路的堵塞。对于黏性大的粉尘，旁路易被堵塞，应避免采用。

(3) 扩散式旋风除尘器

扩散式旋风除尘器如图 7-2-12 所示，其结构特点是在器体下部安装有倒圆锥和圆锥形反射屏(又称挡灰盘)。在一般的旋风除尘器中，有一部分气流随尘粒一起进入集尘斗，当气流自下向上进入内涡旋时，由于内涡旋负压产生的吸引力作用，使已分离的尘粒被重新卷入内涡旋，并被出气流带出除尘器，降低了除尘效率。而在扩散式旋风除尘器中，含尘气流进入除尘器后，从上而下做旋转运动，到达锥体下部反射屏时已净化的气体在反射屏的作用下，大部分气流折转形成上旋气流从排出管排出，紧靠器壁的少量含尘气流由反射屏和倒锥体之间的环隙进入灰斗。进入灰斗后的含尘气体由于流道面积大、速度降低，粉尘得以分离，净化后的气流由反射屏中心透气孔向上排出，与上升的主气流汇合后经排气管排出。由于反射屏的作用，防止了返回气流重新卷起粉尘，提高了除尘效率。扩散式旋风除尘器对入口粉尘负荷有良好的适应性，进口气流速度 10～20 m/s，压力损失 900～1 200 Pa，除尘效率在 90%左右。

(4) 组合式多管旋风除尘器

为了提高除尘效率或增大处理气体量，通常采用组合式多管旋风除尘器。

按照每个旋风除尘器的连接方式，组合式多管旋风除尘器又分为串联式和并联式。为了净化大小不同的特别是细粉量多的含尘气体，可将多个除尘效率不同的旋风除尘器串联起来使用，这种组合方式称为串联式旋风除尘器组合形式。图 7-2-13 所示为三级串联式旋

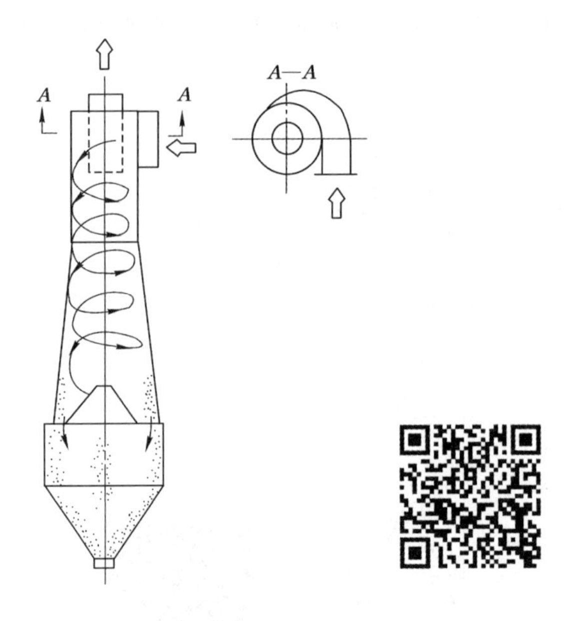

图 7-2-12 扩散式旋风除尘器

风除尘器示意图，第一级锥体较短，净化较大的颗粒物，第二级和第三级的锥体逐渐加长，净化较细的粉尘。当处理气体量较大时，可将多个旋风除尘器并联起来使用，这种组合方式称为并联式旋风除尘器组合形式。图 7-2-14 所示为并联式多管旋风除尘器示意图，壳体中设有旋风道单元，含尘气体经入口处进入壳体内，通过分离板进入旋风道单元，分离后的气体通过出口排出，分离出来的尘粒通过排尘装置排出。旋风除尘器串联使用并不多见，常见的是并联起来使用。在处理气量相同的情况下，以小直径的旋风除尘器代替大直径的旋风除尘器可以提高净化效率。串联式旋风除尘器的处理量决定于第一级除尘器的处理量，总压力损失等于各除尘器及连接件的压损之和，再乘以 1.1～1.2 的系数。并联除尘器的压损为单体压力损失的 1.1 倍，处理气量为各单元处理气量之和。

按照每个旋风道单元的气流方式，多管除尘器又可分为回流式和直流式两种，回流式多管除尘器的每个旋风道单元都是轴向进气，在每个旋风道单元周边都设置许多导流叶片，以使轴向导入的含尘气流变为旋转运动。就回流式多管旋风除尘器来说，必须注意使每个旋风子的压力损失大体一致，否则，在一个或几个旋风除尘器中可能会发生倒流，从而使除尘效率大大降低。为了防止倒流，要求气流分布尽量均匀，下涡旋气流进入灰斗的风量尽量减少。也可采用在灰斗内抽风的办法，保持一定负压，一般抽风量约为总风量的 10%左右。直流式多管除尘器由直流式旋风子组合而成，不会出现倒流现象。

多管旋风除尘器具有效率高、处理气量大、有利于布置和烟道连接方便等特点。但是，对旋风子制造、安装的质量要求较高。

旋风除尘器具有结构简单、制造容易、造价和运行费用较低、对大于 10 μm 的粉尘有较高的分离效率等优点，所以在工业部门有着广泛的应用。对除尘效果要求不太高的场所，旋风除尘器应用非常普遍；对除尘效果要求较高的场所，常把它作为多级除尘系统的第一级。

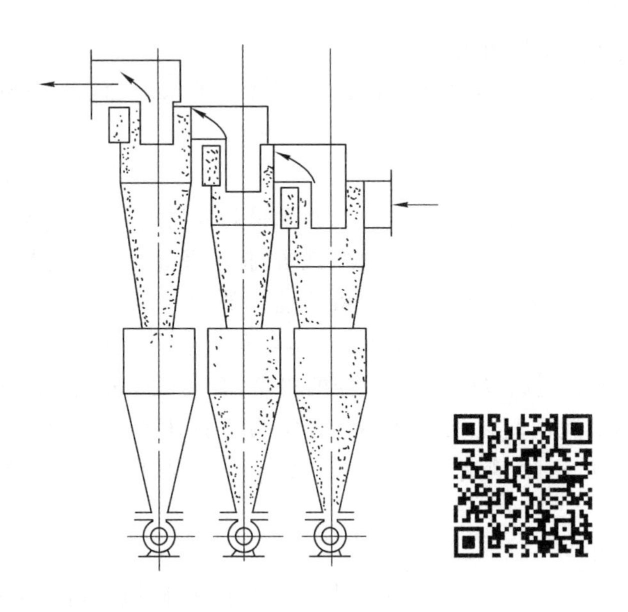

图 7-2-13　串联式多管旋风除尘器

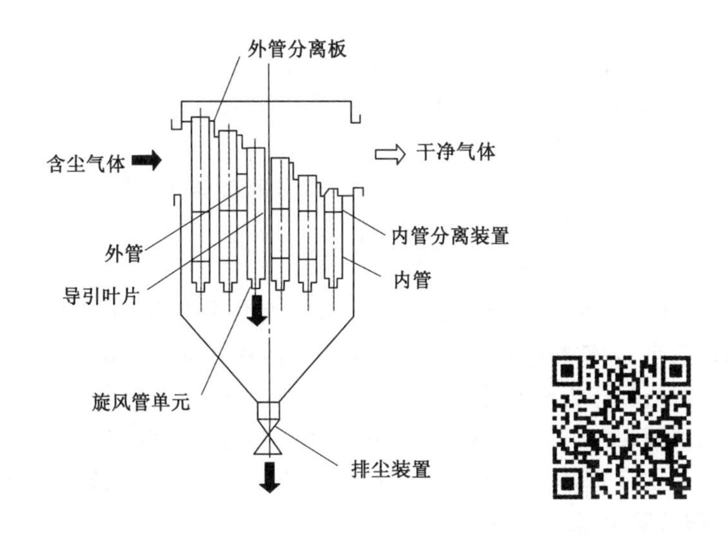

图 7-2-14　并联式多管旋风除尘器

三、湿式除尘器

(一) 湿式除尘器除尘原理及影响除尘效率的主要因素

1. 湿式除尘器机理

湿式除尘器的除尘机理是通过喷雾、气流冲击等方式将液体形成液滴、液膜、气泡等形式的液体捕集体,而后尘粒与液体捕集体接触,使得液体捕集体和粉尘之间产生惯性碰撞、截留、扩散和凝集等作用,从而将粉尘从含尘气流中分离出来。

2. 影响湿式除尘器除尘效率的因素

(1) 粉尘与液体捕集体的相对速度

其相对速度越大,冲击能量越大,碰撞、凝聚效率就越高,同时,有利于克服液体表面张力而被湿润捕获。

(2) 液滴粒径

液滴粒径是影响捕尘效率的重要因素,在水量相同情况下,液滴越细,液滴数量就多,比表面积加大,接触尘粒机会就多,产生碰撞、截留、扩散及凝聚效率也越高,但液滴直径过小,液滴容易随气流一起运动,减小了粉尘与液体捕集的相对速度,降低了碰撞效率,且在沉降过程中容易蒸发,例如 15 μm 直径的液滴,在静止的干空气中蒸发时间为 75 s,这一时间内的沉降距离为 0.5 m。因此,对于不同粒径的粉尘,有一捕获的最宜液滴粒径范围。一般认为,尘粒直径越小,最宜液滴粒径也越小。有实验资料认为,液滴直径为尘粒直径的 50～150 倍为宜;也有研究表明,液滴粒径在 10～200 μm 范围内降尘效果较好,最佳降尘粒径为 40～50 μm。

(3) 粉尘的湿润性

湿润性好的粉尘,亲水粒子很容易通过液体捕集体,碰撞、截留、扩散效率高;湿润性差的粉尘与水接触碰撞时,能产生反弹现象,显然其碰撞、截留、扩散效率低,除尘效率低。因此,对于难湿润的粉尘,应向液体添加湿润剂来降低其表面张力,以提高除尘效率。

(4) 耗水量

单位体积的含尘空气耗水量越大,在液滴粒径相同的情况下,液滴数量就多,接触尘粒机会就多,产生碰撞、截留、扩散及凝聚效率也越高,除尘效率也越高。

(5) 液体黏度及粉尘密度

液体黏度越大,液体越不易产生细小颗粒液滴,除尘效率也越差;粉尘密度越大,产生碰撞效率也越高,粉尘越易沉降,除尘效率也越高。

(二) 湿式除尘器结构形式及除尘性能

根据液体捕集体产生方式,可将湿式除尘器分为喷淋除尘器、旋风水膜除尘器、自激式湿式除尘器、泡沫除尘器、填料床除尘器、文丘里除尘器及机械诱导喷雾除尘器。

根据气液分散形式,分为液滴除尘器、液膜除尘器和液层气泡除尘器。重力喷雾除尘器、自激式喷雾除尘器、文丘里湿式除尘器和机械诱导喷雾除尘器等属于液滴除尘器;湿式填料床除尘器、旋风水膜除尘器等属于液膜除尘器;泡沫除尘器属于液层气泡除尘器。下面介绍几种常见的湿式除尘器。

1. 喷淋除尘器

喷淋除尘器又称喷淋塔或洗涤塔,是一种最简单的湿式除尘装置。按尘粒和水滴流动方式可分为逆流式、并流式和横流式。图 7-2-15 所示为逆流式喷淋塔。在逆流式喷淋塔中,含尘气体向上运动,液滴由喷嘴喷出并向下运动。由于尘粒和液滴之间的惯性碰撞、拦截和凝聚等作用,使较大的尘粒被液滴捕集。若气体流速较小,夹带了尘粒的液滴因重力作用而沉降下来,与洗涤液一起从塔底排走。为保证塔内气流分布均匀,常采用孔板型气流分布板。通常在塔的顶部安装除雾器,以除去那些十分小的液滴,减少气体带水。

喷淋塔的除尘效率取决于液滴大小、尘粒的空气动力学直径、液气比以及气体性质。为了预估喷淋塔的除尘效率,通常假设所有液滴均具有相同直径,且进入洗涤器后立刻以终端

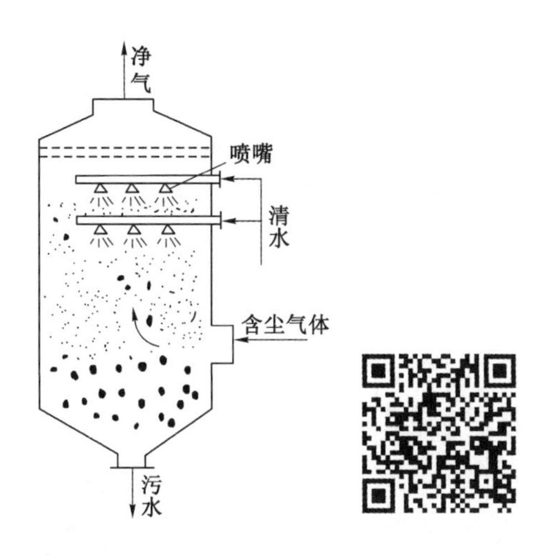

图 7-2-15　喷淋塔

沉降速度沉降;液滴在整个过气断面上分布均匀,无聚集现象。基于这些假设条件,立式逆流喷淋塔靠惯性碰撞捕集粉尘的效率可用下式表示:

$$\eta = 1 - \exp\left[-\frac{3Q_l u_t z \eta_d}{2Q_g d_D (u_t - v_g)}\right] \tag{7-2-11}$$

式中　u_t——液滴的终端沉降速度,m/s;

v_g——空塔断面气速,m/s;

d_D——液滴直径,m;

z——气液接触的总塔高度,m;

η_d——单个液滴的碰撞效率;

Q_l、Q_g——液体和气体的流量,m^3/s。

喷淋塔的压力损失较小,一般在 250 Pa 以下。喷淋塔对于 10 μm 尘粒的捕集效率较低,因而多用于净化大于 50 μm 的尘粒。捕集粉尘的最佳液滴直径约为 800 μm,为了防止喷嘴堵塞或腐蚀,应采用喷口较大的喷嘴,喷水压力为 1.5～8 MPa。另外,液气比对除尘效果也有较大影响。因此,通过喷雾洗涤器的水流速度与气流速度之比大致为 0.015～0.075,气体入口速度范围一般为 0.6～1.2 m/s,耗水量为 0.4～1.35 L/min。一般工艺中应设置沉淀池,使液体沉淀后循环使用。但因为蒸发的原因,应不断给予补充。

喷淋除尘器具有结构简单、阻力小、操作方便等特点,但耗水量大、设备庞大、占地面积大、除尘效率低。因此,经常与高效除尘器联用捕集粒径较大的尘粒。与大多数其他类型洗涤器一样,严格控制喷雾过程,保证液滴大小均匀,对保证除尘效果是非常必要的。

2. 冲击式除尘器

冲击式除尘器是在其内存有一定量的水,将具有一定动能的含尘气体直接冲击到液体上,激起大量水滴和水雾,使尘粒从气流中分离的一种除尘设备。属于这种除尘器的有结构简单的水浴除尘器和结构较复杂的自激式除尘器。

(1) 水浴除尘器

水浴除尘器的结构很简单,如图 7-2-16 所示。它由挡水板、进排气管、进排水管、喷头和溢流管等组成。它的除尘过程可分为三个阶段。连续进气管的喷头是掩埋在器内的水室里,含尘气流经喷头高速喷出,冲击水面并急剧改变方向,气流中的大尘粒因惯性与水碰撞而被捕集,这是冲击作用阶段。粒径较小的尘粒随气流以紊流的方式穿过水层,激发出大量泡沫和水花,进一步使尘粒被捕集,达到二次净化的目的,这是泡沫作用阶段。气流穿过泡沫层进入筒体内,受到激起的水花和雾滴的淋浴,得到了进一步净化,这是淋浴作用阶段。

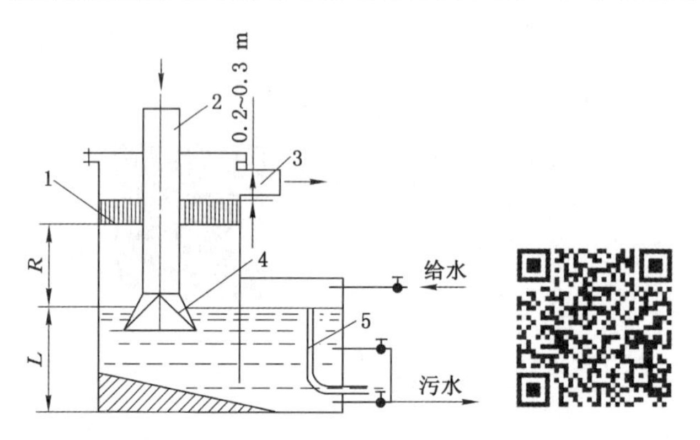

1—挡水板;2—进气管;3—排气管;4—喷头;5—溢流管。

图 7-2-16　水浴除尘器结构示意图

这种除尘器的除尘效率和压力损失与下列因素有关:喷头喷射的气流速度;喷头在水室的淹没深度;喷头与水面接触的周长 U 与气流量 Q 之比值 U/Q 等。在一般情况下,随着喷射速度、淹没深度和比值 U/Q 的增大,除尘效率提高,压力损失也增大。当气流冲击速度一定时,除尘效率和阻力随喷头的插入深度增加而增加;当喷头的插入深度一定时,除尘效率和阻力随冲击速度的增加而增加。但是,当冲击速度和插入深度到达一定值后,如再增加,则其除尘效率几乎不变,而阻力却继续增加。

水浴除尘器喷头插入深度一般为 20～30 mm,阻力为 400～700 Pa。

水浴除尘器可用砖或钢筋混凝土现场构筑,结构简单,适合于中小型工厂。缺点是泥浆处理较为困难。

(2) 自激式除尘器

自激式除尘器可分为立式和卧式两种。典型的立式自激式除尘器由进气管、排气管、自动供水系统、S 形精净化室、挡水板、溢流箱、泥浆机械耙等组成,如图 7-2-17 所示。除尘过程是:含尘气体进入器内转弯向下冲击水面,粗尘粒由于惯性作用落入水中被水捕获;细尘粒随气流以 18～35 m/s 的速度进入两叶片间的 S 形精净化室,由于高速气流冲击水面激起的水滴的碰撞及离心力的作用,使细尘粒被捕获。净化后的气体通过气液分离室和挡水板,去除水后排出。被捕集的粗、细尘粒在水中由于重力作用,沉积于器内底部形成泥浆,再由机械耙将泥浆耙出。除尘器内的水位由溢流箱控制,在溢流箱盖上设有水位控制装置,以保证除尘器的水位恒定,从而保证除尘器效率的稳定。如果除尘器较小,可以用简单的浮漂来控制水位。

自激式除尘器性能与水位、处理风量等因素有关。水位高则除尘效率高,但阻力也相应增加;水位低则除尘效率低,阻力也低。根据资料可知,以溢流堰高出上叶片下沿 50 mm 为最佳。单位长度叶片处理风量大于 6 000 m^3/h 时,除尘效率基本不变,而阻力则显著增加。

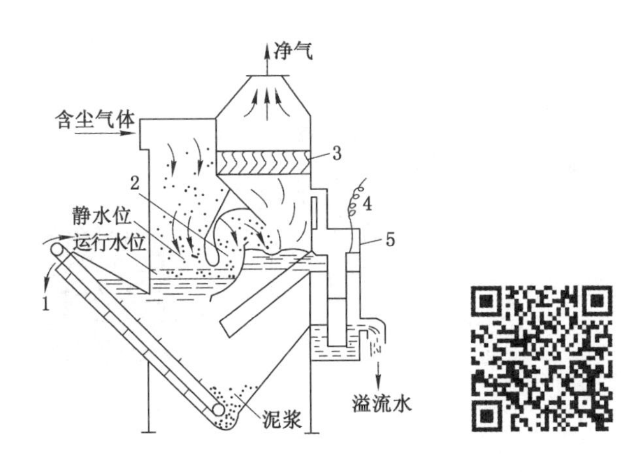

1—泥浆出口；2—S形通道；3—挡水板；4—水位控制器；5—溢流箱。

图 7-2-17　自激式除尘器结构示意图

一般，单位长度叶片处理风量以 5 000～6 000 m^3/h 为宜，设计时可取 5 800 m^3/h。

3. 湿式旋风除尘器

湿式旋风除尘器与干式旋风除尘器相比，由于附加了水滴的捕集作用，除尘效率明显提高。如在旋风水膜除尘器中，含尘气体的螺旋运动产生的离心力将水滴甩向外壁形成壁流，减少了气流带水，增加了气液间的相对速度，不仅可以提高惯性碰撞效率，而且采用更细的喷雾，壁液还可以将离心力甩向外壁的粉尘立刻冲下，有效地防止了二次扬尘。

湿式旋风除尘器适用于净化大于 5 μm 的粉尘。在净化亚微米范围的粉尘时，常将其串联在文丘里湿式除尘器之后，作为凝聚水滴的脱水器。

湿式旋风除尘器的除尘效率一般可以达到 90%以上，压力损失为 250～1 000 Pa，特别适用于气量大和含尘浓度高的烟气除尘。

常用的湿式旋风除尘器有旋风水膜除尘器和中心喷雾旋风除尘器。

(1) 旋风水膜除尘器

旋风水膜除尘器一般可分为立式旋风水膜除尘器和卧式旋风水膜除尘器两类。

卧式旋风水膜除尘器的阻力损失大约为 800～1 000 Pa。它具有结构简单、压力损失小、除尘效率高、负荷适应性强、运行维护费用低等优点，应用十分广泛。图 7-2-18 所示为卧式旋风水膜除尘器结构原理，它由外筒、内筒、螺旋导流片、集水槽及排水装置等组成，除尘器的外筒和内筒横向水平放置，设在内筒壁上的导流片使外筒和内筒之间形成一个螺旋形的通道，除尘器下部为集水槽。含尘气体沿切线方向进入除尘器，气体在内、外筒形成的螺旋通道内做旋转运动，在离心力的作用下粉尘被甩向筒壁。当气流以高速冲击到水箱内的水面上时，一方面尘粒因惯性作用落于水中；另一方面气流冲击水面激起的水滴与尘粒碰撞，也会将一部分尘粒捕获。由于这种卧式旋风水膜除尘器综合了旋风、冲击水浴和水膜三种除尘形式，因而其除尘效率一般为 90%以上，最高可达 98%。

影响卧式旋风水膜除尘器效率的主要因素是气体流速和集水槽的水位。在处理风量一定的情况下，若水位过高，螺旋形通道的断面积减小，气流通道的流速增加，使气流冲击水面过分激烈，造成设备阻力增加；反之，若水位过低，通道断面积增大，气体流速降低，会使水膜

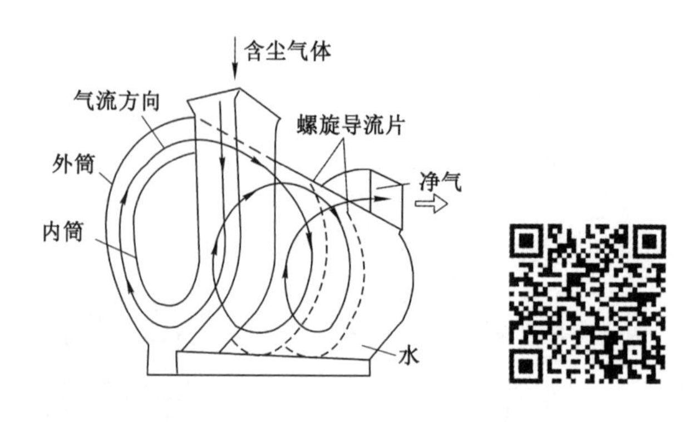

图 7-2-18　卧式旋风水膜除尘器结构原理

形成不完全或者根本不能形成，使除尘效率下降。研究表明，槽内水位至内筒底之间距离以 100～150 mm 为宜，相应螺旋形通道内的断面平均风速范围应为 11～17 m/s。

立式旋风水膜除尘器也是应用比较广泛的一种洗涤式除尘器，其构造如图 7-2-19 所示。

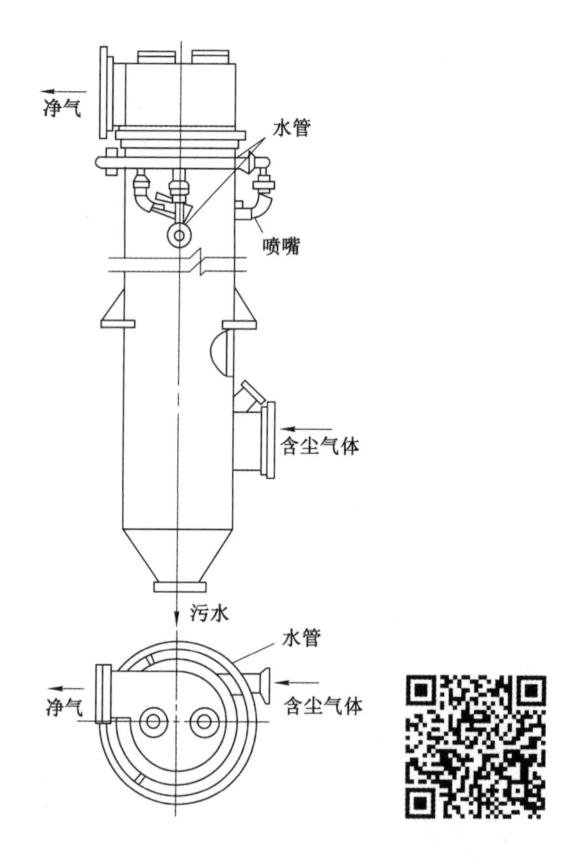

图 7-2-19　立式旋风水膜除尘器

在圆筒体上部设置切向喷嘴，水雾喷向器壁，使内壁形成一层很薄的不断向下流动的水膜。含尘气体由筒体下部切向导入，形成旋转上升的气流，气流中的尘粒在离心力作用下甩向器壁，从而被液滴和器壁的水膜所捕集，最终沿器壁流向下端集水槽，净化后的气体由顶部排出。立式旋风水膜除尘器的净化效率随气体入口速度增加和筒体直径减小而提高，但入口速度过高，压力损失也会大大增加，而且还会破坏水膜层，造成尾气带水，从而降低除尘效率，因此气体入口速度一般控制在 15～22 m/s。筒体高度对净化效率影响也比较大，对于小于 2 μm 的细粉尘影响更为显著，一般筒体高度应大于筒径的 5 倍。立式旋风水膜除尘器不但除尘效率比干式旋风除尘器高得多，而且对器壁磨损也较轻，效率一般在 90%～95%，气流压力损失为 500～750 Pa。

(2) 中心喷雾旋风除尘器

图 7-2-20 所示为中心喷雾旋风除尘器示意图。含尘气流由除尘器下部以切线方向进入，水通过轴向安装的多头喷嘴喷入，尘粒在离心力的作用下被甩向器壁，水由喷雾多孔管喷出后形成水雾，利用水滴与尘粒的碰撞作用和器壁水膜对尘粒的黏附作用而除去尘粒。入口处的导流板可以调节气流入口速度和压力损失，如需进一步控制，则要靠调节中心喷雾管入口处的水压。

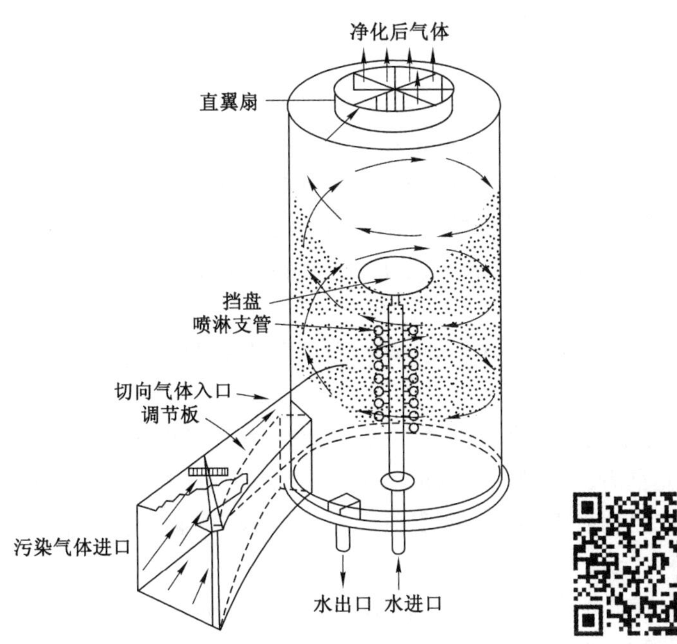

图 7-2-20　中心喷雾旋风除尘器结构原理

中心喷雾旋风洗涤器结构简单、造价低、操作运行稳定可靠。这种洗涤器的入口风速通常在 15 m/s 以上，洗涤器断面风速一般为 1.2～24 m/s，压力损失为 500～2 000 Pa，对粒径在 5 μm 以下粉尘的净化率可达 95%～98%。这种洗涤器也适于吸收锅炉烟气中 SO_2，当用弱碱溶液作洗涤液时，吸收率在 94%以上。

4. 泡沫除尘器

泡沫除尘器又称泡沫洗涤器，简称泡沫塔，如图 7-2-21 所示。这类除尘器一般分为无溢流泡沫除尘器和有溢流泡沫除尘器两类。

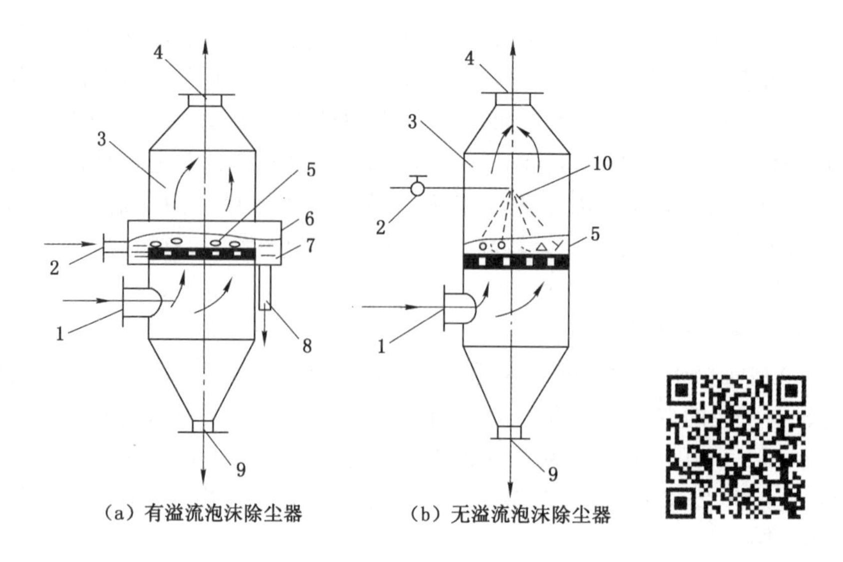

1—烟气入口；2—洗涤液入口；3—泡沫洗涤器；4—净气出口；5—筛板；
6—水堰；7—溢流槽；8—溢流水管；9—污泥排出口；10—喷嘴。

图 7-2-21 泡沫式除尘器构造示意图

泡沫除尘器一般做成塔的形式，根据允许压力降和除尘效率，在塔内设置单层或多层塔板。塔板一般为筛板，通过顶部喷淋（无溢流）或侧部供水（有溢流）的方式，保持塔板上具有一定高度的液面。含尘气流由塔下部导入，均匀通过筛板上的小孔而分散于液相中，同时产生大量的泡沫，增加了两相接触的表面积，使尘粒被液体捕集。被捕集下来尘粒，随水流从除尘器下部排出。

泡沫除尘效率主要取决于泡沫层的厚度，泡沫层越厚，除尘效率越高，阻力损失也越大。

5. 文丘里湿式除尘器

文丘里湿式除尘器是一种高效湿式洗涤器，可分为喷雾式和射流自吸式两种类型。两种类型的区别：一是前者由机械式通风机供风，后者利用水气射流通风器的原理通过压力水的喷射自行吸风；二是前者喷嘴仅以喷雾除尘为主，后者喷嘴的作用既可喷雾除尘，又有射流吸风功能。

图 7-2-22 所示为喷雾式文丘里除尘器示意图。它由喷雾器、文丘里管本体及脱水器三部分组成。文丘里管本体由渐缩管、喉管和渐扩管组成。含尘气流由进气管进入渐缩管后，流速逐渐增大，气流的压力逐渐转变为动能；进入喉管时，流速达到最大值，静压下降到最低值；以后在渐扩管中则进行着相反的过程，流速渐小，压力回升。除尘过程如下：水通过喉管周边均匀分布的若干小孔进入，然后被高速的含尘气流撞击成雾状液滴，气体中尘粒与液滴凝聚成较大颗粒，并随气流进入旋风分离器中与气体分离。因此，可将文丘里湿式除尘器的除尘过程分为雾化、凝聚和分离除尘三个阶段，前两个阶段在文丘里管内进行，后一阶段在除雾器（脱水器）内进行。

文丘里管本体的几何尺寸主要包括渐缩管、喉管和渐扩管的长度、直径以及渐缩管和渐扩管的张开角度等，如图 7-2-23 所示。进气管直径 D_1 按与之相连管道直径确定，管道中气流速度一般为 16～22 m/s。收缩管的收缩角 α_1 常取 23°～25°，喉管直径 D_r 按喉管气速 v_R

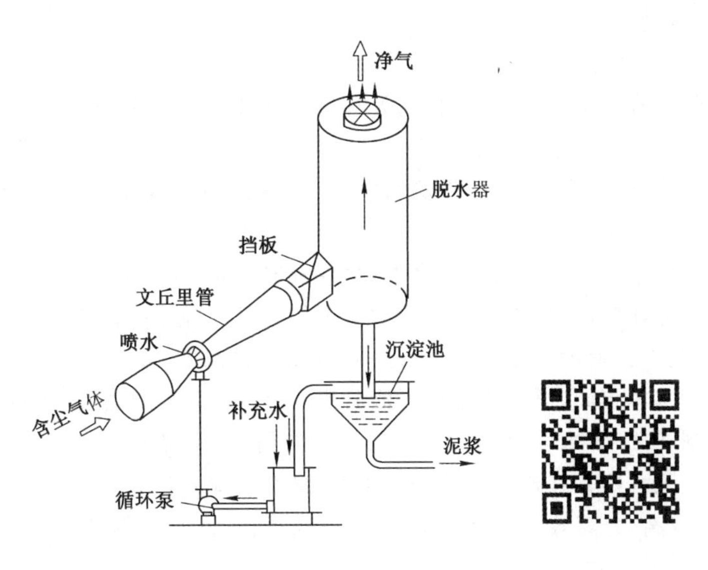

图 7-2-22　文丘里湿式除尘器

确定，其截面积与进口管截面积之比的典型值为 1∶4。v_r 的选择要考虑到粉尘、气体和洗涤液的物理化学性质、对洗涤器除尘效率和阻力的要求等因素。渐扩管的扩散角 α_2 一般为 5°～7°，出口管的直径 D_2 按与其相连的除雾器要求的气速确定。由于扩散管后面的直管道还具有凝聚和恢复压力的作用，一般设有 1～2 m 长的连接管，再接除雾器。渐缩管和渐扩管的长度 L_1 及 L_2 由下式计算：

$$L_1 = \frac{D_1 - D_r}{2}\cot\frac{\alpha_1}{2} \tag{7-2-12}$$

$$L_2 = \frac{D_2 - D_r}{2}\cot\frac{\alpha_2}{2} \tag{7-2-13}$$

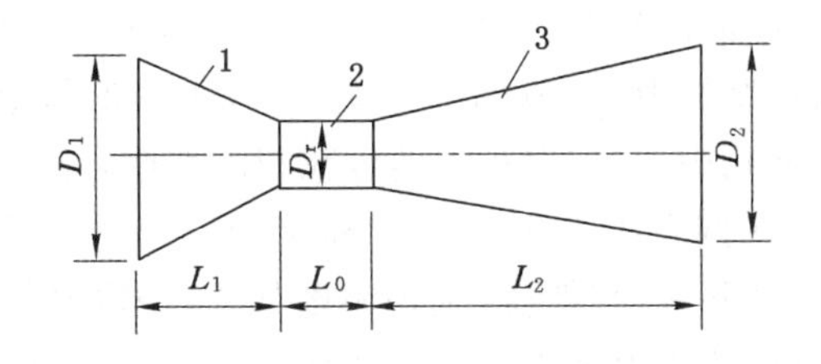

1—渐缩管；2—喉管；3—渐扩管。

图 7-2-23　文丘里管结构尺寸

喉管长度 L_0 一般取喉管直径的 0.8～1.5 倍，通常取 L_0＝200～500 mm。

对于射流自吸式文丘里除尘器，它是利用水气射流通风器喷射的气水混合物来除尘的，其除尘原理同喷雾式文丘里除尘器，目前已用于矿山采矿作业的吸尘与除尘。

文丘里湿式除尘器对细粉尘有很高的除尘效率，而且对高温气体有良好的降温效果，因此，它常被用于高温烟气的降温和除尘，如炼铁炉、炼钢电炉烟气以及有色冶炼和化工生产中的各种炉窑烟气的净化方面都常使用。文丘里洗涤器结构简单、体积小、布置灵活，投资费用低，缺点是压力损失大。

（三）湿式除尘器的脱水

当用湿法除尘和其他有害气体时，从处理设备排出的气体常常夹带有尘和其他有害物质的液滴。为了防止液滴带出湿式除尘器而影响其他空间，在湿式除尘器后面一般要进行脱水处理，即设计安装脱水装置，把液滴从气流中分离出来。湿式除尘器带出的液滴直径一般为 50～500 μm，其量约为循环液的 1%。液滴的直径比较大，因此较易去除。

目前常用的脱水装置有重力式脱水器、惯性式脱水器、旋风式脱水器、过滤式脱水器。

重力式脱水器比较简单，它依靠液滴的重力使之从气流中分离出来，但其只能分离粗大液滴，要求气流的上升速度不超过 0.3 m/s。惯性式脱水器、旋风式脱水器与惯性除尘器、旋风除尘器结构基本相同，惯性式脱水器能分离 150 μm 以上的液滴，气流通过惯性式脱水器的风速应控制在 2～3 m/s 之间，小于 2 m/s 时碰撞效率降低，大于 3 m/s 时气流会把液滴带走。过滤式脱水器是在出口处设置多层尼龙丝或铜丝网，其分离效果较好，对于直径 100 μm 以上的液滴，分离效率可高达 99%。应当指出，在选择脱水器时，除了考虑脱水效率外，还应考虑阻力的大小。

四、过滤式除尘器

过滤式除尘器可分为三类：① 利用纤维编织物作为过滤介质的袋式除尘器；② 采用砂、砾、焦炭等颗粒物作为过滤介质的颗粒层除尘器；③ 核心部分为陶瓷质微孔滤管的陶瓷微管过滤除尘器。

（一）袋式除尘器

1. 袋式除尘器除尘原理

袋式除尘器是将纤维编织物作为滤料制成滤袋对含尘气体进行过滤的除尘装置。简易袋式除尘器工作原理如图 7-2-24 所示，当含尘气流通过滤料孔隙时粉尘被阻留下来，清洁气流穿过滤袋之后排出，沉积在滤袋上的粉尘通过机械振动，从滤料表面脱落至灰斗中。滤袋除尘原理是：当含尘气体通过洁净的滤袋时，粗尘粒首先被阻留，由于滤料本身的网孔较大，一般为 20～50 μm，表面起绒的滤料为 5～10 μm，因此，新用滤袋的除尘效率较低，大部分微细粉尘会随着气流从滤袋的网孔中通过，而粗大的尘粒却因惯性碰撞、截留、布朗扩散、静电和重力沉降等作用被阻留，并在网孔中产生“架桥”现象，如图 7-2-25 所示。随着含尘气体不断通过滤袋的纤维间隙，纤维间粉尘“架桥”现象不断加强，一段时间后，滤袋表面积聚一层粉尘，称为粉尘初层。在以后的除尘过程中，粉尘初层便成了与气流粉尘进行惯性碰撞、截留、布朗扩散、静电和重力沉降等作用的主要过滤层，而滤布只不过起着支撑骨架的作用，随着粉尘在滤布上的积累，除尘效率和阻力（即压力损失）都相应增加。当滤袋两侧的压力差很大时，会导致把已附在滤料层上的细粉尘挤过去，使除尘效率明显下降，同时除尘器阻力过大会使除尘器系统的风量显著下降，以致影响生产系统的排风，因此，除尘器阻力达到一定值后，要及时进行清灰，而清灰时不能破坏粉尘初层，以免降低除尘效率。

2. 影响袋式除尘器除尘效率的因素

影响袋式除尘器除尘效率的因素有过滤风速、通风阻力、过滤材料及编织、清灰方式等。

(1) 过滤速度

过滤速度对袋式除尘器效率有较大影响。过滤速度是指气体通过滤料层的平均速度，

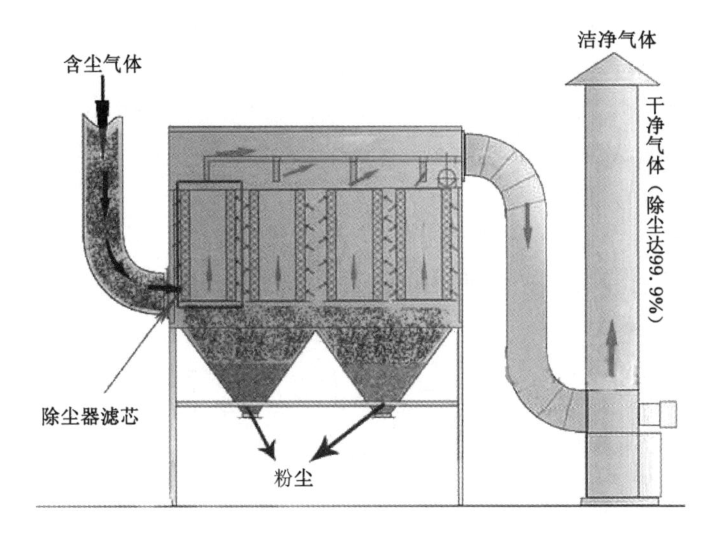

图 7-2-24 机械振动袋式除尘器

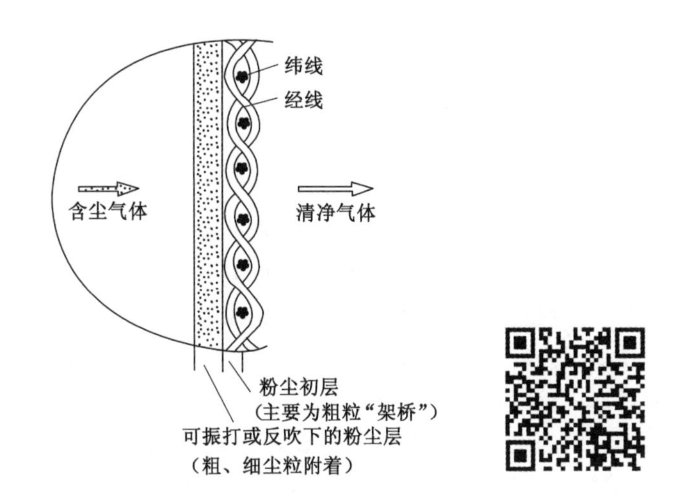

图 7-2-25 滤袋过滤除尘原理图

单位为 cm/s 或 m/min。它是表示袋式除尘器处理气体能力的一个重要技术经济指标。过滤速度的选择因气体性质和所要求的除尘效率不同而异，一般选用范围为 0.2～6 m/min。提高过滤速度可以减少过滤面积，提高过滤材料（简称滤料）的处理能力，除尘器体积及占地面积也将减少。但过滤速度过高会把滤袋上的粉尘压实，使阻力加大并使细微粉尘透过滤料而降低除尘效率。过滤速度过高还会引起频繁清灰，增加清灰能耗，减少滤袋的使用寿命等。因此，过滤速度的选择要综合考虑各种因素的影响。

若通过滤布的气体量为 $Q(m^3/h)$，滤布的面积为 $S(m^2)$，则过滤速度 v_F 为：

$$v_F = \frac{Q}{60S} \tag{7-2-14}$$

（2）通风阻力

袋式除尘器的通风阻力是重要的技术经济指标之一，它不仅决定除尘器的能量消耗，也决定除尘效率和清灰的时间间隔。袋式除尘器的压力损失与其结构形式、滤料特性、过滤速度、粉尘性质和浓度、清灰方式、气体的温度和黏度等因素有关。通风阻力可表示为：

$$\Delta h = \Delta h_c + \Delta h_f + \Delta h_d \tag{7-2-15}$$

式中　Δh——阻力损失，Pa；

Δh_c——袋式除尘器的结构阻力（正常过滤速度下，一般为 300～500 Pa），Pa；

Δh_f——清洁滤料的阻力，Pa；

Δh_d——粉尘层的阻力，Pa。

除尘器结构阻力 Δh_c 是指设备进、出口和内部流道内的挡板等造成的流动阻力，对一定结构的除尘器，Δh_c 基本上是不变的。

滤料阻力可按下式确定：

$$\Delta h_f = \frac{\zeta_f v_f \mu}{60} \tag{7-2-16}$$

式中　ζ_f——滤料的阻力系数；

μ——气体黏度。

粉尘层的阻力可按下式确定：

$$\Delta h_d = a_m \mu c_1 \tau \left(\frac{v_F}{60}\right)^2 \tag{7-2-17}$$

式中　a_m——粉尘层平均比阻，m/kg；

c_1——除尘器进口浓度，kg/m^3；

τ——连续过滤时间，s。

对于一定的处理气体和粉尘，a_m 和 μ 都是定值。由式(7-2-17)可以看出，粉尘层的阻力取决于过滤风速、气体的含尘浓度和滤袋的连续过滤时间。在袋式除尘器允许的 Δh_d 值确定之后，c_1、τ 和 v_F 这三个参数互相制约，并可以取得最佳组合。在过滤速度一定的情况下，如果含尘气体的浓度较低，则过滤时间可以适当延长；反之，处理的含尘气体的浓度较高时，过滤时间可以适当缩短。进口气体含尘浓度低、过滤时间短、清灰效果好的除尘器，可以选择较大的处理速度；反之，则应选择较低的过滤速度。由此可见，即使采用同一滤料的袋式除尘器，如果采用不同的清灰方法，选用的过滤风速应当是不同的。

(3) 过滤材料及编织

过滤材料是袋式除尘器的主要组成部分，对袋式除尘器的除尘效率和阻力、造价和运行费用等影响很大，是袋式除尘技术中的关键之一。选择袋式除尘器的滤料时必须考虑含尘气体的特性，如粉尘和气体的组成、温度、湿度、粒径等，性能良好的滤料应具有容尘量大、吸湿性小、效率高、阻力低、使用寿命长的优点，同时还应耐高温、耐磨、耐腐蚀、机械强度高等。滤料的特性除了与纤维本身的性质有关外，还与滤料表面结构有很大关系。表面光滑的滤料容尘量小，清灰方便，适用于含尘浓度低、黏性大的粉尘，此时采用的过滤速度不宜太高。表面起毛（有绒）的滤料（如羊毛毡）容尘量大，粉尘能深入滤料内部，可以采用较高的过滤速度，但清灰周期短，必须及时清灰。

袋式除尘器采用的滤料种类较多，按滤料的材质分为天然纤维、无机纤维和合成纤维等；按滤料的结构分为滤布和毛毯两类；按滤布的编织方法分为平纹编织、斜纹编织和缎纹编织，如图 7-2-26 所示。

从滤布的编织方面看，平纹滤布净化效率高，但透气性差、阻力高、难清灰；缎纹滤布透

(a) 平纹滤布

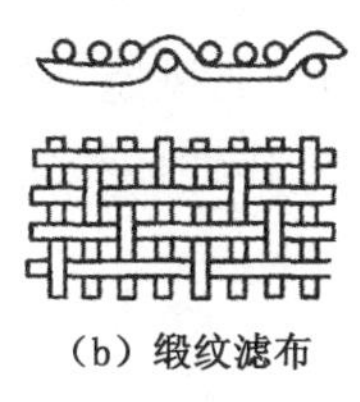
(b) 缎纹滤布

(c) 斜纹滤布

图 7-2-26　纺织滤布的结构

气性好，因纱线具有活动性而易于清灰，但净化效率低；斜纹滤布中的纱线具有足够的迁移性，弹性大，机械强度稍低于平纹滤布，受力后较易错位，其表面不光滑，耐磨性能好，净化效率和清灰效果都好，滤布不易堵塞，处理气体量高，是纺织滤料中应用最广的一种。滤布表面有起绒和不起绒之分，不起绒的滤布称为素布。经起绒使表面纤维形成绒毛的滤布称为绒布，其透气性及净化效率均优于素布，但是清灰比较困难。

从滤袋材料方面看，天然纤维包括棉织、毛织及棉毛混织品。天然纤维的特点是透气性好，阻力小，处理气体量大，过滤效率较高，易清灰，一般适用于没有腐蚀性、操作温度在80～90 ℃以下的含尘气体。合成纤维滤料主要包括聚酰胺纤维（尼龙）、聚酯纤维（涤纶 729、208）、聚苯硫醚（PPS）纤维、聚丙烯腈纤维（奥纶）、聚乙烯醇纤维（维尼纶）、聚酰亚胺纤维（P84）、芳香族聚酰胺纤维（芳纶）、聚四氟乙烯纤维（特氟纶）等。其共性是具有强度高、抗折性能好、透气性好、收尘效果好等优点，适宜在低于 120 ℃废气温度的袋式除尘设备中使用。其个性上也有不同方面：尼龙织物最高使用温度为 80 ℃，其耐酸性能不如毛织物，但耐磨性很好，适合于过滤磨损性强的粉尘，如黏土、水泥熟料、石灰石尘等；奥纶的耐酸性好，但耐磨性差，最高使用温度在 130 ℃左右，适用于有色金属冶炼中含有烟气的净化；涤纶具有较强的耐热、耐酸性能，耐磨性仅次于尼龙，能长期使用的温度为 140 ℃。玻璃纤维是无机滤料，目前国内生产的玻璃纤维滤料有普通玻璃纤维滤布、玻璃纤维膨体纱滤布、玻璃纤维针刺毯滤布和玻璃纤维覆膜过滤材料。玻璃纤维类滤料具有耐高温（280 ℃）、耐腐蚀、表面光滑、不易结霜、不缩水等优点，其缺点是较脆，织成滤袋后不柔软，经不起揉折和摩擦，不宜用于机械振打清灰的除尘器，而且过滤风速较低，除尘效率低于天然和合成纤维滤料，只可用于水泥、冶炼、炭黑、动力等部门的高温烟气净化。在玻璃纤维基布上覆合多微孔聚四氧乙烯薄膜制成的玻璃纤维覆膜过滤材料集中了玻璃纤维的耐高温、耐腐蚀等优点和聚四氟乙烯多微孔薄膜的表面光滑、憎水透气、化学稳定性好等优良特性，几乎能截留含尘气流中的全部粉尘，而且能在不增加运行阻力的情况下保证气流的最大通量，是理想的过滤材料。

(4) 清灰方法

清灰是袋式除尘器运行中十分重要的环节。袋式除尘器的效率、通风阻力、过滤速度及滤袋寿命等均与清灰方式有关。通常可分为简易清灰、机械清灰和气流清灰三种。

① 简易清灰是通过关闭通风机时滤袋的变形和依靠粉尘层的自重进行的，有时还辅以人工的轻度拍打。简易清灰法操作简单，但是只能采用较低的过滤风速，不能连续运行，使其应用受到了限制。简易式除尘器过滤风速一般取 0.2～0.75 m/min，压力损失约为 600～700 Pa，除尘效率达 99%左右。

② 机械清灰是通过摇动、抖动和频率较高、振幅较小的振动（图 7-2-27）等方式来清灰的。图 7-2-27 中的（a）和（b）是滤袋在振打机构的作用下上下或左右运动，这种清灰方法容

易产生滤袋的局部损坏；图 7-2-27(c)是滤袋在振动装置的作用下产生微振，从而使粉尘脱落达到清灰要求的。机械振动清灰袋式除尘器的过滤风速一般取 1.0～2.0 m/min，压力损失为 800～1 200 Pa。该类袋式除尘器的优点是工作性能稳定、清灰效果较好；缺点是滤袋受机械力作用损坏较快，检修与更换工作量大。

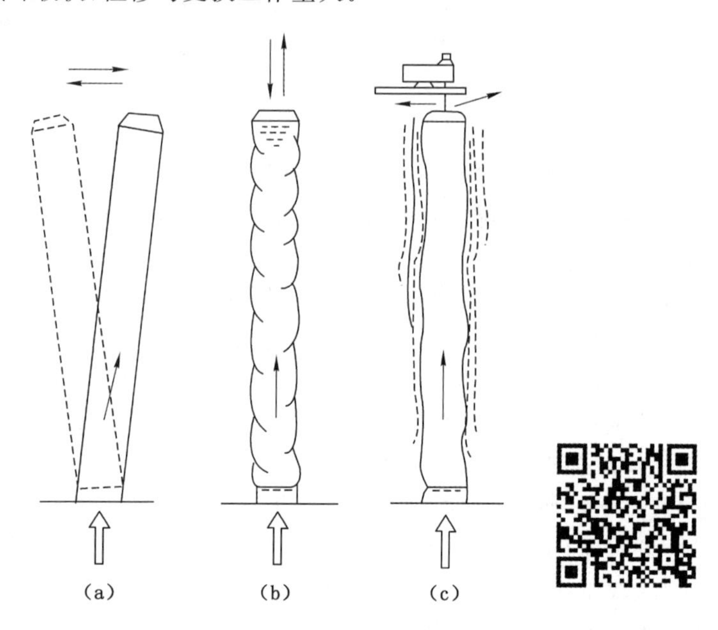

图 7-2-27　机械清灰方式

③ 气流清灰(图 7-2-28)是利用反吹气流使滤袋瞬时胀缩、将积尘抖落的一种清灰方法，具有处理能力大、清灰效果好、工作稳定、对滤袋损伤小等优点，我国应用较多。气流清灰又可分为逆气流清灰、气环反吹和脉冲喷吹三种方式。逆气流清灰[图 7-2-28(a)]是利用开闭阀门、改变气流方向，造成与正常过滤气流方向相反的气流冲击，从而达到清灰的目的，它结构简单、清灰效果好、滤袋磨损少，特别适用于粉尘黏性小的玻璃纤维滤袋，其过滤风速一般为 0.5～2.0 m/min，压力损失控制范围为 1 000～1 500 Pa。气环反吹清灰[图 7-2-28(b)]是在滤袋外设置可以上下移动的反吹气环，用环状喷吹气流压迫滤袋，使袋内积尘脱落，从而实现清灰。脉冲喷吹清灰[图 7-2-28(c)]利用每 60 s 左右喷吹一次、每次喷吹 0.1 s 左右的脉冲阀将 4～7 atm(1 atm＝101 325 Pa)压缩空气反吹滤袋，造成滤袋内瞬时正压，滤料及袋内空间急剧膨胀，加之气流的反向作用，使滤袋振动，导致积附在滤袋上黏附性强的粉尘在不中断过滤工作时脱落。脉冲喷吹袋式除尘器的优点是清灰过程中不中断滤袋工作，清灰时间间隔短，过滤风速高，净化效率在 99%以上，压力损失在 1 200～1 500 Pa 左右，过滤负荷高，滤布的磨损小，是目前应用很广的一种清灰方式；其主要缺点是需要 4～7 atm 的压缩空气作为清灰动力，清灰用的脉冲控制仪复杂，对浓度高、潮湿的含尘气体净化效果较差。

3. 袋式除尘器的结构形式

根据结构特点将袋式除尘器划分为四种形式：上进风式与下进风式、圆袋式与扁袋式、吸入式与压入式、内滤式与外滤式。

(1) 上进风式与下进风式

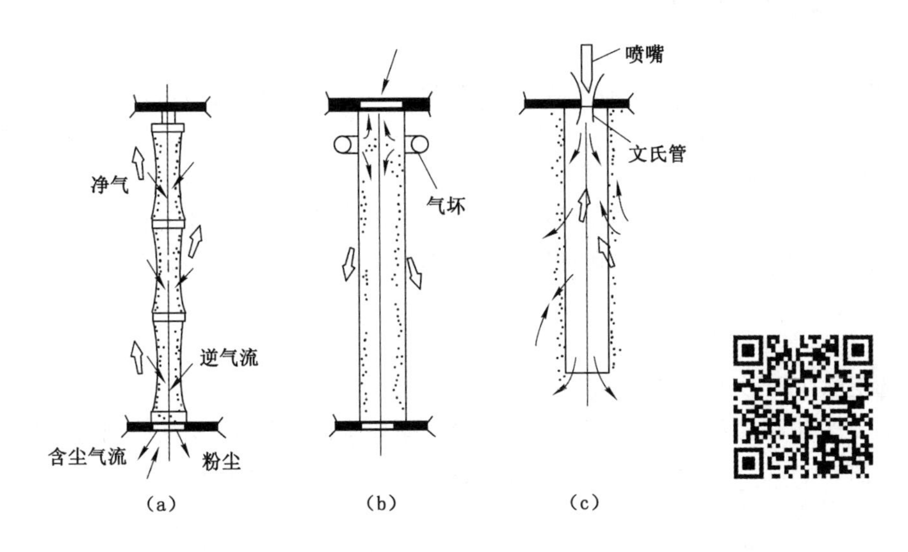

图 7-2-28 气流清灰方式

上进风式是指含尘气流入口位于袋室上部，气流与粉尘沉降方向一致。下进风式是指含尘气流入口位于袋室下部，气流与粉尘沉降方向相反，如图 7-2-29(a)、(b)所示。若外观上是下进风式，但滤袋室没有导流板，将含尘气流引到上部分散的，应属上进风式，如图 7-2-29(c)、(d)所示。

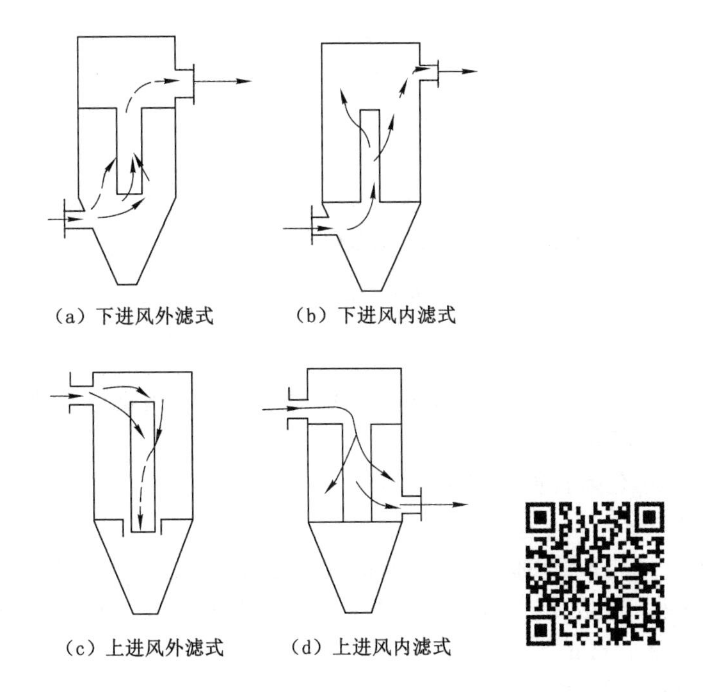

图 7-2-29 袋式除尘器的结构形式

(2) 圆袋式与扁袋式

圆袋式是指滤袋为圆筒形，如图 7-2-27 所示；而扁袋式是指滤袋为平板形(信封形)、梯形、楔形以及非圆筒形的其他形状。

(3) 吸入式与压入式

吸入式是指通风机位于除尘器之后,除尘器为负压工作。压入式是指通风机位于除尘器之前,除尘器为正压工作。

(4) 内滤式与外滤式

内滤式是指含尘气流由袋内流向袋外,利用滤袋内侧捕集粉尘,如图 7-2-29(b)、(d)所示。外滤式是指含尘气流由袋外流向袋内,利用滤袋外侧捕集粉尘,如图 7-2-29(a)、(c)所示。

4. 袋式除尘器选型与设计

(1) 选定除尘器形式、滤料及清灰方式

首先选定采用除尘器的形式。例如,对除尘效率要求高、厂房面积受限制、投资和设备定货皆有条件的情况,可以采用脉冲喷吹清灰袋式除尘器,否则可采用定期人工拍打的简单袋式除尘器或其他形式。

其次要根据含尘气体的特性,选择合适的滤袋。例如,气体温度超过 140 ℃,但低于 260 ℃时,可选用玻璃纤维滤袋;对纤维性粉尘则选用光滑的滤料,如平绸、尼龙等;对一般工业性粉尘,可采用涤纶布、棉绒布等。再根据除尘器形式、滤料种类、气体含尘浓度、允许的压力损失等,初步确定清灰方式。

(2) 计算过滤面积

先根据气体的含尘浓度、滤料种类及清灰方式等确定过滤速度 v_F。一般情况下,过滤速度取值为:

简易清灰: $v_F = 0.20 \sim 0.75$ m/min

机械振动清灰: $v_F = 1.0 \sim 2.0$ m/min

逆气流反吹清灰: $v_F = 0.5 \sim 2.0$ m/min

脉冲喷吹清灰: $v_F = 2.0 \sim 4.0$ m/min

再根据除尘器的处理风量 Q 算出总过滤面积 S:

$$S = \frac{Q}{60 v_F} \tag{7-2-18}$$

(3) 除尘器设计

若选择定型产品,则根据处理烟气量和总过滤面积,即可选定除尘器型号规格。

若需自行设计时,其主要步骤如下:

① 确定滤袋尺寸,包括直径 d 和高度。

② 计算滤袋条数 n。

③ 布置滤袋,在滤袋条数多时,根据清灰方式及运行条件将滤袋分成若干组,每组内相邻两滤袋之间的净距一般取 50～70 mm;若为简易清灰的袋式除尘器,考虑到人工清灰等,其间距一般为 600～800 mm。

④ 设计清灰机构及壳体。

⑤ 设计粉尘的输送回收及综合利用系统。

(二) 颗粒层除尘器

颗粒层除尘器是利用颗粒状物料(如硅石、砾石、焦炭等)作为过滤层的一种内滤式除尘装置。在除尘过程中,含尘气体中的粉尘粒子主要是在惯性碰撞、截留、扩散、重力沉降和静电力等多种作用下被分离出来。其主要优点是:

① 耐高温、抗磨损、耐腐蚀。

② 能够净化易燃易爆的含尘气体,并可同时除去 SO_2 等多种污染物。

③ 除尘效率高,一般可达 98%～99.9%。

④ 过滤能力不受粉尘比电阻的影响,适用性广。

⑤ 一般为干式除尘,没有湿式除尘的缺点,且维修费用低,主要应用于高温含尘气体的除尘。

实践证明,颗粒层除尘器颗粒的粒径越大,床层的孔隙率也越大,粉尘对床层的穿透越强,除尘效率越低,但阻力损失也比较小;反之,颗粒的粒径越小,床层的孔隙率越小,除尘的效率就越高,阻力也随之增加。因此,在阻力损失允许的情况下,为提高除尘效率,最好选用小粒径的颗粒。床层厚度增加以及床层内粉尘层增加,除尘效率和阻力损失也会随之增加。因此,颗粒层除尘器过滤风速一般为 30～40 m/min,除尘器总阻力约 1 000～1 200 Pa,颗粒滤料一般为含二氧化硅 99%以上的石英砂,也有的使用无烟煤、矿渣、焦炭、河沙、卵石、金属屑、陶粒、玻璃珠、橡胶屑、塑料粒子等,颗粒粒径一般以 2～5 mm 为宜,其中小于 3 mm 粒径的颗粒应占 1/3 以上,床层厚度一般为 100～500 mm。

颗粒层除尘器的种类很多,按床层位置可分为垂直床层与水平床层两种类型;按床层状态可分为固定床、移动床和流化床三种类型;按床层数可分为单层颗粒层除尘器和多层颗粒层除尘器;按清灰方式分为振动式反吹、带梳耙反吹和沸腾式反吹三种类型。下面介绍两种典型的颗粒层除尘器。

(1) 梳耙反吹式颗粒层除尘器

图 7-2-30 所示为单层梳耙反吹清灰旋风式颗粒层除尘器。过滤时,含尘烟气从侧向进入下部旋风筒,粗粉尘被分离下来进入灰斗。然后,气体经中心管进入过滤室,自上而下通过颗粒滤料层,粉尘便被阻留在硅石颗粒表面或颗粒层空隙中,气体通过净化室和切换阀从出口排出。随着床层内粉尘的沉积,阻力加大,过滤速度下降,需及时进行清灰。此时,控制机构操纵换向阀,关闭净气排气口,同时打开反吹风入口,反吹气流按相反方向进入颗粒床层,使颗粒层处于流化态。与此同时,梳耙旋转搅动颗粒层,使凝聚沉积在颗粒上的粉尘松动、脱落,并随反吹气流沿着过滤时相反的路线,经芯管进入旋风筒内。此时,由于流速的突然降低及气流急剧转变,粉尘块在惯性力和重力的作用下掉入灰斗。含少量粉尘的反吹气流,经含尘烟气进口汇入含尘烟气总管,进入并联的其他筒体内进一步净化。

(2) 移动床颗粒层除尘器

图 7-2-31 所示为移动床颗粒层除尘器。除尘器工作时,含尘气流从输入管路进入具有大蜗壳的上旋风体内,在旋转离心力作用下,粗大的尘粒被分离出来落入集灰斗;而其余的微细粉尘随内旋气流切向进入颗粒滤床,借其综合的筛滤效应进一步得到净化。净化后的洁净气流沿颗粒床的内滤网筒旋转上升,最后经过出气管道,再经风机排入大气。被污染了的颗粒滤料,经过床下部的调控阀门,按设定的移动速度缓慢落入滤料清灰装置,除去收集到的微细粉尘。微细粉尘穿过倒锥形(清灰)筛落入集灰斗,而被清筛过的洁净滤料沿锥筛孔及与其相衔接的溜道流进储料箱,最后通过气力输送装置或小型斗式提升机将其再度灌装到颗粒床内,继续循环使用。

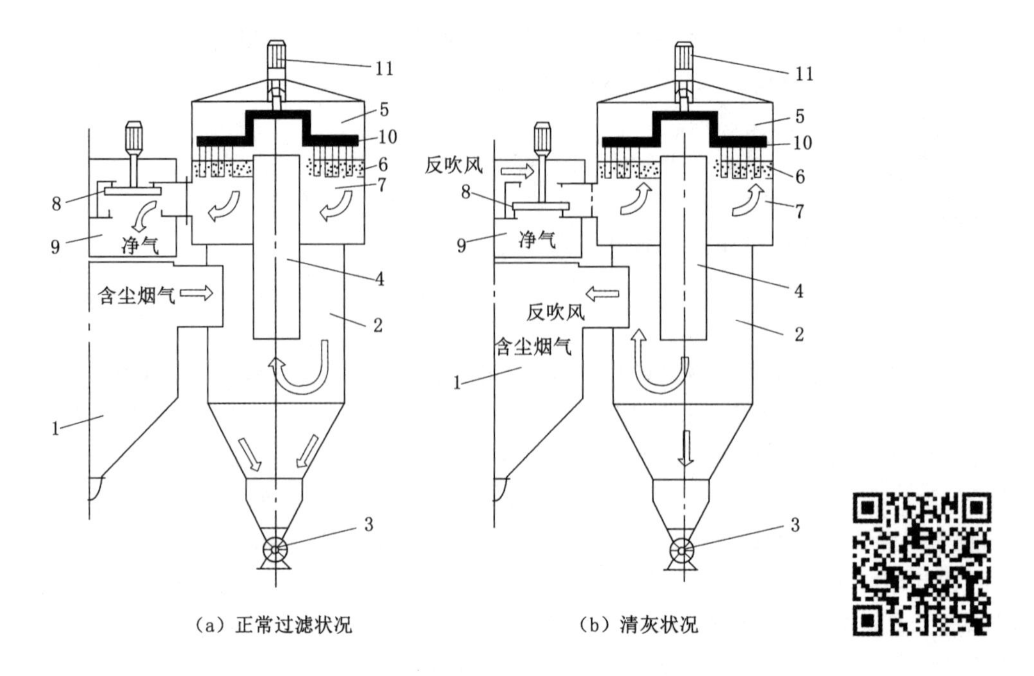

1—含尘气体总管；2—旋风筒；3—卸灰阀；4—中心管；5—过滤室；6—颗粒填料床；
7—干净气体室；8—切换阀；9—净气出口管；10—梳耙；11—驱动电机。

图 7-2-30 单层梳耙反吹清灰旋风式颗粒层除尘器

这种除尘器从根本上解决了颗粒层除尘器的运行可靠性问题。与前述常规颗粒层除尘器相比，该移动床颗粒层除尘器实现了如下几方面的实质性技术进步：颗粒料不放在筛网或孔板上，可避免筛网或孔板被堵塞的毛病，确保了除尘器的正常运行；在过滤不间断的情况下，再生过滤介质(即颗粒滤料)；过滤面积的设计值不必超过实际处理风量；把层内清灰变为床外清灰，彻底甩掉了包含众多运动部件的耙式反吹风清灰机构，因此除尘器体内的维修几乎是不必要的。该移动床颗粒层除尘器最显著的结构特点如下：

① 颗粒滤料清灰是在颗粒床之外进行的，省去了水平布置颗粒层除尘器那套复杂的耙式反吹风清灰系统。该除尘器仅在颗粒床下部设置了一个倒锥形固定滤料清灰筛(简称锥形筛)，为改善颗粒料在筛上滚动清灰效果，在筛上部安装了一个伞形反射导流屏，借床下部调控阀门动作可实现在颗粒床过滤不间断的情况下清灰，再生过滤介质。而普通颗粒层除尘器只能在停机状态下间断清灰。

② 将一个结构极其简单的圆筒状颗粒床除尘器(二级除尘)和普通的扩散型旋风除尘器(一级除尘)有机地组合为一体，巧妙地利用了旋风体内的有限空间。倘若旋风体直径不变，则圆筒状颗粒床除尘器过滤面积远大于水平布置的颗粒层除尘器的过滤面积。

③ 为了实现清筛过的洁净滤料重新灌注到颗粒床循环使用，除尘器配置了滤料气力输送装置或小型斗式提升机附加设备。

应当说明，尘粒在颗粒层内的凝并过程是必须的，它能使细小尘粒凝并成大颗粒或团块，并能在旋风筒内得到分离；反之，如果尘粒的凝并性能很差，则不宜采用颗粒层除尘器。

(三) 陶瓷微管过滤式除尘器

陶瓷微管过滤式除尘器核心部分为陶瓷质微孔滤管。陶瓷质微孔滤管是采用电熔刚玉

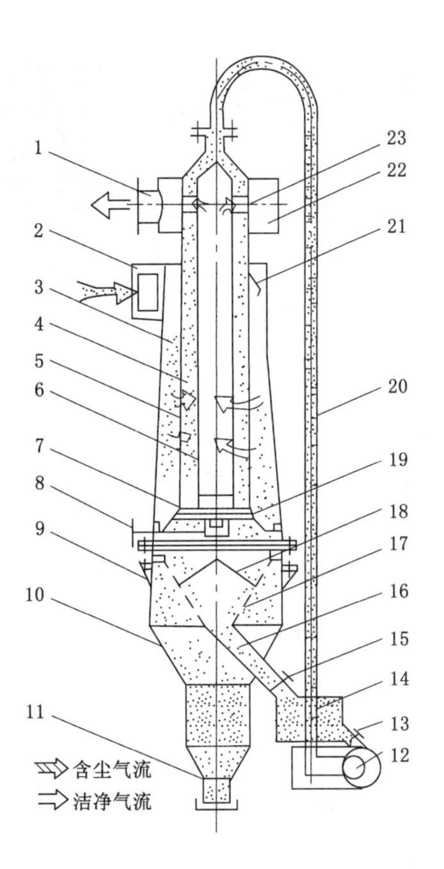

1—洁净气流出口管；2—含尘气流进口管；3—旋风体上体；4—颗粒滤料；5—颗粒床外滤网筒；6—颗粒床内滤网筒；7—调控阀固定盘；8—调控阀操纵机构；9—旋风体下体；10—集灰斗；11—集灰斗出口管；12—滤料输送装置；13—储料箱出口阀；14—储料箱；15—溜道管出口阀；16—溜道口管；17—锥形筛；18—反射导流屏；19—调控阀活动盘；20—滤料输送管道；21—气流导向板；22—出风道；23—出风连通道。

图 7-2-31　移动床颗粒层除尘器

砂(Al_2O_3)、黏土(SiO_2)及石蜡等制成坯后在高温下煅烧而成。电熔刚玉砂在高温下经熔融的溶剂黏结成坯形，其中有机物熔剂燃尽及挥发后即形成微孔。影响刚玉质滤管性能的因素很多，其中包括原料的配比、原料的粒度、成型过程的操作条件、料浆的流动性、焙烧温度及其在炉内分布的均匀性等。当其他条件保持不变时，刚玉砂(Al_2O_3)的粒度越粗，则形成的微孔孔径就越大；黏土加的越多，则孔隙率就越小；滤管断面微细的构造如图 7-2-32 所示。瓷质微孔管在反吹时形状保持不变，所形成的一次粉尘层免遭破坏，故除尘效率保持不变。

其工作原理是：高温含尘气体由通风机吸入后，进入数根串联的滤管内腔，一部分较大颗粒烟尘由于惯性的作用，不会黏附管壁而直入灰斗中，直接落下的粉尘再削落黏附于管壁上的粉尘，防止粉尘层的增厚，从而减小滤管的阻力损失。其余微细烟尘由微孔管过滤，黏附在管壁上，经反向清灰后，黏附在管壁上的粉尘被清除下来，落至灰斗中，过滤后的洁净气体经通风机和烟囱排入大气。

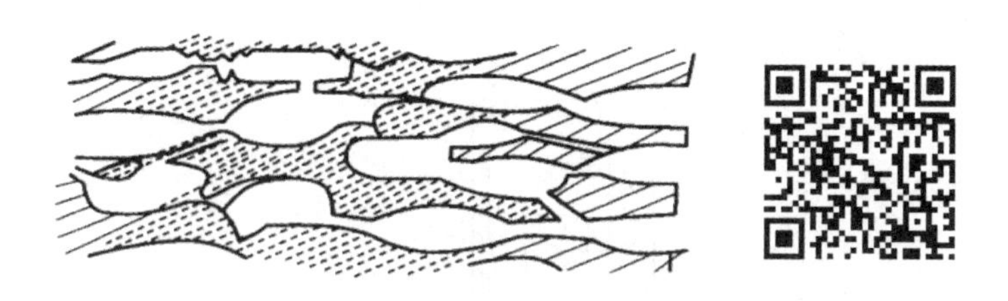

图 7-2-32　陶瓷质微孔滤管断面微细构造

五、电除尘器

(一) 电除尘器结构组成和工作原理

图 7-2-33 所示为单管式电除尘器结构组成示意图。接地的金属管叫集尘电极；与高压直流电源相接的细金属线叫放电极（又称电晕极）。放电极置于圆管的中心，靠下端的吊锤拉紧，含尘气体从除尘器下部的进气管进入，净化后的清洁气体从上部排气管排出。

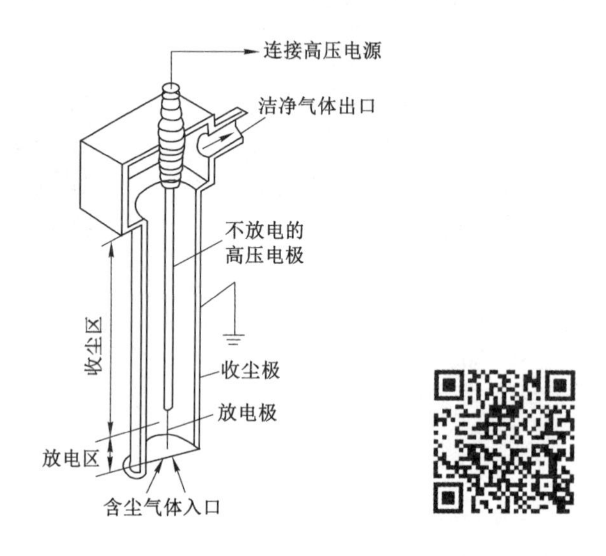

图 7-2-33　单管式电除尘器示意图

电除尘的基本原理主要包括电晕放电、粉尘荷电、粉尘沉积和清灰四个基本过程。图 7-2-34 所示为电除尘器的除尘过程示意图。

1. 电晕放电

电除尘器内设有高压电场，电极间的空气离子在电场的作用下向电极移动，形成电流。开始时，空气中的自由离子少，电流较小。当电压升高到一定数值后，电晕极附近离子获得了较高的能量和速度，它们撞击空气中性分子时，中性分子会电离成正负离子，这种现象称为空气电离。空气电离后，由于连锁反应，在极间运动的离子数大大增加，表现为极间电流（电晕电流）急剧增大。当电晕极周围的空气全部电离后，形成了电晕区，此时在电晕极周围可以看见一圈蓝色的光环，这个光环称为电晕放电。如果在电晕极上加的是负电压，则产生的是负电晕；反之，则产生正电晕。

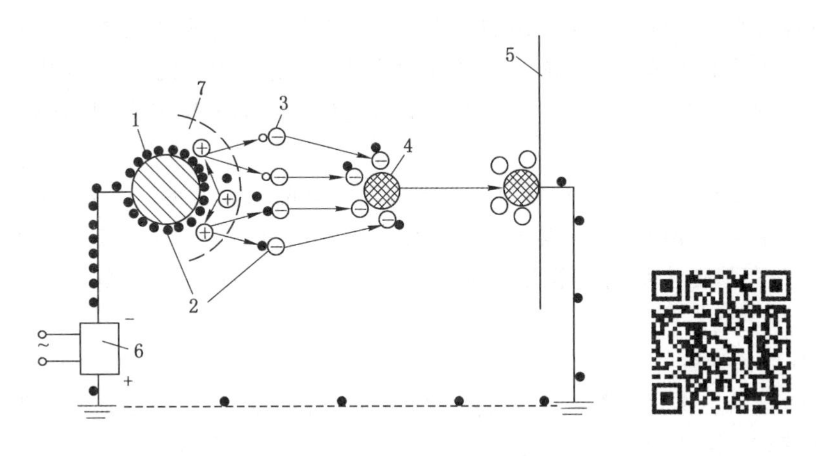

1—电晕极；2—电子；3—离子；4—粒子；5—集尘级；6—供电装置；7—电晕区。

图 7-2-34　电除尘器除尘过程示意图

2. 粉尘荷电

以负电晕为例，在放电电极附近的电晕区内，正离子立即被电晕极表面吸引而失去电荷；自由电子和负离子则因受电场力的驱使和扩散作用，向集尘电极移动，于是在两极之间的绝大部分空间内部都存在着自由电子和负离子，含尘气流通过这部分空间时，粉尘与自由电子、负离子碰撞而结合在一起，实现粉尘荷电。

3. 粉尘沉积

电晕区的范围一般很小，电晕区以外的空间称为电晕外区。以负电晕为例，电晕区内的空气电离之后，正离子很快向负极（电晕极）移动，只有负离子才会进入电晕外区，向阳极（集尘极）移动。含尘气流通过电除尘器时，只有少量的尘粒在电晕区通过，获得正电荷，沉积在电晕极上。大多数尘粒在电晕外区通过，获得负电荷，在电场力的驱动下向集尘极运动，到达极板失去电荷后最后沉积在集尘极上。

4. 清灰

当集尘极表面的灰尘沉积到一定厚度后，会导致火花，电压降低，电晕电流减小；而电晕极上附有少量的粉尘，也会影响电晕电流的大小和均匀性。为了防止粉尘重新进入气流，保持集尘极和电晕极表面的清洁，隔一段时间应及时清灰。

（二）影响除尘性能因素

1. 粉尘特性

粉尘特性主要包括粉尘的粒径分散度、真密度、堆积密度和比电阻等，其中最主要的是粉尘的比电阻。

影响粉尘比电阻的因素很多，但主要是气体的温度和湿度。所以，对于比电阻值偏高的粉尘，往往可以通过改变烟气的温度和湿度来调节，具体的方法是向烟气中喷水，这样可以同时达到增加烟气湿度和降低烟气温度的双重目的。为了降低烟气的比电阻，也可以向烟气中加入 SO_3、NH_3 以及 Na_2CO_3 等化合物，以增加粉尘的导电性。

2. 含尘气特性

含尘气特性主要包括烟气温度、压力、成分、温度、含尘浓度、断面气流速度和分布等。

（1）气体的温度和湿度

含尘气体的温度对除尘效率的影响主要表现为对粉尘比电阻的影响。在低温区，由于粉尘表面的吸附物和水蒸气的影响，粉尘的比电阻较小；随着温度的升高，作用减弱，使粉尘的比电阻增加；在高温区，主要是粉尘本身的电阻起作用。因而随着温度的升高，粉尘的比电阻降低。

当温度低于露点时，气体的湿度会严重影响除尘器的除尘效率。主要会因捕集到的粉尘结块黏结在集尘极和电晕极上难于振落，而使除尘效率下降。当温度高于露点时，随着湿度的增加，不仅可以使击穿电压增高，而且可以使部分尘粒的比电阻降低，从而使除尘效率有所提高。

(2) 断面气流速度

从电除尘器的工作原理不难得知，除尘器断面气流速度越低，粉尘荷电的机会越多，除尘效率也就越高。例如，当锅炉烟气的流速低于 0.5 m/s 时，除尘效率接近 100%；烟气流速高于 1.6 m/s 时，除尘效率只有 85%左右。可见，随着气流速度的增大，除尘效率也就大幅度下降。从理论上讲，低流速有利于提高除尘效率，但如果气流速度过低，则不仅经济上不合理，而且管道易积灰。实际生产中，断面上的气流速度一般为 0.6～1.5 m/s。

(3) 断面气流速度分布

断面气流速度分布均匀与否，对除尘效率影响很大。如果断面气速分布不均匀，在流速较低的区域，就会存在局部气流停滞，造成集尘极局部积灰严重，使运行电压变低；在流速较高的区域，又易造成二次扬尘。因此，断面气流速度差异越大，除尘效率越低。为解决除尘器内气流分布问题，一般采取在除尘器的入口或在出入口同时设置气流分布装置。

(4) 含尘浓度

除尘电场中，荷电粉尘形成的空间电荷会对电晕极产生屏蔽作用，从而抑制电晕放电。随着含尘浓度的提高，电晕电流逐渐减少，这种现象被称为电晕阻止效应。当含尘浓度增加到某一数值时，电晕电流基本为零，这种现象被称为电晕闭塞。此时，除尘器失去除尘能力。

为避免产生电晕闭塞，进入电除尘器的气体含尘浓度应小于 20 g/m^3。当气体含尘浓度过高时，除了选用曲率大的芒刺型电晕电极外，还可以在电除尘器前串接除尘效率较低的机械除尘器，进行多级除尘。

3. 火花放电频率

为了获得最佳除尘效率，通常用控制电晕极和集尘极之间火花频率的方法，做到既维持较高的运行电压，又避免火花放电转变为弧光放电。这时的火花频率被称为最佳火花频率，其值因粉尘的性质和浓度、气体的成分、温度和湿度的不同而不同，一般取 30～150 次/min。

4. 操作因素

操作因素主要包括伏安特性、漏风率、二次飞扬等。电除尘器运行过程中，电晕电流与电压之间的关系称为伏安特性，它是很多变量的函数，其中最主要的是电晕极和除尘极的几何形状、烟气成分、温度、压力和粉尘性质等。电场的平均电压和平均电晕电流的乘积即电晕功率，它是电除尘器的有效功率，电晕功率越大，除尘效率也就越高。

5. 结构因素

结构因素主要包括电晕线的几何形状、直径、数量和线间距，收尘极的形式、极板断面形状、极间距、极板面积、电场数、电场长度，供电方式、振打方式(方向、强度、周期)、气流分布装置、外壳严密程度、灰斗形式和出灰口锁风装置等。

6. 清灰

由于电除尘器在工作过程中，随着集尘极和电晕极上堆积粉尘厚度的不断增加，运行电压会逐渐下降，使除尘效率降低。因此，必须通过清灰装置使粉尘剥落下来，以保持高的除尘效率。

（三）电除尘器的结构形式

1. 按粒子荷电段和分离段的空间布置不同分类

按粒子荷电段和分离段的空间布置不同，可分为单区式和双区式两类电除尘器。电除尘的四个过程都在同一空间区域内完成的叫作单区式电除尘器；而荷电和除尘分设在两个空间区域内的称为双区式电除尘器。目前，单区式电除尘器应用最广。

2. 按集尘极的形式分类

按集尘极的形式可分为管式和板式两类电除尘器。管式电除尘器的集尘极一般为多根并列的金属圆管（或呈六角形），适用于气体量较小的情况。板式电除尘器采用各种断面形状的平行钢板做集尘极，极板间均布电晕线。

3. 按气流流动方向分类

按气流流动方向可分为立式和卧式两类电除尘器。管式电除尘器都是立式的，板式电除尘器既有立式也有卧式。在工业废气除尘中，卧式的板式电除尘器应用最广。

4. 按清灰方式分类

按清灰方式可分为干式和湿式两类电除尘器。

（四）主要部件

电除尘器的结构由除尘器主体、供电装置和附属设备组成。除尘器的主体包括电晕电极、集尘极、清灰装置、气流分布装置和灰斗等。

1. 电晕电极

电晕电极是产生电晕放电的电极，应具有起晕电压低、击穿电压高、电晕电流大等性能，具有较高的机械强度和耐腐蚀性能。电晕电极的形式很多，目前常用的有直径 3 mm 左右的圆形线、星形线、锯齿线和芒刺线等。其中，芒刺线又可分为三角形芒刺、角钢芒刺、波形芒刺、扁钢芒刺、锯形芒刺、条形芒刺，如图 7-2-35 所示。

最简单的是圆形导线，圆形导线的直径越小，起晕电压越低、放电强度越高，但机械强度也较低，振打时容易损坏。工业电除尘器中一般使用直径为 2～3 mm 的镍铬线作为电晕电极。上部自由悬吊，下端用重锤拉紧，也可以将圆导线做成螺旋弹簧形，适当拉伸并固定在框架上，形成框架式结构。

星形电晕电极是用直径 4～6 mm 的普通钢材经冷拉而成的，它利用四个尖角边放电，放电性能好，机械强度高，采用框架方式固定，适用于含尘浓度较低的场合。

芒刺形和锯齿形电晕电极属于尖端放电，放电强度高。在正常情况下比星形电晕电极产生的电晕电流大一倍，起晕电压比其他的形式低。此外，由于芒刺或锯齿尖端放电产生的电子流和离子流特别集中，在尖端伸出方向增强了电风，这对减弱和防止因烟气含尘浓度高时出现的电晕闭塞现象是有利的。因此，芒刺形和锯齿形电晕电极适合于含尘浓度高的场合。

相邻电晕电极之间的距离对放电强度影响较大。极距太大会减弱电场强度，极距过小也会因屏蔽作用降低放电强度。实验表明，最优间距为 200～300 mm。

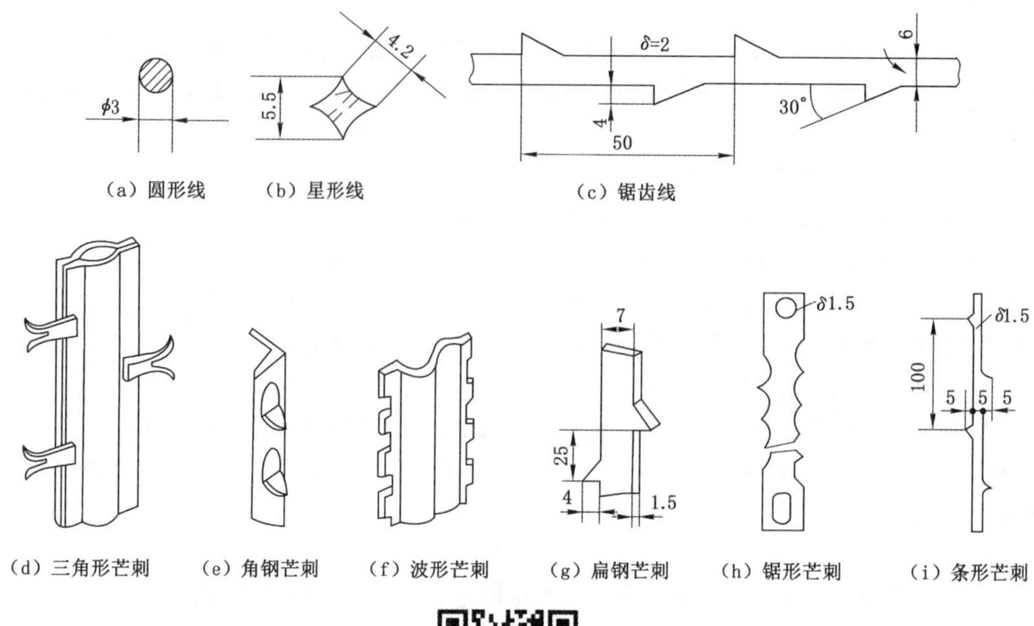

图 7-2-35　电晕电极的形式

2. 集尘极

小型管式电除尘器的集尘极为直径约 15 cm、长 3 m 左右的管,大型的直径可加大到 40 cm、长 6 m。每个除尘器所含集尘管数目少则几个,多则可达 100 个以上。

板式电除尘器的集尘板垂直安装,电晕电极置于相邻的两板之间。集尘极长一般为 10～20 m、高 10～15 m,板间距 0.2～0.4 m,处理气量 1 000 m^3/s 以上,效率高达 99.5%的大型电除尘器含有上百对极板。

集尘极的结构形式直接影响除尘性能。性能良好的集尘极应满足下述基本要求:① 振打时二次扬尘少;② 单位集尘面积消耗金属量低;③ 极板高度较大时,应有一定的刚性,不易变形;④ 气流通过极板空间时阻力小,振打时易于清灰。

板式集尘极分为平板式和异形板式两种。其中,异形板的形状有多种,如图 7-2-36 所示。平板式极板对防止二次扬尘和使极板保持足够刚度的性能较差。异形板式极板是将极板加工成槽沟的形状,当气流通过时,紧贴极板表面处会形成一层涡流区,该处的流速较主气流流速要小,因而当粉尘进入该区时易沉积在集尘极表面。同时,由于板面不直接受主气流冲刷,粉尘重返气流的可能性以及振打清灰时产生的二次扬尘都较少,有利于提高除尘效率。

极板之间的间距,对电场性能和除尘效率影响较大。在通常的 60～72 kV 变压器的情况下,极板间距一般取 200～350 mm。

集尘极和电晕线的制作和安装质量对电除尘器的性能影响较大。在安装之前,极板、极

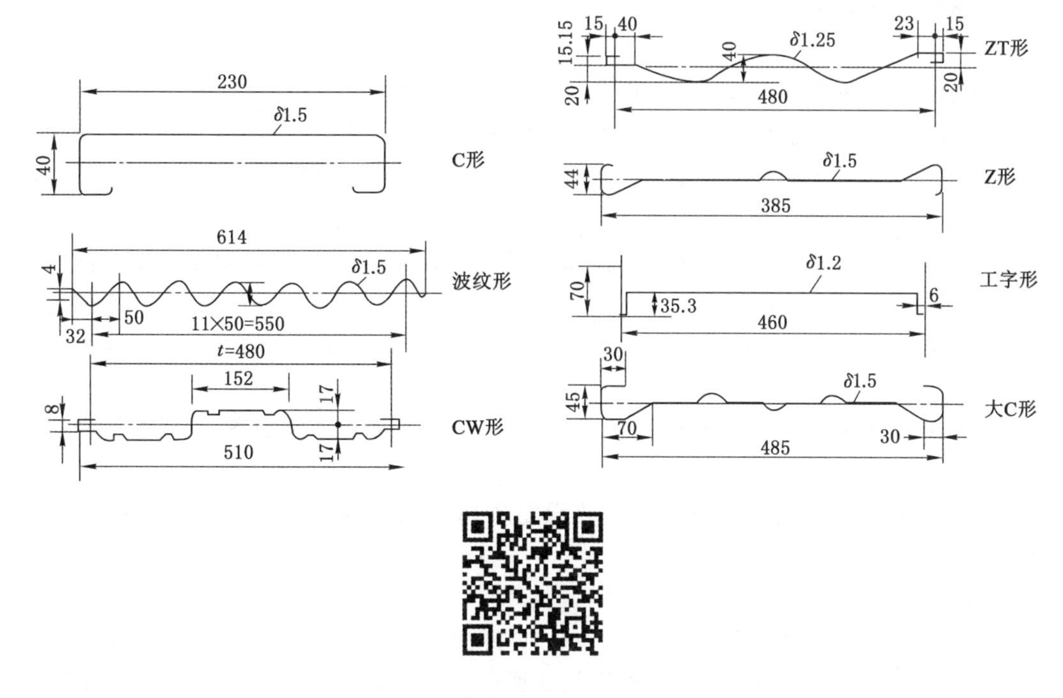

图 7-2-36 常用的几种集尘极板的形式

线必须调直,安装时要严格控制极距,安装偏差要控制在±5%以内。如果个别区域极距偏小,会首先发生击穿现象。

3. 气流分布装置

气流分布的均匀程度与除尘器进口的管道形式及气流分布装置有密切关系。在电除尘器安装位置不受限制时,气流应设计成水平进口,即气流由水平方向通过扩散形变径管进入除尘器后经1～2块平行的气流分布板后进入除尘器的电场。在除尘器出口渐缩管前也常常设一块分布板。被净化后的气体从电场出来后,经此分布板和与出口管相连接的渐缩管,然后离开除尘器。气流分布板一般为多孔薄板,孔形分为圆孔或方孔,也可以采用百叶窗式孔板。电除尘器正式运行前,必须进行测试调整,检查气流分布是否均匀,其具体标准是:任何一点的流速不得超过该断面平均流速的±40%;任何一个测定断面上,85%以上测点的流速与平均流速不得相差±25%。如果不符合要求,必须重新调整。

4. 电极清灰装置

集尘极清灰方式在湿式和干式电除尘器中是不同的。在湿式电除尘器中一般用喷雾或溢流水等方式使集尘极表面形成一层水膜,将沉积到极板上的尘粒冲走。湿式清灰的主要优点是二次扬尘少。不存在粉尘比电阻高的问题,空间电荷增强,不会产生反电晕,水滴凝聚在小尘粒上便于捕集,同时,也可净化部分有害气体(如SO_2、HF等)。湿式清灰的主要问题是极板腐蚀和污泥处理,一般只是在气体含尘浓度较低、要求除尘效率较高时才采用。

在干式电除尘器中沉积的粉尘,是通过机械撞击或电极振动产生的振动力清除的,干式清灰便于处置和利用可以回收的干粉尘,但存在二次扬尘等问题。现代的电除尘器大都采用电磁振打或锤式振打清灰,振动器只在某些情况下用来清除电晕极上的粉尘。振打系统必须高度可靠,既能产生高强度的振打力,又能调节振打强度和频率。两种常用的振打器类型是电磁型和挠臂锤型。

5. 供电装置

电除尘器的供电装置分为高压供电装置和低压供电装置。

高压供电装置用于提供尘粒荷电和捕集所需要的电晕电流。对电除尘器供电系统的要求是对除尘器提供一个稳定的高电压并具有足够的功率。供电装置主要包括升压变压器、高压整流器和控制装置。其工作原理是电网输入的交流正弦电压,通过IC恒流变换器转换为交流正弦电流,经升压、整流后成为恒流高压直流电流源,给电除尘器电场供电。输入到整流变压器初级侧的交流电压称为一次电压,输入到整流变压器初级侧的交流电流称为一次电流;整流变压器输出的直流电压称为二次电压,整流变压器输出的直流电流称为二次电流。

低压控制配电柜分别向电除尘器、旋风除尘器、风机及输灰系统的高、低压电气设备供电,便于管理。

在电除尘系统中,要求供电装置自动化程度高、适应能力强、运行可靠、使用寿命在20年以上。

6. 除尘器外壳

除尘器外壳必须保证严密,减少漏风。漏风将使进入除尘器的风量增加,通风机负荷加大,电场内风速过高,除尘效率下降。特别是处理高温的湿烟气时,冷空气漏入会使烟气温度降至露点以下,导致除尘器内构件沾染灰尘和腐蚀。电除尘器的漏风率应控制在3%以下。

六、其他形式除尘器

随着人们生活水平的提高和环保意识的增强,以及环境卫生标准日益严格,对粉尘治理技术与装备的要求也越来越高,高效、新型除尘技术成为人们研究的热点和趋势之一。经过科技人员的努力,目前已研制的其他形式除尘器主要包括声波除尘器和高梯度磁式除尘器等。尽管这类除尘器应用较少,但从科技进步角度来看,这类除尘器在将来可能会增大应用范围。

1. 高频声波助燃除尘器

声波能促使粉尘互相碰撞,小颗粒碰撞成大颗粒,大颗粒粉尘在含尘气流上升或前进的过程中,依靠自身重力沉淀在锅炉内。因此,采用高频声波助燃除尘,可以减少源头烟尘的排放量。

高频声波实现炉内除尘,可减少省煤器、空气预热器的堵灰及磨损,也减少了除尘器和引风机的磨损,从而延长了这些设备的寿命。对锅炉起除尘消烟作用的主要是声压,声压峰值越高,作用越强,其明显的声压值频率在5 000～15 000 Hz之间。高频声波助燃除尘器已成功应用于工业锅炉,并取得了良好的效果,今后有望进一步推广应用于煤粉炉以及工业炉窑。该技术具有结构简单、安装方便、成本低、使用安全可靠等优点。

2. 高梯度磁分离除尘器

磁分离技术在物料提纯、磁力选矿中应用较多,在除尘过程中应用还较少。

磁分离技术是利用外加磁场的作用,使具备磁性的物质得到分离,20世纪70年代初钢毛类微型聚磁介质与铁销线圈相结合的Kolm-Manstnn型现代高梯度分离器的出现,扩大

了传统的磁分离技术的应用范围。烟气除尘是高梯度磁分离技术在大气污染控制中的主要应用之一。

高梯度磁分离除尘器是一个松散地填装着高饱和不锈钢聚磁钢毛的容器，该容器安装在通常有螺旋管线圈产生的磁场中，当液体中的污染物对钢毛的磁力作用大于其重力、黏性阻力及惯性力等竞争力时，污染物被截留在钢毛上，分离过程可连续进行，直到通过该分离器的压力降过高或钢毛上过重的负荷降低了对污染物的去除效率为止。然后切断磁路，将钢毛捕集的污染物用干净的流体反冲洗下来，使分离器再生，达到从流体中除去污染物。

高梯度磁分离除尘技术在除尘方面的初步应用已经显示了其巨大的优越性和广阔的应用前景，它具有体积小、效率高、结构简单、处理量大、维护容易、适应范围广等优点，特别适用于磁性粉尘。随着超导磁分离技术的发展和完善，将进一步提高磁场强度和梯度，可以更有效地分离弱磁性和微细颗粒，扩大分离范围，实现连续工作，大幅度提高处理量，从而应用更加完善。

实训任务　粉尘分散度测定

任务描述

学习并掌握粉尘分散度测定的原理和方法。

任务引导

一、测定原理

测定粉尘分散度的方法很多。每一种方法基本原理不尽相同，往往适合于一定的条件。这里扼要介绍粉尘分散度测定的滤膜溶解涂片法、自然沉降计数法、移液管计重法、沉降天平计重法、离心沉降计重法、惯性冲击计重法及电导计数法等。

1. 滤膜溶解涂片计数法

滤膜溶解涂片计数法的原理是：采样后的滤膜溶解于有机溶剂中，形成粉尘粒子的混悬液，制成标本，在显微镜下测定。需要的试剂和器材包括醋酸丁酯（化学纯）、瓷坩埚（25 mL）或小烧杯（25 mL）、玻璃棒、玻璃滴管或吸管、载物玻片（75 mm×25 mm×1 mm）、显微镜、目镜测微尺、物镜测微尺等。但本法不适用于可溶于有机溶剂中的粉尘和纤维状粉尘。

2. 自然沉降计数法

自然沉降计数法适用于可溶于有机溶剂中的粉尘和纤维状粉尘，它是将含尘空气采集在沉降器内，使尘粒自然沉降在盖玻片上，在显微镜下测定。需要的器材包括格林沉降器、盖玻片（18 mm×18 mm）、载物玻片（75 mm×25 mm×1 mm）、显微镜、目镜测微尺、物镜测微尺等，粉尘分散度的测算与滤膜涂片计数法相同。

3. 移液管计重法

移液管计重法是将粉尘均匀搅拌于液体溶液后，利用粒径不同的粉尘在液体介质中沉降速度不同的原理来测得粒径分布的。因当液体介质温度一定时，同一种物料的沉降速度是随粒径的增大而增加。移液管装置的形式很多，图 7-2-37 所示为国内用得较多的三管移液管瓶，仪器全部用玻璃制作。移液瓶的内径为 6 cm，高 28 cm，吸管内径 0.15 cm。每根移液管有三通活塞和 10 mL 的定量球。借助三通活塞改变开启位置，从定量球中取出沉降液。沉降瓶上刻有表示液体体积的刻度线。三根移液管的高度不同，可供测定不同粒径的尘粒时选用，以缩短测定时间。

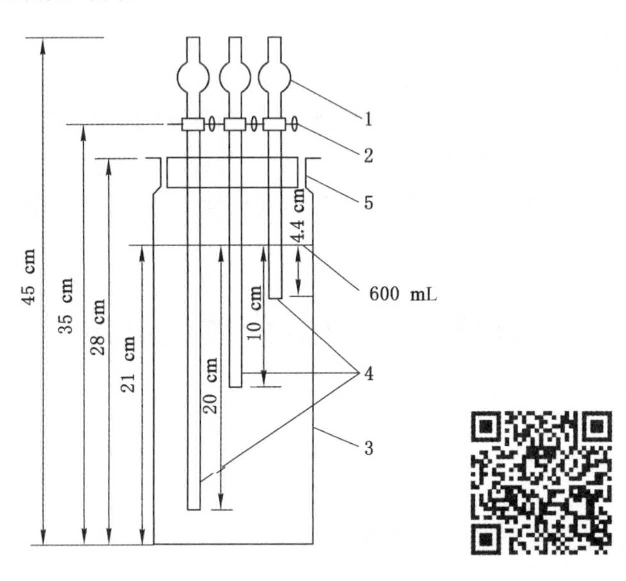

1—定量球；2—三通活塞；3—沉降瓶；4—移液管；5—磨口瓶瓶塞。

图 7-2-37 三管移液管瓶

计算某一粒径间隔的尘粒所占的质量百分数费 $d\Phi_i$，可按下式计算：

$$d\Phi_i = \frac{G_i - G_{i+1}}{G_0} \tag{7-2-19}$$

式中 G_i、G_{i+1}——第 i、$i+1$ 次吸出的悬浮液中所含尘粒质量，g；

G_0——10 mL 悬浮液中原始的尘粒质量，g。

4. 沉降天平计重法

沉降天平计重法的原理和移液管法基本相同，它是利用粒径不同的粉尘在液体介质中沉降速度、沉降时间不同，使粉尘颗粒分级的方法。

测定时，将粉尘均匀搅拌于液体溶液后，经过 t_1 沉降到测定平面的质量为 ΔG_1，即为粒径 d_1 范围的沉降质量；经过 t_2 沉降到测定平面的质量为 ΔG_2，即为粒径 d_2 范围的沉降质量；经过 t_3 沉降到测定平面的质量为 ΔG_3，即为粒径 d_3 范围的沉降质量；依次类推，即可得出各粒径范围的沉降质量，这些沉降质量 ΔG_1，ΔG_2，ΔG_3…分别除以试验粉尘的总质量即为粉尘质量分散度。

在较好的沉降天平中，各粒径粉尘沉降时间、沉降质量及分散度曲线可直接给出。

5. 离心沉降计重法

离心沉降计重法采用离心分级机将不同粒径粉尘分级，其原理是：不同粒径的尘粒在高

速旋转时，受到不同的惯性离心力，从而实现尘粒的分级。与上述移液管法和沉降天平法相比，用离心沉降法实现粉尘分级有不少优点，因此应用较广。

在粉尘离心分级机操作中，一般由最小的风量开始，逐渐加大风量，则其风速也由小到大，实现由小到大逐级把粉尘从分级机吹出，使粉尘由细到粗逐渐分级，每分组一次应把分级室内残留的粉尘仔细刷清、称重，两次分级的质量差就是被吹出的尘粒质量，也就是两次分组相对应的尘粒粒径间隔之间的粉尘质量。

离心分级机一般带有一套节流片(多为 7 片)，制造厂先用标准粉尘进行试验，确定每一个节流片即每一种风量所对应的粉尘粒径。试验用粉尘的密度如与标准粉尘不同时应进行修正，为了便于计算，有的厂家随产品提供换算表，根据粉尘真密度和节流片规格即可测得分级粒径。这种仪器适用于松散性的粉尘，如滑石粉尘、石英粉尘、煤尘等，不适用于黏性粉尘或粒径小于 1 μm 的粉尘。

计算某一粒径间隔的尘粒所占的质量百分数 $d\Phi_i$ 可按下式计算：

$$d\Phi_i = \frac{G_{i-1} - G_i}{G_0} \tag{7-2-20}$$

式中　G_i、G_{i-1}——第 i、$i-1$ 次分级后在分级室内残留的尘粒质量，g；

G_0——试验粉尘质量，g。

6. 惯性冲击计重法

惯性冲击计重法是利用惯性冲击原理对粉尘粒径进行分级的。图 7-2-38 所示是它的原理图，含尘气流被迫通过喷嘴(圆孔或条缝)，形成高速的射流，直接冲向位于其前方的冲击板表面，含尘气流中惯性大的尘粒会脱离气流，碰撞到冲击板上。由于黏性力、静电力等作用，尘粒间互相黏聚并沉积到冲击板表面上，而惯性力较小的尘粒随气流改变自身的流动方向，进行绕流并进入下一级，在此以更高的射流速度冲向下一级的冲击板。如果把几个喷嘴依次串联，逐渐减小喷嘴直径(即加大喷嘴出口流速)，并由上而下依次减小喷嘴与冲击板的距离，则从气流中分离出来的尘粒也逐渐减小。对于每一级冲击板，有一特征粉尘粒径，称为有效分割径，它表示这种粒径的粉尘有 50%被冲击板捕集(即捕集效率为 50%)，而 50%的粉尘随气流进入下一级。

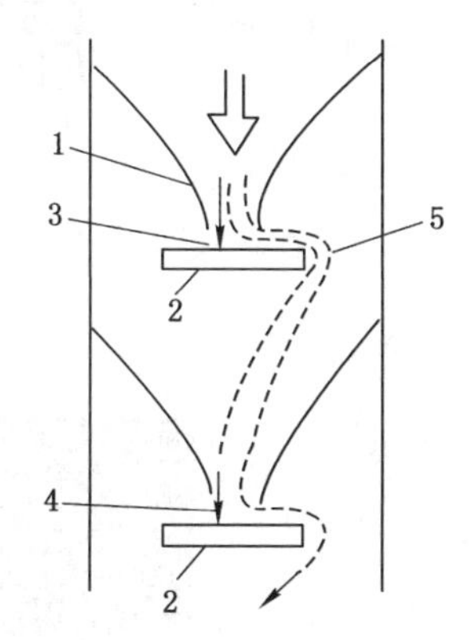

1—喷嘴；2—冲击板；3—粗大粉尘；4—细小粉尘；5—气流。

图 7-2-38　惯性冲击计重法进行尘粒分级示意图

用上述原理测定粉尘粒径分布的仪器称为串联冲击器，它通常由两级以上的喷嘴串联而成。

7. 电导计数法

库尔特粒径测定仪(计数器)是用电导法使粉尘分级的一种仪器。其基本原理是:根据尘粒在电解液中通过小孔时，小孔处电阻发生变化，由此引起电压波动，其脉冲值与尘粒的体积成正比，从而使粉尘颗粒分级。这种仪器最早用于检查血球数，随后用于测定粉尘的粒度，即进行粉尘颗粒的分级。

二、操作步骤

1. 滤膜溶解涂片计数法

(1) 将采有粉尘的滤膜放在瓷坩埚或小烧杯中，用吸管加入 1～2 mL 醋酸丁酯，再用玻璃棒充分搅拌，制成均匀的粉尘混悬液，立即用滴管吸取一滴，滴于载物玻片上，用另一载物玻片成 45°角推片，贴上标签、编号，注明采样地点及日期。

(2) 镜检时如发现涂片上粉尘密集而影响测定时，可再加适量醋酸丁酯稀释，重新配制标本。

(3) 制好的标本应保存在玻璃器皿中，避免外界粉尘的污染。

(4) 在 400～600 倍的放大倍率下，用物镜测微尺(图 7-2-39)校正目镜测微尺每一刻度的间距，即将物镜测微尺放在显微镜载物台上，目镜测微尺放在目镜内。在低倍镜下(物镜 4 倍或 10 倍)，找到物镜测微尺的刻度线，将其刻度移到视野中央，然后换成测定时所需倍率。在视野中心，使物镜测微尺的任一刻度与目镜测微尺的任一刻度相重合。然后找出两尺再次重合的刻度线，分别数出两种测微尺重合部分的刻度数，计算出目镜测微尺一个刻度在该放大倍数下代表的长度。如目镜测微尺的 45 个刻度相当于物镜测微尺 10 个刻度，已知物镜测微尺一个刻度为 10 μm，则目镜测微尺一个刻度为 10×10/45≈2.2 (μm)，如图 7-2-40 所示。

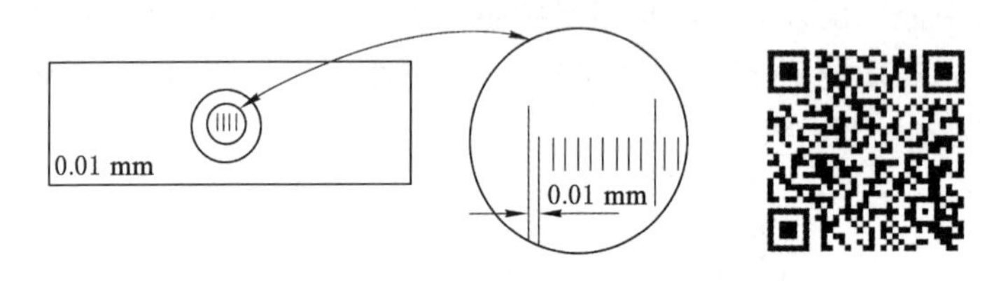

图 7-2-39　物镜测微尺

图 7-2-40　目镜测微尺的标定

(5) 测定分散度。取下物镜测微尺，将粉尘标本放在载物台上，先用低倍镜找到粉尘粒子，然后用 400～600 倍观察。用目镜测微尺无选择地依次测定粉尘粒子的大小，遇长径量长径、遇短径量短径。至少测量 200 个尘粒，算出百分数，如图 7-2-41 所示。

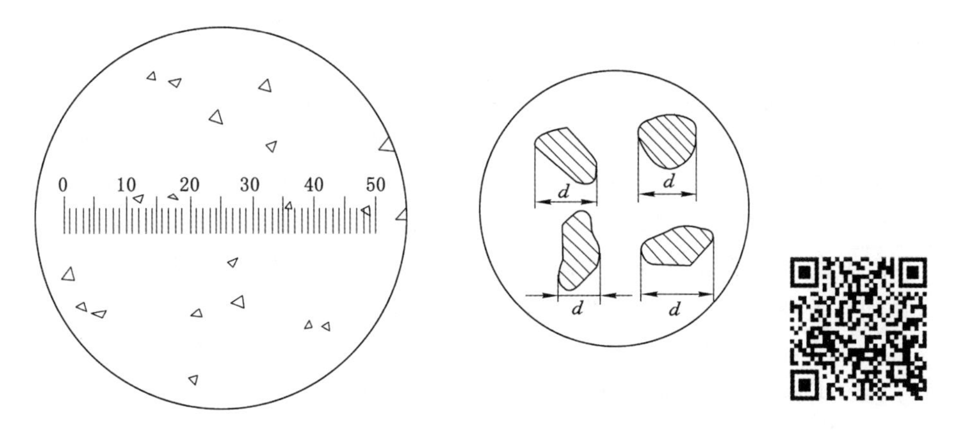

图 7-2-41　粉尘分散度的测定

2. 自然沉降计数法

(1) 将盖玻片用酸洗液浸泡，用水冲洗后，再用 95%酒精擦洗干净。然后放在沉降器的凹槽内，推动滑板至与底座平齐，盖上圆筒盖以备采样。

(2) 采样时将滑板向凹槽方向推动，直至圆筒位于底座之外，取下筒盖，上下移动数次，使含尘空气进入圆筒内，盖上圆筒盖，推动滑板至与底座平齐。然后将沉降器水平静置 3 h，使尘粒自然降落在盖玻片上。

(3) 将滑板推出底座外，取出盖玻片贴在载物玻片上，编号、注明采样日期及地点，然后在显微镜下测量。

任务实施

完成滤膜溶解涂片计数法测定粉尘样品分散度，并填写如下任务单：

仪器设备名称及型号	
试剂名称	
样本制作过程	
粉尘分散度测定过程	
粉尘分散度	

思考与拓展

一、选择题

1. 机械式除尘器是利用(　　)等的作用使粉尘与气流分离沉降的装置。

A. 重力　　B. 惯性力　　C. 凝聚力　　D. 离心力

2. 机械式除尘器防尘效率一般在(　　)之间,是国内常用的一种除尘设备。

A. 40%～60%　　B. 40%～70%　　C. 40%～80%　　D. 40%～85%

3. 一般来说,惯性除尘器的气流速度越(　　),气流方向转变角度越(　　),转变次数越(　　),净化效率越(　　),压力损失或称阻力也越大。

A. 高　　B. 大　　C. 多　　D. 高

4. 惯性除尘器压力损失依形式而定,一般为(　　)。

A. 100～300 Pa　　B. 100～500 Pa　　C. 100～1 000 Pa　　D. 100～2 000 Pa

5. 旋风除尘器具有结构简单、制造容易、造价和运行费用较低、对大于(　　)的粉尘有较高的分离效率等优点,所以在工业部门有着广泛的应用。

A. 2 μm　　B. 3 μm　　C. 5 μm　　D. 10 μm

6. 电除尘的基本原理主要包括(　　)几个基本过程。

A. 电晕放电　　B. 粉尘荷电　　C. 粉尘沉积　　D. 清灰

二、判断题

1. 垂直气流重力沉降室一般安装在烟囱顶部,多用于小型冲天炉或锅炉的除尘。(　　)

2. 惯性除尘器用于净化密度和粒径较大的金属或矿物性粉尘,具有较高的除尘效率。(　　)

3. 由于惯性除尘器的净化效率不高,故一般只用于多级除尘中的第一级除尘。(　　)

4. 一般情况,当尘粒的密度越大,气体进口的切向速度越大,排出管直径越小,除尘器的分割粒径越小,除尘效率也就越高。(　　)

5. 喷淋塔对于 10 μm 尘粒的捕集效率较低,因而多用于净化大于 50 μm 的尘粒。(　　)

6. 袋式除尘器的效率、通风阻力、过滤速度及滤袋寿命等均与清灰方式有关。(　　)

三、简答题

1. 分析旋风除尘器的工作原理。

2. 分析影响湿式除尘器除尘效率的因素。

3. 分析袋式除尘器除尘原理。

任务三　除尘器的选择

学习目标

1. 熟悉各类除尘器的优缺点及适用范围。
2. 理解除尘器的性能指标。
3. 掌握除尘器的选择方法。

素质目标

培养科学严谨的工作作风。

知识链接

除尘器的种类和形式很多，具有不同的性能和使用范围。正确地选择除尘器并进行科学的维护管理，是保证除尘设备正常运转并完成除尘任务的必要条件。如果除尘器选择不当，就会使除尘设备达不到应有的除尘效率，甚至无法正常运转。

一、各类除尘器的优缺点和适用范围

1. 机械式除尘器

机械式除尘器构造简单，投资少，动力消耗低，造价比较低，维护管理方便，耐高温，耐腐蚀性，适宜含湿量大的烟气。但对粒径在 5 μm 以下的尘粒去除率较低，当气体含尘浓度高时，这类除尘器可作为初级除尘，以减轻二级除尘的负荷。

重力沉降室结构简单，投资少，压力损失小（5～100 Pa），维护管理方便，适用于净化尘粒密度大、颗粒粗的含尘气体，特别是磨损性很强的粉尘。它能有效地捕集 50 μm 以上的尘粒，但不宜捕集 20 μm 以下的尘粒，且体积庞大，除尘效率低，一般仅为 40%～70%。所以常用于一级处理或预处理。

惯性除尘器结构简单，投资少，体积小，维护管理方便，主要用来捕集 20～30 μm 以上的较粗粉尘，但不宜捕集 20 μm 以下的尘粒，且处理风量小，除尘效率低，一般用于处理风量较小、要求除尘效率较低的地方或一级处理或预处理。

旋风除尘器结构简单，投资少，体积小，维护管理方便，耐高温，耐腐蚀性，但对粒径在 5 μm 以下的尘粒去除率较低，适宜要求除尘效率较低的地方或预处理，如 1～20 t/h 锅炉烟气的处理。

2. 过滤式除尘器

袋式除尘器的除尘效率高，结构不太复杂，可以回收有用粉料。但袋式除尘器的投资比较高，允许使用的温度低，操作时气体的温度需高于露点温度，否则，不仅会增加除尘器的阻力，甚至由于湿尘黏附在滤袋表面而使除尘器不能正常工作。当尘粒浓度超过尘粒爆炸下

限时也不能使用袋式除尘器，且袋式除尘器不适用于含有油雾、凝结水和粉尘黏性大的含尘气体，一般也不耐高温；袋式除尘器占地面积较大，更换滤袋和检修不太方便。

袋式除尘器广泛应用于各种工业生产的除尘过程。大型反吹风布袋除尘器，适用于冶炼厂、铁合金、钢铁厂等除尘系统的除尘。大型低压脉冲布袋除尘器，适用于冶金、建材、矿山等行业的大风量烟气净化。回转反吹风布袋除尘器，适用于建材、粮食、化工、机械等行业的粉尘净化。中小型脉冲布袋除尘器，适用于建材、粮食、制药、烟草、机械、化工等行业的粉尘净化。单机布袋除尘器，适用于各局部扬尘点，如输送系统、库顶、库底等部位的粉尘净化。

颗粒层除尘器适宜于处理高温含尘气体，也能处理比电阻较高的粉尘，当气体温度和气量变化较大时也能适用。其缺点是体积较大，阻力较高。

3. 湿式除尘器

湿式除尘器既能除尘，也能脱除气态污染物（气体吸收，如火电厂烟气脱硫除尘一体化等），同时还能起到气体降温的作用，且具有设备投资少、构造简单、一般没有可动部件、除尘净化效率高等特点，适用于非纤维性、不与水发生化学反应、不发生黏结现象的各类粉尘，尤其适宜净化高温、易燃、易爆及有害气体。其缺点包括：容易受酸碱性气体腐蚀，管道设备必须防腐；需要处理污水和污泥，粉尘回收困难；冬季会产生冷凝水，在寒冷地区要考虑设备防冻等问题；疏水性粉尘除尘效率低，往往需要加净化剂来改善除尘效率。

4. 电除尘器

电除尘器主要有以下优点：可捕集微细粉尘及雾状液滴，粉尘粒径大于 1 μm 时，除尘效率可达 99%，除尘性能好；气体处理量大；可在 350～400 ℃的高温下工作，适用范围广；压力损失低，能耗低，运行费用少。

电除尘器的缺点是投资大、设备复杂、占地面积大，对操作、运行、维护管理都有较高的要求。另外，对粉尘的比电阻也有要求。目前，电除尘器主要用于处理气量大，对排放浓度要求较严格，又有一定维护管理水平的大企业，如燃煤发电厂、建材、冶金等行业。

二、除尘器的性能指标

除尘器的性能指标主要包括含尘气体处理量、除尘效率和阻力等。

（一）含尘气体处理量和漏风率

含尘气体处理量是衡量除尘器处理气体能力的指标，一般用气体的体积流量来表示。考虑到装置漏气等因素的影响，因此，一般用除尘器的进、出口气体流量的平均值来表示除尘器的气体处理量：

$$Q=\frac{Q_1+Q_2}{2} \tag{7-3-1}$$

式中 Q_1——除尘器入口气体标准状态下的体积流量，m^3/s；

Q_2——除尘器出口气体标准状态下的体积流量，m^3/s；

Q——除尘器处理气体标准状态下的体积流量，m^3/s。

除尘器的漏风率是用来表示除尘器严密程度的指标，用 σ 表示，计算公式如下：

$$\sigma=\frac{Q_1-Q_2}{Q_1}\times 100\% \tag{7-3-2}$$

（二）除尘效率

除尘效率是表示除尘器性能的重要技术指标，包括除尘总效率、穿透率和除尘分级

效率。

1. 除尘总效率

除尘总效率是指在同一时间内除尘器捕集的粉尘质量占进入除尘器的粉尘质量的比值，用 η 表示。

若除尘器进口的气体流量为 Q_1(m^3/s)，粉尘流入量为 G_1(g/s)，气体含尘浓度为 c_1(g/m^3)，出口气体流量为 Q_2(m^3/s)，粉尘流出量为 G_2(g/s)，气体含尘浓度为 c_2(g/m^3)，除尘器捕集的粉尘为 G_3(g/s)，则除尘总效率可用下式表示：

$$\eta = \frac{G_3}{G_1} \times 100\% \tag{7-3-3}$$

由于 $G_3 = G_2$，$G_1 = Q_1 c_1$，$G_2 = Q_2 c_2$，因此有：

$$\eta = \frac{G_1 - G_2}{G_1} \times 100\% = 1 - \frac{G_2}{G_1} \times 100\% \tag{7-3-4}$$

$$\eta = \left(1 - \frac{Q_2 c_2}{Q_1 c_1}\right) \times 100\% \tag{7-3-5}$$

如装置不漏风，即 $Q_1 = Q_2$，则有：

$$\eta = \left(1 - \frac{c_2}{c_1}\right) \times 100\% \tag{7-3-6}$$

当两台除尘装置串联使用时，若取 η_1 和 η_2 分别表示第一级和第二级除尘器的除尘效率，则除尘系统的总效率为：

$$\eta = \eta_1 + \eta_2(1 - \eta_1) = 1 - (1 - \eta_1)(1 - \eta_2) \tag{7-3-7}$$

当几台除尘器一起串联使用时有：

$$\eta = 1 - (1 - \eta_1)(1 - \eta_2)\cdots(1 - \eta_n) \tag{7-3-8}$$

2. 穿透率

穿透率也称通过率，它是指在同一时间内，穿过除尘器的粉尘质量与进入的粉尘质量之比，可用 p_r 表示：

$$p_r = \frac{G_2}{G_1} \times 100\% = (1 - \eta) \times 100\% \tag{7-3-9}$$

3. 除尘分级效率

除尘分级效率是某一粒径范围的粉尘的除尘效率，其表示方法有质量法和浓度法。

(1) 质量分级效率，用 η_i 表示，可由下式计算：

$$\eta_i = \frac{G_3 g_{d3}}{G_1 g_{d1}} \times 100\% \tag{7-3-10}$$

式中　G_1、G_3——除尘器进口和被除尘器捕集的粉尘量，g/min；

g_{d1}、g_{d3}——某一粒径范围内除尘器进口和被除尘器捕集粉尘的质量分数。

(2) 浓度分级效率用 η_d 表示，可用下式计算：

$$\eta_d = \frac{Q_1 g_{d1} c_1 - Q_2 g_{d2} c_2}{Q_1 g_{d1} c_1} \times 100\% \tag{7-3-11}$$

如果除尘器不漏风，即 $Q_1 = Q_2$，则上式可以简化为：

$$\eta_d = \frac{g_{d1} c_1 - g_{d2} c_2}{g_{d1} c_1} \times 100\% \tag{7-3-12}$$

式中　Q_1、Q_2——除尘器入口、出口风量，m^3/min；

g_{d1}、g_{d2}——某一粒径范围内除尘器进口和出口粉尘的质量分数，%；

c_1、c_2——除尘器进口和出口气体的含尘浓度，g/m^3。

对某一除尘装置，如果已知进口含尘气体中粉尘的粒径分布 g_{di} 和它的分级效率 η_{di}，则可由下式计算除尘器的总除尘效率 η：

$$\eta = \sum_{i=1}^{n} g_{di}\eta_{di} \tag{7-3-13}$$

式中 g_{di}——除尘器进口中某一粒径范围内粉尘的质量分数，%；

η_{di}——某一粒径范围内粉尘的分级效率。

【例 7-3-1】 现场对某除尘器进行测定，测得除尘器进口和出口气体中含尘浓度分别为 4×10^3 g/m^3 和 500 g/m^3，除尘器不漏风，除尘器进口和出口粉尘的粒径分布见表 7-3-1。

表 7-3-1 除尘器进口和出口粉尘的粒径分布表

粉尘的粒径/μm		0～5	5～10	10～20	20～40	>40
质量分数/%	除尘器进口	20	10	15	20	35
	除尘器出口	78	14	7.4	0.6	0

试计算该除尘器 5～10 μm 粒径范围的除尘分级效率和除尘总效率。

解：(1) 计算除尘器的除尘分级效率，根据式(7-3-12)有：

$$\eta_d = \frac{g_{d1}c_1 - g_{d2}c_2}{g_{d1}c_1} \times 100\% = (1 - \frac{g_{d2}c_2}{g_{d1}c_1}) \times 100\%$$

对于粒径 5～10 μm 的粉尘有：

$$\eta_{5\sim10} = \left(1 - \frac{14 \times 500}{10 \times 4\ 000}\right) \times 100\% = 82.5\%$$

(2) 计算除尘器的除尘总效率 η：

$$\eta = \left(1 - \frac{c_2}{c_1}\right) \times 100\% = \left(1 - \frac{500}{4\ 000}\right) \times 100\% = 87.5\%$$

(三) 除尘器的通风阻力

含尘气流流经除尘器时，在其进出口部件处产生涡流，在除尘器内部发生摩擦和折流、合流、扩散、收缩造成的涡流，都会造成风流能量或压力的损失。这个损失即为除尘器通风阻力。

从能量损失角度，根据单位体积风流能量方程，除尘器通风阻力 h_R 为：

$$h_R = p_1 - p_2 + \left(\frac{v_1^2 - v_2^2}{2}\right)\rho_m + \rho_m g(z_1 - z_2) \tag{7-3-14}$$

式中 p_1、p_2——除尘器进出口的静压；

v_1、v_1——除尘器进出口的风速；

ρ_m——除尘器进出口含尘空气平均密度；

z_1、z_2——除尘器进出口相对于某一基准面的高度。

由上式可知，除尘器通风阻力为除尘器进出口的静压差、动压差和位压差之和。如除尘器进出口不存在高差，则除尘器通风阻力为除尘器进出口的静压差、动压差之和，也就是除尘器进出口的全压差。如除尘器进出口断面相等，且不存在高差，则除尘器通风阻力为除尘

器进出口的静压差。

从通风阻力的产生角度，除尘器通风阻力为摩擦阻力与局部阻力之和。在实际通风工程中，除尘器摩擦阻力可忽略不计，其除尘器通风阻力即为除尘器局部阻力，即：

$$h_R = \zeta \frac{\rho v_1^2}{2} \tag{7-3-15}$$

式中　ζ——除尘器局部阻力系数，通过实验测得。

在实际通风防尘工程中，通风防尘设计时按式(7-3-15)计算，ζ 可取相关资料数据；除尘器通风阻力测定按式(7-3-14)计算。

除尘器阻力是其主要技术经济指标之一，它反映了除尘器运行时的能耗，装置的压力损失越大，动力消耗也越大，除尘装置的设备费用和运行费用就高。通常，除尘器的压力损失即通风阻力一般控制在 2 000 Pa 以下。

三、除尘器的选择原则

选择除尘器时，必须全面考虑以下因素：除尘效率、压力损失、设备投资、占用空间、操作费用及对维修管理的要求，其中最主要的是除尘效率。一般来说，选择除尘器时应该注意以下几个方面的问题：

1. 粉尘的性质

黏度大的粉尘容易黏结在除尘器表面，最好采用湿式除尘器，不宜采用过滤式除尘器和静电式除尘器；对于纤维性和疏水性粉尘不宜采用湿法除尘；比电阻过大或过小的粉尘不宜采用电除尘器。处理磨损性粉尘时，旋风除尘器内壁应衬垫耐磨材料，袋式除尘器应选用耐磨滤料；处理具有爆炸性危险的粉尘，必须采取防爆除尘器。

另外，选择除尘器时，必须了解处理粉尘的粒径分布和除尘器的分级效率。表 7-3-2 列出了用标准二氧化硅粉尘进行实验得出不同除尘器的分级效率，可供选用除尘器时参考。一般情况，当粒径较小时，应选择湿式、过滤式或电除尘器；当粒径较大时，可以选择机械式除尘器。

表 7-3-2　除尘器的分级效率

除尘器名称	全效率/%	不同粒径(μm)时的分级效率/%				
		0～5(20%)	5～10(10%)	10～20(15%)	20～44(20%)	>44(35%)
带挡板的沉降室	56.8	7.5	22	43	80	90
普通的旋风除尘器	65.3	12	33	57	82	91
长锥体旋风除尘器	84.2	40	79	92	99.5	100
喷淋塔	94.5	72	96	98	100	100
电除尘器	97.0	90	94.5	97	99.5	100
文丘里除尘器	99.5	99	99.5	100	100	100
袋式除尘器	99.7	99.5	100	100	100	100

注：括号中的数值为粒子的粒径分布。

2. 除尘器进口含尘浓度和工业卫生及排放标准

设置除尘器的目的，不但要使生产过程产生的粉尘及时排除，使得作业场所的粉尘浓度达到工业卫生标准，而且要保证排至大气及其他空间的气体含尘浓度能够达到相关标准的要求。除尘器的除尘效率根据工业卫生及排放标准和除尘器进口气体的含尘浓度确定，要达到同样的工业卫生及排放标准，进口含尘浓度越高，要求除尘器的除尘效率也必须高。若废气的含尘浓度较高时，在电除尘器或袋式除尘器前应设置低阻力的初级净化设备。一般来说，对于文丘里、喷淋塔等洗涤式除尘器的理想含尘浓度应在 10 g/m^3 以下；对于袋式除尘器的理想含尘浓度范围是 0.2～10 g/m^3；电除尘器的理想含尘浓度应在 30 g/m^3 以下。

3. 气体的含尘浓度

若气体的含尘浓度较高时，可用机械除尘器；含尘浓度较低时，可用文丘里除尘器或袋式除尘器；若进口气体的含尘浓度较高，而要求出口气体的含尘浓度低时，可采用多级除尘器串联的组合方式除尘。在电除尘器或袋式除尘器前应设置低阻力的初级净化设备，除去粗大的尘粒，降低了后面除尘器入口粉尘浓度，可以防止电除尘器由于粉尘浓度过高产生的电晕闭塞，减少洗涤式除尘器的泥浆处理量，防止文丘里除尘器喷嘴堵塞和减少喉管磨损等。

4. 含尘气体性质

对于高温、高湿的气体不宜采用袋式除尘器。当气体中含有 SO_2、NO_x 等有害气体时，可以适当考虑用湿式除尘器，但要注意设备的防腐蚀。对于气体中含有 CO 等易燃易爆的气体时，应将 CO 转化为 CO_2 后再进行除尘。

5. 设备投资和运行费用

在选择除尘器时既要考虑设备的一次投资（设备费、安装费和工程费），还必须考虑易损配件的价格、动力消耗、日常运行和维修费用等，同时还要考虑除尘器的使用寿命、回收粉尘的利用价值等因素。选择除尘器时要结合本地区和使用单位的具体情况，综合考虑各方面的因素。表 7-3-3 是各种除尘器的综合性能表，可供选用除尘器时作为参考。

表 7-3-3 各种除尘器的综合性能

除尘器名称	适用的粒径范围/μm	除尘效率/%	压力损失/Pa	设备费用	运行费用	投资和运行费用比例
重力沉降室	>50	<50	50～130	低	低	
惯性除尘器	20～50	50～70	300～800	低	低	
旋风除尘器	5～30	60～70	800～1 500	中	中	1∶1
冲击水浴除尘器	1～10	80～95	600～1 200	中	中	1∶1
旋风水膜除尘器	>5	95～98	800～1 200	中	中	3∶7
文丘里除尘器	0.5～1	90～98	4 000～10 000	低	高	3∶7
电除尘器	0.5～1	90～98	50～130	高	中	3∶1
袋式除尘器	0.5～1	95～99	1 000～1 500	较高	较高	1∶1

实训任务　粉尘中游离 SiO_2 含量测定

任务描述

学习并掌握粉尘中游离 SiO_2 含量测定的原理和方法。

任务引导

一、测定原理

对于某些粉尘，特别是矿物质粉尘，粉尘中游离 SiO_2 是导致肺尘埃沉着病的主要因素之一，因此，粉尘中游离 SiO_2 测定也是非常重要的基础工作。

粉尘中游离 SiO_2 测定方法可分为化学法和物理法两大类，这里主要介绍常用的焦磷酸溶解法和红外光谱测定法。

1. 焦磷酸溶解测定法

焦磷酸溶解测定法的原理是：硅酸盐溶于加热的焦磷酸而石英几乎不溶，以质量法测定粉尘中 SiO_2 的含量。所用的器材与试剂包括焦磷酸（将 85%的磷酸加热到沸腾，至 250 ℃不冒泡为止，放冷，储存于试剂瓶中）、氢氟酸、结晶硝酸铵、盐酸、锥形烧瓶（50 mL）、量筒（25 mL）、烧杯（200～400 mL）、玻璃漏斗和漏斗架、温度计（0～360 ℃）、电炉（可调）、高温电炉（附温度控制器）、瓷坩埚或铂坩埚（25 mL）、坩埚钳或铂尖坩埚钳、干燥器（内盛变色硅胶）、分析天平（感量为 0.000 1 g）、玛瑙研钵、定量滤纸（慢速）、pH 试纸等。

2. 红外光谱测定法

红外吸收波谱是电磁波谱中的一种。按红外波长的不同，可分为三个区域：近红外区，其波长在 0.77～2.5 μm；中红外区，其波长在 2.5～25 μm；远红外区，其波长在 25～1 000 μm。红外光谱分析主要是应用中红外光谱区域。物质的分子是由原子或原子团组成的，在一个含有多原子的分子内，其原子的跃动能级具有该分子的特征性频率。如果具有相同振动频率的红外线通过分子时，将会激发该分子的振动转动能级由基态能量跃迁到激发态，从而引起特征性红外吸收谱带，其特征性吸收谱带强度与该化合物的质量在一定范围内呈正相关关系，此即红外光谱的定量分析。

红外光谱法测定游离 SiO_2 时，应先按如下方法制备石英标准曲线：将不同质量的标准石英锭片置于样品室光路中进行波数扫描，根据红外光谱 900～600 cm^{-1} 区域内游离 SiO_2 具有三个特征的吸收带的特点，即 800 cm^{-1}、780 cm^{-1}、595 cm^{-1} 三处吸光度值为纵坐标，石英质量为横坐标，绘制出三条不同波数的石英标准曲线。制备标准曲线时，每条曲线有 6 个以上质量点，每个质量点应不少于 3 个平行样品，并求出标准曲线回归方程。在无干扰的情况下，一般选用 800 cm^{-1} 标准曲线进行定量分析，然后根据实测的粉尘样品的吸光度值查 SiO_2 含量。

二、测定步骤

(1) 将采集的粉尘样品放在(105±3) ℃烘箱中烘干 2 h,稍冷,放于干燥器中备用。如粉尘粒子较大,需用玛瑙研钵研细到手捻有滑感为止。

(2) 准确称取 0.1～0.2 g 粉尘样品于 50 mL 的锥形烧瓶中。

(3) 样品中若含有煤、其他碳素及有机物的粉尘时,应放在瓷坩埚中,在 800～900 ℃下灼烧 30 min 以上,使碳及有机物完全灰化,冷却后将残渣用焦磷酸洗入锥形烧瓶中,若含有硫化矿物,应加数毫克结晶硝酸铵于锥形烧瓶中。

(4) 用量筒取 15 mL 焦磷酸,倒入锥形烧瓶中摇动,使样品全部湿润。

(5) 将锥形烧瓶置于可调电炉上,迅速加热到 245～250 ℃,保持 15 min,并用带有温度计的玻璃棒不断搅拌。

(6) 取下锥形烧瓶,在室温下冷却到 100～150 ℃,再将锥形烧瓶放入冷水中冷却到 40～50 ℃,在冷却过程中,加 50～80 ℃的蒸馏水稀释到 40～45 mL,稀释时一面加水、一面用力搅拌混匀。

(7) 将锥形烧瓶内溶物小心移入烧杯中,再用热蒸馏水冲洗温度计、玻璃棒及锥形烧瓶。把洗液一并倒入烧杯中,并加蒸馏水稀释至 150～200 mL,用玻璃棒搅匀。

(8) 将烧杯放在电炉上煮沸内溶物,趁热用无灰滤纸过滤(滤液中有尘粒时,需加纸浆),滤液勿倒太满,一般约在滤纸的三分之二处。

(9) 过滤后,用 0.1 mol/L 盐酸洗涤烧杯移入漏斗中,并将滤纸上的沉渣冲洗 3～5 次,再用热蒸馏水洗至无酸性反应为止(可用 pH 试纸检验),如用铂坩锅时,要洗至无磷酸根反应后再洗三次。上述过程应在当天完成。

(10) 将带有沉渣的滤纸折叠数次,放于恒量的瓷坩锅中,在 80 ℃的烘箱中烘干,再放在电炉上低温炭化,炭化时要加盖并稍留一小缝隙,然后放入高温电炉(800～900 ℃)中灼烧 30 min,取出瓷坩锅,在室温下稍冷后,再放入干燥器中冷却 1 h,称至恒重并记录。

(11) 计算粉尘中游离 SiO_2 含量。粉尘中游离 SiO_2 含量 H_{SiO_2} 按下式计算:

$$H_{SiO_2} = \frac{m_2 - m_1}{G} \times 100\% \tag{7-3-16}$$

式中 m_1——坩埚质量,g;

m_2——坩埚加沉渣质量,g;

G——粉尘样品质量,g。

任务实施

完成焦磷酸溶解测定法测定粉尘样品中游离 SiO_2 含量,并填写如下任务单:

仪器设备名称及型号	
试剂名称	
测定粉尘中游离 SiO_2 含量过程	
计算粉尘中游离 SiO_2 含量	

思考与拓展

一、选择题

1. 重力沉降室能有效地捕集 50 μm 以上的尘粒，但不宜捕集(　　)以下的尘粒。

A. 5 μm　　B. 10 μm　　C. 20 μm　　D. 30 μm

2. 惯性除尘器主要用来捕集(　　)以上的较粗粉尘，且处理风量小，除尘效率低。

A. 5～10 μm　　B. 10～20 μm　　C. 20～30 μm　　D. 30～50 μm

3. 除尘器的性能指标主要包括(　　)等。

A. 尺寸大小　　B. 含尘气体处理量　　C. 除尘效率　　D. 阻力

4. 通常，除尘器的压力损失(即通风阻力)一般控制在(　　)以下。

A. 1 000 Pa　　B. 2 000 Pa　　C. 3 000 Pa　　D. 4 000 Pa

5. 除尘器通风阻力为除尘器进出口的(　　)之和。

A. 静压差　　B. 动压差　　C. 位压差　　D. 风量差

二、判断题

1. 重力沉降室除尘效率低，一般仅为 40%～70%，常用于一级处理或预处理。(　　)
2. 旋风除尘器对粒径在 5 μm 以下的尘粒去除率较高。(　　)
3. 一般用除尘器的进出口气体流量的平均值来表示除尘器的气体处理量。(　　)
4. 若气体的含尘浓度较高时，可用机械除尘器。(　　)
5. 对于高温、高湿的气体宜采用袋式除尘器。(　　)

三、简答题

1. 分析电除尘器的优缺点。
2. 分析机械式除尘器的优缺点。
3. 简述除尘器选择的原则。

项目八 粉尘综合控制

项目八知识树

任务一 减尘降尘措施

学习目标

1. 掌握生产布局和工艺减尘方法。
2. 掌握物料预先湿润黏结与实施作业减尘方法。
3. 掌握喷雾降尘方法。
4. 掌握物理化学减尘降尘方法。
5. 掌握防止落尘再次飞扬措施。
6. 熟悉通风排尘方法。

素质目标

积极思考，培养创新意识。

知识链接

一、生产布局和工艺减少产尘

固体物料的机械破碎和研磨、大气运动、粉状物料的混合筛分和包装运输等生产工艺过程均会产生粉尘，而不同的生产工艺产生的粉尘量是不同的，因此，选择合理的生产布局和生产工艺减少产尘，是有效的防尘措施之一。

1. 选择合理的生产布局

由于大气运动将产生风力，会将一个地点的悬浮粉尘带至另外地点，如另外地点为人员生产、生活区域，将会对人身造成危害，因此，布置厂房时，应选择合理的厂房位置和生产布

局，避免人员生产、生活区域的进风含有粉尘。其具体措施举例如下：

(1) 产尘车间在工厂总平面图上的位置，对于集中采暖地区应位于其他建筑物的非采暖季节主导风向的下风向的下侧；在非集中采暖地区，应位于全年主导风向的下风侧。

(2) 厂房主要进风面应与夏季风向频率最多的两个象限的中心线垂直或接近垂直，即与厂房纵轴成60°～90°。

(3) 对L形、Ⅰ形、Ⅲ形平面的厂房，开口部分应朝向夏季主导风向，并在0°～45°之间。

(4) 在考虑风向的同时，应尽量使厂房的纵墙朝南北向或接近南北向，以减少西晒，在太阳辐射热较强及低纬度地区，更要特别注意。

(5) 合理工艺布置。在工艺流程和工艺设备布局时，应使主要的操作地点位于车间内通风良好和空气较为清洁的地方。一般布置在夏季主导风向的上风侧，严重的产尘点应位于次要产尘点的下风侧。另外，在工艺布置时，尽可能为除尘系统（管道的敷设、平台位置、粉尘的集送及污泥的处理方面）的合理布置提供必要的前提条件。

2. 选择合理的生产工艺

合理的生产工艺减少产尘措施主要如下：

(1) 采取减少物料破碎产尘的生产工艺

例如，用压力铸造、金属模铸造代替型砂铸造，用磨液喷射加工新工艺取代磨料喷射加工方法；采用高效的轮碾设备减少砂处理设备的台数，减少扬尘点；采取铸件落砂、除芯、表面清理和旧砂再生“四合一”抛丸落砂清理设备，减少扬尘点；水泥厂用电子秤配煤，对原料和燃料预均化并设置生料预均化库，窑炉采取自动控制预加水成球工艺，采用暗火烧成工艺，以减少粉尘产生；采煤机割煤时，根据所采煤层的具体条件，选择合理的滚筒、截齿和截齿布置方式及数量，如使用镐形截齿、及时更换磨钝的截齿、尽可能减少截齿的数量等，选择恰当的割煤方式，合理控制采煤机的截割速度和牵引速度等措施，以增大落煤块度。美国做过相关试验，采煤机割煤的截深由0.8 cm增至2.1 cm时，产尘量减少50%，截割速度从60 r/min减小到15 r/min时，空气中的呼吸性粉尘含量减少到51%；机械化掘进作业中，选择合理的截凿类型、截凿锐度、截齿间距、截割速度、深度及安装角度，可减少粉尘的产生。

(2) 采取减少物料转载运输产尘的生产工艺

例如，在带式输送机上输送砂子时采取防止胶带跑偏措施，在胶带上加导料槽、装刮砂器；转载处采取密闭措施；采用配备有气力输送设备的密闭罐车和气力输送系统储运、装卸和输送各种粉粒状物料；用风选代替筛选，能避免在储运、装卸、输送和分级过程中粉尘的飞扬。

(3) 采取减少喷射混凝土产尘的生产工艺

喷射混凝土是开掘矿井巷道、地下铁道、公路隧道的主要支护方式之一，混凝土由水泥、骨料（如砂子、石子）、水及速凝剂组成，喷射混凝土生产工艺好坏会影响产尘量。实践证明，增加水灰比、选择具有较高黏附性的水泥含量、增大骨料粒径等可减少粉尘产生量。

(4) 尽量选用不含或少含游离二氧化硅的物料

例如，用游离二氧化硅含量很低的石灰石砂代替游离二氧化硅含量很高的石英砂做型砂，可以大大减轻粉尘对人体的危害。

二、物料预先湿润黏结与湿式作业

物料预先湿润黏结和湿式作业是一种简便、经济、有效的防尘技术措施，凡是在生产中允许加湿的作业场所应首先考虑采用，目前主要在矿山、隧道施工、电厂、工业厂房、道路建设行业采用。

（一）物料预先湿润黏结

物料预先湿润，是指在破碎、研磨、转载、运输等产尘工序前，预先对产尘的物料采用液体进行湿润，使产生的粉尘提前失去飞扬能力，预防悬浮粉尘的产生。例如，煤矿生产中预先对将要开采的煤体实施煤体预先湿润，隧道及地下巷道施工中将待装载运输的破碎岩石洒水预先湿润，电厂对将要被带式输送机输送到燃烧炉的煤炭预先洒水湿润等。下面主要介绍煤体预先湿润和破碎物料预先湿润。

1. 煤体预先湿润

（1）煤体预先湿润的作用

煤体预先湿润是指煤矿生产中预先对将要开采的煤体预先注入或灌入液体，使其渗入煤体内部，增加煤的水分，从而减少煤层开采过程煤尘的产尘量。按照液体进入煤体的方法，可分为煤体注水和煤体灌水。

煤体预先湿润的减尘作用主要有以下三个方面：

① 煤体内的裂隙中存在着原生煤尘，水进入后，可将原生煤尘湿润并黏结，使其在破碎时失去飞扬能力，从而有效地消除这一尘源。

② 水进入煤体内部，并使之均匀湿润。当煤体在开采中受到破碎时，绝大多数破碎面均有水存在，从而消除细粒煤尘的飞扬，预防和减少浮尘的产生。

③ 水进入煤体后使其塑性增强，脆性减弱，改变了煤的物理力学性质，当煤体因开采而破碎时，脆性破碎变为塑性变形，因而减少了煤尘的产生量。

根据现场测定，煤体预先湿润的降尘效果一般在50%～90%。

（2）煤体灌水

煤体灌水主要用在分层开采中，它是先将水注入上分层采空区破碎岩石，水在上分层采空区沿下分层上沿流动后，再慢慢渗入待湿润的下分层煤体中，从而减少煤层开采过程中煤尘的产尘量。灌水方法有上分层超前钻孔灌水、采后密闭灌水、埋管灌水、水窝灌水等。上分层超前钻孔灌水是指在下分层巷道向上分层采空区灌水，钻孔间距5～7 m；采后密闭灌水是指上分层开采结束或部分结束后砌密闭墙并接入水管向密闭内灌水；埋管灌水是指上分层开采中预先在上分层采空区埋水管并接入水管向上分层采空区灌水；水窝灌水是指在上分层的回风巷道开挖深1 m、宽2 m左右的水窝，供水系统的水先充入水窝，此时水窝的水在上分层采空区沿下分层上沿流动后再慢慢渗入待湿润的下分层煤体中。

2. 破碎物质或粉料预先湿润黏结

破碎物质或粉料预先湿润是指生产工艺中可加水的破碎物质或粉料在运输、转载、筛分等生产工艺前预先喷水湿润黏结，减少这些作业的产尘量，如石英砂、采出的煤炭、碎石、烧结混合料、地面道路泥土等。其预先湿润的加水量根据生产工艺要求及特点等因素确定，也可按下式确定：

$$Q_{sh} = K_{sh} G_k (\beta_y - \beta_z) \tag{8-1-1}$$

式中　G_k——需要预先湿润的物料量,kg;

β_y——物料原始水分,%;

β_z——物料最终水分,%,一般由工艺及防尘要求提出,也可取 $\beta_z=4\%\sim10\%$;

K_{sh}——备用系数,可取1.1。

喷水装置可采用鸭嘴形或丁字形喷水管。鸭嘴形喷水管的喷口为宽度2 mm左右的细长条缝,与胶管相连,用作移动加湿物料用。丁字形喷水管的一端与供水管相连,不与供水管直接相连的管子上均匀地钻有2~3 mm的喷孔,具体长度和喷孔数量取决于喷水宽度与需要加水量。

(二)湿式作业

湿式作业是向破碎、研磨、筛分等产尘的生产作业点送水,以减少悬浮粉尘的产生。湿式作业场所较多,下面介绍有代表性的几种。

1. 湿式打眼

湿式打眼是指采用湿式打眼机具,将具有一定压力的水送到打眼机具的炮眼眼底,用水湿润和冲洗打眼过程中产生的粉尘,使粉尘变成尘浆流出炮眼,从而达到抑制粉尘飞扬、减少空气中矿尘含量的目的。

按湿式打眼机具的动力分,湿式打眼机具可分为湿式电钻打眼机具和湿式风动打眼机具。按供水方式,湿式打眼机具可分为中心式供水和侧式供水两种。下面介绍两种典型的湿式打眼机具。

(1)中心供水凿岩机

这种凿岩机利用压缩空气进行凿岩,装有气、水联动的注水机构,风、水联动是指凿岩机风路接通以后,水路自动接通。当凿岩机开动时,压气自动开启水路,水经水针进入钎杆(或称钻杆)中心,再由钎头出来注入眼底,水与尘形成尘浆经钎杆和炮眼壁之间的间隙排出。当凿岩机停止运转时,柄体气室压气消失,弹簧推动注水阀关闭水路,停止注水。

(2)侧式供水湿式煤电钻

侧式供水湿式煤电钻主要结构如图8-1-1所示。钻头采用人字形硬质合金钻头,在钻头的分叉处到尾部的两侧均刨成深3 mm、宽4 mm的半圆沟槽,使水能直接到钻头前部,冲洗煤岩尘;钎杆头部为麻花式、后部为六棱式。

供水套由联结轴6和水柜4两个主要部件组成。联结轴6一端用内螺纹连接着麻花钻杆钻尾2,以便插入电钻1的钻嘴内,另一端亦用内螺纹与钻杆7连接。水从水管侧向进入水柜后即从进水眼流入钎杆尾部,凝钎杆到钻头前部冲洗煤岩粉。

湿式打眼的降尘效果十分显著,降尘率达到90%以上,湿式打眼可使作业地点空气中的含尘浓度降低到10 mg/m^{3}左右。

2. 水封爆破与水炮泥

(1)水封爆破

水封爆破是指在打好炮眼以后,首先注入一定量的压力水,水沿矿物质节理和裂隙渗透,矿物质被湿润到一定的程度后,把炸药填入炮眼,然后插入封孔器,封孔后在具有一定压力的情况下进行爆破。

水封爆破虽能降尘、消烟和消火,但是当炮眼的水流失过多时,也会造成"放空炮",所以对炮眼中水的流失要引起注意。

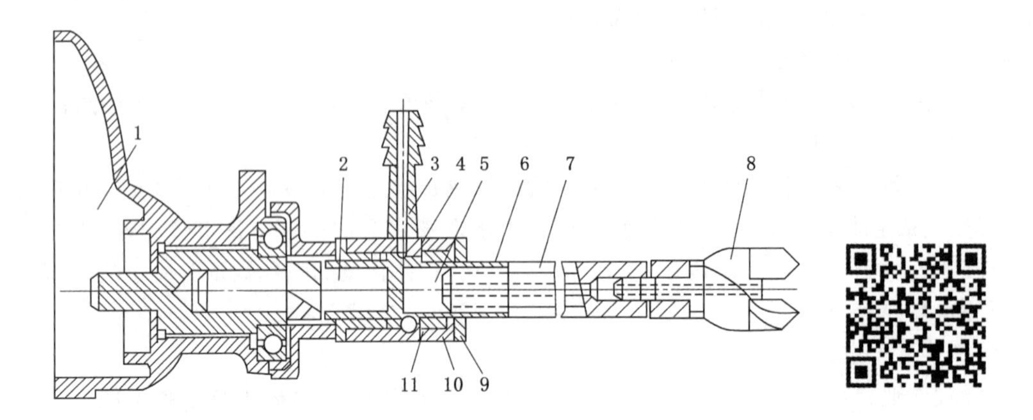

1—电钻;2—麻花钻杆钻尾;3—进水管;4—水柜;5—供水套;6—联结轴;
7—钻杆;8—钻头;9—端盖;10—钢垫圈;11—橡皮圈。

图 8-1-1　湿式电钻

(2) 水炮泥

水炮泥就是将装水的塑料袋代替黏土炮泥填入炮眼内,起到爆破封孔的作用。爆破时塑料袋破裂,水在高温高压下汽化,与尘粒凝结,达到降尘的目的。水炮泥的塑料袋应难燃、无毒,有一定的强度。水袋封口是关键,目前使用的自动封口塑料水袋如图 8-1-2 所示,装满水后,能将袋口自行封闭。水炮泥的防尘原理与水封爆破实质上是一致的。水借助于炸药时产生的压力而压入煤层裂隙。由于水的压缩很小,水在爆破压力作用下不仅强力渗透到煤层中,而且爆破的热量可使水汽化,其降尘效果更明显。另外,炸药爆炸时可产生大量的炮烟,炮烟中易溶于水中的有害气体会因遇有水蒸气而减少,从而降低了有害气体的浓度。实测表明,使用水炮泥时降尘率可达 80%,空气中的有害气体可减少 37%～46%。此外,使用水炮泥还容易处理拒爆。

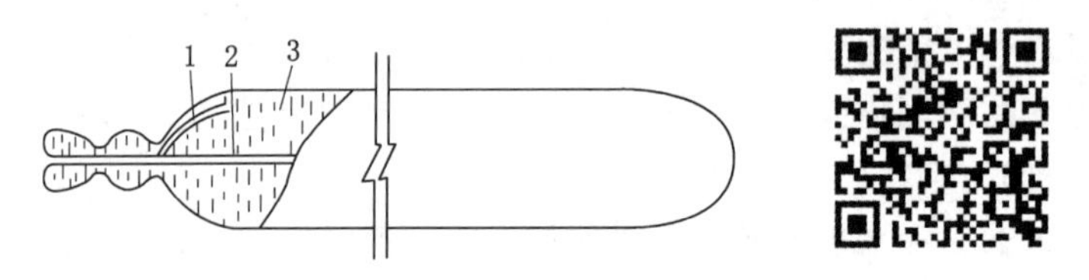

1—逆止阀注水后位置;2—逆止阀注水前位置;3—水。

图 8-1-2　自动封口塑料水袋

3. *水磨石英和石棉湿法纺织生产*

石英砂在工业中用量非常大,现广泛应用于铸造、玻璃、电瓷等行业。水磨石英是湿法生产石英砂的俗称,它先是在物料粗破碎、细粉碎、筛分的各环节均加入一定量的水,然后通过脱水机脱水后出成品。

石棉湿法纺织生产是利用分散剂将石棉绒均匀地分散到浆液中,使之呈胶体状,浆成膜,最后编制成各种石棉制品。

4. *水力清砂和磨液喷砂*

水力清砂是指在铸造等工艺中,利用高压水泵和水枪将水高速喷射到铸件表面,而清洗

剥离黏附在铸件上的型砂。型砂与水一起经地沟流入砂水池，经脱水烘干后回收使用。

磨液喷砂主要用在机器制造工业的清理或光饰工件表面中。磨液由掺有“缓蚀脱脂剂”的清水和适当粒度的磨料（如石英砂、碳化硅等）按一定比例混合而成。工作时，利用磨液栗、水枪、喷嘴将磨液高速喷射到工件表面，然后返回储液箱循环使用。用磨液喷砂时，由于有一层液膜裹覆磨料，故能减少磨料的破碎和粉尘的产生。

5. 湿式喷射混凝土

湿式喷射混凝土也称湿式喷浆，是指将一定配比的水泥、砂子、石子，用一定量的水预先拌合好，然后将湿料缓缓不断送入喷浆机料斗进行喷浆作业。在混合料中预加水搅拌，水泥水化作用充分，而且水泥被吸附在砂石表面结成大颗粒，使水泥失去浮游作用，大幅度抑制了粉尘的扩散。同时，预湿的潮料比湿料黏结性小，能保证物料顺利输送，因此湿式喷浆对减弹、降尘有明显的效果。

三、喷雾降尘

喷雾降尘是指水在一定的压力作用下，通过喷雾器的微孔喷出形成雾状水滴并与空气中浮游粉尘接触而捕捉沉降的方法，其降尘机理与湿式除尘相似。

喷雾降尘是目前广泛应用的一种防尘措施。与其他防尘措施相比，它具有结构简单、使用方便、耗水量少、降尘效率高、费用低等特点。缺点是喷雾降尘将增加作业场所空气的湿度，影响作业场所环境。

（一）影响喷雾降尘效果的主要因素

影响湿式除尘器除尘效率的主要因素，包括粉尘与水滴相对速度、水滴粒度、粉尘的湿润性、耗水量、液体黏度及粉尘密度等。这些因素都可影响喷雾降尘效果。下面介绍另外几个主要影响因素。

1. 喷雾作用范围与质量

喷雾作用范围是指喷出的喷雾体所占的空间，如图 8-1-3 所示，它分别用雾体作用长度$(L+B)$、有效射程 B 和扩散角 α 表示，扩散角有时也称条件雾化角。雾体作用长度、有效射程和扩散角越大，喷雾作用范围越大，降尘量越大，降尘效果越好。

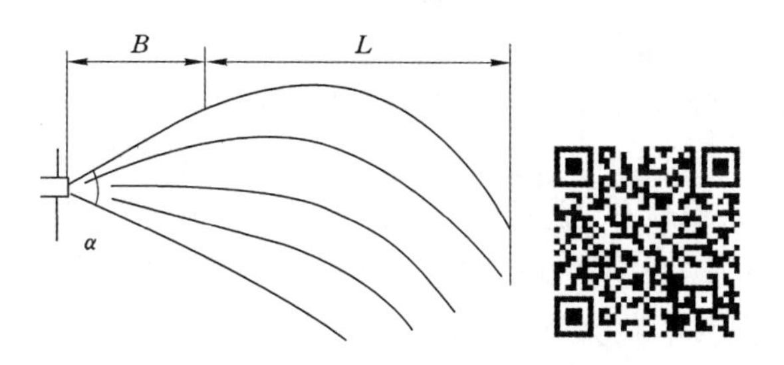

B—有效射程；$(L+B)$—雾体作用长度；α—扩散角。

图 8-1-3　喷雾作用范围

喷雾质量主要指雾滴粒径、雾滴密度及雾滴分布。雾滴分布越均匀，降尘效果越好，反之越差。雾滴密度越大，与粉尘接触机会越多，降尘效果越好，但雾滴密度太大将导致耗水量加大，并影响作业环境和生产要求。一般来说，在有效射程内雾滴平均密度以 10^6～10^8 粒/m^3

为宜。

2. 喷雾器安装位置和空气参与雾化作用的量

压力水从喷孔喷出后，随着离喷孔距离的增加，雾滴运动速度、单位体积的雾滴数量及雾体分布呈衰减态势，距离越远，雾粒越分散，雾滴运动速度和单位体积的雾滴数量越少，降尘效果越差，但雾体距喷雾出口太近，喷雾作用范围小，因此，喷雾器与产尘点的距离应根据现场实际确定。一般来说，直接喷向产尘点喷雾降尘的合理距离为 1.5～2.5 m。

空气参与雾化作用的量越多，雾滴粒径越细，雾滴密度越大，雾滴分布越均匀，喷雾质量越好，降尘效果越显著。

3. 供水压力和喷嘴形式

供水压力和喷嘴形式直接影响喷雾作用范围与质量。供水压力越大，雾体衰减慢，同一位置雾滴运动速度、单位体积的雾滴数量越大，雾体分布越好，雾体运动涡流强度越大，雾滴直径越小，雾滴荷电越强，雾体作用长度、有效射程和扩散角越大，喷雾质量越好。目前用于降尘的喷雾器形式较多，产生的雾体作用长度、有效射程和扩散角不同，其雾滴粒径、雾滴密度及雾滴分布也不同，降尘效果也不相同。

4. 水质

这里所说的水质主要指水中悬浮物含量、悬浮物粒径和 pH 值。水质差，悬浮物含量多，悬浮物粒径大，容易造成喷嘴堵塞，降低喷雾作用范围与质量；pH 值太大或太小将影响作业环境、腐蚀喷嘴。因此，在正常作业条件下，悬浮物含量不得超过 150 mg/L，悬浮物粒径不得超过 0.3 mm，pH 值应在 6～9 之间，否则，应进行相关水处理，如安设过滤装置、沉淀池等。

（二）喷雾器形式与选择

喷雾器也称喷雾装置，降尘用的喷雾器形式较多。下面介绍几种常用分类方法。

1. 按喷雾器的材质和可耐水压分类

按喷雾器的材质分，喷雾器可分为塑料喷嘴、尼龙喷嘴、单金属喷嘴、金属合金喷嘴、全陶瓷喷嘴、陶瓷嵌金属喷嘴等。

按喷雾器的可耐水压分，可分为低压喷嘴、中压喷嘴、高压喷嘴。在其他条件不变前提下，喷雾效果方面为低压喷嘴最差、中压喷嘴次之、高压喷嘴最好，成本方面是低压喷嘴最低、中压喷嘴次之、高压喷嘴最贵。

塑料或尼龙喷嘴的材质均为塑料或尼龙，这种喷嘴成本最低，但耐压程度低，一般只适用于产尘量低、水压为 2.5 MPa 以下的低压喷雾，属于低压喷嘴；单金属喷嘴由普通钢材、不锈钢材、铜质材料等金属制作，成本高于塑料或尼龙喷嘴，低于其他喷嘴，适用于水压为 2.5～100 MPa 的中压喷雾，属于中压喷嘴；金属合金喷嘴的喷孔由钨、钛等稀有金属和普通金属合成的合金材料制成，喷嘴外壳等其他部分由单金属制作，且合金喷孔嵌入喷嘴外壳中，耐压耐磨程度高，成本也最高，适用于产尘量高、水压大于 10 MPa 的高压喷雾，属于高压喷嘴；全陶瓷喷嘴均由陶瓷材料制成，喷口耐压耐磨程度高，成本中等，但强度比金属低，有时用扳手拧喷嘴时会拧碎陶瓷喷嘴，属于中高压喷嘴；陶瓷嵌金属喷嘴是指喷孔用陶瓷材料制作，喷嘴外壳等其他部分由单金属制作，且陶瓷喷孔嵌入喷嘴外壳中，这种喷嘴具有金属合金喷嘴的优点，且成本比金属合金喷嘴稍低，较多地应用于产尘量高的高压喷雾中，属于高压喷嘴。

2. 按水流方式和喷雾体形状分类

按水流方式分，可分为直流喷嘴和旋流喷嘴。直流喷嘴内外设有使水流旋转的部件，压力水直接通过喷嘴喷出；旋流喷嘴内外设有使水流旋转的部件，压力水直接通过喷嘴旋转喷出。按喷雾体形状分，喷雾器可分为线束型喷嘴、空心锥体喷嘴、实心锥体喷嘴、扇形喷嘴，各种喷嘴的喷雾体形状如图 8-1-4 所示。

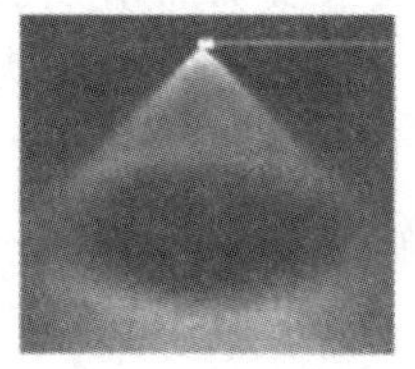

(a) 空气锥体喷嘴

(b) 实心锥体喷嘴

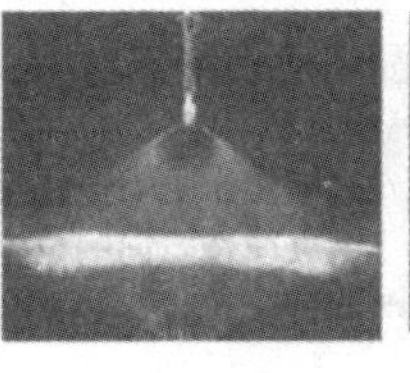

(c) 扇形喷嘴

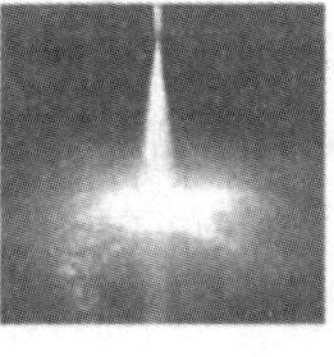

(d) 线束型喷嘴

图 8-1-4　喷雾体形状

线束型喷嘴也称直流喷嘴，仅有喷孔，喷嘴内无导水芯，喷孔口也无附加旋转附件，压力水轴向进出，结构简单，有效射程长，但雾化范围小，雾化效果差，这种喷嘴应用较少。空心锥体喷嘴、实心锥体喷嘴一般都有使压力水旋转的设施，属于旋流喷嘴。实心锥体喷嘴比空心锥体喷嘴雾滴密度大，降尘效果更好。扇形喷嘴内部一般无导水芯，而喷孔外部则有 I 字形凹槽，如图 8-1-5(d)所示。一般来说，喷嘴安装位置离产尘点较远时，宜选直流喷嘴；产尘范围大且含尘量高时，宜选实心锥体喷嘴；产尘范围大而含尘量较低时，宜选空心锥体喷嘴；拦截含尘气流降尘时宜选扇形喷嘴、空心锥体喷嘴。

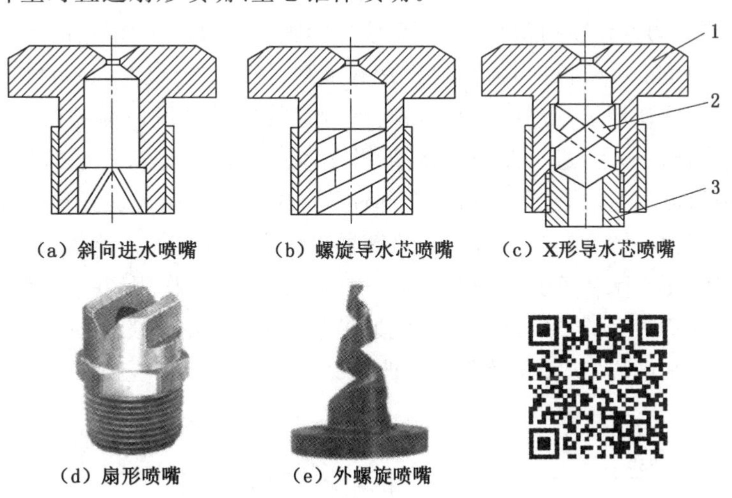

(a) 斜向进水喷嘴　(b) 螺旋导水芯喷嘴　(c) X形导水芯喷嘴

(d) 扇形喷嘴　(e) 外螺旋喷嘴

1—喷嘴体；2—喷嘴芯；3—芯体压盖。

图 8-1-5　旋转喷嘴结构

使压力水旋转喷雾的方法有以下几种：

(1) 切向内旋流法，即通过切向或斜向进水，再由轴向出水使压力水旋转的方法。如图 8-1-5(a)所示的斜向进水喷嘴，喷嘴入口处开 1 个或 2 个斜切孔，让进入喷嘴的水流形成旋转运动，产生横向速度，使雾化射流以一定的扩散角度喷出。

（2）轴向内旋流法，即轴向进出水，喷孔内装螺旋型、涡轮型、X形等导水芯使得压力水旋转。如图8-1-5(b)所示的喷孔内装螺旋型导水芯喷嘴，在喷嘴内部设置一个带有2个或3个螺旋槽的芯，压力水在喷嘴内部沿螺旋槽流动，在喷嘴前汇集，相互作用产生横向速度，然后在压力作用下被喷射出来，形成雾化。如图8-1-5(c)所示的喷孔内装X形导水芯喷嘴，它是由喷嘴体1、喷嘴芯2和芯体压盖3组成，采用双头导流折返形状，类似于X形状的旋流叶片，每个叶片上又开一个方形槽口，使两股水流相互作用，压力水进入喷嘴后沿喷嘴芯形成的倾斜流道流动，到边缘后旋转折返回来形成旋转流动，最后在喷口前汇合产生更大的紊动，横向速度能量剧增，喷出后雾化均匀、分散度好、雾粒细微。

（3）轴向外旋流法，即在喷孔外部增加外螺旋设施使得压力水旋转。如图8-1-5(e)所示，压力水从喷孔喷出后，沿着外螺旋叶片运动，从而使得喷雾水旋转。

因此，旋流喷嘴又可分为切向内旋流喷嘴、轴向内旋流喷嘴、轴向外旋流喷嘴。

一般情况下，如图8-1-5(a)、(b)所示结构的喷雾体形状为空心锥体，如图8-1-5(c)、(e)所示结构以及在如图8-1-5(a)、(b)所示结构增加轴向中心孔后的喷雾体形状为实心锥体。

3. 按空气参与雾化作用的量分类

按空气参与雾化的作用的量，可分为单水喷雾器、水气双作用喷雾器两种。其中，水气双作用喷雾器又可分为自吸空气式喷雾器、压气水联动喷雾器。

（1）自吸空气式喷雾器

自吸空气式喷雾器也称引射喷雾器，这种喷雾器由喷嘴、吸气通道及外壳等组成，图8-1-6所示为两种典型的自吸空气式喷雾器结构。图8-1-6(a)所示的自吸空气式喷雾器也称为文丘里管喷雾器，由吸气通道扩散管、喉管、入风口渐缩段三个部分组成，其作用原理与喷射泵相似。它是利用压力水作喷射流体，作为该装置的吸气动力，使一定量的水从喷嘴高速连续喷出，通过吸气通道的喉管段时，流体速度达到最高，气压降至最低，在吸气通道后部造成低压区。这样，在负压作用下，吸气通道后端附近的空气通过入风口渐缩段流到喉管部分，使其和喷雾水滴混合在一起，进一步破碎水滴，并与喷雾水滴一起从扩散管段喷出，从而达到二次雾化、引射风流的目的，吸气通道各个部件尺寸的变化将引起文丘里管喷雾器的吸气能力、雾化效果的变化。图8-1-6(b)所示的喷雾器也称为自吸空气式喷嘴，它是在喷嘴外壳设置几个吸气通道，压力水从喷孔高速喷出后，由于其紊动卷吸作用，在喷孔附近形成负压区，在负压作用下，喷嘴附近的空气从几个吸气通道后端吸入，并与喷出的水雾混合，进一步破碎水滴，使雾粒更细微均匀，雾化效果大大改善。

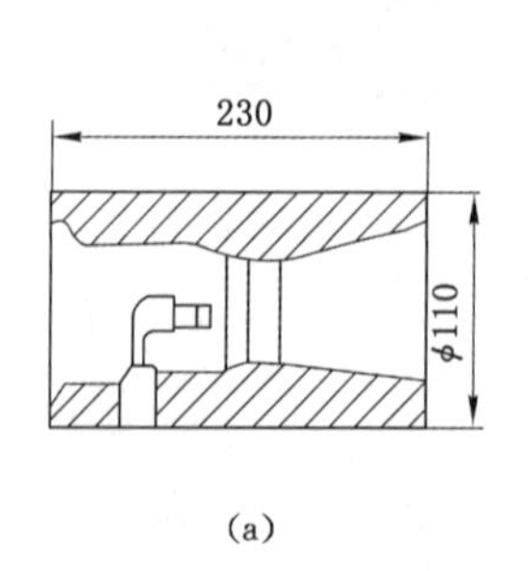

(a)

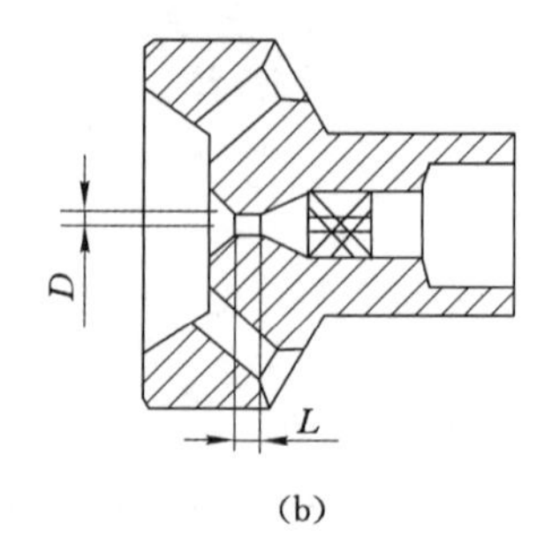

(b)

图8-1-6　自吸空气式喷雾器

(2) 压气水联动喷雾器

压气水联动喷雾器是将不同压力的压力水与压缩空气同时接入喷雾器中，压缩空气与压力水在喷孔内部提前破碎雾化水流并与其充分混合，然后再从喷孔喷出，从而提高雾化效果。

这种喷雾水的压气气压一般在 0.4～0.7 MPa，喷雾有效射程为 5～6 m，如图 8-1-7 所示。风水联动喷雾器的使用水压低、雾化效果好、雾体作用范围大、有效射程远、降尘效果好，一般在爆破作业的爆破工序降尘中选用。

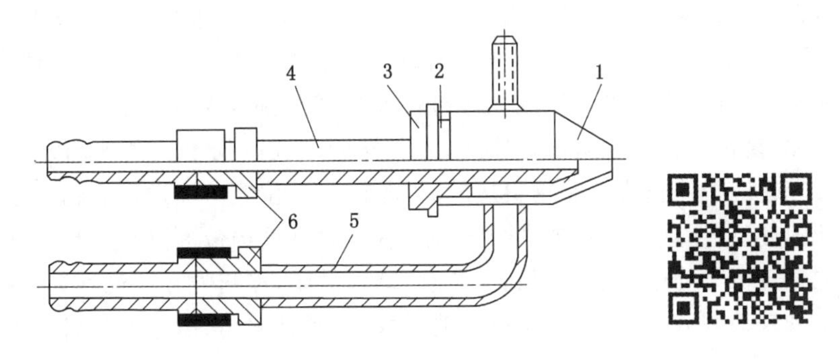

1—风水混合室；2—胶皮垫；3—调节器；4—进风道；5—进水管；6—连接件。

图 8-1-7　压气水联动喷雾器

(三) 喷雾控制方式

喷雾控制方式可分为手动和自动两种。

1. 手动控制

手动喷雾以人工操作手动阀门来实现。用于手动喷雾的手动阀门主要有小型闸阀和球阀。小型闸阀相当于旋钮式水龙头，由阀座、闸板、螺杆及旋盘等组成，其外形如图 8-1-8(a)所示。它通过旋盘及螺杆使得闸板活动，从而达到开关的目的。闸阀的闸板不留在流路上，压力损失小，但普通闸阀操作时易使阀体、阀杆及旋盘损坏，关闭不太可靠。

(a) 闸阀　　(b) 球阀

图 8-1-8　手动阀门

球阀外形如图 8-1-8(b)所示，其内有一个圆球形旋塞体，旋塞体内有圆形通孔或通道，圆形通孔或通道与管壁垂直时，旋塞体的进出口全部呈现球面，阀门关闭；圆形通孔或通道与管壁夹角小于 90°时，阀门打开。球阀具有结构简单、流阻小、密封可靠、动作灵活快捷、维修及操作方便等优点，是较好的手动阀门，缺点是价格相对较贵。

2. 自动控制

工业生产不可能 24 h 连续进行，且在生产的各个环节中，情况往往是变化的，有时需要喷雾，有时则需停止，需要频繁地操作喷雾装置。另外，人的素质高低不一，往往产尘后不能及时开启喷雾装置，从本质安全角度，实施自动喷雾是非常必要的。

到目前为止，很多作业地点都先后推广了自动喷雾，积累了很多有益的经验。根据工作原理，喷雾自动控制有机械式、液压式、电子电器式等。

（1）机械式自动控制

机械式自动控制是将机械传动机构和手动阀门相连接来实现自动喷雾的形式。

图 8-1-9 所示为机械式带式输送机转载自动喷雾装置示意图。其主要由球阀及其固定装置、阀杆、喷雾头、进出水管路等组成。阀杆Ⅰ、Ⅱ位置分别为关闭、开启状态，球阀的开关与阀杆连为一体，复位弹簧一端与阀杆连接，另一端固定在机架上或其他固定处，喷嘴安装在转载点上方。输送机停止或没有物料运输时，是阀杆Ⅰ位置。输送机有物料运输时，物料运输撞击阀杆到Ⅱ位置，这时球阀被打开，开始喷雾降尘；输送带上没有物料运输时，阀杆在自重力和复位弹簧拉力的作用下又回到Ⅰ位置，球阀关闭，停止喷雾。这种装置还能根据物料运输量多少来自动调节喷雾水量，物料运输量大时，阀杆偏角大，球阀开启度大；物料运输量小时，阀杆偏角小，阀门开启小；空载时，阀杆复位，球阀关闭。

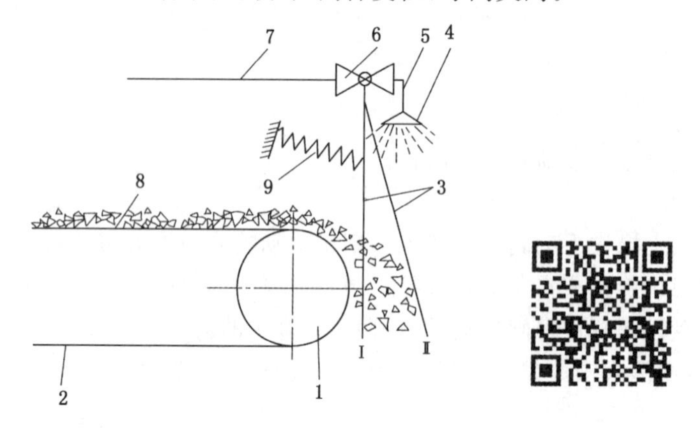

1—卸载滚筒；2—输送带；3—阀杆；4—喷嘴；5—出水管；6—球阀；7—进水管；8—物料；9—复位弹簧；
Ⅰ—球阀关闭状态；Ⅱ—球阀打开状态。

图 8-1-9　机械式带式输送机转载自动喷雾装置示意图

（2）液压传动式自动控制

液压传动式自动控制主要通过液压传动机构来控制喷雾的开关，其核心部件为液压-水联动阀。该联动阀内一般有阀芯、液压单向阀、液控油路、水路、与液压传动机构连接口和与喷雾供水连接口等。

这种自动控制主要用在有液压传动系统的产尘作业点喷雾降尘。例如，综合机械化采煤工作面移架、放顶产尘点，因液压支架移架、放顶通过液压传动系统来实现，故可以通过液压-水联动阀和液压支架的液压传动系统来控制喷雾的开关，即在液压支架移架、放顶时，其中一路液压乳化油经过联动阀的其中一个接口进入联动阀的液控油路，推动控制喷雾水的阀芯打开喷雾；液压支架移架、放顶结束时，其中另一路液压乳化油经过联动阀的另一个接口进入联动阀的液控油路，推动控制喷雾水的阀芯关闭喷雾。

(3) 电子电器式自动控制

这种自动控制装置主要由转变成电信号的传感器、含有控制放大电路的控制箱及电磁阀组成。它将产尘作业的信号通过传感器转变成电信号，再通过控制放大电路控制箱传给电磁阀的开关。

电磁阀由紧密组合的电磁线圈、电磁铁、阀芯及供水通路等组成，喷雾降尘用的电磁阀一般为常闭或常开型二通电磁阀。在常闭型电磁阀中，通电时，电磁线圈产生电磁力把阀芯从阀座上提起，阀门打开喷雾；当线圈不通电时，电磁力消失，弹簧把阀芯压在阀座上，供水通路被阀芯关闭，喷雾停止。在常开型电磁阀中，线圈不通电时，供水通路是打开的。

根据产尘作业的特点，目前使用的传感器可有红外线传感器、可见光传感器、声传感器、冲击波传感器、接触式传感器、电磁传感器、物料量及含湿量传感器等。其中，红外线传感器、可见光传感器一般在拦截含尘空气为主的隧道及地下巷道的风流净化喷雾中使用，人体通过时将发出红外线或遮挡预先设置的光线，红外线传感器根据人体发出的红外线来传递信号关闭喷雾，可见光传感器一般通过光敏元件来传递信号关闭喷雾；声传感器、冲击波传感器一般用在爆破作业中，根据爆破时发出的声音和冲击波的不同传递不同的电信号；接触式传感器通过与相关物品的机械接触产生传递信号，其内一般有微动开关、干簧管、霍尔元件等，其与外界被测物质接触时，被测物质的机械运动推动传感器的活动杆，活动杆可直接启动微动开关，也可推动磁钢接近干簧管及霍尔元件，从而产生电信号，触发稳态电路传给电磁阀开关；电磁传感器通过与相关物品接触磁信号的变化产生并传递信号；物料量及含湿量传感器是根据运输的物料量及含湿量来发出不同的电信号，主要用在破碎物质的运输中。

四、物理化学减尘降尘

物理化学减尘降尘是指采用物理或化学的方法来减少浮游粉尘的产生，降低空气中粉尘含量。到目前为止，物理化学减尘降尘的方法主要有湿润剂减尘降尘、泡沫降尘、磁水降尘、预荷电喷雾降尘和高压静电控尘。

(一) 表面活性剂

能显著降低溶剂(一般为水)表面张力和液-液界面张力的物质称为表面活性剂，是化学减尘降尘的核心物质。表面活性剂具有亲水、亲油的性质，能起乳化、分散、增溶、洗涤、润湿、发泡、消泡、保湿、润滑、杀菌、柔软、拒水、抗静电、防腐蚀等一系列作用。

从结构上看，所有的表面活性剂分子都是由极性的亲水基和非极性的憎水基两部分组成的。亲水基使分子引入水，而憎水基使分子离开水，即引入油，因此它们是两亲分子。表面活性剂分子的亲油基一般是由碳氢原子团，即烃基构成的，而亲水基种类繁多。所以表面活性剂在性质上的差异，除与碳氢基的大小和形状有关外，还与亲水基团的不同有关。亲水基团在种类上和结构上的改变，远比亲油基团的改变对表面活性剂的影响大。因此，表面活性剂一般以亲水基团的结构为依据来分类。通常分为离子型和非离子型两大类。离子型表面活性剂在水中电离，形成带正电荷或带负电荷的憎水基。前者称为阳离子表面活性剂，后者称为阴离子表面活性剂。在一个分子中同时存在阳离子基团和阴离子基团者称为两性表面活性剂。非离子型表面活性剂在水中不电离，呈电中性。此外，还有一些特殊类型的表面活性剂。

1. 阴离子表面活性剂

阴离子表面活性剂主要包括高级脂肪酸盐、磺酸盐、硫酸酯盐、磷酸酯盐、脂肪酸酰氧与蛋白质水解物缩合物等。其中,使用较多的高级脂肪酸盐、磺酸盐结构如下:

(1) 高级脂肪酸盐

肥皂、硬脂酸钠、月桂酸钾皆属高级脂肪酸盐,其化学式为 RCOOM,这里 R 为烃基,其碳数在 8～22 之间,M 一般为 Na、K。

(2) 磺酸盐

磺酸盐的化学通式为 $R\text{-}SO_3Na$,碳链中的碳数在 8～20 之间。这类表面活性剂主要用于生产洗涤剂,易溶于水,有良好的发泡作用。磺酸盐在酸性溶液中不发生水解,可以放心使用。常见的磺酸盐有烷基苯磺酸盐、烷基磺酸盐、脂肪酸乙酯磺酸盐、石油磺酸盐等。

2. 阳离子表面活性剂

阳离子表面活性剂大部分为胺基化合物,有铵盐型和季铵盐型两类。阳离子表面活性剂主要用作杀菌剂、织物软化剂和专用乳化剂,也是高效抗静电剂。

(1) 铵盐型阳离子表面活性剂

伯铵盐、仲铵盐和叔铵盐总称为铵盐,这是因为它们的性质非常相近,难以区分,且它们往往混在一起。这种类型表面活性剂的憎水基的碳数在 12～18 之间。

(2) 季铵盐型阳离子表面活性剂

一般常用的阳离子表面活性剂为季铵型的,系由季铵和烷化剂反应而制得,从形式上看是铵离子的 4 个氢原子被有机基团所取代,成为 $R_1R_2N^+R_3R_4$ 的形式。季铵盐的碱性较强,其水溶液遇碱无变化。

阴离子表面活性剂的水溶液通常显酸性,而阳离子表面活性剂的水溶液一般呈中性或碱性,两者是不相溶的,所以两者一般不能混合使用。

3. 两性表面活性剂

两性表面活性剂分子是由非极性部分和 1 个带正电基团及 1 个带负电基团组成的,即在憎水基的一端既有阳离子也有阴离子,由两者结合在一起集分子于一身的表面活性剂($R—A^+—B$),这里 R 为非极性基团,可以是烷基,也可以是芳基或其他有机基团;A^+ 为阳离子基团,常为含氮基团;B 为阴离子基团,一般为羧酸基和磺酸基。如氨基酸型、甜菜碱型、咪哇啉型、氧化胺两性表面活性剂。

4. 非离子表面活性剂

非离子表面活性剂溶于水时不发生离解,其分子中的亲油基团与离子型表面活性剂的大致相同,其亲水基团主要是由具有一定数量的含氧基团(如羟基和聚氧乙烯链)构成。

非离子表面活性剂在溶液中由于不是以离子状态存在,所以稳定性高,不易受强电解质存在的影响,也不易受酸、碱的影响,与其他类型表面活性剂能混合使用,相溶性好,在各种溶剂中均有良好的溶解性,在固体表面上不发生强烈吸附。

非离子表面活性剂大多为液态和浆状态,它在水中的溶解度随温度升高而降低,按亲水基分类,有聚乙二醇型和多元醇型两类,有良好的洗涤、分散、乳化、发泡、润湿、增溶、抗静电、匀染、防腐蚀、杀菌和保护胶体等多种性能。

5. 特殊类型表面活性剂

特殊类型表面活性剂主要包括如下几种:

(1) 氟表面活性剂

它主要是指碳氢链憎水基上的氢完全被氟原子所取代了的表面活性剂。具有氟碳链憎水基的表面活性剂,与前述的表面活性剂比较具有独特的界面活性,故广泛地用于各种润滑剂、浸蚀剂、添加剂及表面处理剂中。

(2) 硅表面活性剂

以硅氧烷链为憎水基、以聚氧乙烯链、羧基、酮基或其他极性基团为亲水基构成的表面活性剂称为硅表面活性剂。硅氧烷链的憎水性非常大,所以不长的硅氧烷链的表面活性剂就具有良好的表面活性。

这种表面活性剂的 Si—O—C 键在酸性溶液中易发生水解,为克服这一缺点,通常制成无 Si—O—C 键的表面活性剂。

(3) 氨基酸系表面活性剂

氨基酸与憎水物质发生反应,生成的表面活性物质称为氨基酸系表面活性剂。近年来,氨基酸系表面活性剂广泛用于化妆品和卫生用品生产中,其年产量以相当大的百分率增长着。

氨基酸分子中既有氨基又有羧基,为两性电解质,随水溶液的 pH 值而发生电离。

(4) 高分子表面活性剂

分子量在数百的属于低分子表面活性剂,而分子量在数千以上并具有表面活性的物质称为高分子表面活性剂。对于高分子表面活性剂并没有严格规定,许多高分子物质特别是在水溶液中表现出表面活性。

(5) 生物表面活性剂

所有的生物都是由细胞所构成的。细胞中 70%的是水分、蛋白质、核酸、糖类、脂类等各种物质,通过细胞内的精细结构进行着有序的活动。表面活性剂作为控制细胞界面秩序不可缺少的物质起着重要的作用。

生物表面活性剂具有合成的表面活性剂所没有的结构特征,大多有着发掘新表面活性机能的可能性,人们正希望开发出生物降解性和安全性及生理活性都好的生物表面活性剂。

(二) 湿润剂减尘降尘

润湿作用是一种界面现象,它是指凝聚态物体表面上的一种流体被另一种与其不相混溶的流体取代的过程。常见的润湿现象是固体表面被液体覆盖的过程。

在许多实际应用中都涉及润湿作用,如防尘、洗涤、粉体在液体介质中的分散和聚集作用、液体在管道中的输送、液态农药制剂的喷洒、金属材料的防锈与防蚀、印染、焊接与黏合、矿物浮选等。在这些应用中大多是使液体能润湿固体表面。

湿润剂一般由表面活性剂和相关助剂复配而成。表面活性剂是湿润剂的核心,作为增加湿润作用的表面活性剂一般为阴离子表面活性剂,如高级脂肪酸盐、磺酸盐、硫酸酯盐、磷酸酯盐、脂肪酸酰氯与蛋白质水解物缩合物等。助剂是为了提高湿润效果而添加的,常用助剂有 Na_2SO_4、NaCl 等无机盐类。根据表面活性剂及相关助剂的不同,目前研制了很多种湿润剂,并用于煤体及破碎物料预先湿润黏结、湿式作业、喷雾等减尘降尘措施中,如 CHJ-1 型、J-85 型、R1-89 型、DS-1 型、快渗 T、配方 1、配方 2、洗衣粉、黏尘棒等。

1. 湿润剂减尘降尘机理

以阴离子表面活性剂和 Na_2SO_4、NaCl 等无机盐类助剂的湿润剂为例,其作用机理如下：一方面，湿润剂的表面活性剂是由极性的亲水基和非极性的憎水基（或称亲油基）两部分组成的化合物，表面活性剂分子的亲油基一般是由碳氢原子团即烃基构成的，而亲水基种类繁多。湿润剂溶于水时，其分子完全被水分子包围，亲水基一端使分子引入水，而憎水基一端被排斥使分子离开水伸向空气或油。于是表面活性剂的分子会在水溶液表面形成紧密的定向排列，即界面吸附层，由于存在界面吸附层，使得水的表层分子与空气的接触状态发生变化，接触面积大大缩小，水的表面张力降低。另一方面，固体或粉尘的表面由疏水和亲水两种晶格组成，表面活性剂离子进入固体或粉尘表面空位，与已吸附的离子成对，如固体或粉尘的正离子与阴离子表面活性剂相吸引，阴离子表面活性剂的疏水基进入固体或粉尘空位，使固体或粉尘的疏水性晶格转化为亲水状态。

另外，如果表面活性剂分子的亲水头被吸引到亲水晶格的正离子层，这种反应使亲水晶格转化为不湿润的状态，这是所不希望的。添加比表面活性剂分子离解性高的无机盐，使无机盐被优先吸引到固体或粉尘的正离子层，有效地防止固体或粉尘亲水晶格转化成疏水晶格。

以上几个方面综合作用，增加了固体或粉尘对水的湿润性能，提高减尘降尘效果。

2. 湿润剂的添加方法

添加湿润剂的方法一般有两种：一是单箱调配方法，即对小型试验可采用定容积的箱体，一次调配后，供试验使用；二是连续添加方法，即在实际生产中长周期连续添加配制固定浓度的添加法。连续添加法有下列几种。

(1) 添加调配器

如图 8-1-10 所示，其原理是在湿润剂溶液箱的上部通入压气（气压大于水压），承压湿润剂溶液从底部供液导管 8 的入口进入供液导管，经三通 10 添加于供水管路。调节阀门 6 用来调节添加湿润剂溶液的流量与供水流量相配合而达到所需的添加浓度。这种方法结构简单、操作方便、无供水压力损失，但必须以压气作动力。

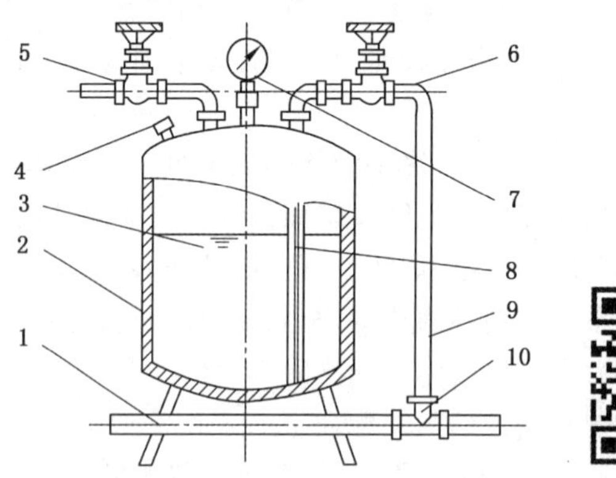

1—供水针；2—溶液箱；3—溶液；4—加液口；5 供气阀；6—调节阀门；
7—压力表；8—箱内供液导管；9—加液管；10—三通。
图 8-1-10　压气添加调配器

(2) 液气射流计量混合泵

如图 8-1-11 所示，湿润剂溶液被液气射流泵所造成的负压所吸入，并与水流混合加于

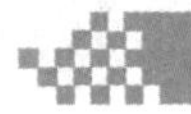

供水管路中，添加浓度由吸液管 6 上的调节阀进行调节。为使液气射流泵具有较高的效能，其几何尺寸要合理。

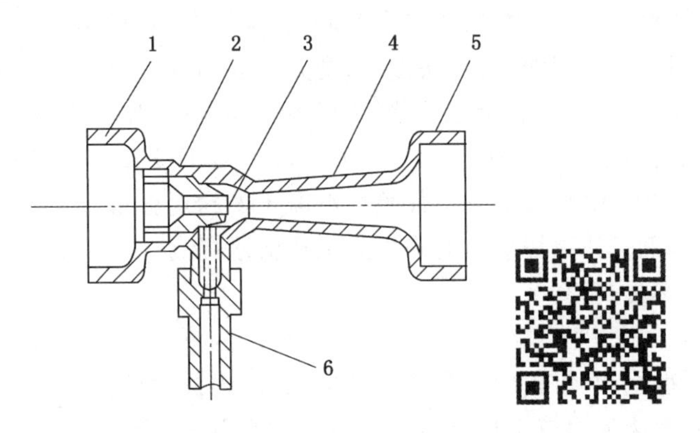

1—进水端；2—喷嘴；3—调节阀；4—扩散器；5—出液端；6—吸液管。

图 8-1-11　液气射流混合泵

(3) 定量泵

通过定量泵把液态湿润剂压入供水管路，通过调节泵的流量与供水管流量配合达到所需浓度。

(4) 利用孔板减压添加调节器进行的湿润剂添加调配

如图 8-1-12 所示，湿润剂溶液在减压孔板 10 前端高压水作用下(在溶液箱中，下部通入的高压水与上部的湿润剂溶液用橡胶薄膜 3 隔开)，在压入孔板后端的低压水流中，调节阀门 5，可获得所需溶液的流量。

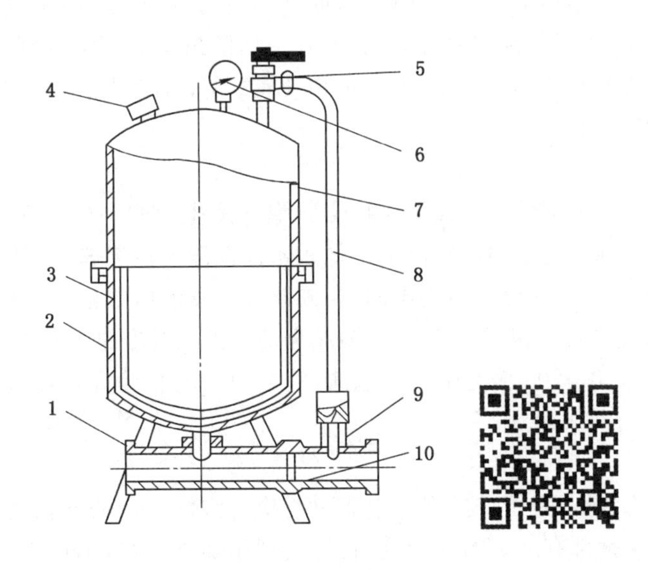

1—进水三通；2—冷夜箱下部；3—橡胶薄膜；4—进液口；5—调节阀；6—压力表；7—液箱下部；8—输液管；9—加液三通；10—减压孔板。

图 8-1-12　孔板减压添加调节器结构图

(5) 其他

在动压注水中，可利用注水泵吸入管的负压来吸入湿润剂溶液箱中溶液，经调节阀调节流量，即可获得所需的添加浓度。对固态的湿润剂，为达到连续添加的目的，可将固态物加工成棒状，通过水流冲刷溶解达到连续添加的目的。

近30多年来，湿润剂相继在物料预先湿润减尘、湿式作业、喷雾降尘中进行应用，取得了良好的效果。据研究应用表明，添加快渗T、配方1湿润剂可使煤体预先湿润宽度增加1倍多，液体渗透长度增加2.45倍，降尘率提高15%～20%；添加黏尘棒可使煤层注清水的水分增加75.7%，降尘率比清水提高20%～30%；添加CHJ-1型湿润剂可使湿式打眼降尘效果提高42.5%；添加J-85型湿润剂可使喷射混凝土的粉尘含量比清水提高50%～60%；在水炮泥中添加湿润剂可使得爆破作业降尘效果比清水提高35%；添加湿润剂进行喷雾降尘，呼吸性粉尘降尘率提高40%。

（三）泡沫降尘

泡沫降尘在20世纪70年代中期开始广泛应用，国内外对外因火灾应用泡沫技术进行灭火，对作业场所的泡沫降尘技术也进行了广泛的试验研究，降尘效果比清水可提高60%以上。

1. 泡沫降尘原理

泡沫降尘是利用表面活性剂的特点，使其与水一起通过泡沫发生器，产生大量高倍数的空气机械泡沫，利用无空隙的泡沫体覆盖和遮断尘源。泡沫降尘原理包括拦截、黏附、湿润、沉降等，几乎可以捕集全部与其接触的粉尘，尤其对细微粉尘有更强的聚集能力。泡沫的产生有化学方法和物理方法两种，降尘的泡沫一般是用物理方法，属机械泡沫。

2. 泡沫药剂配方要求

泡沫除尘效率主要取决于泡沫药剂的配方。配方中各药剂的选择和含量，一般的有起泡剂、湿润剂、稳定剂、增溶剂等表面活性剂(或称助剂)。在泡沫药剂配方中，不能把阳离子表面活性剂和阴离子表面活性剂混合使用，最好选用阴离子表面活性剂或非离子表面活性剂，另外还要考虑表面活性剂来源要广泛、价格便宜、易于加工制作和现场应用。下面介绍起泡剂、稳定剂、增溶剂的要求。

(1) 起泡剂

在泡沫降尘中，起泡剂性能的强弱直接影响泡沫发生量的多少和降尘效率。一般情况下，泡沫药剂是在起泡性能很强的发泡剂中加入不同性能的稳定剂及其他助剂，按一定比例配制而成的。由于发泡剂的分子结构不同，相同条件下发泡倍数也不一样。所谓发泡倍数，是指一定数量的泡沫自由体积，与该体积的泡沫全部破灭后析出的溶液体积之比。一般10～20倍为低倍数泡沫，20～200倍为中倍数泡沫，200～1 000倍为高倍数泡沫，而降尘中应用的泡沫倍数一般为10～400倍。

(2) 稳定剂

稳定剂(或称稳泡剂)是指在发泡剂中能引起稳定泡沫作用的某种助剂(表面活性剂)。实践证明，泡沫稳定剂都有一定的选用范围，稳定剂添加不适当，不仅不能增加泡沫的稳定性，反而会降低起泡剂的原有各项技术性能指标。泡沫的稳定性取决于泡沫药剂配方、发泡方式和泡沫赋存的外界因素，一般用限定容器内泡沫破碎高度的时间来衡量。破泡时间的长短，即泡沫稳定性的好坏，决定于排液快慢和液膜强度，而液膜强度的大小受泡沫液的表面张力、表面黏度、溶液黏度、分子的大小及分子间作用力强弱等因素的影响。一般来说，溶液的表面张力低，易生成泡沫，稳定时间长；溶液的表面黏度大，所生成的泡沫稳定时间

也长。

（3）增溶剂

表面活性剂在水溶液中形成胶束后具有能使不溶或微溶于水的有机物的溶解度显著增大的能力，且此时溶液呈透明状，胶束的这种作用称为增溶，能产生增溶作用的表面活性剂叫增溶剂，被增溶的有机物称为被增溶物。影响增溶作用的主要因素是增溶剂和被增溶物的分子结构及性质、温度、有机添加物、电解质等。因此，泡沫药剂配方中增溶剂是必不可少的成分。

（4）配方中各药剂含量的确定方法

由于泡沫药剂配方中各药剂所起的作用不同，因而各药剂的含量也不一定相同，需要通过试验来确定。一般主要采用正交试验，即根据正交表的要求，分别确定各组配方中各药剂的含量，测出泡沫药剂溶液的表面张力、泡沫高度、稳定时间，并进行正交试验的直观和统计分析，然后根据实际需要确定泡沫药剂配方中各药剂的最优含量。配方确定后，配制一定的泡沫药剂水溶液，通过泡沫发生器产生泡沫，进行泡沫除尘效果试验，再根据除尘效率的测定结果，进一步确定泡沫药剂与水混合的最佳比例。

3. 发泡器的性能及参数

（1）发泡量：发泡器每分钟发生泡沫的自由体积。

（2）发泡倍数：一定数量的泡沫自由体积，与该体积的泡沫全部破灭后析出的溶液的体积比。

（3）析出时间：随着泡沫消失而析出一定质量的溶液所需要的时间。析液时间越长，泡沫越稳定。

（4）风泡比：供给泡沫发生器的风量与发泡量之比值，又称气泡比。

（5）成泡率：实际成泡量与理论成泡量之比。

（四）磁水降尘

磁性存在于一切物质中，并与物质的化学成分及分子结构紧密相关，因此，派生出磁化学。实践过程中又将其分为静磁学和共振磁学两种。目前，国内外降尘用磁水器都是在静磁学与共振磁学理论基础上发展起来的。

磁化水是指经过磁化器处理的水，这种水的物理化学性质可发生暂时的变化。暂时改变水性质的过程称为水的磁化过程，其变化的大小与磁化器磁场强度、水中含有的杂质性质、水在磁化器内流动速度等因素有关。

1. 降尘机理

水的分子结构是由两个氢原子和一个氧原子组成的，在水分子中有五对电子，一对电子（内部）位于氧核附近，其余四对电子在氧核与每一个氢原子核间各有一对；另外两对是孤对电子，在四面体上方朝向氢原子相反方向，正是由于这两对孤对电子的存在，使分子间产生了氢键联系。而由于氢键的存在又赋予水以特殊而易变的结构，在各种外界因素作用下，如温度、压力、磁场等的影响会导致水结构发生变化，使氢键产生弯曲，O—H 化学键夹角也发生变化。因此，采用磁场力是能够使水结构发生变化的，其变化的大小与磁场力大小有关。研究证明，氢键的破裂变化需要消耗的能量为 16.7～25.1 kJ/mol。

水经磁化处理后，由于水系性质的变化，可以使水发生变化：硬度突然提高，然后变软水的电导率和黏度降低；水的结构改变；使复杂的长键结构变成短键结构，夹角发生改变，使磁化水的表面张力、吸附能力、溶解能力及渗透能力增加，使水的结构和性质暂时发生显著的变化。

此外，水经磁化处理后，其黏度降低，晶构变短，会使水珠变细变小，有利于提高水的雾化程度，因此，与粉尘的接触机遇增加特别是对于吸附性粉尘的捕捉能力加强。由于磁化水湿润性强，吸附能力大，使粉尘降落速度加快，所以有较好的降尘效果。

2. 影响磁水降尘的主要因素

(1) 水流方向、流速及磁感应强度

将水以一定速度通过一个或多个磁路间隙，水流方向与磁场垂直或平行于透镜式磁场，均可得到磁化水。由于许多离子的抗磁性要强于水，如 Li^+、Cl^- 等，所以磁化水体最好是溶液，且离子在水体中力求分散均匀。流体中的离子的扩散程度好于层流，因此磁化水流经的管壁也应有一定的粗糙度，磁化水流速应在一定范围内，此范围可通过试验获得。由于磁感应强度与水的物理化学性能改变并非呈线性关系，还需通过试验确定最佳的磁感应强度。

(2) 对水的磁化方式

按产生磁场的方式，磁水器一般有永磁式和电磁式两种。永磁式不需要外加能源，结构简单，但磁场强度较低，也不易调节，且可能使用的铁磁性物容易发生温度升高而引起的退磁现象。电磁式通过激磁电流产生磁场，磁场强度可调，但构造较复杂，且存在安全问题。在处理较低温度，且组成、粒径等物化性质非常固定的粉尘时，从成本效益方面考虑，可使用永磁式磁水器。处理磁性粉尘时，宜使用电磁式磁水器形式对粉尘与水相接触的区域进行磁化。磁性粉尘的一部分因磁力吸附在磁化区域内，除尘过程后切断激磁电源而沉降，一部分则自动聚集成团而被水润湿，从而更容易沉降。据有关文献，有些金属电阻随温度上升而提高，如 Fe、Ge 等，所以电磁式磁水器如使用金属导电体时应注意这种现象。另外由于铁磁性物质具有磁化强度的各向异性，且有些各向异性常数随温度升高而下降，如 Ni；有些甚至当温度升高至一定值时改变符号；有些则随温度升高而先降后升，如 Fe_3O_4；电磁式磁水器如通过磁化铁磁性物质间接对水进行磁化，要注意磁化方向，也要注意磁化方向随温度的变化。

3. 应用效果

据报道，采用 RMJ 型内外磁共振式永磁磁水处理装置在运输转载点应用后，磁化水渗透压比常水高 100 MPa，电导率由 0.95×10^5 下降到 $(0.72\sim0.78)\times10^3$，水的永久硬度由 18.76 下降到 16.97～17.50，磁水降尘率比清水降尘提高 20%～35.7%。在采煤机喷雾降尘应用后采煤机磁水降尘装置的降尘效果优于普通清水，全尘降尘率比清水提高 32%～58%，呼吸性粉尘降尘率提高了 25%～46.59%。

（五）荷电喷雾降尘

1. 降尘机理

研究表明，悬浮粉尘大部分带有荷电，如水雾上有与粉尘极性相反的电荷，则带水雾粒不但对相反极性电荷的尘粒具有静电引力，即库仑力，而且水雾带电使粉尘颗粒上产生感应符号相反的镜像电荷，水雾对不带电荷尘粒具有镜像力，这样，水雾对尘粒的捕集效率及凝聚力显著增强，导致尘粒增重而沉降，从而提高降尘效果。在荷电喷雾降尘中，水雾荷质比是单位质量的水雾荷电量，它是影响荷电水雾降尘效率的主要因素之一，其值越高，呼吸尘降尘效率越高。

2. 水雾荷电方法

(1) 电晕荷电

电晕荷电是让水雾通过电晕场，电晕场中的粒子在电场的作用下向水雾充电，水雾带电极性由电晕极性而定，负电晕带负电，正电晕带正电，电晕过程发生于电极和接地极之间，电极之间的空间内形成高浓度的气体离子，水滴通过这个空间时，将在百分之几秒的时间内因碰撞俘获气体离子而导致荷电。在相同电压下，通常负电晕电极产生较高的电晕电流，且击穿电压也高得多。因此，工业气体净化通常采用稳定性强、能够得到较高操作电压和电流的负电晕极。

在电晕荷电下，水雾荷电量可用下式表示：

$$Q_h = 4\pi r^2 \varepsilon_0 E \frac{3\varepsilon_s}{\varepsilon_s + 2} \times \frac{t}{t+\tau} \tag{8-1-2}$$

式中　Q_h——水雾荷电量，C；

ε_0——空气介电常数，C/(V·m)；

ε_s——雾滴相对介电常数，C/(V·m)；

E——雾滴所处位置的场强，V/m；

r——雾滴半径，m；

t——雾滴在电场中停留的时间，s；

τ——荷电时间常数，s。

由式(8-1-1)可知，水雾荷电量主要取决于雾滴半径和电场强度，而雾滴半径以平方的形式出现在公式中，因此雾滴半径是影响雾滴荷电量的主要因素。

(2) 感应荷电

感应荷电是外加电压直接加在感应圈上，而喷嘴设在感应圈的中心，这样当水雾通过高压感应圈与接地喷嘴之间的电场时，电场中有大量的运动离子，从而使由喷嘴喷出的水雾带上与感应圈相反极性的电荷。用此法控制水雾荷电量及荷电极性比较容易，可以在不太高的电压下获得较高的水雾荷质比。它是一种有效的荷电方式。

在感应荷电下，水雾带电量为：

$$Q_h = GU \tag{8-1-3}$$

式中　U——感应电压，V；

G——电容，与感应圈半径、中间雾滴区半径有关，F。

由上式可以看出，雾粒获得荷电量的大小取决于感应圈上施加的电压、感应圈半径、中间雾滴区半径等因素。

(3) 喷射荷电

喷射荷电是让水高速通过某种非金属材料制成的喷嘴，使水在与喷嘴摩擦过程中带上电荷。其荷电量与带电极性受喷嘴材料、喷水量、水压等因素影响。此法带电性和荷电量较难控制，荷电也不够充分。

3. 影响荷电液滴捕尘效率的因素

(1) 荷电液滴粒度

荷电液滴粒度是影响捕尘效率的重要因素。荷电液滴越细小，在气流中的分布密度就越大，与粉尘接触机会就越多，但太小则因蒸发速度大，液滴粒度就更小，不利于捕集粉尘。

(2) 荷电液滴喷射速度

荷电液滴速度高,则动能大、惯性大,与粉尘碰撞时易于冲破液体的表面张力,而将尘粒湿润捕集。

(3) 含尘风流的速度

含尘风流速度越小,则与液滴的接触时间越长,互相碰撞的机会就多,粉尘被捕集的机会就大。

(4) 液滴荷电量

液滴荷电量越大,荷电液滴与粉尘之间的静电力就越大,捕集效率就越高。

(5) 粉尘荷电量

粉尘荷电量越大,液滴与荷电粉尘之间的静电力就越大,则捕集效率就越高。

(6) 喷雾器性能

喷雾器的性能可用喷雾器的射程、作用距离、扩张角、雾粒分散度、雾滴密度、耗水量等表示,喷雾性能越好,除尘效率就越高。

4. 降尘效果

荷电喷雾降尘技术在选矿厂石灰石粗破碎车间应用后降尘效果比清水提高15%;在转载矿石的链头卸料机卸载点应用荷电喷雾降尘技术后,全尘、呼吸性粉尘降尘效率分别比清水提高18.1%和58.8%;在煤炭运输及放煤口应用后,全尘降尘效率比清水提高44.97%~48.36%,呼吸性粉尘降尘效率比清水提高了50.94%~69.08%。

(六) 高压静电控尘

高压静电控尘是指高压静电控制产生的悬浮粉尘,把扬起的粉尘就地控制在尘源附近。它把静电除尘的基本原理和尘源控制方法结合起来,既可以用于开发性尘源,也可用于封闭性尘源,它主要用来治理振动筛、破碎机、运输机转载点、皮毛刮软机、皮毛裁制工作地点等尘源的控制。

对于高压静电控制封闭性尘源的原理,如图8-1-13所示,它由电源控制器、高压发生器和高压电场三部分组成。交流电经高压发生器升压整流后,通过电缆线向电晕线输送直流负高压。这样,电晕线与尘源及密闭罩之间就形成了一个高压静电场。在静电场中,电晕线周围的空气被电离,产生大量正负离子,正离子向阴极(即电晕线)方向运动,负离子向阳极(即尘源以及密封罩内侧板)方向运动,负离子在向阳极运动过程中,使电场中的粉尘荷电,在电场力的作用下,荷电粉尘向阳极运动,从而达到抑制粉尘的目的。

对于高压静电控制开放性尘源,其原理与控制封闭性尘源基本相同。所不同的是,高压静电场仅由电晕线与尘源组成,尘源为阳极。

五、防止落尘再次飞扬

工业生产中产生的粉尘是很多的,由于目前的其他防尘技术和防尘管理方法尚未能将所有的粉尘全部根除,这些未被根除的粉尘将会沉积在产尘作业点及其下风侧的地面或有限空间的四周。如果不将这些落尘及时清除,将会在机械设备的振动或转动、车辆来往、人员走动以及气流运动作用下再次飞扬,使得作业场所的粉尘浓度显著增加,对于爆炸性粉尘,如遇到冲击波、压气吹扫等某种特殊的机械运动,这些积尘再次扬起后很容易达到爆炸极限。因此,处理积尘也是防尘工作非常重要的一环,其目的是减少或消除粉尘二次飞扬。

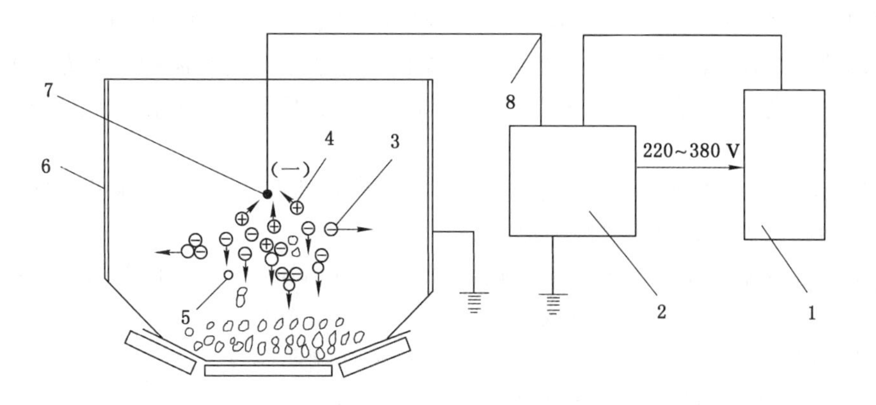

1—电源控制器；2—高压发生器；3—负离子；4—正离子；
5—粉尘；6—密封罩；7—电晕线；8—电缆线。
图 8-1-13 高压静电控尘原理

落尘的处理方法包括清除落尘和化学抑尘剂保湿黏结落尘，其中清除落尘又包括清扫落尘、冲洗落尘、真空吸尘，现分述如下。

（一）清除落尘

1. 清扫落尘

清扫落尘是靠人工用一般的打扫工具把沉积的粉尘清扫集中起来，然后运到指定地点。为了做好清扫落尘，厂房设计应注意以下几点：

(1) 在可能从设备中泄出粉尘的车间中，不应存在可能在其上沉积粉尘的凸出建筑结构，如由于生产要求而必须采用这类建筑物构件时，凸出部分与水平面的倾角不应大于 60°。

(2) 车间墙的内表面，筒仓、料仓、楼板、梁柱等的表面应光滑，以利清扫粉尘。建筑构件中的接合点，应仔细抹平和涂刷光滑，不应存留可沉积和堆积粉尘的空穴。可能沉积粉尘的地方，应易于清理。车间的内表面应涂以与粉尘色泽有区别的色调。

(3) 装粉状物料的筒仓和料仓，宜用钢筋混凝土或金属制成，仓壁和出料斗的内壁应光滑，并装设专门装置以防止粉状物料堵住和结拱。筒仓和料仓的结构应采用溜管，以保证能完全卸出物料，墙与墙之间的夹角应圆滑。

(4) 房式仓的墙应具有光滑的内表面，没有缝隙、裂缝、凸出部分、棱角、凹处等，以便于清扫粉尘。

(5) 对接触粉尘和加工粉尘设备的设计原则是：尽可能紧凑，减小死空间，以便容易清扫积尘。

这种方法不需要配备相关设备，投资少，但清扫工作本身会扬起部分粉尘，积尘范围大时要消耗大量的人力，因此，在现代化作业地点已较少大面积采用此法，只有在生产和工艺条件限制既不宜采用水冲洗又不宜采用真空吸尘的有关地点，才进行人工清扫。

2. 冲洗落尘

冲洗落尘是指用一定的压力水将沉积在产尘作业点及其下风侧的地面或有限空间四周的粉尘冲洗到有一定坡度排水沟中，然后通过排水沟将粉尘集中到指定地点处理。

冲洗落尘清除效果好，既简单又经济，因此，国内隧道、地下铁道、地下巷道、露天矿山及地面厂房的很多地点均采用此法清除沉积粉尘。为了做好冲洗落尘，应注意如下几点：

(1) 在厂房水冲洗中，建筑物外围结构的内表面应做成光滑平整的水泥砂浆抹面。地面和各层平台均应考虑防水，并有不少于1%的坡度至排水沟，各层平台上的孔洞(安装孔、楼梯口等)要设防水台。

(2) 供水方法有两种：一种是供水管路系统供水，另一种是洒水车供水，具体采取哪一种，应根据按照技术可行、经济合理的原则确定。

(3) 采用供水管路系统供水时，一般来说，地面应每隔 30 m 设置一个三通阀门，产尘积尘量大的地下巷道应每隔 50 m 设置一个三通阀门。

(4) 对禁止水湿的设备应设置外罩，所有金属构件均应涂刷防锈漆。北方地区应设采暖设备，建筑物外围结构内表面温度应保持在 0 ℃以上。

(5) 冲洗供水压力应不低于 2×10^5 Pa，用水量可按每冲洗 1 m^2 面积耗水 6 L 计算。

(6) 地面冲洗时的排水点应与三通阀门配合得当，并保证全部冲洗的污水能顺利排至排水点。污水的排水管道或排水沟均应按输送泥浆的有关资料设计计算，排水沟和排水点应有盖板。

(7) 冲洗周期根据现场的产尘、积尘强度等具体情况确定，保证及时清除积尘。

3. 真空吸尘

真空吸尘就是依靠通风机或真空泵的吸力，用吸嘴将积尘(连同运载粉尘的气体)吸进吸尘装置，经除尘器净化后排入室外大气或回到车间空气中。

真空清扫吸尘装置主要有以下两种形式：

(1) 移动式

移动式真空清扫机是一种整体设备，它由吸嘴、软管、除尘器、高压离心式鼓风机或真空泵等部分组成，适用于积尘量不大的场合，使用起来比较灵活。主要用来清扫地面、墙壁、操作平台、地坑、沟槽、灰斗、料仓和机器下方许多难以清扫的角落，并能有效地吸除散落的金属或非金属碎块、碎屑和各种粉尘。

(2) 集中式

集中式真空清扫吸尘装置适用于清扫面积较大、积尘量大的地面厂房，它运行可靠，只需少数人员操作。图 8-1-14 所示为集中式真空清扫吸尘装置，允许多个吸嘴同时吸尘。

(二) 化学抑尘剂保湿黏结落尘

化学抑尘剂保湿黏结落尘主要在处理地面道路运输、地下巷道的落尘或粉料中应用，它是指将化学抑尘剂和水的混合物喷洒覆盖于落尘上，使得落尘保湿黏结，从而防止落尘二次飞扬，因此，从某种角度上讲，也属于物料预先湿润黏结固结措施。按其主要作用原理，化学抑尘剂可分为湿润剂、吸湿保湿型抑尘剂、黏结型抑尘剂，用于保湿黏结落尘的化学抑尘剂主要是吸湿保湿型抑尘剂、黏结型抑尘剂、固结型抑尘剂。

1. 吸湿保湿型抑尘剂

吸湿保湿型抑尘剂是利用一些吸水、保水能力较强的化学材料的特性，将这些固态或液态材料喷洒到需要抑制粉尘二次飞扬的场所，使得落尘或粉料保持较高的含水率而黏结，从而防止落尘再次飞扬。

常用的吸湿保湿型抑尘剂可分为无机盐类吸湿保湿型抑尘剂和高聚物超强吸水树脂抑尘剂两大类。

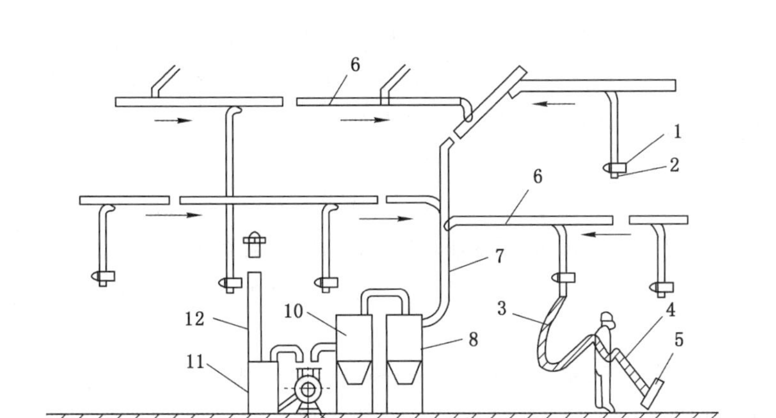

1—堵头；2—管接头；3—软管；4—吸嘴把手；5—吸嘴；6—引出管；7—干管；
8—旋风除尘器；9—水环式真空泵；10—袋式除尘器；11—集水箱；12—排风道。

图 8-1-14　集中式真空清扫吸尘装置

可作为无机盐类吸湿保湿型抑尘剂的材料主要有卤化物（如 $MgCl_2$、$CaCl_2$、NaCl、$AlCl_3$）、活性氧化铝、硅胶、水玻璃、碳酸氢铵、偏铝酸钠或其复合物等，这些材料比纯水的吸湿保湿效果要好，但脱水后不能重新吸水，吸湿保湿性能低于高聚物超强吸水树脂，有的无机盐材料在现场使用有异味。为提高这些材料的吸湿保湿性能或除去相关异味，目前有关学者对这些材料进行了复配研究，如固体卤化物添加 CaO、卤化物与水玻璃复合、氧化钙和水玻璃溶液中添加十二烷基苯磺酸钠、氯化钙和水玻璃溶液添加丁二酸钠、助渗剂与氮化钙和水玻璃复合，一定程度地提高了吸湿保湿性能。

按原料来源分类，目前的高聚物超强吸水树脂可分为三大系列，即淀粉系（如淀粉接枝丙烯酸盐、淀粉接枝丙烯腈等）、纤维素系（如纤维素接枝丙烯酸盐、纤维素羧甲基脂、纤维素羧甲基化环氧氯丙烷等）、合成聚合物系（如聚丙烯酸盐、聚丙烯酰胺、丙烯酸酯与醋酸乙烯酯共聚物、聚乙烯醇-丙烯酸接枝共聚物等）。

高聚物超强吸水树脂的保湿黏结落尘机理主要如下：

（1）吸水树脂黏结尘粒。液态吸水性树脂喷洒到尘粒表面后，这种聚合物大分子借助于宏观布朗运动从溶液移动到表面，再由微观布朗运动使大分子链节逐渐向尘粒靠近，由于水分的蒸发，链节便能与表面靠得很近。黏性树脂与尘粒分子之间的距离小于 0.5 nm 时，范德华力开始发生作用，使尘粒黏结。另外，黏性树脂渗透到尘土的孔隙内，干燥后由于被滞留在孔隙内，因而也能使尘粒黏结，于是这些不溶于水的大分子长链与尘粒形成一个强大的三维空间网，使尘粒获得某些抗拉强度和抗压强度，这种强度与黏合力的大小有关。

（2）保水吸湿抑尘。一方面，该材料吸水后，水分进入其分子结构中，遇水形成坚固的三维网状结构，与水是溶胀关系，各链节相互吸引，形成内聚力，水分蒸发或脱水缓慢。另一方面，该材料大分子中的链节含有极性基且有强的亲水性，有较强的失水再生能力，脱水后可重新吸收空气中的水蒸气使尘粒的含水量增大。这样，尘粒长时间保持湿润黏结，防止了二次飞扬。

2. 黏结型抑尘剂和固结型抑尘剂

黏结型抑尘剂和固结型抑尘剂是将一些无机固结材料或有机黏性材料的水溶液喷洒到落尘中黏结、固结落尘,防止落尘二次飞扬。黏结型和固结型两种抑尘剂可广泛应用于建筑工地、土路面、堤坝、矿井巷道、散体堆放场等领域的落尘黏结。

固结型抑尘剂的主要化学成分通常有石灰、粉煤灰、泥土、黏土、石膏、高岭土等无机固结材料;可作为黏结型抑尘剂的材料一般有原油重油、橄榄油废渣、石油残油、生物油渣、木质素衍生物、煤渣油、沥青、石蜡、石蜡油、减压渣油、植物废油等有机黏性材料或加工成这些有机黏性材料的乳化物。下面对黏结落尘效果较好、来源较广、成本较低的乳化沥青和乳化渣油做简要介绍。

(1) 乳化沥青。它主要是由沥青、水、乳化剂、稳定剂等组分组成。其中,沥青是乳化沥青的基本组分,它在乳化沥青中占55%~70%;水是乳化沥青中第二大组成部分,水能润湿、溶解、黏附其他物质,并起缓和化学反应的作用;乳化剂是使各不相溶的两相(沥青和水)形成一相(沥青)均匀分散在另一相(水)中的稳定分散系,乳化沥青的性能极大程度地依赖于乳化剂的性能;稳定剂的作用是使乳化沥青具有良好的储存稳定性和施工过程稳定性。稳定剂可分为两类:一类是有机稳定剂,如聚乙烯醇、聚丙烯酰胺、羧甲基纤维素钠、MF废液等;另一类是无机稳定剂,如氯化钙、氧化镁、氯化铵等。

(2) 乳化渣油。它主要是由渣油、水、乳化剂等组分组成,成本最低。乳化渣油黏结落尘的机理主要有:一是乳化液中游离的少量表面活性剂分子在水面的憎水基在水和尘粒之间架起"通桥",冲破尘粒表面吸附的空气膜,促进了水对粉尘的湿润凝结作用,且乳化液喷洒后,由于破乳,原来油-水界面上的乳化剂分子的憎水基伸向尘粒表面,使得粉尘湿润较容易;二是因破乳发生,乳化液中的表面活性剂分子在尘粒表面形成定向排列的吸附膜,这种表面膜可以抑制其基底水分蒸发;三是乳化渣喷洒到物质表面后,分散介质的一部分油珠由于密度和布朗运动在尘粒表面形成一层油膜,抑制水分的蒸发,使粉尘保持湿润;四是乳液渣油与尘粒接触时,由于乳化液中各相分子与尘粒间的相互作用,形成以范德华力为主的物理吸附和以化学键为主的化学吸附,促使了乳化液与地表尘粒之间的黏结;五是乳化渣油可以透入细小孔隙,待水分蒸发或渗透后,油相以薄膜形式包裹着并黏结尘粒。

六、通风排尘

由于目前的防尘除尘措施的降尘率尚未达到百分之百,且有些防尘措施不适用某些场合,总有一部分作业场所产生的粉尘逸散到附近空气中,因此,有必要采取通风的方法对含尘空气稀释、排除,如有些产尘作业点采取抽出式通风除尘系统排走粉尘,地下作业及隧道施工采取通风方法稀释、排走粉尘及其他有害气体。影响通风排尘的主要因素为排尘风速且粉尘密度、粒度、湿润程度等。下面主要介绍最低和最优排尘风速。

1. 最低排尘风速

最低排尘风速一般是指促使对人体最有害的呼吸性粉尘保持悬浮状态并随风流流动的最低风速。对于垂直向上的风流,只要风流速度大于粉尘的悬浮速度,粉尘即能随风流向上运动。

对于水平运动的风道中,风流方向与粉尘沉降方向垂直,风流的推力对粉尘的悬浮没有直接作用。使粉尘悬浮的主要速度,是垂直风道方向的紊流脉动速度。由于紊流脉动速度

与风道风速成正比，因此，在水平直线流动中，为使粉尘能够悬浮并随风流运动，必须是紊流运动状态，并且紊流的横向脉动速度要大于尘粒在静止空气中的沉降速度，即：

$$\sqrt{v'^2} > v_s \tag{8-1-4}$$

式中 $\sqrt{v'^2}$——风速横向脉动速度均方根值；

v_s——尘粒静止空气中的沉降速度。

紊流横向脉动速度的均方根值，可按如下经验式计算：

$$\sqrt{v'^2} = 3.29\frac{v}{a}\sqrt{\frac{\alpha}{r_1}}\left[1+1.72\left(\frac{R}{R_0}\right)^{10}\right] \tag{8-1-5}$$

式中 v——风道平均风速，m/s；

a——试验常数，表示紊流的横向脉动速度与纵向脉动速度的比例关系，取1～2；

α——风道的摩擦阻力系数，$(N \cdot s^2)/m^4$；

r_1——表示横向脉动速度与纵向脉动速度的相关系数，为0.2～0.5；

R_0——圆形风道半径，m；

R——计算位置距风道轴线的距离，m。

由式(8-1-4)可以看出，当 $R=0$ 时，即在轴心处横向脉动速度最小，按这一条件计算出的脉动速度如大于某一粒径粉尘的沉降速度，则该粉尘即能在全断面处于悬浮状态，即：

$$3.29\frac{v}{a}\sqrt{\frac{\alpha}{r_1}} > v_s \tag{8-1-6}$$

满足此条件的风道中的平均风速应为：

$$v > 3.29\frac{v_s}{a}\sqrt{\frac{r_1}{\alpha}} \tag{8-1-7}$$

在实际计算时，可取 $a=1.5$，$r_1=0.5$，代入上式可得：

$$v > 3.22\frac{v_s}{\sqrt{a}} \tag{8-1-8}$$

这就是为使水平风道粉尘保持悬浮状态所要求的风速条件，依上式计算的风速即为最低排尘风速。

对最低排尘风速，有人在实验室和矿井巷道中进行过专门试验，结果发现：风道平均风速为0.15 m/s时，能使5～6 μm的赤铁矿尘在无支护巷道中保持悬浮状态，并使粉尘浓度在断面内分布均匀且随风运动。

2. 最优排尘风速

排尘风速逐渐增大，能使较大的尘粒悬浮并带走，同时增强了稀释作用。在连续产尘强度一定条件下，粉尘浓度随风速的增加而降低，说明增加风量的稀释作用是主要的。当风速增加到一定数值时，粉尘浓度可降低到一个最低数值，这时的风速叫作最优排尘风速。风速再增高时，粉尘浓度将随之再次增高，说明沉降的粉尘被再次吹扬，该风速造成吹扬在起主导作用，稀释作用变为次要地位。

最优排尘风速受多种因素影响，如一般干燥风道中为1.2～2 m/s；而在潮湿风道，粉尘不易被吹扬起来，最优排尘风速可提高到5～6 m/s以下。在产尘最大的地方，适当提高排尘风速，可以加强稀释作用。

实训任务　粉尘比电阻的测定

任务描述

学习并掌握粉尘比电阻的测定原理和方法。

任务引导

一、测定要求

粉尘的比电阻对于电除尘具有特殊的意义，因而粉尘比电阻的测定显得十分重要，并提出了许多方法。粉尘的比电阻是随其所处的状态（烟气温度、湿度、成分等）而变化的，因此在实验室条件下测定时，应尽可能模拟现场实际的烟气条件，具体的要求为：

（1）模拟电除尘器粉尘的沉积状态，即粉尘层的形成是在电场作用下荷电粉尘逐步堆积而成。

（2）模拟电除尘器中的气体状态（气体的温度、湿度、气体成分等）。

（3）模拟电除尘器的电气工况，即在高压电场下的电压和电晕电流。

在实际测量中，使粉尘、烟气及电气条件完全满足上述要求是相当困难的。因而不同的仪器及测定方法在满足上述要求时各有侧重。用不同方法测出的比电阻值差别较大，有的甚至达到 1～2 个数量级。

在现有的各种方法中，大致可分为实验室测定方法和现场测定方法。这两种方法各有特点，实验室测定方法可以调节测定条件（如温度、湿度等），适用于研究工作，但不可能与现场烟气条件完全一致，如烟气的成分就很难模拟。

二、测定方法

下面介绍一种目前在实验室中采用较多的方法——平板（圆盘）电极法。仪器的结构如图 8-1-15 所示。在一个内径为 76 mm、深 5 mm 的圆盘内装上被测粉尘，圆盘下部接高压电源，粉尘上表面放置一根可上下移动的盘式电极，在圆盘的外周有一圆环，圆环与圆盘之间有 0.8 m 的气隙（或氧化硅、氧化铝、云母等绝缘材料），导环的作用是消除边缘效应。圆盘上连接一根导杆，使圆盘能上下移动，导杆的端部用导线串联一个电流表并与地极连接。

测定时，将粉尘自然填充到圆盘内，然后用刮片刮平，给粉尘层施加逐渐升高的电压，取 90％的击穿电压时的电压和电流，按下式计算比电阻：

$$R_b = \frac{U}{I} \cdot \frac{A}{\delta} \tag{8-1-9}$$

式中　R_b——粉尘比电阻，Q・cm；

　　　U——计算电压，V；

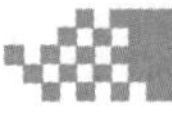

I——计算电流，A；

δ——粉尘层厚度，cm；

A——圆盘面积，cm^2。

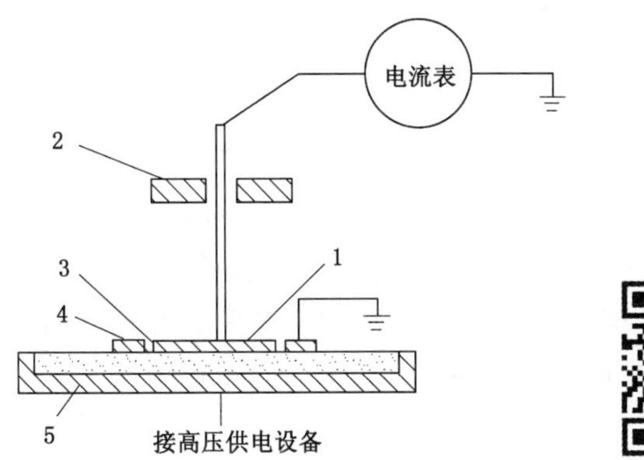

1—可动电极(直径 19.05～25.4 mm、厚 3.175 mm)；2—机构导向(绝缘的)；3—气隙(0.8 mm)；4—屏蔽环(直径 28.6 mm、厚 3.175 mm)；5—尘盘(内径 76 mm、深 5 mm)。

图 8-1-15　比电阻测定仪器示意图

根据需要，也可将圆盘置于可调节温度、湿度和气体参数的测定箱内进行测定。

任务实施

完成平板电极法测定粉尘样品比电阻，并填写如下任务单：

仪器设备名称及型号	
粉尘比电阻测定过程	
计算粉尘比电阻	

思考与拓展

一、选择题

1. 厂房主要进风面应与夏季风向频率最多的两个象限的中心线垂直或接近垂直，即与厂房纵轴成(　　)。

A. 30°～50°　　B. 45°～60°　　C. 45°～90°　　D. 60°～90°

2. 物料预先湿润，是指在(　　)等产尘工序前，预先对产尘的物料采用液体进行湿润。

A. 破碎　　B. 研磨　　C. 转载　　D. 运输

3. 煤体预先湿润的降尘效果一般在(　　)。

A. 50%～60%　　B. 50%～60%　　C. 50%～80%　　D. 50%～90%

4. 一般来说，直接喷向产尘点喷雾降尘的合理距离为(　　)。

A. 1.0～1.5 m　　B. 1.5～2.0 m　　C. 1.5～2.5 m　　D. 2～4 m

5. 一般来说，采用供水管路系统供水时，地面应每隔(　　)设置一个三通阀门，产尘积尘量大的地下巷道应每隔(　　)设置一个三通阀门。

A. 20 m　　B. 30 m　　C. 40 m　　D. 50 m

二、判断题

1. 在非集中采暖地区，厂房应位于全年主导风向的下风侧。(　　)

2. 湿式打眼的降尘效果十分显著，降尘率达到90%以上。(　　)

3. 泡沫降尘中，起泡剂性能的强弱，直接影响泡沫发生量的多少和降尘效率。(　　)

4. 黏性树脂与尘粒分子之间的距离小于0.5 nm时，范德华力开始发生作用，使尘粒黏结。(　　)

5. 最优排尘风速受多种因素影响，如一般干燥风道中为1.2～2 m/s。(　　)

三、简答题

1. 合理的生产工艺减少产尘措施主要有哪些？

2. 分析煤体预先湿润的减尘作用。

3. 分析影响喷雾降尘效果的主要因素。

4. 分析湿润剂减尘降尘机理。

5. 分析影响磁水降尘的主要因素。

6. 分析影响荷电液滴捕尘效率的因素。

任务二　粉尘爆炸防治

学习目标

1. 掌握防止粉尘爆炸的技术措施。

2. 掌握防止粉尘爆炸扩大的技术措施。

素质目标

培养科学严谨的工作作风。

知识链接

一、防止粉尘爆炸的技术措施

防止粉尘爆炸的技术措施就是破坏爆炸条件之一或之二，可采取的措施包括：添加惰化

气体或粉体；防止落尘再次飞扬；采取各种减少粉尘产生和降尘措施，防止粉尘浓度超限；消除引火源。减少粉尘产生和降尘措施以及防止落尘再次飞扬措施已在上述各节介绍，下面主要介绍添加惰化气体或粉体、消除引火源技术措施。

（一）添加惰化气体或粉体

添加惰化气体的作用：一是惰性气体可隔绝空气，如易燃固体的压碎、研磨、筛分、混合以及输送等工艺过程，可在惰性气体的覆盖下进行；二是降低空气中氧含量，使其降到极限氧浓度以下，以使粉尘爆炸不可能发生。常用的惰性气体有 N_2、CO_2、水蒸气、卤代烃等。当作业场所充满高浓度的有爆炸危险的粉尘时，可向这一地区放送大量惰性气体加以冲淡。

生产装置添加惰化气体防爆炸时，实际氧含量必须保持比临界氧含量再低 20%（体积）的安全系数。如果输入氮气，使气体中氧含量降到 8%时，就可使可燃有机粉尘惰化。在通入惰化气体时，必须注意把装置里的气体充分混合均匀。在生产过程中，要对惰性气体的气流、压力或氧浓度进行测试，应保证不超过临界氧含量。一旦超过，必须以最快的速度消除这种危险浓度的粉尘。

添加惰化粉体的作用，主要是增加有爆炸性粉尘的灰分，阻挡粉尘爆炸形成过程的热辐射，破坏链反应，防止粉尘爆炸。可作为惰化粉体的材料有石灰岩粉、泥岩粉等。

（二）消除引火源

引起粉尘爆炸的引火源多种多样，如明火、摩擦和冲击、电火花等。

1. 消除明火

作业场所里的明火一般可分为两类：一类是生产明火，即生产过程中正常使用或产生的明火，如焊接、切割、锅炉、加热炉、烟囱中的火星或火焰；另一类是非生产明火，如燃着的烟头、火柴等生产过程不必要或不应该产生的明火。为防止明火成为引火源，常用的措施如下：

（1）在有火灾和爆炸危险的场所，禁止吸烟和携带火柴、打火机等火种，并在明显处张贴警告标志。

（2）在有火灾和爆炸危险的场所内不得使用蜡烛、火柴或普通灯具等明火照明，应采用封闭式或防爆型电气照明。在有爆炸危险的车间和仓库内，禁止吸烟和携入火柴、打火机等。

（3）在工艺过程中，加热易燃液体时应采用热水、水蒸气或密闭的电路，以及其他的安全加热设备，如必须采用明火加热，设备应密封，炉灶单独布置在一个房间内。

（4）对设备、容器、管道等进行明火修理或使用喷灯等作业前，应严格执行动火制度。在修理动火前应进行动火分析。

2. 消除摩擦和撞击火花

摩擦和撞击会产生火花，成为粉尘着火爆炸的原因之一。摩擦和冲击成为引火源的情形很多，如：对机械传动系统中的轴承等，由于润滑油干枯而摩擦发热时，就可能成为点火源；机器上转动部分的摩擦、铁器的互相撞击或铁制工具打击混凝土地面，带压管道或铁制容器裂开，物料高速喷出与器壁摩擦等。又如：当金属零件、铁钉等落入粉碎机、提升机、反应器等设备内，可能由于铁器相互撞击而起火；棉纺厂的原棉中，如混有金属，在进入机器进行整理时，可能因金属与轴辊碰撞而引燃棉花；机器上的轴承箱缺油，引起机件摩擦发热，也可能起火等。

在有爆炸性粉尘危险的生产中，应避免摩擦、撞击火花的出现，机件的运转部分应该用不发生火花的材料制作，如铜、铝等有色金属。机器的轴承等转动部分，应该有良好的润滑，并经常清除附着的可燃污垢。敲打工具必须避免使用铁制工具，而要用铜或铝等的合金制造或用镀铜的钢板等不发火材料制造；轴承应与充满粉尘的内部隔离，并保证可靠的固定轴，防止纵向位移。

3．消除电火花火源

此处的电火花是广义的，包括流电火花、静电火花、雷电火花、高频感应火花等。电火花按其产生的性质可分为工作火花和事故火花，前者是电气设备正常工作（如打开开关）时产生的火花；后者是电气设备或线路发生故障或误操作时出现的火花。电火花是很常见的火源，生产中应采取消除电火花措施，如：在有爆炸性粉尘危险的生产中，电线接头符合相关规定，电气设备应采用防爆隔爆电器；在机器内部不应装有能形成点火源的电器装置；采取防静电措施等。

4．消除其他火源

除上述火源外，生产场所还有其他火源，如火灾、气体爆炸、爆破等，均应消除。

二、控制粉尘爆炸扩大的技术措施

粉尘爆炸的显著特点是可连续爆炸，且其破坏力更强，因此，采取控制粉尘爆炸扩大的技术措施减少爆炸产生的危害，有着非常重要的意义。这里主要介绍管道容器和地下空间的控制粉尘爆炸扩大技术措施。

（一）控制地面场所粉尘爆炸扩大的技术措施

1．安设阻火装置

阻火装置的作用是防止火焰窜入设备、容器与管道内，或阻止火焰在设备和管道内扩展。其工作原理是在含尘气体进出口两侧之间设置阻火介质，当任一侧着火时，火焰的传播被阻而不会烧向另一侧。常用的阻火装置有安全水封、阻火器。

（1）安全水封

安全水封以水作为阻火介质，一般安装在压力低于0.2倍表压的气体管线与生产设备之间。常用的安全水封有开敞式和封闭式两种。

对开敞式安全水封，正常工作时，来自气体发生器或储气容器内的可燃气体从进气管经安全水封到生产设备中去。一旦火焰从进气侧进入水封即被熄灭。而从出气侧进入筒内即发生回火现象时，首先反应产物在筒内产生压力，水被压入进气管和安全管，进气管被切断，同时筒内水面下降，当水面降至安全管下端时，燃烧产物经安全管排入大气，火焰也被熄灭，从而阻止了火势的蔓延。

对封闭式安全水封，当发生回火时，燃烧产物在筒内产生压力，这个压力一方面推动逆止阀关闭进气管道，阻止可燃气体进入筒内；另一方面将爆破片冲破，燃烧产物由此排入大气。

安全水封的可靠性与筒内水面高度直接有关，水面过高，可燃气经水封的流动阻力就大；水面过低，则起不到水封作用。由于气体会带走一定的水分，会使液面下降，所以在使用中要通过水位计或水位阀经常检查筒内水面高度。寒冷时节为防止水冻结，可加入适量的防冻剂，如食盐等，或适量加入甘油、矿物油或乙二醇等；如已冻结，只能用热水或通入蒸汽加热解冻，不得用明火或高温烘烤。在设备不用时，也可将水倒出。

(2) 阻火器

阻火器的工作原理是：火焰在管中蔓延的速度随着管径的减小而减小，最后可以达到一个火焰不蔓延的临界直径。按照热损失的观点分析可知，随着管子直径减小，热损失将逐渐增大，燃烧温度和火焰传播速度相应降低。当管径小到某一极限时，管壁的热损失大于反应热，从而使火焰熄灭。

阻火器一般安装在容易引起燃烧爆炸的高热设备、燃烧室、高温氧化炉、高温反应器与输送可燃气体、易燃液体蒸汽的管线之间，以及可燃气、易燃液体蒸汽的排气管上。

阻火器中起阻火作用的是阻火构件，它具有足够小的缝隙，当火焰进入阻火器时，便被阻火构件切断，而阻止火焰扩展到另一侧。根据阻火构件的不同，阻火器可分为：筛网式阻火器、缝隙式阻火器、粒状材料填料式阻火器和金属陶瓷阻火器等。

筛网式阻火器的阻火构件是安装在筒体内的一叠筛网，筛网的孔隙很小。它用若干具有一定孔径的金属网把空间分隔成许多小孔隙，对于一般有机溶剂，采用4层金属网已可阻止火焰扩展，通常采用6～12层。这种阻火器制造简单、气体阻力小，但阻火构件的机械强度弱，遇到火焰时有可能很快被烧尽，影响到阻火能力，因此未得到广泛应用。

缝隙式阻火器的阻火构件是由一层波纹金属带和一层平金属带紧贴在一起卷绕而成，在两层金属带之间形成许多垂直的小窄缝，可燃混合物可自由通过，而火焰却受到阻止无法通过。这种阻火器用得较多。

填料式阻火器的阻火构件是由填料放置在格板上组成，填料之间保持一定的缝隙。填料可采用玻璃或陶瓷小球、砾石、砂粒、块屑、钢屑或其他料状材料，这些阻火介质使阻火器内的空间分隔成许多非直线形小孔隙，当可燃气体发生倒燃时，这些非直线形微孔能有效地阻止火焰的蔓延，其阻火效果比金属网阻火器更好。这种阻火器用得也很多，但由于制造简单和非标准化，因此，大都是使用单位自己设计制造的。

金属陶瓷阻火器是用一块多孔性金属陶瓷板作为阻火构件。对于临界直径很小的可燃气体，采用前面几种阻火构件很难满足要求，只有采用多孔性金属陶瓷才容易达到很小的缝隙。金属陶瓷是用金属小球加压烧结而成的。

除了缝隙大小外，影响阻火效果的还有阻火器的长度，因为阻火构件的冷却作用与其长度有直接的关系。

2. 安设爆破片

爆破片又称防爆膜、卸压膜，是一种安全卸压装置。它的一个重要作用就是当设备发生化学性爆炸时，保护设备免遭破坏。其工作原理是：根据爆炸过程的特点，在设备或容器的适当部位设置一定大小面积的脆性材料，构成薄弱环节；当爆炸刚发生时，这些薄弱环节在较小的爆炸压力作用下首先遭受破坏，立即将大量气体和热量释放出去，爆炸压力也就很难再继续升高，从而保护设备或容器的主体免遭更大损失，使在场的生产人员不致遭受致命的伤害。爆破片的安全可靠性决定于爆破片的厚度、卸压面积和膜片材料的选择。

3. 工艺及设备设计上控制粉尘爆炸扩大的措施

工艺及设备设计上控制粉尘爆炸扩大的措施有：设备的强度应能承受设备内部爆炸所产生的最大压力；对内部能形成爆炸源的设备，如磨粉机、粉碎机、提升机、输送机等，为了降低爆炸威力，应尽可能减小产生爆炸浓度的空间；尽可能不采用地下仓库结构；多采用分离式建筑结构，粉尘爆炸危险性大的工序实行隔离操作；减少中间连接接头和通道；房顶尽量采用钢架结构，少用砖、水泥结构；除尘器应尽可能设置在建筑物外部。

（二）地下空间控制粉尘爆炸扩大技术措施

地下空间控制粉尘爆炸扩大技术措施主要有：水棚、岩粉棚、撒布岩粉、自动隔爆装置等措施。

1. 撒布岩粉

撒布岩粉是指定期在地下某些空间中撒布惰性岩粉，增加沉积爆炸性粉尘的灰分，抑制爆炸性粉尘爆炸的传播。惰性岩粉一般为石灰岩粉和泥岩粉。对惰性岩粉的要求是：可燃物含量不超过 5%，游离 SiO_2 含量不超过 10%；不含有害有毒物质，吸湿性差；粒度应全部通过 50 号筛孔（即粒径全部小于 0.3 mm），且其中至少有 70%能通过 200 号筛孔（即粒径小于 0.075 mm）。

2. 安设岩粉棚

岩粉棚是由安装在某些地下空间（如巷道）上部的若干块岩粉台板组成，台板的间距稍大于板宽，每块台板上放置一定数量的惰性岩粉，当发生粉尘爆炸事故时，火焰前的冲击波使台板倾倒，岩粉即弥漫于巷道中，火焰到达时，岩粉从燃烧的煤尘中吸收热量，使火焰传播速度迅速下降，直至熄灭。

3. 安设水棚

水棚包括水槽棚和水袋棚两种。水槽棚主要为隔爆棚，水袋棚作为辅助隔爆棚。

水槽由改性聚氧乙烯制成的倒梯形状，外观为半透明的槽体，槽体质硬、易碎。地下一旦发生爆炸，爆风将水槽击碎或崩翻，水雾形成一道屏障，起到阻隔、熄灭爆炸火焰以及防止爆炸传播的作用。

水袋棚原理与水槽棚相似，所不同的是：水袋采用专用的挂钩吊挂，爆炸冲击波冲击后使得挂钩脱钩后水袋脱落而形成水雾。它是一种经济可行的辅助隔爆措施，作为水袋盛水容器的材料，必须能经受水的长期浸泡，材质不腐烂和机械强度不下降，且有阻燃性和抗静电性。

4. 安设自动隔爆装置

自动隔爆装置是利用各种传感器，瞬间测量爆炸产生的各物理参量，并迅速转换成电信号，指令机构演算器根据这些信号可以准确计算出火焰的传播速度，并选择恰当时间发出动作信号，让抑制装置强制喷洒固体、气体或液体等消火剂，可靠地扑灭爆炸火焰，阻隔爆炸蔓延。

实训任务　工作区粉尘浓度的测定

学习并掌握工作区粉尘浓度的测定原理和方法。

任务引导

工作区粉尘浓度测定的常用方法是滤膜测尘法，由于这种方法具有操作简单、精度高、费用低、易于在工矿企业中推广等优点而得到广泛应用。此外，光散射测尘、β射线测尘、压电晶体测尘等快速测尘方法，在工矿企业中也得到逐步应用。

一、滤膜测尘法

1. 测定原理

对工作环境中粉尘浓度的测定方法，标准规定用滤膜增重法，即用抽气泵抽取一定体积的含尘气体，把气体中的粉尘阻留在已知质量的滤膜上，由采样后滤膜的增重计算出单位体积空气中所含粉尘的质量：

$$c = \frac{m_2 - m_1}{Q} \tag{8-2-1}$$

式中　c——工作环境空气中的粉尘浓度，mg/m^3；

m_1、m_2——采样前、后的滤膜质量，mg；

Q——采气量，L，由下式计算：

$$Q = q \cdot t \tag{8-2-2}$$

式中　q——采样流量，L/min；

t——采样时间，min。

2. 测定器材

用采样器从车间空气中采集尘样，所用采样器的结构如图 8-2-1 所示。其由滤膜采样头、转子流量计和抽气泵等部分所组成。

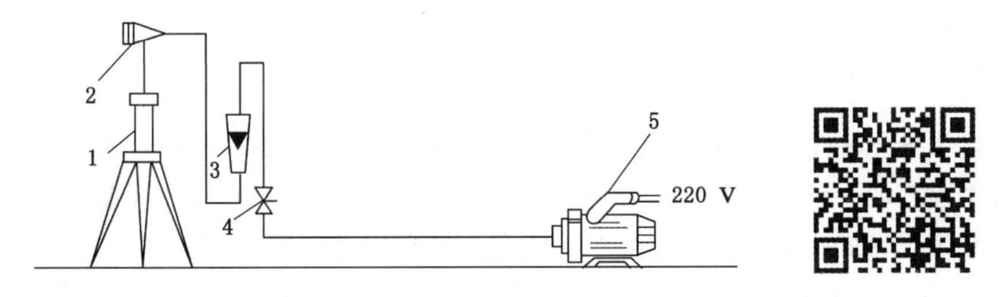

1—三脚支架；2—滤膜采样头；3—转子流量计；4—调节流量螺旋夹；5—抽气泵。

图 8-2-1　滤膜测尘系统

(1) 采样滤膜

采样用的滤膜采用过氯乙烯纤维滤膜。当粉尘浓度低于 50 mg/m^3 时，用直径 40 mm 的滤膜；当粉尘浓度太高时，为防止滤膜上积存的粉尘层太厚脱落下来，改用直径为 75 mm 的滤膜。当过氯乙烯纤维滤膜不适用时，改用玻璃纤维滤膜。

(2) 天平

称重滤膜用感量不低于 0.000 1 g 的分析天平，按计量部门的规定，每年校验一次。

(3) 流量计

气体流量测定常用 15～40 L/min 的转子流量计，也可应用涡轮式气体流量计；当需要加大流量时，可用提高到 80 L/min 的流量计，流量计至少每半年用钟罩式气体计量器、皂膜流量计或精度为±1%的转子流量计校正一次。若流量计有明显污染时，应及时清洗校正。

(4) 滤膜采样头

滤膜采样头的结构如图 8-2-2 所示，由顶盖 1、漏斗 2、夹盖 3 等组成。滤膜 6 被夹在锥形环 4 和夹座 5 之间，由顶盖 1 拧紧在带螺旋的夹座 5 上，形成一绷紧平面。

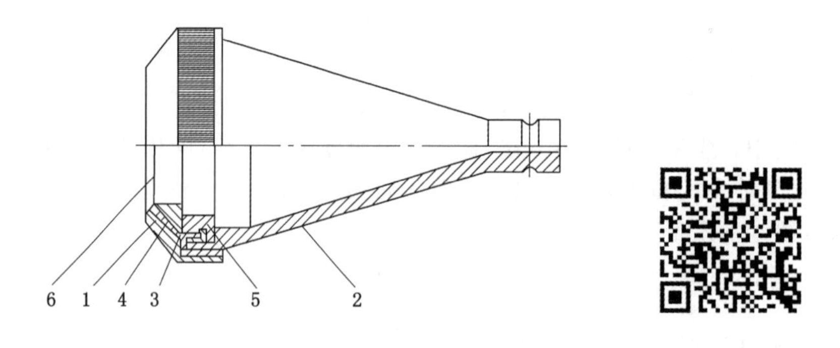

1—顶盖；2—漏斗；3—夹盖；4—锥形杯；5—夹座；6—滤膜。

图 8-2-2 滤膜采样头

3. 测定方法

根据作业场所空气中粉尘测定方法的规定：采样位置选择在接近操作(一般距地面高 1.5 m 左右)或产尘点的工人呼吸带。对连续性产尘作业的工作环境，在作业开始 30 min 后开始测定；对于阵发性产尘作业，在工人工作时采样。

采样流量一般用 15～40 L/min，不得超过 80 L/min。采样时间一般不少于 10 min，以滤膜上的粉尘增重不低于 1 mg 为基本要求调节采样时间。

二、光散射测尘

光散射式粉尘浓度计是利用光照射尘粒引起的散射光，经光电器件变成电信号，用其表示悬浮粉尘浓度的一种快速测定仪，被测量的含尘空气由仪器内的抽气泵吸入，通过尘粒测量区。在此区域它们受到由专门光源经透镜产生的平行光的照射，由于尘粒的存在，会产生不同方向(或某一方向)的散射光，由光电倍增管接收后，再转变为电信号。如果光学系和尘粒系一定，则这种散射光强度与粉尘浓度间具有一定的函数关系。如果将散射光量经过光电转换元件变换成为有比例的电脉冲，通过单位时间内的脉冲计数，就可以知道悬浮粉尘的相对浓度。由于尘粒所产生的散射光强弱与尘粒的大小、形状、光折射率、吸收度、组成等因素密切相关，因而根据所测得散射光的强弱从理论上推算粉尘浓度比较困难。因此，这种仪器要通过对不同粉尘的标定，以确定散射光的强弱和粉尘浓度的关系。

光散射式粉尘浓度计可以测出瞬时的粉尘浓度及一定时间间隔内的平均浓度，并可将数据储存于微机中。量测范围可从 0.01 mg/m^3 至 100 mg/m^3。其缺点是对不同的粉尘，需进行专门的标定。这种仪器在国外应用较为广泛，其中 CCD1000-FB 型便携式微电脑粉尘仪实物如图 8-2-3 所示。

图 8-2-3　CCD1000-FB 型便携式微电脑粉尘仪

任务实施

完成滤膜测尘法测定指定作业区粉尘浓度，并填写如下任务单：

仪器设备名称及型号	
作业区粉尘浓度测定过程	
计算作业区粉尘浓度	

思考与拓展

一、选择题

1. 生产装置添加惰化气体防爆炸时，实际氧含量必须保持比临界氧含量再低(　　)的安全系数。

A. 5%　　B. 10%　　C. 15%　　D. 20%

2. 常用的惰性气体有(　　)等。

A. N_2　　B. CO_2　　C. 水蒸气　　D. 卤代烃

3. 若使气体中氧含量降到(　　)时，就可使可燃有机粉尘惰化。

A. 5%　　B. 8%　　C. 10%　　D. 12%

4. 可作为惰化粉体的材料有(　　)等。

A. 石灰岩粉　　B. 泥岩粉　　C. 煤粉　　D. 淀粉

5. 引起粉尘爆炸的引火源有多种多样，如(　　)等。

A. 明火　　B. 摩擦　　C. 冲击　　D. 电火花

二、判断题

1. 为防止粉尘爆炸，在通入惰化气体时，不需要把装置里的气体充分混合均匀。（　　）

2. 添加惰化粉体的作用，主要是增加有爆炸性粉尘的灰分，阻挡粉尘爆炸形成过程的热辐射，破坏链反应，防止粉尘爆炸。（　　）

3. 在有火灾和爆炸危险的场所，可以吸烟和携带火柴、打火机等火种。（　　）

4. 广义的电火花包括流电火花、静电火花、雷电火花、高频感应火花等。（　　）

5. 安全水封一般安装在压力低于0.2倍表压的气体管线与生产设备之间。（　　）

三、简答题

1. 分析为防止粉尘爆炸，常添加情化气体或粉体的作用。

2. 分析控制地面场所粉尘爆炸扩大的技术措施。

3. 分析控制地下空间控制粉尘爆炸扩大的技术措施。

任务三　个体防护

1. 掌握过滤式防尘设备的使用。

2. 掌握隔离式防尘面具的使用。

爱护健康，珍惜生命。

知识链接

个体防护是指通过佩戴防尘面具以减少人体吸入粉尘的最后一道措施。防尘面具的作用是将含尘空气中的粉尘通过过滤材料过滤，使人体吸入清洁的空气，防止空气中的粉尘进入呼吸系统，从而避免接触粉尘人员受到粉尘的危害。目前的防尘面具可分为过滤式和隔离式两大类。一般来说，氧气含量大于18%、粉尘毒害性及产尘量不大的作业场所可使用过滤式防尘面具，而氧气含量小于18%或粉尘毒害性大或产尘量大的作业场所可使用隔离式防尘面具。

一、过滤式防尘

过滤式防尘面具又可分为自吸式和动力送风式两种。自吸式是依靠人体呼吸器官吸气过滤，如各种自吸式防尘口罩；动力送风式是利用微型风机抽吸含尘空气，如送风口罩、送风

头盔等。

1. 自吸过滤式防尘口罩

这是最常见的防尘面具。目前,我国生产的自吸过滤式防尘口罩主要有两种:一种是带有换气阀的口罩,另一种则是不带换气阀的口罩。

(1) 带有换气阀的口罩

这种口罩带有呼气阀,而滤料装在专门的滤料盒内,滤料被污损后可以更换。如图 8-3-1 所示,面具 1 由橡胶模压制成,边缘有泡沫塑料,能贴紧面部;口罩下部两侧各有一个进气口朝下的过滤盒 2,盒内装有滤布和滤纸,用以滤尘;口罩下部中央为呼吸阀 3。这种口罩阻尘率高,呼吸阻力低,严密性好。但是这种口罩的缺点是重量较大,妨碍视线,影响操作。

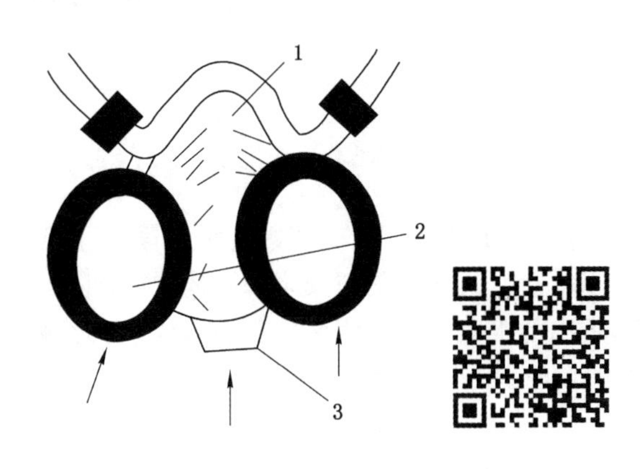

1—面具;2—过滤盒;3—呼吸阀。

图 8-3-1　防尘口罩

(2) 不带有换气阀的口罩

这种口罩又称简易口罩,口罩无吸气阀,吸入和呼出的空气都经过同一通道。吸入空气时矿尘被阻留在过滤层上,呼出的水分也同时浸湿了过滤层,这样呼吸阻力增加,加上这种口罩本身阻力就大,所以,在矿尘浓度较高的作业环境中,或劳动强度大时,工人很快就会有呼吸费力的感觉。简易口罩的优点是结构简单、轻便,容易清洗,成本低。

2. 动力送风过滤式防尘面具

这类防尘面具是由电源、微型电机和通风机、过滤器及管路等部件组成,其形式可分为送风口罩和送风头盔两种。

(1) 送风口罩

送风口罩是借助于小型通风机的动力,将含尘空气过滤净化,然后把净化后的清洁空气经过蛇形管送到口罩内,供佩戴者呼吸使用。如 AFK、YMK-3 两种型号的送风防尘口罩,具有阻尘率高、泄漏低、呼吸阻力小、不憋气、重量轻、携带方便、活动自如、成本低、易于维修和使用安全可靠等优点。

(2) 送风头盔

送风头盔也称为防尘帽。如图 8-3-2 所示,在该头盔间隔中安装有微型轴流风机 1、主过滤器 2、预过滤器 5,面罩可自由开启,由透明有机玻璃制成。送风头盔进入工作状态时,环境含尘空气被微型风机吸入,预过滤器可截留 80%～90%的粉尘,主过滤器可截留 99%

以上的粉尘。经主过滤器排出的清洁空气，一部分供呼吸，剩余气流带走使用者头部散发的部分热量，由出口排出。

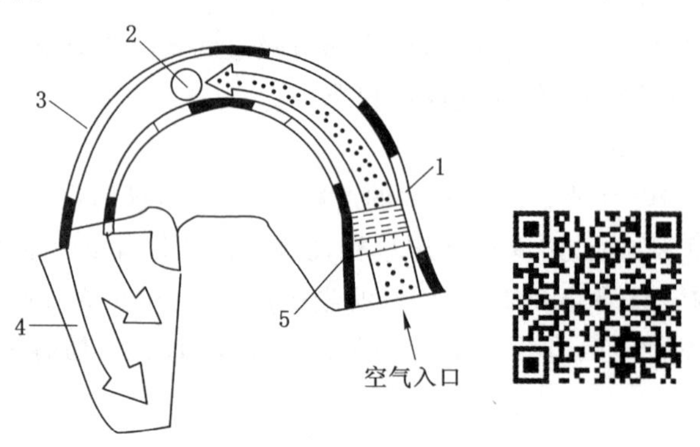

1—轴流风机；2—主过滤器；3—头盔；4—面罩；5—预过滤器。

图 8-3-2 送风头盔

这种送风头盔的微型风机可连续工作 6 h 以上，阻尘率大于 95%，净化风量大于 200 L/min，耳边噪声小于 75 dB(A)。其优点是与安全帽一体化，减少佩戴口罩的憋气感。主要缺点是体积和噪声较大，呼出的水蒸气在透明面罩前易形成水珠影响视线。

二、隔离式防尘

隔离式防尘面具可将人的呼吸器官与含尘空气隔离，而人体吸入专门提供的新鲜空气。这种专门呼吸用的新鲜空气可由自备的空气呼吸装置提供，也可由对空气压缩机提供的压缩空气经减压和净化处理的压风呼吸器提供。压风呼吸器对防止微尘有明显作用，其优点是佩戴者呼吸脱离了含尘空气，呼吸舒畅；缺点是使用地点不但需要有压气设备及压气管路，而且每个佩戴者拖着一根管子，不能交叉作业和远距离行走，活动范围受到限制。

实训任务　管道及烟道粉尘浓度测定

任务描述

学习并掌握测定管道及烟道粉尘浓度的原理和方法。

任务引导

一、测定仪器

管道中气流含尘浓度的测定装置如图 8-3-3 所示。它与工作区采样装置的不同点是：在滤膜采样器之前增设采样管 2，含尘气流经采样管进入滤膜采样器 3，因此采样管也称引尘管。采样管头部设有可更换的尖嘴形采样头 1，如图 8-3-4 所示。滤膜采样器的结构也略

有不同，在滤膜夹前增设了圆锥形漏斗，如图 8-3-5 所示。

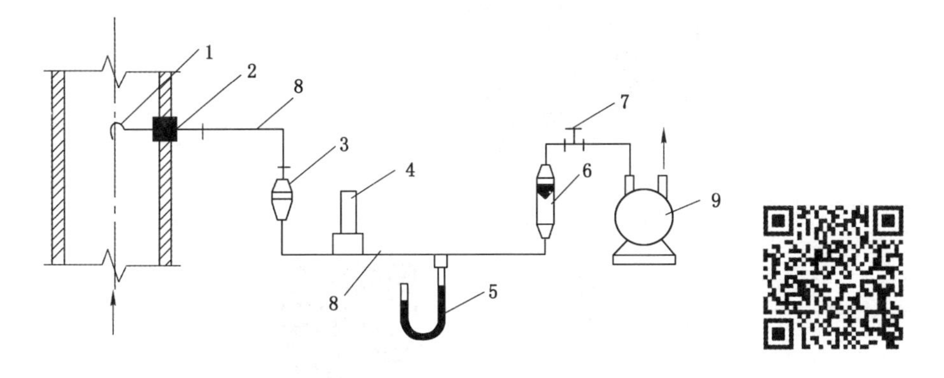

1—采样头；2—采样管；3—滤膜采样器；4—温度计；5—压力计；6—流量计；7—螺旋夹；8—橡皮管；9—抽气机。

图 8-3-3　管道采样示意图

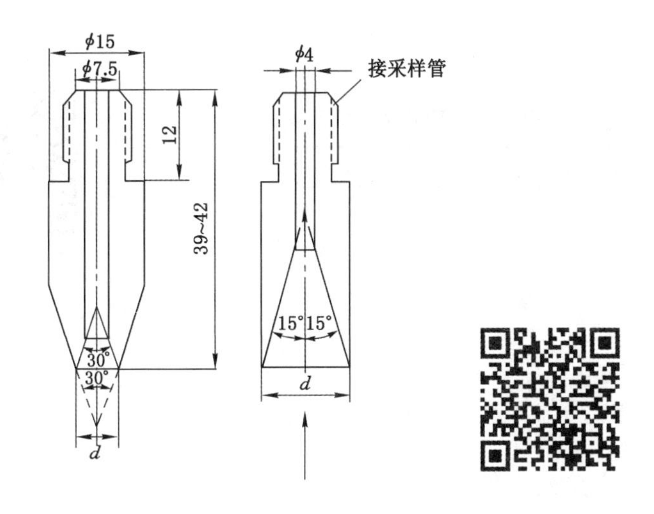

图 8-3-4　采样头

在高浓度场合下，为增大滤料的容尘量，可以采用如图 8-3-6 所示的滤筒收集尘样。滤筒的集尘面积大、容尘量大、阻力小、过滤效率高，对 0.3～0.5 μm 的尘粒捕积效率在 99.5%以上。国产的玻璃纤维滤筒有加胶合剂的和不加胶合剂的两种。加胶合剂的滤筒能在 200 ℃以下使用，不加胶合剂的滤筒可在 400 ℃以下使用，国产的刚玉滤筒可在 850 ℃以下使用。有胶合剂的玻璃纤维滤筒含有少量的有机黏合剂，在高温下使用时，由于黏合剂蒸发，滤筒质量会有减轻，因此使用前后必须加热处理，去除有机物质，使滤筒质量保持稳定。

按照集尘装置（滤膜、滤筒）所放位置的不同，采样方式分为管内采样和管外采样两种。如图 8-3-3 所示的滤膜放在管外，称为管外采样。如果滤膜或滤筒和采样头一起直接插入管内，如图 8-3-7 所示，称为管内采样。管内采样的主要优点是尘粒通过采样嘴后直接进入集尘装置，沿途没有损耗。管外采样时，尘样要经过较长的采样管才进入集尘装置，沿途有可能粉尘黏附在采样管壁上，使采集到的尘量减少，不能反映真实情况。尤其是高温、高湿气体，在采样管中容易产生冷凝水，尘粒黏附于管壁，造成采样管堵塞。管外采样大都用于常温下通风除尘系统的测定，管内采样主要用于高温烟气的测定。

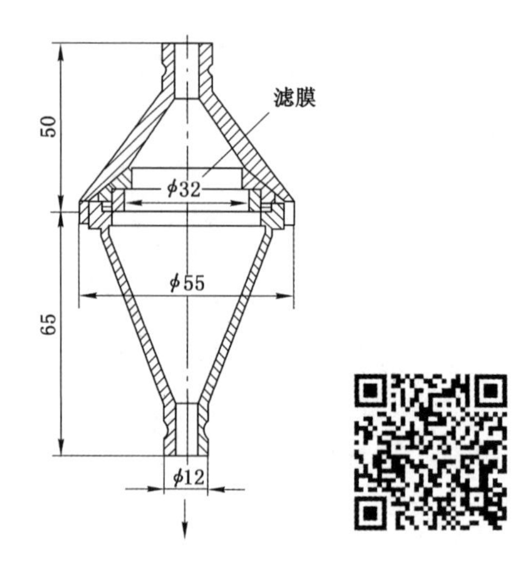

图 8-3-5　管道采样用的滤膜采样器

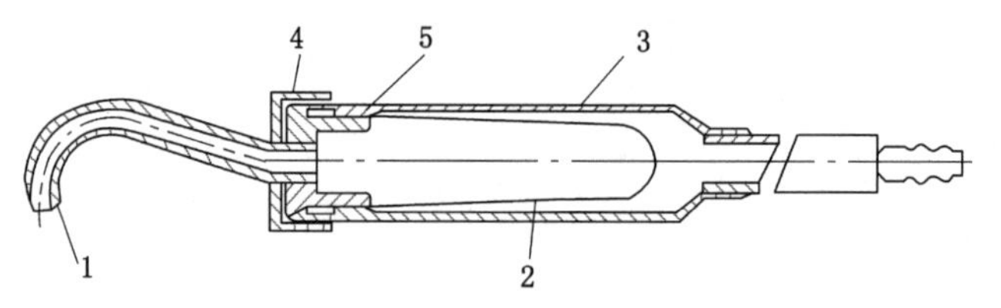

1—采样嘴；2—滤筒；3—滤筒夹；4—外盖；5—内盖。

图 8-3-6　滤筒及滤筒夹

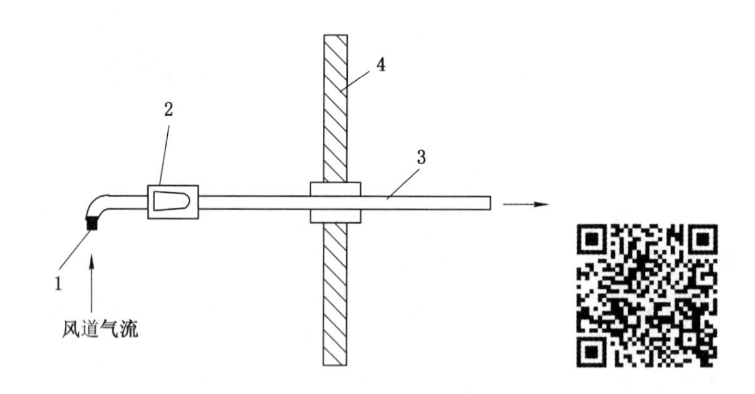

1—采样嘴；2—滤筒；3—采样管；4—风道壁。

图 8-3-7　管内采样

管道中采样的方法与步骤和工作区采样不完全相同，它有两个特点：一是采样流量必须根据等速采样的原则确定，即采样头进口处的采样速度应等于风管中该点的气流速度；二是考虑到风管断面上含尘浓度分布不均匀，必须在风管的测定断面上多点取样，求得平均的含尘浓度。

二、采样

在风管中采样时，为了取得有代表性的尘样，要求采样头进口正对含尘气流，采样头轴线与气流方向一致，其偏斜的角度应小于±5°。否则，将有部分尘粒（>4 μm）因惯性不能进入采样头，使采集的粉尘浓度低于实际值。另外，采样头进口处的采样速度应等于风管中该点的气流速度，即“等速采样”。非等速采样时，较大的尘粒因受惯性影响不能完全沿流线运动，因而所采得的样品不能真实反映风管内的尘粒分布。

图 8-3-8 所示为采样速度小于、大于和等于风管内气流速度时，尘粒的运动情况。采样流速小于风管的气流速度时，处于采样头边缘的一些粗大尘粒（>3～5 μm），本应随气流一起绕过采样头。由于惯性的作用，粗大尘粒会继续按原来方向前进，进入采样头内，使测定结果偏高。当采样速度大于风管中流速时，处于采样头边缘的一些粗大尘粒，由于本身的惯性不能随气流改变方向进入采样头内，而是继续沿着原来的方向前进，在采样头外通过，使测定结果比实际情况偏低。因此，只有当采样流速等于风管内气流速度时，采样管收集到的含尘气流样品才能反映风管内气流的实际含尘情况。

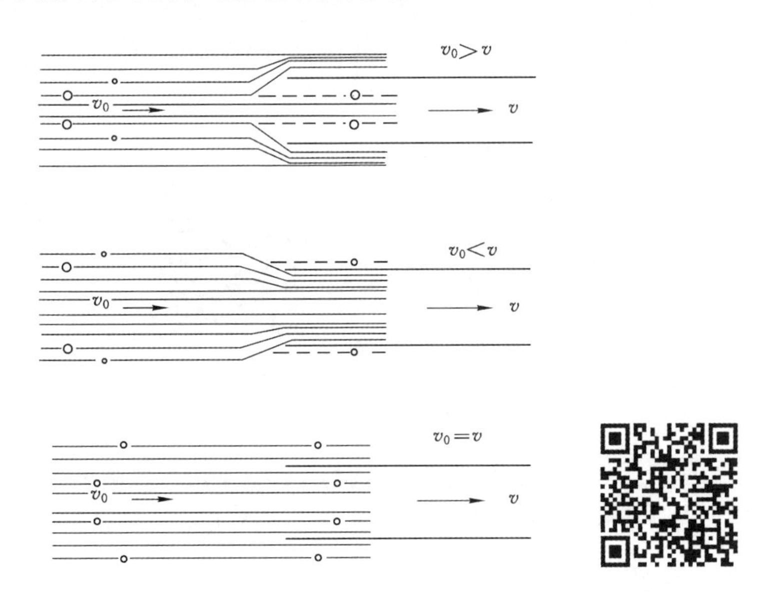

图 8-3-8　在不同采样速度时尘粒运动情况

在实际测定中，不易做到完全等速采样。经研究证明，当采样速度与风管中气流速度误差在－5%～＋10%以内时，引起的误差可以忽略不计。采样速度高于气流速度时所造成的误差要比低于气流速度时小。

为了保持等速采样，最普遍采用的是预测流速法，另外还有静压平衡法和动压平衡法等。

（1）预测流速法

为了做到等速采样，在测尘之前，先要测出风管测定断面上各测点的气流速度，然后根据各测点速度及采样头进口直径算出各点采样流量，进行采样。为了适应不同的气流速度，备有一套进口内径为 4 mm、5 mm、6 mm、8 mm、10 mm、12 mm、14 mm 的采样头。采样头

一般做成渐缩锐边圆形，锐边的锥度以30°为宜。

根据采样头进口内径 d(mm)和采样点的气流速度 v(m/s)即可算出等速采样的抽气量：

$$Q=\frac{\pi}{4}\left(\frac{d}{1\,000}\right)^2\times\mu\times60\times1\,000=0.047d^2\mu \tag{8-3-1}$$

若计算的抽气量超出了流量计或抽气机的工作范围，应改换小号的采样头及采样管，再按上式重新计算抽气量。

(2) 静压平衡法

管道内气流速度波动大时，按上述方法难以取得准确的结果，为简化操作，可采用如图8-3-9所示的等速采样头。在等速采样头的内外壁上各有一根静压管。对于采用锐角边缘、内外表面精密加工的等速采样头，可以近似认为气流通过采样头时的阻力为零。因此，只要采样头内外的静压差保持相等，采样头内的气流速度等于风管内的气流速度(即采样头内外的动压相等)。采用等速采样头采样，不需要预先测定气流速度，只要在测定过程中调节采样流量，使采样头内外静压相等，就可以做到等速采样。采用等速采样头可以简化操作，缩短测定时间。但是，由于管内气流的紊流、摩擦以及采样头的设计和加工等因素的影响，实际上并不能完全做到等速采样。等速采样头目前主要用于工况不太稳定的锅炉烟气测定。

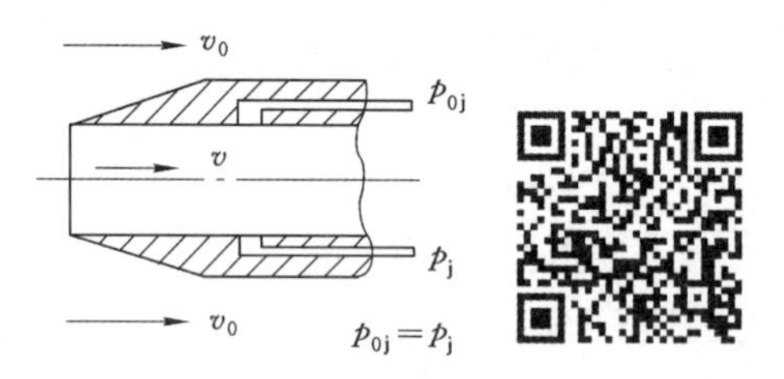

图8-3-9 等速采样头示意图

应当指出，等速采样头是利用静压而不是用采样流量来指示等速情况的，其瞬时流量在不断变化着，所以记录采样流量时不能用瞬时流量计，而要用累计流量计。

三、采样点的布置

测定管内气流的含尘浓度，要考虑气流的运动状况和管道内粉尘的分布情况。经研究表明，风管断面上含尘浓度的分布是不均匀的。在垂直管中，含尘浓度由管中心向管壁逐渐增加。在水平管中，由于重力的影响，下部的含尘浓度较上部大，而且粒径也大。因此，一般认为，在垂直管段采样要比在水平管段采样好。要取得风管中某断面上的平均含尘浓度，必须在该断面进行多点采样。在管道断面上如何布点，测得的平均含尘浓度才能接近实际情况，目前常用的采样方法如下：

(1) 多点采样法。分别在已定的每个采样点上采样，每点采集一个样品，而后再计算出断面的平均粉尘浓度。这种方法可以测出各点的粉尘浓度，了解断面上的浓度分布情况，找出平均浓度点的位置。缺点是测定时间长，工序烦琐。

(2) 移动采样法。为了较快测得管道内粉尘的平均浓度，可以用同一集尘装置，在已定

的各采样点上，用相同的时间移动采样头连续采样。由于各测点的气流速度是不同的，要做到等速采样，每移动一个测点，必须迅速调整采样流量。在测定过程中，随滤膜上或滤筒内粉尘的积聚，阻力也会不断增加，必须随时调整螺旋夹，保证各测点的采样流量保持稳定。每个采样点的采样时间不得少于 2 min。该方法测定结果精度高，目前应用较为广泛。

(3) 平均流速点采样法。找出风管测定断面上的气流平均流速点，并以此点作为代表点进行等速采样，把测得的粉尘浓度作为断面的平均浓度。

(4) 中心点采样法。在风管中心点进行等速采样，以此点的粉尘浓度作为断面的平均浓度。这种方法测点定位较为方便。

对于粉尘浓度随时间变化显著的场合，采用上述后两种方法测出的结果较为接近实际。在常温下进行管道测尘时，同样要考虑温度、压力变化对流量计读数的影响，因此要根据有关公式进行修正，滤膜的准备、含尘浓度计算等，与工作区采样基本相同。

任务实施

完成指定管道或烟道粉尘浓度测定，并填写如下任务单：

仪器设备名称及型号	
采样点布置过程	
采样点布置结果	
粉尘浓度测定过程	
计算粉尘浓度	

思考与拓展

一、选择题

1. 一般来说，氧气含量大于(　　)、粉尘毒害性及产尘量不大的作业场所可使用过滤式防尘面具。

A. 10%　　B. 15%　　C. 18%　　D. 20%

2. 动力送风过滤式防尘面具由(　　)等部件组成。

A. 电源　　B. 微型电机　　C. 通风机　　D. 过滤器

3. 送风头盔的微型风机可连续工作(　　)以上。

A. 2 h　　B. 4 h　　C. 6 h　　D. 8 h

4. 送风头盔的阻尘率大于(　　)。

A. 85%　　B. 90%　　C. 95%　　D. 100%

5. 送风头盔的净化风量大于(　　)。

A. 50 L/min　　B. 100 L/min　　C. 200 L/min　　D. 300 L/min

二、判断题

1. 个体防护是指通过佩戴防尘面具以减少人体吸入粉尘的第一道措施。　(　　)
2. 动力送风式防尘面具是依靠人体呼吸器官吸气过滤。　(　　)
3. 送风头盔的耳边噪声小于 75 dB(A)。　(　　)
4. 隔离式防尘面具可将人的呼吸器官与含尘空气隔离,而人体吸入专门提供的新鲜空气。　(　　)
5. 压风呼吸器对防止微尘有明显作用。　(　　)

三、简答题

1. 分析自吸过滤式防尘口罩的种类及优缺点。
2. 分析送风口罩的优缺点。
3. 分析送风头盔的优缺点。

任务四　粉尘防治新技术

学习目标

1. 了解取样测量法新技术。
2. 了解非取样测量法新技术。

素质目标

激励青年学生科技报国,肩负起发展和振兴技术产业重任。

知识链接

工作场所采取的防尘措施主要包括湿式作业、密闭、抽风、除尘等措施。

随着人们对粉尘危害重视程度的提高,以及工业现场对粉尘浓度测量的要求,各国制定了烟尘排放标准来限制工业烟尘的排放,同时也对粉尘监测方法进行了积极的探索和研究。基于不同的测量原理,目前的粉尘监测方法大致可以分为两类:一种是先沉降粉尘、后测量

的取样法(预沉降法),另一种是非取样法(非预沉降法)。

一、取样测量法

取样法,即从待测区域中抽出部分具有代表性的含尘气样,并送入随后的分析测量系统来测量粉尘的浓度与粒径的方法。其基本工作原理是:从含尘区域采集一定体积的含尘试样,过滤或分离其中所含尘粒,根据集尘质量和体积等计算出气体的含尘浓度。

取样法从原理上讲无疑是最基本和最简单的,这种方法的关键在于所取尘样是否具有代表性。在使用良好的情况下,可以得到比较可靠的结果。但是它的缺点是需要手工进行操作,影响测量精度的因素较多,且操作程序繁杂、占用房间和设备较多、采样时间较长、仪器维修量大、花费成本较高、自动化程度低等,因而只能定期进行监测,很难用于在线测量。为了弥补这些缺陷,目前已经发展了自动取样装置等,弥补了不能实时、连续测量的缺点。取样法具有测量结果与粉尘参数(质量、体积等)直接相关的优点,因此至今仍被作为标准测量方法。

1. 过滤称重法

传统的取样测量法,又称过滤称重法。称重法的基本工作过程是:用抽气泵通过采样系统从排气筒中抽取烟气,用经过烘干、称重的滤筒将空气中的颗粒物收集下来,之后再将滤筒进行烘干、称重,用采样前、后重量之差求出收集的颗粒物质量 m;然后测出抽取烟气的温度和压力,扣除烟气中所含水分的量,计算出抽取的干烟气在标准状态下的体积 V,则粉尘浓度为:

$$c = m/V \tag{8-4-1}$$

式中　m——滤筒所过滤的粉尘质量;

　　V——取样时流经过滤系统的气体体积。

称重法的优点是它可以测量粉尘质量浓度,且粉尘化学成分、分散度组成、尘粒形状及其光学、电气等性能的变化,对于测量读数均没有影响,可以测量浓度相当高的烟尘,测量技术比较简单。缺点则是测量过程长而繁杂,容易受干扰,以及不能满足实时、连续测量的要求。尽管如此,该方法目前仍然是公认的烟尘浓度测量方法,一直作为其他测尘方法的校正基准。

为了降低劳动强度、减少测量时间、提高测量过程的自动化程度、实现在线实时测量,近年来研究人员开发了多种利用各种不同原理的非称重的方法,使之能实时显示测量结果。这些方法中目前应用得较多的有β射线法、压电振动法和超声衰减法等。

2. 压电振动法

这种方法是利用压电材料由于吸附尘样介质后质量改变,引起压电振动频率改变的原理来测量粉尘浓度。德国柏林工业大学发明了利用这种方法测量粉尘浓度的测量装置。当被测烟气通过过滤带时,尘粒被过滤滞留在带子上,使整条带子的质量发生变化,从而引起压电晶体振动频率的改变,只要测量出压电晶体的频率即可确定被滤尘样的质量,进而求得被测粉尘的质量浓度。压电振动法也需经过取样过程,因此,也可以对所取尘样进行粒度分析。为保证测量准确度,应定期清洗石英谐振器,目前已有采用程序控制自动清洗的连续自动石英晶体测尘仪。

压电振动法有着广泛的发展前途。其突出优点是可以测量烟尘的绝对质量浓度,而且测量结果比较可靠。但需先对烟尘进行过滤，然后再进行检测，因而结构较为复杂，在实际应用中存在两个十分重要的问题：一是需要增加晶体对尘粒的吸附力；二是定期从其表面上清除沉降的烟尘。其中第一个问题可以采用增加有黏附性能的面层和强制沉淀方法改善，第二个问题仍有待解决。

3. 超声波衰减法

超声波在介质中传播时，其振幅随介质量的多少及粒子大小的变化而变化，只要检测出超声波穿过被测介质后振幅的衰减量，就可知道被测介质的粒度及浓度。根据声学原理得知，平面超声波在介质中传播时，穿过一定距离后，其振幅 I 的变化符合如下关系式：

$$I = I_0 e^{-ax} \tag{8-4-2}$$

式中 I_0——初始振幅；

a——衰减系数；

x——传播距离。

实际测量时，初始振幅 I_0 和穿透介质后的振幅 I 分别由传感器测定，传播距离 x 的大小由工艺条件确定，所以 a 就成为采集的尘样质量以及体积浓度的表征。

4. 取样法的优缺点

(1) 取样法的优点

① 测量原理简单，在使用良好的情况下可以取得比较可靠的结果，因此，在许多国家仍被广泛使用，并被作为标准方法。

② 取样法除能测量烟尘的质量浓度和粒径大小外，由于取得了尘粒的样品，还能进一步分析烟尘的物理特性和化学成分，这点对于环境保护是十分重要的。

(2) 取样法的缺点

① 对采样操作要求高，如果不能做到等速采样就会给测量结果带来误差，即使满足了等速采样的条件，含尘气体在输送过程中也可能会发生损失，使测量结果不准确。

② 只能周期性测量，灵敏度低，自动化程度低，测量低浓度粉尘时时间长，很难用于在线监测。

③ 由于取样法为点测量，每次只能采集管路内某一点处的气样，因此为了获得整个管路内烟尘的平均浓度值，就需要采用在多点处进行测量并加以平均的做法，这样无疑将会增加一定的工作量。

④ 由于管道中气体具有一定的流速和压力，甚至具有较高的温度和湿度，因此涉及较为复杂的采样和计算过程。

为了充分发挥取样法测量原理简单可靠的优点，弥补它测量时间长、自动化程度低、难以用于在线监测等缺点，目前人们开发了自动取样装置，用以提高取样的自动化程度，同时还把β射线、压电振动及超声波衰减等测试技术应用到取样后级测量系统中，提高了取样法测量的实时性，拓宽了它在工业上应用的途径。

二、非取样测量法

非取样测量法就是不用取样，而是利用粉尘的物理、光学等特性直接测量烟尘排放浓度及粒径大小的方法，主要有：

1. 光电检测法

光电检测法最为简单，在工业排放烟尘的各种连续监测应用中占据主导地位。根据光学法的原理所研制的工业用测尘仪，普遍应用于世界各国。根据光吸收现象与朗伯-比尔(Lambert-Beer)原理研制了吸收式光学测尘仪，该方法也称为不透明度法；根据光散射现象与 Mie 散射理论，设计了散射式光学测尘仪。

不透明度法是依据颗粒物的遮光性设计的，具体工作过程是：激光器产生的入射光照射到分光器，分光器将入射的光分为强度相等的两束光，一束作为信号光束照射测量区，然后进入光电探测器，另一束作为参考光束，直接进入光电探测器。由于颗粒物的吸收和散射作用，前者光强变弱。参考光束的光强可以认为是入射光强 I_0，信号光束的光强则是出射光强 I，两者有如下关系：

$$I = I_0 e^{-\frac{1}{4}N_v \pi L D^2 K(\lambda, m, D)} \tag{8-4-3}$$

式中 D——尘粒粒径；

N_v——尘粒的粒子数浓度；

K——消光系数；

L——待测粉尘区厚度。

利用两光强之比(即光穿过介质的透过率)，即可定量测定颗粒物浓度。

光散射法由固态光源发射经脉冲调制器调制的近红外线或激光平行光束，向测定气体照射，烟气中的颗粒物对光在所有方向散射，散射的光被聚焦到检测器检测，由放大器放大输出电压或电流信号，在一定范围内信号与颗粒物浓度成比例。根据接收器与光源所成角度的大小可分为前散射、边散射和后散射。利用该方法的测尘仪一般具有较高的灵敏度。

由不透明度法和光散射法的原理可以看出，两者虽然可以实现在线连续测量，但测定准确度都受颗粒物的直径大小、分布状况、颗粒物浓度以及水分、测定气体的颜色等因素影响。

2. 声学法

声学法原理是基于声源与接收器之间的空间有尘粒存在时所测定的声场参数变化，因存在悬浮固体颗粒而造成的声能损失值与烟尘的体积浓度成正比。

影响声学法测量烟尘浓度结果的因素有：含尘气流速度、温度和湿度的变化、排气道内压力以及烟尘分散度组成的变化。

3. 电气测量法

电气接触法原理如下：当尘粒与活性材料制作的格栅接触时即带电，并将获得的表面电荷传给格栅的导电元件。电气接触式测量转换器的主要元件有二：一是充电器，其作用是使尘粒带电；另一个是集电极，用以接受尘粒传来的电荷。当烟尘浓度在 2 g/m^3 以下时，大部分烟尘与充电器和集电极的内表面接触所记录的电荷总值与尘粒数量成正比。此时烟尘质量浓度与集电极电路中电流强度值为线性关系。浓度进一步增大时，将导致充电电压饱和。

电气接触法存在的缺点主要是烟尘的电气性质和湿度(水分可使尘粒表面结膜破坏与充电器表面的接触)对测量结果影响很大，另外一个缺点是对于黏性比较大的粉尘(如化学、建筑、面粉粉尘)会使充电器通孔迅速被堵塞，而且尘粒荷电时获得的电荷量很低，同时还有爆炸的危险。因此，电气测量法在工业排放烟尘的监测中没有得到广泛应用，目前只是用于冶金工业。

4. 黑度法

此方法是19世纪末林格曼提出来的，因此又叫林格曼黑度法。这是一种监测烟气排放的视觉方法，即以人的视觉对烟气颜色强弱的反应作为监测的标准。

通过视觉观察烟尘，并将其黑度与林格曼黑度表相比较来确定烟尘浓度的方法。该表一般在纵14 cm、横20 cm的白纸上描成宽度(mm)分别为1.0、2.3、3.7、5.5、10.0的方格黑度图，将烟尘浓度划分成六个等级，矩形的白纸内黑色部分所占的面积大致为0、20%、40%、60%、80%、100%，自上而下称为0、1、2、3、4、5度。

这种方法使用简单、方便，操作人员很容易掌握使用，但显然它的测量结果容易受诸如测量人员视力、判断力等人为因素及天气、周围环境等客观条件的影响。烟气黑度的读数，不仅取决于烟气本身的黑度，还与天空的均匀性、亮度、风速、烟囱的大小结构及观察时照射光线的角度有关，而且烟气黑度与烟气中尘粒含量之间很难找到一个确定的定量关系。因此它的准确性存在争议，而且难以用于自动在线监测。目前，国内已有人研制出烟度自动监测仪，为这种方法在工业上的推广应用提供了新的可能性。但总的来说，这种方法仍然比较粗糙，精度比较低，它无法得知烟尘的绝对浓度与粒径大小。

5. MESA法

近年来，德国Karl Sruhe研究中心研制成的MESA(Mass Extinction Size Analyzer)测量系统可在线测量粉尘浓度及平均粒径，在这方面取得了突破。

MESA测量系统结合了透射法和压电振动法两种方法。其中测量粉尘浓度方面，借用了德国柏林工业大学的专利技术，利用压电振动法测量粉尘的质量浓度，然后根据消光理论求得粉尘的浓度与平均粒径。MESA系统首次实现了同时在线测量粉尘浓度与平均粒径，在粉尘测量领域取得了重大进展。MESA的不足之处在于采用了两套测量装置，因而结构复杂，使用不够方便，而且精度也不高(测量误差可能达到30%)。

6. 非取样法的优缺点

非取样法的主要优点是：能在线测量烟尘排放浓度，其中一些可以自动、在线监测烟尘排放，一些能同时给出烟尘的浓度与粒径。非取样法的主要缺点是测量结果只是关于粉尘参数的相对值，仅具有统计意义，并且烟尘的分散度组成和其他性质的变化会严重影响测量结果，在实际测量过程中，还需要标定参数等。

表8-4-1对取样法和非取样法的优缺点进行了对比。

表8-4-1　取样法和非取样法的特征对照表

项目	取样法	非取样法
测量原理	简单	较复杂
测量周期	长	短
自动化程度	低	高
测量准确度比较	高	低
是否干扰测量场	是	否
是否需要标定	否	是
其他	粉尘的分散度对测量结果无影响，可对取得的粉尘样品做进一步物理化学分析	粉尘的分散度等自身性质能影响测量，测量中需标定参数

我国目前已经开始实施污染物排放总量控制和排污收费标准制度，要求必须安装在线监测装置，掌握污染物的排放情况。同时，伴随我国经济的持续发展和国际竞争的日益加剧，越来越多的行业需要对加工现场的粉尘浓度进行精确的测量。因此，研究粉尘在线监测技术，对于提高我国的污染源监测水平和环保管理水平、促进技术进步和产业发展都具有重要的意义。

国内监测粉尘浓度主要采用采样法，并作为监测粉尘排放量的国家标准。除此之外，黑度法也得到广泛应用，粉尘浓度除了有一个绝对数值外，通常还有林格曼黑度级来附加表示。如果对粉尘绝对排放浓度要求不是十分严格的话，黑度法不失为一种值得推荐的方法，毕竟它的测量过程十分简单方便。国内一些生产厂家和研究单位也在进行其他非取样方法的研究，并已取得了一定的进展。

目前，国内知名生产厂商所设计的相关仪器有：北京地质仪器厂生产的测量仪（利用 β 射线法），无锡化工仪表厂生产的快速粉尘测量仪（利用压电振动法），煤炭部镇江煤矿专用设备厂生产的 ACH 系列呼吸性粉尘浓度测定仪（利用红外光源消光原理），辽宁省辽阳市综合仪器厂生产的粉尘浓度测定仪（利用光散射原理），内蒙古解放军 7325 厂研制的光电透射式测尘仪，北京解放军总参防化研究院研制的粉尘测量仪（利用浊度法或称光透法）等。

实训任务　除尘器性能测定

任务描述

学习并掌握除尘器性能测定的原理和方法。

任务引导

对于除尘器的性能一般测定其处理风量、除尘器阻力、除尘效率。

一、处理风量的测定

除尘器处理的风量是反映除尘器处理气体能力的指标，如图 8-4-1 所示。如果除尘器无漏风现象，则其进口处的风量应等于出口处的风量。如果有漏风，则其处理风量为除尘器进、出口风量的平均值。

二、漏风量的测定

除尘器的漏风率是除尘器一项重要的技术指标。它对除尘器的处理风量和除尘效率均有重大影响，因此，某些除尘器的制造标准中对漏风量提出了具体要求。如 CDWY 系列电除尘器要求漏风率小于 7%，大型的袋式除尘器要求漏风率小于 5%等。

漏风率的测定方法有风量平衡法、热平衡法等。风量平衡法是最常用的方法。根据定义，除尘器漏风率用下式表示：

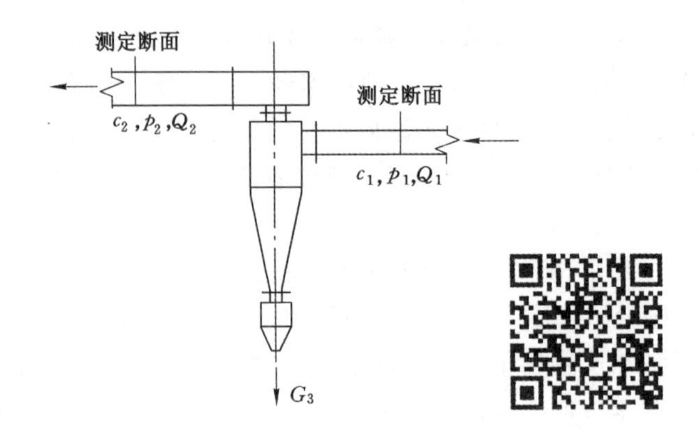

图 8-4-1　处理风量测定原理图

$$\varepsilon = \frac{Q_2 - Q_1}{Q_1} \times 100\% \tag{8-4-4}$$

式中　Q_1——除尘器进口处风量，m^3/s；

Q_2——除尘器出口处风量，m^3/s。

由式(8-4-4)可以看出，只要测出除尘器进、出口处的风量，即可求得漏风率 ε。

采用风量平衡法测定漏风率时，要注意温度变化对气体体积的影响。对于反吹清灰的袋式除尘器，清灰风量应从除尘器出口风量中扣除。

三、阻力损失的测定

除尘器的阻力损失用除尘器出口与进口平均全压差表示，即：

$$\Delta p = p_{q2} - p_{q1} \tag{8-4-5}$$

式中　Δp——除尘器的阻力，Pa；

p_{q2}——除尘器出口处的平均全压，Pa；

p_{q1}——除尘器进口处的平均全压，Pa。

四、除尘效率的测定

在现场测定时，由于条件限制，一般用浓度法测定除尘器全效率。除尘器全效率为：

$$\eta = \frac{c_2 - c_1}{c_1} \times 100\% \tag{8-4-6}$$

式中　c_1——除尘器进口处平均粉尘浓度，mg/m^3；

c_2——除尘器出口处平均粉尘浓度，mg/m^3。

现场使用的除尘系统总会有少量漏风，为了消除漏风对测定结果的影响，应按下列公式计算除尘器全效率。

除尘器安装在风机吸入段，即负压段，$Q_2 > Q_1$，有：

$$\eta = \frac{c_1 Q_1 - c_2 Q_2}{c_1 Q_1} \times 100\% \tag{8-4-7}$$

除尘器安装在风机的压出段，即正压段，$Q_1 > Q_2$，有：

$$\eta = \frac{c_1 Q_1 - c_1 (Q_1 - Q_2) - c_2 Q_2}{c_1 Q_1} \times 100\%$$

$$=\frac{Q_2}{Q_1}\left(1-\frac{c_2}{c_1}\right)\times 100\% \tag{8-4-8}$$

式中　Q_1——除尘器进口断面的风量，m^3/s；

　　　Q_2——除尘器出口断面的风量，m^3/s。

应注意在测定除尘器时，对除尘器进口及出口断面的测定应同时进行。在测定中如果发现除尘器漏风严重，应消除漏风后再进行测定。

对除尘器分级效率的测定，要测定出除尘器进口及出口处含尘气流中粉尘的粒度分布，计算出除尘器的分级效率和除尘效率。

除尘器出口含尘气流中，由于含尘浓度很低，大量收集粉尘样品比较困难，测定粉尘的分散度有一定的难度。因此，有时测定除尘器收集下来的粉尘的粒径分布及入口含尘气流中粉尘的粒径分布，计算出除尘器的分级效率。

粉尘的性质及系统的运行工况对除尘器的除尘效率影响较大，因此，给出除尘器全效率测定时，应同时说明系统的运行工况，以及粉尘的真密度、粒径分布等状况，或者直接测定除尘器的分级效率。

任务实施

完成指定除尘器性能测试，并填写如下任务单：

仪器设备名称及型号	
除尘器风量测定过程	
除尘器风量	
除尘器漏风量测定过程	
除尘器漏风量	
除尘器阻力损失测定过程	
除尘器阻力	
除尘器全效率测定过程	
除尘器全效率	

思考与拓展

一、选择题

1. 非取样测量法是利用粉尘的(　　)等特性直接测量烟尘排放浓度及粒径大小的方法。

A. 物理　　B. 光学　　C. 化学　　D. 成分

2. 影响声学法测量烟尘浓度结果的因素有(　　)。

A. 含尘气流速度　　B. 温度和湿度的变化

C. 排气道内压力　　D. 烟尘分散度组成的变化

3. 黑度法测量结果容易受(　　)等条件的影响。

A. 测量人员视力　　B. 测量人员判断力　　C. 天气　　D. 周围环境

4. 不透明度法是依据颗粒物的(　　)设计的。

A. 大小　　B. 形状　　C. 遮光性　　D. 成分

5. 电气测量法目前只是用于(　　)。

A. 石油工业　　B. 煤矿业　　C. 冶金工业　　D. 建筑行业

二、判断题

1. 取样法从原理上讲无疑是最基本和最简单的，这种方法的关键在于所取尘样是否具有代表性。(　　)

2. 取样法具有测量结果与粉尘参数(质量、体积等)直接相关的优点，因此至今仍被作为标准测量方法。(　　)

3. 光电检测法最为简单，在工业排放烟尘的各种连续监测应用中占据主导地位。(　　)

4. 称重法可以测量粉尘质量浓度。(　　)

5. 声学法原理是基于声源与接收器之间的空间有尘粒存在时所测定的声场参数变化。(　　)

三、简答题

1. 分析取样法的优缺点。
2. 描述不透明度法具体工作过程。
3. 分析电气接触法原理。
4. 分析非取样法的优缺点。

参考文献

[1] 蒋仲安,杜翠凤,牛伟.工业通风与除尘[M].北京:冶金工业出版社,2010.
[2] 马中飞.工业通风与防尘[M].北京:化学工业出版社,2007.
[3] 唐中华.通风除尘与净化[M].北京:中国建筑工业出版社,2009.
[4] 王惠宾.矿井通风网络理论与算法[M].徐州:中国矿业大学出版社,1996.
[5] 吴中立.矿井通风与安全[M].徐州:中国矿业大学出版社,1989.
[6] 张国枢.矿井实用通风技术[M].北京:煤炭工业出版社,1992.
[7] 张国枢.通风安全学[M].2版.徐州:中国矿业大学出版社,2011.
[8] 赵书田.煤矿粉尘防治技术[M].北京:煤炭工业出版社,1987.
[9] 赵以蕙.矿井通风与空气调节[M].徐州:中国矿业大学出版社,1990.

附　录

附录1　不同温度下饱和水蒸气分压

单位:hPa

温度/℃	0	0.1	0.2	0.3	0.4	0.5	0.6	0.7	0.8	0.9
−4	4.37	4.33	4.29	4.27	4.23	4.20	4.16	4.12	4.08	4.05
−3	4.76	4.72	4.68	4.64	4.60	4.56	4.53	4.49	4.45	4.41
−2	5.17	5.13	5.09	5.05	5.01	4.96	4.92	4.88	4.84	4.80
−1	5.63	5.59	5.53	5.49	5.44	5.40	5.36	5.31	5.27	5.21
−0	6.11	6.05	6.01	5.96	5.92	5.87	5.81	5.77	5.72	5.68
0	6.11	6.16	6.20	6.25	6.29	6.35	6.39	6.44	6.48	6.52
1	6.57	6.63	6.67	6.72	6.76	6.81	6.87	6.91	6.96	7.00
2	7.05	7.13	7.16	7.21	7.27	7.32	7.36	7.41	7.47	7.52
3	7.57	7.63	7.68	7.75	7.80	7.85	7.91	7.96	8.03	8.08
4	8.13	8.19	8.25	8.31	8.37	8.43	8.48	8.55	8.60	8.67
5	8.72	8.79	8.84	8.91	8.97	9.03	9.09	9.16	9.23	9.28
6	9.35	9.41	9.48	9.55	9.61	9.68	9.75	9.81	9.88	9.95
7	10.01	10.08	10.16	10.23	10.29	10.37	10.44	10.51	10.57	10.65
8	10.72	10.80	10.87	10.95	11.03	11.09	11.17	11.25	11.33	11.40
9	11.48	11.56	11.64	11.72	11.80	11.88	11.96	12.04	12.12	12.20
10	12.28	12.36	12.45	12.53	12.61	12.69	12.79	12.87	12.95	13.04
11	13.12	13.21	13.29	13.39	13.48	13.57	13.65	13.75	13.87	13.92
12	14.01	14.11	14.20	14.31	14.40	14.49	14.59	14.68	14.79	14.88
13	14.97	15.08	15.17	15.28	15.37	15.48	15.57	15.68	15.77	15.88
14	15.97	16.08	16.19	16.29	16.40	16.51	16.61	16.72	16.82	16.93
15	17.04	17.14	17.26	17.37	17.48	17.60	17.70	17.81	17.93	18.04
16	18.14	18.26	18.38	18.52	18.64	18.76	18.88	19.00	19.13	19.25

附录(续)

温度/℃	0	0.1	0.2	0.3	0.4	0.5	0.6	0.7	0.8	0.9
17	19.37	19.49	19.62	19.74	19.88	20.00	20.12	20.25	20.37	20.50
18	20.62	20.76	20.89	21.02	21.16	21.29	21.42	21.56	21.69	21.82
19	21.96	22.10	22.24	22.38	22.52	22.66	22.81	22.94	23.09	23.22
20	23.37	23.52	23.66	23.82	23.97	24.12	24.26	24.41	24.57	24.72
21	24.86	25.02	25.17	25.33	25.49	25.65	25.74	25.96	26.12	26.26
22	26.42	26.60	26.76	26.93	27.09	27.26	27.42	27.60	27.76	27.93
23	28.09	28.26	28.44	28.61	28.78	28.97	29.14	29.32	29.49	29.66
24	29.84	30.02	30.20	30.38	30.57	30.76	30.93	31.12	31.30	31.48
25	31.66	31.86	32.05	32.25	32.44	32.64	32.82	33.02	33.22	33.41
26	33.61	33.81	34.02	34.22	34.42	34.64	34.84	35.04	35.24	35.45
27	35.65	35.86	36.08	36.29	36.50	36.73	36.94	37.16	37.37	37.58
28	37.80	38.02	38.25	38.48	38.70	38.93	39.14	39.37	39.60	39.82
29	40.05	40.29	40.52	40.77	41.01	41.25	41.48	41.72	41.96	42.20
30	42.44	42.69	42.93	43.18	43.44	43.54	43.93	44.18	44.44	44.68
31	44.93	45.20	45.45	45.72	45.98	46.24	46.50	46.77	47.04	47.29
32	47.56	47.84	48.10	48.38	48.65	48.93	49.21	49.48	49.76	50.02
33	50.30	50.59	50.87	51.17	51.45	51.74	52.03	52.33	52.62	52.90
34	53.19	53.50	53.81	54.10	54.41	54.71	55.02	55.33	55.62	55.93
35	56.23	56.55	56.87	57.19	57.51	57.83	58.14	58.46	58.78	59.10
36	59.42	59.75	60.09	60.42	60.75	61.09	61.43	61.77	62.10	62.43
37	62.77	63.11	63.46	63.82	64.17	64.51	64.86	65.07	65.57	65.91
38	66.26	66.63	66.99	67.37	67.73	68.09	68.46	68.82	69.19	69.55
39	69.93	70.31	70.70	71.09	71.47	71.85	72.23	72.62	73.01	73.39
40	73.78	74.18	74.58	74.99	75.39	75.79	76.19	76.59	77.01	77.41
41	77.81	78.23	78.65	79.07	79.49	79.91	80.33	80.75	81.18	81.59
42	82.02	82.46	82.90	83.34	83.78	84.22	84.66	85.10	85.54	85.98
43	86.42	86.88	87.34	87.80	88.27	88.74	89.19	89.66	90.12	90.58
44	91.04	91.52	92.00	92.48	92.96	93.46	93.94	94.42	94.90	95.38
45	95.86	96.36	96.87	97.36	97.87	98.38	98.88	99.39	99.88	100.39

附录2　由干湿温度计读值查相对湿度

湿球示度/℃	干湿球温度计示度差/℃														
	0	0.5	1.0	1.5	2.0	2.5	3.0	3.5	4.0	4.5	5.0	5.5	6.0	6.5	7.0
	相对湿度 φ/%														
0	100	91	83	75	67	61	54	48	42	37	31	27	22	18	14
1	100	91	83	76	69	62	56	50	44	39	34	30	25	21	17
2	100	92	84	77	70	64	58	52	47	42	37	33	28	24	21
3	100	92	85	78	72	65	60	54	49	44	39	35	31	27	23
4	100	93	86	79	73	67	61	56	51	46	42	37	33	30	26
5	100	93	86	80	74	68	63	57	53	48	44	40	36	32	29
6	100	93	87	81	75	69	64	59	57	50	46	42	38	34	31
7	100	93	87	81	76	70	65	60	56	52	48	44	40	37	33
8	100	94	88	82	76	71	66	62	57	53	49	46	42	39	35
9	100	94	88	82	77	72	68	63	59	55	51	47	44	40	37
10	100	94	88	83	78	73	69	64	60	56	52	49	45	42	39
11	100	94	89	84	79	74	69	65	61	57	54	50	47	44	41
12	100	94	89	84	79	75	70	66	62	59	55	52	48	45	42
13	100	95	90	85	80	76	71	67	63	60	56	53	50	47	44
14	100	95	90	85	81	76	72	68	64	61	57	54	51	48	45
15	100	95	90	85	81	77	73	69	65	62	59	55	52	50	47
16	100	95	90	86	82	78	74	70	66	63	60	57	54	51	48
17	100	95	91	86	82	78	74	71	67	64	61	58	55	52	49
18	100	95	91	87	83	79	75	71	68	65	62	59	56	53	50
19	100	95	91	87	83	79	76	72	69	65	62	59	57	54	51
20	100	96	91	87	83	80	76	73	69	66	63	60	58	55	52
21	100	96	92	88	84	80	77	73	70	67	64	61	58	56	53
22	100	96	92	88	84	81	77	74	71	68	65	62	59	57	54
23	100	96	92	88	84	81	78	74	71	68	65	63	60	58	55
24	100	96	92	88	85	81	78	75	72	69	66	63	61	58	56
25	100	96	92	89	85	82	78	75	72	69	67	64	62	59	57
26	100	96	92	89	85	82	79	76	73	70	67	65	62	60	57
27	100	96	93	89	86	82	79	76	73	71	68	65	63	60	58
28	100	96	93	89	86	83	80	77	74	71	68	66	63	59	59
29	100	96	93	89	86	83	80	77	74	72	69	66	64	62	60
30	100	96	93	90	86	83	80	77	75	72	69	67	65	62	60
31	100	96	93	90	87	84	81	78	75	73	70	68	65	63	61
32	100	97	93	90	87	84	81	78	76	73	71	68	66	63	61

附录 3　*i-d* 曲线图

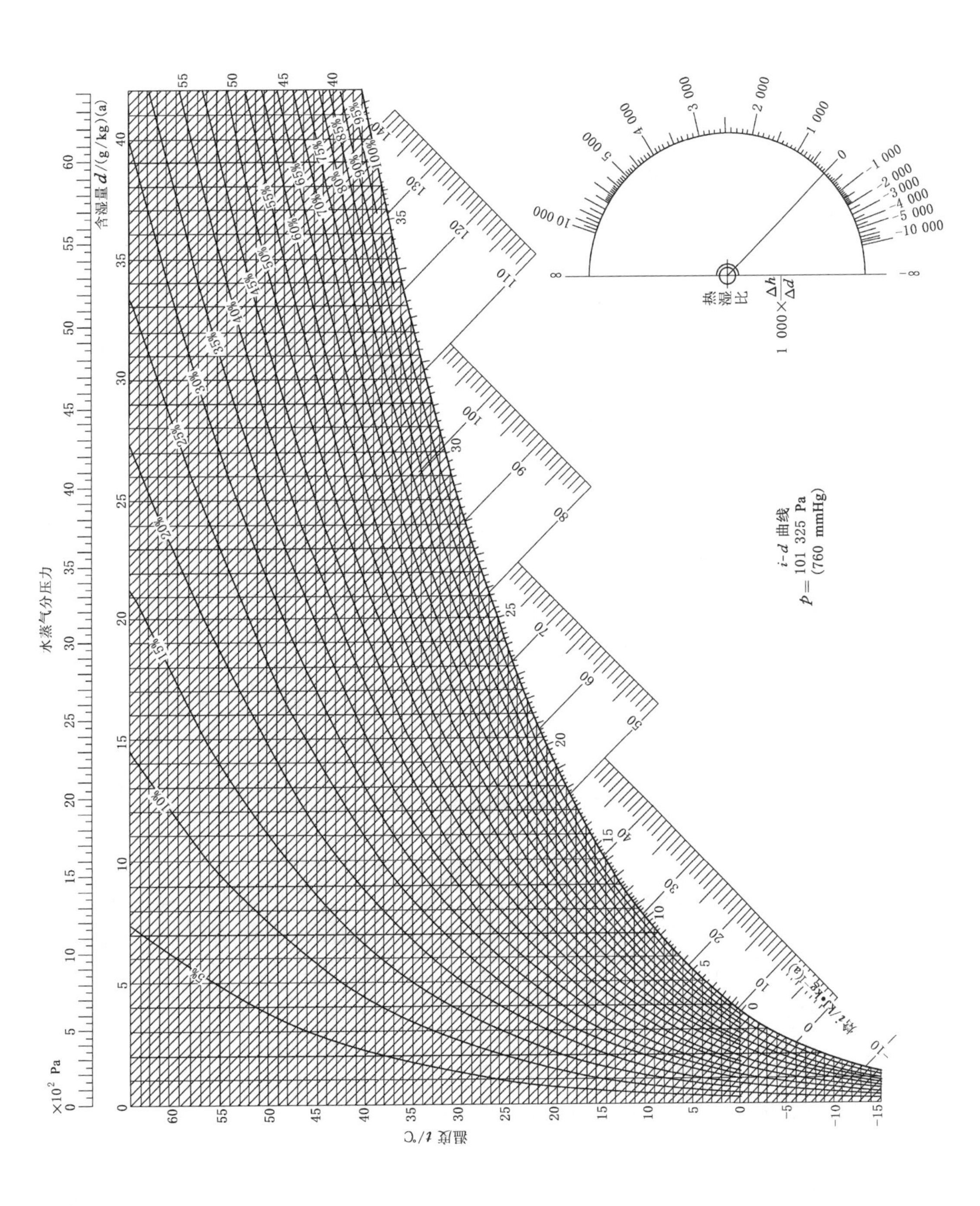
含湿量 d/(g/kg)(a)
水蒸气分压力
×10² Pa
温度 t/℃
焓 i/(kJ·kg⁻¹)(a)
热湿比 1 000×Δh/Δd
i-d 曲线
p=101 325 Pa
(760 mmHg)

附录 4 风道摩擦阻力系数 α 值

一、水平风道

(1) 不支护风道的 $\alpha\times10^4$ 值(附表 4-1)。

附表 4-1 不支护风道的 $\alpha\times10^4$ 值

风道壁的特征	$\alpha\times10^4/(N\cdot s^2/m^4)$
顺走向在煤层里开掘的风道	58.8
交叉走向在岩层里开掘的风道	68.6～78.4
风道与底板粗糙程度相同的风道	58.8～78.4
同上,在底板阻塞情况下	98.0～147.0

(2) 混凝土、混凝土砖及砖、石砌碹平巷的 $\alpha\times10^4$ 值(附表 4-2)。

附表 4-2 砌碹水平风道的 $\alpha\times10^4$ 值

类别	$\alpha\times10^4/(N\cdot s^2/m^4)$
混凝土砌碹、外面抹灰浆	29.4～39.2
混凝土砌碹、不抹灰浆	49.0～68.6
砖砌碹、外面抹灰浆	24.5～29.4
砖砌碹、不抹灰浆	29.4～30.2
料石砌碹	39.2～49.0

注:风道断面小者取大值。

(3) 圆木棚子支护风道的 $\alpha\times10^4$ 值(附表 4-3)。

附表 4-3 圆木棚子支护风道的 $\alpha\times10^4$ 值

木柱直径 d_0 /cm	支架纵口径 $\Delta=l/d_0$ 时的 $\alpha\times10^4/(N\cdot s^2/m^4)$							按断面校正	
	1	2	3	4	5	6	7	断面/m^2	校正系数
15	88.2	115.2	137.2	155.8	174.4	164.6	158.8	1	1.2
16	90.16	118.6	141.1	161.7	180.3	167.6	159.7	2	1.1
17	92.12	121.5	141.1	165.6	185.2	169.5	162.7	3	1.0
18	94.03	123.5	148.0	169.5	190.1	171.5	164.6	4	0.93
20	96.04	127.4	154.8	177.4	198.9	175.4	168.6	5	0.89
22	99.0	133.3	156.8	185.2	208.7	178.4	171.5	6	0.80
24	102.9	138.2	167.6	193.1	217.6	192.0	174.4	8	0.82
26	104.9	143.1	174.4	199.9	225.4	198.0	180.3	10	0.78

注:表中 $\alpha\times10^4$ 值适合于支架后净断面 $S=3\ m^2$ 的风道,对于其他断面的风道应乘以校正系数。

(4) 金属支架风道的 $\alpha \times 10^4$ 值。

① 工字梁拱形和梯形支架风道的 $\alpha \times 10^4$ 值(附表 4-4)。

附表 4-4　工字梁拱形和梯形支架风道的 $\alpha \times 10^4$ 值

金属梁尺寸 d_0 /cm	支架纵口径 $\Delta = l/d_0$ 时的 $\alpha \times 10^4/(N \cdot s^2/m^4)$					按断面校正	
	2	3	4	5	8	断面/m^2	校正系数
10	107.8	147.0	176.4	205.4	245.0	3	1.08
12	127.4	166.6	205.8	245.0	294.0	4	1.00
14	137.2	186.2	225.4	284.2	333.2	6	0.91
16	147.0	205.8	254.8	313.6	392.0	8	0.88
18	156.8	225.4	294.0	382.2	431.2	10	0.84

注:d_0 为金属梁截面的高度。

② 金属横梁和帮柱混合支护水平风道的 $\alpha \times 10^4$ 值(附表 4-5)。

附表 4-5　金属横梁和帮柱混合支护水平风道的 $\alpha \times 10^4$ 值

边柱厚度 d_0 /cm	支架纵口径 $\Delta = l/d_0$ 时的 $\alpha \times 10^4/(N \cdot s^2/m^4)$					按断面校正	
	2	3	4	5	6	断面/m^2	校正系数
40	156.8	176.4	205.8	215.6	235.2	3	1.08
						4	1.00
						6	0.91
50	166.6	196.0	215.6	245.0	264.6	8	0.88
						10	0.84

注:1. “帮柱”是混凝土或砌碹的柱子,呈方形;2. 顶梁是由工字钢或 16 号槽钢加工的。

(5) 钢筋混凝土预制支架风道的 $\alpha \times 10^4$ 值为 88.2～186.2 $N \cdot s^2/m^4$(纵口径大,取值亦大)。

(6) 锚杆或喷浆风道的 $\alpha \times 10^4$ 值为 78.4～117.6 $N \cdot s^2/m^4$。

对于装有带式输送机风道的 $\alpha \times 10^4$ 值可增加 147～196 $N \cdot s^2/m^4$。

二、井筒、暗井及溜道

(1) 无任何装备的清洁的混凝土和钢筋混凝土井筒 $\alpha \times 10^4$ 值见附表 4-6。

(2) 砖和混凝土砖砌的无任何装备的井筒,其 $\alpha \times 10^4$ 值按附表 4-6 值增大一倍。

(3) 有装备的井筒,井壁用混凝土、钢筋混凝土、混凝土砖及砖砌碹的 $\alpha \times 10^4$ 值为 343～490 $N \cdot s^2/m^4$。选取时应考虑到罐道梁的间距、装备物纵口径以及有无梯子间和梯子间规格等。

(4) 木支护的暗井和溜道的 $\alpha \times 10^4$ 值见附表 4-7。

附表 4-6　无装备混凝土井筒的 $\alpha\times10^4$ 值

井筒直径/m	井筒断面/m²	$\alpha\times10^4/(N\cdot s^2/m^4)$	
		平滑的混凝土	不平滑的混凝土
4	12.6	33.3	39.2
5	19.6	31.4	37.2
6	28.3	31.4	37.2
7	38.5	29.4	35.3
8	50.3	29.4	35.3

附表 4-7　木支护的暗井和溜道的 $\alpha\times10^4$ 值

井筒特征	断面	$\alpha\times10^4/(N\cdot s^2/m^4)$
人行格间有平台的溜眼	9.00	460.6
有人行格间的溜道	1.95	196.0
下放煤的溜道	1.80	156.8

三、矿井巷道 $\alpha\times10^4$ 值的实际资料(据沈阳煤矿设计研究院所编 α 值表)

沈阳煤矿设计研究院根据在抚顺、徐州、新汶、阳泉、大同、梅田、鹤岗等 7 个矿务局 14 个矿井的实测资料编制的供通风设计参考的 α 值见附表 4-8。

附表 4-8　井巷摩擦阻力系数 α 值

序号	巷道支护形式	巷道类别	巷道壁面特征	$\alpha\times10^4$ /$(N\cdot s^2/m^4)$	选取参考
1	锚喷支护	轨道平巷	光面爆破，凸凹度<150 mm	50～77	断面大，巷道整洁，近似砌碹的取小值；新开采区巷道，断面较小的取大值。断面大而成型差，凸凹度大的取大值
			普通爆破，凸凹度>150 mm	83～103	巷道整洁，底板喷水泥抹面的取小值，无道砟和锚杆外露的取大值
		轨道斜巷(设有行人台阶)	光面爆破，凸凹度<150 mm	81～89	兼流水巷和无轨道的取小值
			普通爆破，凸凹度>150 mm	93～121	兼流水巷和无轨道的取小值；巷道成型不规整，底板不平的取大值
		通风行人巷(无轨道、台阶)	光面爆破，凸凹度<150 mm	68～75	底板不平，浮矸多的取大值；自然顶板层面光滑和底板积水的取小值
			普通爆破，凸凹度>150 mm	75～97	巷道平直，底板淤泥积水的取小值；四壁积尘，不整洁的老巷有少量杂物堆积的取大值
		通风行人巷(无轨道、有台阶)	光面爆破，凸凹度<150 mm	72～84	兼流水巷的取小值
			普通爆破，凸凹度>150 mm	84～110	流水冲沟使底板严重不平的 α 值偏大
		带式输送机巷(铺轨)	光面爆破，凸凹度<150 mm	85～120	断面较大，全部喷混凝土固定道床的 α 值为 85 $N\cdot s^2/m^4$，其余的一般均应取偏大值。吊挂式胶带宽为 800～1 000 mm
			普通爆破，凸凹度>150 mm	119～174	巷道底平、整洁的取小值；底板不平，铺轨无道砟，胶带输送机卧底，积煤泥的取大值。落地式胶带宽为 1.2 m

附表 4-8(续)

序号	巷道支护形式	巷道类别	巷道壁面特征	$\alpha\times10^4$ /($N\cdot s^2/m^4$)	选取参考
2	喷砂浆支护	轨道平巷	普通爆破，凸凹度＞150 mm	78～81	喷砂浆支护与喷混凝土支护巷道的摩擦阻力系数相近,同种类别巷道可按锚喷的选
3	锚杆支护	轨道平巷	锚杆外露 100～200 mm 锚间距 600～1 000 mm	94～149	铺笆规整,自然顶板平整光滑的取小值;壁面波状凸凹度＞150 mm,近似不规整的裸体状取大值;沿煤平巷底板为松散浮煤,一般取中间值
		带式输送机巷(铺轨)	锚杆外露 150～200 mm 锚间距 600～800 mm	127～153	落地式胶带宽为 800～1 000 mm。断面小,铺笆不规整的取大值;断面大,自然顶板平整光滑的取小值
4	料石砌碹支护	轨道平巷	壁面粗糙	49～61	断面大的取小值;断面小的取大值。巷道洒水清扫的取小值
		轨道平巷	壁面平滑	38～44	断面大的取小值;断面小的取大值。巷道洒水清扫的取小值
		胶带输送机斜巷(铺轨设有行人台阶)	壁面粗糙	100～158	钢丝绳胶带宽为 1 000 mm,下限值为推测值,供选取参考
5	毛石砌碹支护	轨道平巷	壁面粗糙	60～80	
6	混凝土棚支护	轨道平巷	断面 5～9 m^2，纵口径 4～5 m	100～190	依纵口径、断面选取 α 值。巷道整洁的完全棚,纵口径小的取小值
7	U 型钢支护	轨道平巷	断面 5～8 m^2，纵口径 4～8 m	135～181	按纵口径、断面选取,纵口径大的、完全棚支护的取小值,不完全棚支护的 α 大于完全棚的
		胶带输送机巷(铺轨)	断面 9～10 m^2，纵口径 4～8 m	209～226	落地式胶带宽为 800～1 000 mm,包括工字钢梁 U 型钢腿的支架
8	工字钢、钢轨支护	轨道平巷	断面 4～6 m^2，纵口径 7～9 m	123～134	包括工字钢与钢轨的混合支架。不完全棚支护的 α 大于完全棚的,纵口径为 9 m 时取小值
		胶带输送机巷(铺轨)	断面 9～10 m^2，纵口径 4～8 m	209～226	工字钢与 U 型钢支架混合支护与第 7 项带式输送机巷近似,单一种支护与混合支护 α 近似
9	综采工作面	掩护式支架	采高＜2 m，德国 WS1.7 双柱式	300～330	系数值包括采煤机在工作面内的附加阻力(以下同)
			采高 2～3 m，德国 WS1.7 双柱式,德国贝考瑞特,国产 OKⅡ型	260～310	分层开采铺金属网和工作面片帮严重、堆积浮煤多的取大值
			采高＞3 m，德国 WS1.7 双柱式	220～250	支架架设不整齐,有露顶的取大值
		支撑掩护式支架	采高 2～3 m，国产 ZY-3,4 柱式	320～350	采高局部有变化,支架不齐的取大值
		支撑式支架	采高 2～3 m，英国 DT,4 柱式	330～420	支架架设不整齐的取大值

附表 4-8(续)

序号	巷道支护形式	巷道类别	巷道壁面特征	$\alpha \times 10^4$ /(N·s²/m⁴)	选取参考
10	普采工作面	单体液压支柱	采高<2 m	420～500	
		金属摩擦支柱，铰接顶梁	采高<2 m，DY-100 型采煤机	450～550	支架排列较整齐，工作面内有少量金属支柱等堆积物可取小值
		木支柱	采高<1.2 m，木支架较乱	600～650	
11	炮采工作面	金属摩擦支柱，铰接顶梁	采高<1.8 m，支架整齐	270～350	工作面每隔 10 m 用木垛支撑的实测 α 值为 954～1 050
		木支柱	采高<1.2 m，支架整齐	300～350	
			采高<1.2 m，木支架较乱	400～450	

附录5　风道局部阻力系数ζ值

序号	名称	图形和断面	局部阻力系数ζ（ζ值以图内所示的速度v计算）										
				h/D_0									
				0.1	0.2	0.3	0.4	0.5	0.6	0.7	0.8	0.9	1.0	∞
1	伞形风帽（管边尖锐）	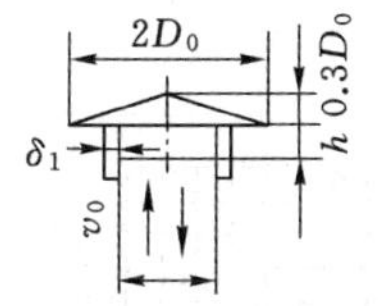	排风	2.63	1.83	1.53	1.39	1.31	1.19	1.15	1.08	1.07	1.06	1.06
			进风	4.00	2.30	1.60	1.30	1.15	1.10	—	1.00	—	1.00	—
2	带扩散管的伞形风帽	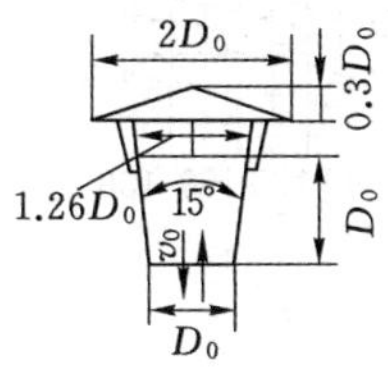	排风	1.32	0.77	0.60	0.48	0.42	0.30	0.90	0.28	0.25	0.25	0.25
			进风	2.60	1.30	0.80	0.70	0.60	0.60	—	0.60	—	0.60	—

序号	名称	图形和断面	$\frac{F_1}{F_0}$	$\alpha/(^\circ)$				
				10	15	20	25	30
3	渐扩管	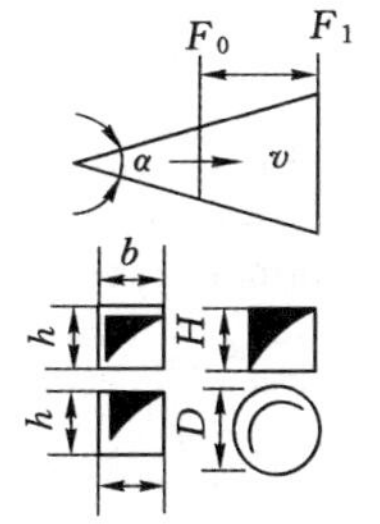	1.25	0.02	0.03	0.05	0.06	0.07
			1.50	0.03	0.06	0.10	0.12	0.13
			1.75	0.05	0.09	0.14	0.17	0.19
			2.0	0.06	0.13	0.20	0.23	0.26
			2.25	0.08	0.16	0.26	0.38	0.33
			3.5	0.09	0.19	0.30	0.36	0.39

序号	名称	图形和断面	α	22.5	30	45	90
4	渐扩管	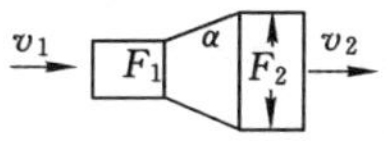	ζ_1	0.6	0.8	0.9	1.0

序号	名称	图形和断面											
5	突扩		$\frac{F_1}{F_0}$	0	0.1	0.2	0.3	0.4	0.5	0.6	0.7	0.9	1.0
		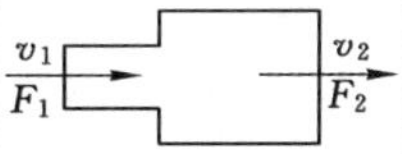	ζ_1	1.0	0.81	0.64	0.49	0.36	0.25	0.16	0.09	0.01	0
6	突缩		$\frac{F_1}{F_0}$	0	0.1	0.2	0.3	0.4	0.5	0.6	0.7	0.9	1.0
		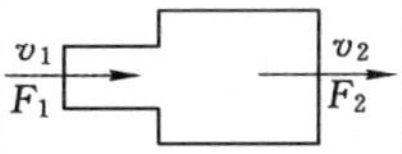	ζ_1	0.5	0.47	0.42	0.38	0.34	0.3	0.25	0.2	0.09	0
7	渐缩管	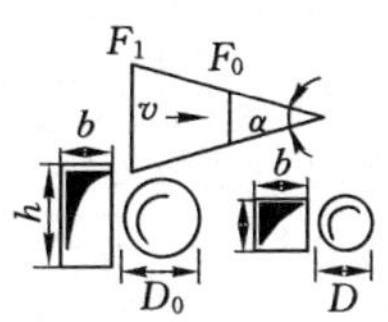	当$\alpha \leqslant 45^\circ$，$\zeta=0.1$										

附表(续)

序号	名称	图形和断面	局部阻力系数 ζ（ζ 值以图内所示的速度 v 计算）					
8	伞形罩		$\alpha/(°)$	20	40	60	90	100
			圆形	0.11	0.06	0.09	0.16	0.27
			矩形	0.19	0.13	0.16	0.25	0.33
9	圆(方)弯管							

序号	名称	r/b	a/b 0.25	0.5	0.75	1.0	1.5	2.0	3.0	4.0	5.0	6.0	8.0
10	矩形弯头	0.5	1.5	1.4	1.3	1.2	1.1	1.0	1.0	1.1	1.1	1.2	1.2
		0.75	0.57	0.52	0.48	0.44	0.40	0.39	0.39	0.40	0.42	0.43	0.44
		1.0	0.27	0.25	0.23	0.21	0.19	0.18	0.18	0.19	0.20	0.27	0.21
		1.5	0.22	0.20	0.19	0.17	0.15	0.14	0.14	0.15	0.16	0.17	0.17
		2.0	0.20	0.18	0.16	0.15	0.14	0.13	0.13	0.14	0.14	0.15	0.15

序号	名称	局部阻力系数 ζ
11	板弯头带导叶	1. 单叶式 $\zeta=0.35$ 2. 双叶式 $\zeta=0.10$

序号	名称								
12	乙形管	t_0/D_0	0	1.0	2.0	3.0	4.0	5.0	6.0
		R_0/D_0	0	1.90	3.74	5.60	7.46	9.30	11.3
		ζ	0	0.15	0.15	0.16	0.16	0.16	0.16

序号	名称											
13	Z形弯	l/b_0	0	0.4	0.6	0.8	1.0	1.2	1.4	1.6	1.8	2.0
		ζ	0	0.62	0.89	1.61	2.63	3.61	4.01	4.18	4.22	4.18
		l/b_0	2.4	2.8	3.2	4.0	5.0	6.0	7.0	9.0	10.0	∞
		ζ	3.75	3.31	3.20	3.08	2.92	2.80	2.70	2.5	2.41	2.30
14	Z形管	l/b_0	0	0.4	0.6	0.8	1.0	1.2	1.4	1.6	1.8	2.0
		ζ	1.15	2.40	2.90	3.31	3.44	3.40	3.36	3.28	3.20	3.11
		l/b_0	2.4	2.8	3.2	4.0	5.0	6.0	7.0	9.0	10.0	∞
		ζ	3.16	3.18	3.15	3.00	2.89	2.78	2.70	2.5	2.41	2.30

附表(续)

序号	名称	图形和断面	局部阻力系数 ζ(ζ 值以图内所示的速度 v 计算)
15	合流三通	v_1F_1, v_3F_3, α, v_2F_2; $F_1+F_2=F_3, \alpha=30°$	见下表

$\frac{L_2}{L_3}$	F_2/F_3											
	0.00	0.03	0.05	0.1	0.2	0.3	0.4	0.5	0.6	0.7	0.8	1.0
	ζ_2											
0.06	−1.13	−0.07	−0.30	+1.82	10.1	23.3	41.5	65.2	—	—	—	—
0.10	−1.22	−1.00	−0.76	0.02	2.88	7.34	13.4	21.1	29.4	—	—	—
0.20	−1.50	−1.35	−1.22	−0.84	−0.05	1.4	2.70	4.46	6.48	8.70	11.4	17.3
0.33	−2.00	−1.80	−1.70	−1.40	−0.72	−0.12	0.52	1.20	1.89	2.56	3.30	4.80
0.50	−3.00	−2.80	−2.6	−2.24	−1.44	−0.91	−0.36	0.14	0.56	0.84	1.18	1.53
	ζ_1											
0.01	0.00	0.06	0.04	−0.10	−0.81	−2.10	−4.07	−6.60	—	—	—	—
0.10	0.01	0.10	0.08	0.04	−0.33	−1.05	−2.14	−3.60	−5.40	—	—	—
0.20	0.06	0.10	0.13	0.16	0.06	−0.24	−0.73	−1.46	−2.30	−3.34	−3.55	−8.64
0.33	0.42	0.45	0.48	0.51	0.52	0.32	0.07	−0.32	−0.83	−1.47	−2.19	−4.00
0.50	1.40	1.40	1.40	1.36	1.26	1.09	0.86	0.53	0.15	−0.52	−0.82	−2.07

序号	名称	图形和断面
16	合流三通(分支管)	v_1F_1, v_3F_3, α, v_2F_2; $F_1+F_2>F_3$, $F_1=F_3$, $\alpha=30°$

$\frac{L_2}{L_3}$	F_2/F_3						
	0.1	0.2	0.3	0.4	0.6	0.8	1.0
	ζ_2						
0	−1.00	−1.00	−1.00	−1.00	1.00	−1.00	−1.00
0.1	+0.21	−0.46	−0.57	−0.60	−0.62	−0.63	−0.63
0.2	3.1	+0.37	−0.06	−0.20	−0.28	−0.30	−0.35
0.3	7.6	1.5	0.50	0.20	+0.05	−0.08	−0.10
0.4	13.50	2.95	1.15	0.59	0.26	0.18	+0.16
0.5	21.2	4.58	1.78	0.97	0.44	0.35	0.27
0.6	30.4	6.42	2.60	1.37	0.64	0.46	0.31
0.7	41.3	8.5	3.40	1.77	0.76	0.56	0.40
0.8	53.8	11.5	4.22	2.14	0.85	0.53	0.45
0.9	58.0	14.2	5.30	2.58	0.89	0.52	0.40
1.0	83.7	17.3	6.33	2.92	0.89	0.39	0.27

序号	名称	图形和断面
17	合流三通(直管)	v_1F_1, v_3F_3, α, v_2F_2; $F_1+F_2>F_3$, $F_1=F_3$, $\alpha=30°$

$\frac{L_2}{L_3}$	F_2/F_3						
	0.1	0.2	0.3	0.4	0.6	0.8	1.0
	ζ_2						
0	0.00	0	0	0	0	0	0
0.1	0.02	0.11	0.13	0.15	0.16	0.17	0.17
0.2	−0.33	0.01	0.13	0.18	0.20	0.24	0.29
0.3	−0.10	−0.25	− 0.01	+ 0.10	0.22	0.30	0.35
0.4	−2.15	−0.75	−0.30	−0.05	0.17	0.26	0.36
0.5	−3.60	−1.43	−0.70	−0.35	0.00	0.21	0.32
0.6	−5.40	−2.35	−1.25	−0.70	−0.20	+ 0.06	0.25
0.7	−7.60	−3.40	−1.95	−1.2	−0.50	−0.15	+ 0.10
0.8	−10.1	−4.61	−2.74	−1.82	−0.90	−0.43	−0.15
0.9	−13.0	−6.02	−3.70	−2.55	−1.40	−0.80	−0.45
1.0	−16.30	−7.70	−4.75	−3.35	−1.90	−1.17	−0.75

附表(续)

序号	名称	图形和断面	局部阻力系数 ζ(ζ 值以图内所示的速度 v 计算)											
			支管 ζ_3(对应 v_3)											
			$\frac{F_2}{F_1}$	$\frac{F_3}{F_1}$	L_3/L_2									
					0.2	0.4	0.6	0.8	1.0	1.2	1.4	1.6	1.8	2.0
			0.3	0.2	−2.4	−0.01	2.0	3.8	5.3	6.6	7.8	8.9	9.8	11
				0.3	−2.8	−1.2	0.12	1.1	1.9	2.6	3.2	3.7	4.2	4.6
			0.4	0.2	−1.2	0.93	2.8	4.5	5.9	7.2	8.4	9.5	10	11
				0.3	−1.6	−0.27	0.18	1.7	2.4	3.0	3.6	4.1	4.5	4.9
				0.4	−1.8	−0.72	0.07	0.66	1.1	1.5	1.8	2.1	2.3	2.5
			0.5	0.2	−0.46	1.5	3.3	4.9	6.4	7.7	8.8	9.9	11	12
				0.3	−0.94	0.25	1.2	2.0	2.7	3.3	3.8	4.2	4.7	5.0
				0.4	−1.1	−0.24	0.42	0.92	1.3	1.6	1.9	2.1	2.3	2.5
				0.5	−1.2	−0.38	0.18	0.58	0.88	1.1	1.3	1.5	1.6	1.7
			0.6	0.2	−0.55	1.3	3.1	4.7	6.1	7.4	8.6	9.6	11	12
				0.3	−1.1	0	0.88	1.6	2.3	2.8	3.3	3.7	4.1	4.5
				0.4	−1.2	−0.48	0.10	0.54	0.89	1.2	1.4	1.6	1.8	2.0
				0.5	−1.3	−0.62	−0.14	0.21	0.47	0.68	0.85	0.99	1.1	1.2
				0.6	−1.3	−0.69	−0.26	0.04	0.26	0.42	0.57	0.66	0.75	0.82
			0.8	0.2	0.06	1.8	3.5	5.1	6.5	7.8	8.9	10	11	12
				0.3	−0.52	0.35	1.1	1.7	2.3	2.8	3.2	3.6	3.9	4.2
18	合流三通	F_2L_2, F_2L_1, 45°, F_3L_3		0.4	−0.67	−0.05	0.43	0.80	1.1	1.4	1.6	1.8	1.9	2.1
				0.6	−0.75	−0.27	0.05	0.28	0.45	0.58	0.68	0.76	0.83	0.88
				0.7	−0.77	−0.31	−0.02	0.18	0.32	0.43	0.50	0.56	0.61	0.65
				0.8	−0.78	−0.34	−0.07	0.12	0.24	0.33	0.39	0.44	0.47	0.50
			1.0	0.2	0.40	2.1	3.7	5.2	6.6	7.8	9.0	11	11	12
				0.3	−0.21	0.54	1.2	1.8	2.3	2.7	3.1	3.7	3.7	4.0
				0.4	−0.33	0.21	0.62	0.96	1.2	1.5	1.7	2.0	2.0	2.1
				0.5	−0.38	0.05	0.37	0.60	0.79	0.93	1.1	1.2	1.2	1.3
				0.6	−0.41	−0.02	0.23	0.42	0.55	0.66	0.73	0.80	0.85	0.89
				0.8	−0.44	−0.10	0.11	0.24	0.33	0.39	0.43	0.46	0.47	0.48
				1.0	−0.46	−0.14	0.05	0.16	0.23	0.27	0.29	0.30	0.30	0.29
			支管 ζ_{21}(对应 v_2)											
			$\frac{F_2}{F_1}$	$\frac{F_3}{F_1}$	L_3/L_2									
					0.2	0.4	0.6	0.8	1.0	1.2	1.4	1.6	1.8	2.0
			0.3	0.2	5.3	−0.01	2.0	1.1	0.34	−0.20	−0.61	−0.93	−1.2	−1.4
				0.3	5.4	3.7	2.5	1.6	1.0	0.53	0.16	−0.14	−0.38	−0.58
			0.4	0.2	1.9	L 1	0.46	−0.07	−0.49	−0.83	−1.1	−1.3	−1.5	−1.7
				0.3	2.0	1.4	0.81	0.42	0.08	−0.20	−0.43	−0.62	−0.78	−0.92
				0.4	2.0	1.5	1.0	0.68	0.39	0.16	−0.04	−0.21	−0.35	−0.47
			0.5	0.2	0.77	0.34	−0.09	−0.48	−0.81	−1.1	1.3	−1.5	−1.7	−1.8
				0.3	0.85	0.56	0.25	0.03	−0.27	−0.48	−0.67	−0.82	−0.96	−1.1
				0.4	0.88	0.66	0.43	0.21	0.02	−0.15	−0.30	−0.42	0.54	−0.64
				0.5	0.91	0.73	0.54	0.36	0.21	0.06	−0.06	−0.17	−0.26	−0.35

附表(续)

序号	名称	图形和断面	局部阻力系数 ζ(ζ 值以图内所示的速度 v 计算)

19 通风机出口变径管（图：v_0A_0，A_1，α）

$\alpha/(°)$	A_0/A_1					
	1.5	2	2.5	3	3.5	4
10	0.08	0.09	0.1	0.1	0.11	0.11
15	0.1	0.11	0.12	0.13	0.11	0.15
20	0.12	0.14	0.15	0.16	0.17	0.18
25	0.15	0.18	0.21	0.23	0.25	0.26
30	0.18	0.25	0.3	0.33	0.35	0.35
35	0.21	0.31	0.38	0.41	0.43	0.44

20 分流三通（图：v_1，v_2，45°，$1.5D_3$，D_3，v_3）

支管道(对应 v_3)									
v_2/v_1	0.2	0.4	0.6	0.7	0.8	0.9	1.0	1.1	1.2
ζ_{13}	0.76	0.60	0.52	0.50	0.51	0.52	0.56	0.6	0.68
v_3/v_1	1.4	1.6	1.8	2.0	2.2	2.4	2.6	2.8	3.0
ζ_{13}	0.86	1.1	1.4	1.8	2.2	2.6	3.1	3.7	4.2
主管道(对应 v_2)									
v_2/v_1	0.2	0.4	0.6	0.8	1.0	1.2	1.4	1.6	1.8
ζ_{12}	0.14	0.06	0.05	0.09	0.18	0.30	0.46	0.64	0.84

21 90°矩形断面吸入三通（图：v_3F_3，v_1F_1，v_2F_2）

$\frac{L_2}{L_1}$	$\frac{F_2}{F_3}$			$\frac{F_2}{F_3}$	
	0.25	0.50	1.0	0.5	1.0
	ζ_2(对应 v_2)			ζ_3(对应 v_3)	
0.1	−0.6	−0.6	−0.6	0.20	0.20
0.2	0.0	−0.2	−0.3	0.20	0.22
0.3	0.4	0.0	−0.1	0.10	0.25
0.4	1.2	0.25	0.0	0.0	0.24
0.5	2.3	0.40	0.1	−0.1	0.20
0.6	3.6	0.70	0.2	−0.2	0.18
0.7	—	1.0	0.3	−0.3	0.15
0.8	—	1.5	0.4	−0.4	0.00

22 矩形三通（图：v_3F_3，v_2F_2，v_1F_1）

F_2/F_1	0.5	1
分流	0.304	0.247
合流	0.233	0.072

23 圆形三通（图：v_3F_3，v_2F_2，R_0，α，$\alpha=90°$，D_1，v_1F_1）

合流($R_0/D_1=2$)											
L_3/L_1	0	0.10	0.20	0.30	0.40	0.50	0.60	0.70	0.80	0.90	1.0
ζ_1	−0.13	−0.10	−0.07	−0.03	0	0.03	0.03	0.03	0.03	0.05	0.08

分流($F_3/F_1=0.5, L_3/L_1=0.5$)					
R_0/D_1	0.5	0.75	1.0	1.5	2.0
ζ_1	1.10	0.60	0.40	0.25	0.20

附表(续)

序号	名称	图形和断面	局部阻力系数 ζ（ζ 值以图内所示的速度 v 计算）						
24	直角三通		v_2/v_1	0.6	0.8	1.0	1.2	1.4	1.6
			ζ_{12}	1.18	1.32	1.50	1.72	1.98	2.28
			ζ_{21}	0.6	0.8	1.0	1.6	1.9	2.5

序号	名称	图形和断面	局部阻力系数 ζ					
25	矩形送出三通		$v_2/v_1<1$ 时可不计，$v_2/v_1>1$ 时					$\Delta p=\zeta\frac{\rho v_1^2}{2}$
			x	0.25	0.5	0.75	1.0	1.25	
			ζ_2	0.21	0.07	0.05	0.15	0.36	
			ζ_3	0.30	0.20	0.30	0.4	0.65	
			表中：$x=\left(\frac{v_3}{v_1}\right)\times\left(\frac{a}{b}\right)^{1/4}$					

序号	名称	图形和断面	局部阻力系数 ζ							
26	矩形送入三通		v_1/v_3	0.4	0.6	0.8	1.0	1.2	1.5	$\Delta p=\zeta\frac{\rho v_3^2}{2}$
			$\frac{F_1}{F_3}=0.75$	−1.2	−0.3	0.35	0.8	1.1	—	
			0.67	−1.7	−0.9	−0.3	0.1	0.45	0.7	
			0.60	−2.1	−0.3	−0.8	0.4	0.1	0.2	
			ζ_2	−1.3	−0.9	−0.5	0.1	0.55	1.4	

序号	名称	图形和断面	局部阻力系数 ζ					
27	侧孔吸风		$\frac{F_2}{F_1}$	L_2/L_0				
				0.1	0.2	0.3	0.4	0.5
				ζ_0				
			0.1	0.8	1.3	1.4	1.4	1.4
			0.2	−1.4	0.9	1.3	1.4	1.4
			0.4	−9.5	0.2	0.9	1.2	1.3
			0.6	−21.2	−2.5	0.3	1.0	1.2
			$\frac{F_2}{F_1}$	L_3/L_0				
				0.1	0.2	0.3	0.4	
				ζ_1				
			0.1	0.1	−0.1	−0.8	−2.6	
			0.2	0.1	0.2	−0.01	−0.6	
			0.4	0.2	0.3	0.3	0.2	
			0.6	0.2	0.3	0.4	0.4	

序号	名称	图形和断面	局部阻力系数 ζ									
28	调节式送风口		$\alpha/(°)$	30	40	50	60	70	80	90	100	110
			流线型叶片	6.4	2.7	1.7	1.6	—	—	—	—	—
			简易叶片	—	—	—	1.2	1.2	1.4	1.8	2.4	3.5

序号	名称	图形和断面	局部阻力系数 ζ						
29	带外挡板的条缝形送风口		v_1/v_0	0.6	0.8	1.0	1.2	1.5	2.0
			ζ_1	2.73	3.3	4.0	4.9	6.5	10.4

附表(续)

序号	名称	图形和断面	局部阻力系数 ζ(ζ 值以图内所示的速度 v 计算)
30	侧面送风口		$\zeta=2.04$
31	45°的固定金属百叶窗		见下表;F_0—净面积
32	单面空气分布器		当网格净面积为 80%时,$r=0.2D$,$R=1.2D$ $b=0.7D$,$l=1.25D$ $\zeta=1.0$,$K=1.8D$
33	侧面孔口(最后孔口)		见下表
34	墙孔		见下表
35	孔板送风口		见下表;$\Delta p=\zeta\frac{v^2\rho}{2}$,$v$ 为面风速

31 45°的固定金属百叶窗

$\frac{F_1}{F_0}$	0.1	0.2	0.3	0.4	0.5	0.6	0.7	0.8	0.9	1.0
进风 ζ	—	45	17	6.8	4.0	2.3	1.4	0.9	0.6	0.5
排风 ζ	—	58	24	13	8.0	5.3	3.7	2.7	2.0	1.5

F_0—净面积

33 侧面孔口(最后孔口)

	F/F_0	0.2	0.3	0.4	0.5	0.6	0.7	0.8	0.9	1.0	1.2	1.4	1.6	1.8
送出	单孔													
	ζ	65.7	30.0	16.4	10.0	7.3	5.50	4.48	3.67	3.16	2.44	—	—	—
	双孔													
	ζ	67.7	33.0	17.2	11.6	8.45	6.80	5.86	5.00	4.38	3.47	2.90	2.52	2.25
吸入	单孔													
	ζ	64.5	30.0	14.9	9.00	6.27	4.54	3.54	2.70	2.28	1.60	—	—	—
	双孔													
	ζ	66.5	36.5	17.0	12.0	8.75	6.85	5.50	4.54	3.84	2.76	2.01	1.40	1.10

34 墙孔

$\frac{l}{h}$	0.0	0.2	0.4	0.6	0.8	1.0	1.2	1.4	1.6	1.8	2.0	4.0
ζ	2.83	2.72	2.60	2.34	1.95	1.76	1.67	1.62	1.6	1.6	1.55	1.55

35 孔板送风口

v	开孔率				
	0.2	0.3	0.4	0.5	0.6
0.5	30	12	6.0	3.6	2.3
1.0	33	13	6.8	4.1	2.7
1.5	35	14.5	7.4	4.6	3.0
2.0	39	15.5	7.8	4.9	3.2
2.5	40	16.5	8.3	5.2	3.4
3.0	41	17.5	8.0	5.5	3.7

$\Delta p=\zeta\frac{v^2\rho}{2}$

v 为面风速

附表(续)

序号	名称	图形和断面	局部阻力系数 ζ(ζ 值以图内所示的速度 v 计算)
36	插板槽		见下表

ζ 值(相应风速为管内风速 v_0)

h/D_0	0	0.1	0.13	0.2	0.3	0.4	0.5	0.6	0.7	0.8	0.9	1.0
圆管												
F_h/F_0	0	—	0.16	0.25	0.38	0.50	0.61	0.71	0.81	0.90	0.96	1.0
ζ	∞	—	97.9	35.0	10.0	4.6	2.06	0.98	0.44	0.17	0.06	0
矩形管												
ζ	∞	193	—	44.5	17.8	8.12	4.02	2.08	0.95	0.39	0.09	0

序号	名称	图形和断面	局部阻力系数
37	蝶阀		见下表

ζ 值(相应风速为管内风速 v_0)

θ/(°)	0	10	20	30	40	50	60
圆管							
ζ_0	0.20	0.52	1.5	4.5	11	29	108
矩形管							
ζ_0	0.04	0.33	1.2	3.3	9.0	26	70

序号	名称	图形和断面	局部阻力系数
38	矩形风道平行式多叶阀		见下表

$\frac{l}{s}$	θ/(°) 80	70	60	50	40	30	20	10	0
0.3	116	32	14	9.0	5.0	2.3	1.4	0.79	0.52
0.4	152	38	16	9.0	6.0	2.4	1.5	0.85	0.52
0.5	188	45	18	9.0	6.0	2.4	1.5	0.92	0.52
0.6	245	45	21	9.0	5.4	2.4	1.5	0.92	0.52
0.8	284	55	22	9.0	5.4	2.5	1.5	0.92	0.52
1.0	361	65	24	10	5.4	2.6	1.6	1.0	0.52
1.5	576	102	28	10	5.4	2.7	1.6	1.0	0.52

$$\frac{l}{s}=\frac{nb}{2(a+b)}$$

式中 l—合计的阀门叶片总长度,mm;

s——风道的周长,mm;

n—阀门叶片的数量;

b—平行于叶片轴的风道尺寸,mm

序号	名称	图形和断面	局部阻力系数
39	矩形风道对开式多叶阀		见下表

$\frac{l}{s}$	θ/(°) 80	70	60	50	40	30	20	10	0
0.3	807	284	73	21	9.0	4.1	2.1	0.85	0.52
0.4	915	332	100	28	11	5.0	2.2	0.92	0.52
0.5	1045	377	122	33	13	5.4	2.3	1.0	0.52
0.6	1121	411	148	38	14	6.0	2.3	1.0	0.52
0.8	1299	495	188	54	18	6.6	2.4	1.1	0.52
1.0	1521	547	245	65	21	7.3	2.7	1.2	0.52
1,5	1654	677	361	107	28	9.0	3.2	1.4	0.52

附录6　不同叶轮直径和级数(功率)风机性能参数表

机号	电机功率/kW	风量/(m^3/min)	全压/Pa	最高全压效率/%	转速/(r/min)
№4.5	2×2.2	220～113	300～1 800	≥75	750
	3×2.2	220～113	420～2 520		
	4×2.2	220～113	540～3 240		
№4.5	2×4	220～150	300～2 300	≥75	750
	3×4	220～150	420～3 220		
	4×4	220～150	540～4 140		
№4.5	2×5.5	240～160	320～3 100	≥75	750
	3×5.5	240～160	440～4 340		
	4×5.5	240～160	580～5 580		
№5.0	2×7.5	300～180	340～3 500	≥75	500
	3×7.5	300～180	480～4 900		
	4×7.5	300～180	610～6 300		
№5.6	2×11	400～200	350～4 000	≥80	500
	3×11	400～200	490～5 600		
	4×11	400～200	630～7 200		
№6.0	2×15	450～250	440～5 100	≥80	500
	3×15	450～250	620～7 100		
	4×15	450～250	790～9 200		
№6.0	2×18.5	500～250	450～5 500	≥80	500
	3×18.5	500～250	630～7 700		
	4×18.5	500～250	810～9 900		
№6.0	2×22	550～250	450～6 000	≥80	500
	3×22	550～250	630～8 400		
	4×22	550～250	810～10 800		
№6.3	2×30	630～260	460～6 300	≥80	500
	3×30	630～260	640～8 820		
	4×30	630～260	830～11 340		
№6.7	2×30	680～310	600～6 400	≥80	500
	3×30	680～310	840～8 900		
	4×30	680～310	1 080～11 500		
№6.7	2×37	730～410	920～6 500	≥80	500
	3×37	730～410	1 200～9 000		
	4×37	730～410	1 480～11 600		
№7.1	2×45	820～550	1 480～6 650	≥80	500
	3×45	820～550	1 480～9 130		
	4×45	820～550	1 850～11 740		
№7.5	2×55	980～630	1 850～6 800	≥80	500
	3×55	980～630	1 850～9 240		
	4×55	980～630	2 200～11 880		
№8.0	2×75	1 250～680	2 200～7 100	≥80	500

附录 7　槽边缘控制点的吸入速度

单位：m/s

槽的用途	溶液中主要有害物	溶液温度/℃	电流密度/(A/cm²)	u_x/(m/s)
镀铬	H_2SO_4、CrO_3	55～58	20～35	0.5
镀耐磨铬	H_2SO_4、CrO_3	68～75	35～70	0.5
镀铬	H_2SO_4、CrO_3	40～50	10～20	0.4
电化学抛光	H_2PO_4、H_2SO_4、CrO_3	70～90	15～20	0.4
电化学腐蚀	H_2SO_4、KCN	15～25	8～10	0.4
氰化镀锌	ZnO、NaCN、NaOH	40～70	5～20	0.4
氰化镀铜	CuCN、NaOH、NaCN	55	2～4	0.4
镍层电化学抛光	H_2SO_4、CrO_3、$C_3H_5(OH)_3$	40～45	15～20	0.4
铝件电抛光	H_3PO_4、$C_3H_5(OH)_3$	85～90	30	0.4
电化学去油	NaOH、Na_2CO_3、Na_3PO_4、Na_2SiO_4	约 80	3～8	0.35
阳极腐蚀	H_2SO_4	15～25	3～5	0.35
电化学抛光	H_3PO_4	18～20	1.5～2	0.35
镀镉	NaCN、NaOH、Na_2SO_4	15～25	1.5～4	0.35
氰化镀锌	ZnO、NaCN、NaOH	15～30	2～5	0.35
镀铜锡合金	NaCN、CuCN、NaOH、Na_2SnO_3	65～70	2～2.5	0.35
镀镍	$NiSO_4$、NaCl、$COH_6(SO_3Na)_2$	50	3～4	0.35
镀锡(碱)	Na_2SnO_3、NaOH、CH_3COONa、H_2O_2	65～75	1.5～2	0.35
镀锡(滚)	Na_2SnO_3、NaOH、CH_2COONa	70～80	1～4	0.35
镀锡(酸)	SnO_4、NaOH、H_2SO_4、C_6H_5OH	65～75	0.5～2	0.35
氰化电化学浸蚀	KCN	15～25	3～5	0.35
镀金	$K_4Fe(CN)_6$、Na_2CO_3、$H(AuCl)_4$	70	4～6	0.35
铝件电抛光	Na_3PO_4	—	20～25	0.35
钢件电化学氧化	NaOH	80～90	5～10	0.35

附表(续)

槽的用途	溶液中主要有害物	溶液温度 /℃	电流密度 /(A/cm^2)	u_x /(m/s)
退铬	NaOH	室温	5～10	0.35
酸性镀铜	$CuCO_4$、H_2SO_4	15～25	1～2	0.3
氰化镀黄铜	CuCN、NaCN、Na_2SO_3、$Zn(CN)_2$	20～30	0.3～0.5	0.3
氰化镀黄铜	CuCN、NaCN、NaOH、Na_2CO_3、$Zn(CN)_2$	15～25	1～1.5	0.3
镀镍	$NiSO_4$、Na_2SO_4、NaCl、$MgSO_4$	15～25	0.5～1	0.3
镀锡铅合金	Pb、Sn、H_3BO_4、HBF_4	15～25	1～1.2	0.3
电解纯化	Na_2CO_3、K_2CrO_4、H_2CO_4	20	1～6	0.3
铝阳极氧化	H_2SO_4	15～25	0.8～2.5	0.3
铝件阳极绝缘氧化	$C_2H_4O_4$	20～45	1～5	0.3
退铜	H_2SO_4、CrO_3	20	3～8	0.3
退镍	H_2SO_4、$C_2H_5(OH)_3$	20	3～8	0.3
化学脱脂	NaOH、Na_2CO_3、Na_3PO_4	—	—	0.3
黑镍	$NiSO_4$、$(NH_4)_2SO_4$、$ZnSO_4$	15～25	0.2～0.3	0.25
镀银	KCN、AgCl	20	0.5～1	0.25
预镀银	KCN、K_2CO_4	15～25	1～2	0.25
镀银后黑化	Na_2S、Na_2SO_3、$(CH_2)_2CO$	15～25	0.08～0.1	0.25
镀铍	$BeSO_4$、$(NH_4)_2Mo_7O_2$	15～25	0.005～0.02	0.25
镀金	KCN	20	0.1～0.2	0.25
镀钯	Pa、NH_4Cl、NH_4OH、NH_3	20	0.25～0.5	0.25
铝件铬酐阳极氧化	CrO_3	15～25	0.01～0.02	0.25
退银	AgCl、KCN、Na_2CO_3	20～30	0.3～0.1	0.25
退锡	NaOH	60～75	1	0.25
热水槽	水蒸气	>50	—	0.25

注：u_x 值是根据溶液的质量浓度、成分、温度和电渣密度等因素综合确定的。

附录 8 作业场所空气中粉尘容许浓度

序号	粉尘名称	PC-TWA①	PC-STEL②
1	白云石粉尘		
	总尘	8	10
	呼尘	4	8
2	玻璃钢粉尘(总尘)	3	6
3	茶尘(总尘)	2	3
4	沉淀 SiO_2 总尘(白炭黑)	5	10
5	大理石粉尘		
	总尘	8	10
	呼尘	4	8
6	电焊烟尘(总尘)	4	6
7	二氧化钛粉尘(总尘)	8	10
8	沸石粉尘(总尘)	5	10
9	酚醛树脂粉尘(总尘)	6	10
10	谷物粉尘(游离 SiO_2 含量<10%)(总尘)	4	8
11	硅灰石粉尘(总尘)	5	10
12	硅藻土粉尘(游离 SiO_2 含量<10%)(总尘)	6	10
13	滑石粉尘(游离 SiO_2 含量<10%)		
	总尘	3	4
	呼尘	1	2
14	桑蚕丝尘(总尘)	8	10
15	砂轮磨尘(总尘)	8	10
16	石膏粉尘		
	总尘	8	10
	呼尘	4	8
17	铝、氧化铝、铝合金粉尘		
	铝、铝合金(总尘)	3	4
	氧化铝(总尘)	4	6
18	活性炭粉尘(总尘)	5	10
19	聚丙烯粉尘(总尘)	5	10
20	聚丙烯腈纤维粉尘(总尘)	2	4
21	煤尘(游离 SiO_2 含量<10%)		
	总尘	4	6
	呼尘	2.5	3.5
22	聚氯乙烯粉尘(总尘)	5	10
23	聚乙烯粉尘(总尘)	5	10
24	棉尘(总尘)	1	3
25	木粉尘(总尘)	3	5
26	膨润土粉尘(总尘)	6	6
27	皮毛粉尘(总尘)	8	10
28	凝聚 SiO_2 粉尘		
	总尘	1.5	3
	呼尘	0.5	1
29	麻尘(游离 SiO_2 含量<10%)(总尘)		
	亚麻	1.5	3
	黄麻	2	4
	苎麻	3	6
30	洗衣粉混合尘	1	2
31	烟草尘(总尘)	2	3
32	珍珠岩粉尘		
	总尘	8	10
	呼尘	4	8

附表(续)

序号	粉尘名称	PC-TWA①	PC-STEL②
33	人造玻璃质纤维		
	玻璃棉粉尘(总尘)	3	5
	矿渣棉粉尘(总尘)	3	5
	岩棉粉尘(总尘)	3	5
34	石灰石粉尘		
	总尘	8	10
	呼尘	4	8
35	石棉纤维及含有10%以上石棉的粉尘		
	总尘	0.8	1.5
	纤维	0.8	1.5
36	石墨粉尘(7782-42-5)		
	总尘	4	6
	呼尘	2	3
37	水泥粉尘(游离 SiO_2 含量<10%)		
	总尘	4	6
	呼尘	1.5	2
38	碳化硅粉尘		
	总尘	8	10
	呼尘	4	8
39	萤石混合性粉尘(总尘)	1	2
40	碳纤维粉尘(总尘)	3	6
41	炭黑粉尘(总尘)	4	8
42	蛭石粉尘(总尘)	3	5
43	云母粉尘		
	总尘	2	4
	呼尘	1.5	3
44	矽尘总尘		
	含10%~50%游离 SiO_2 粉尘	1	2
	含50%~80%游离 SiO_2 粉尘	0.7	1.5
	含80%以上游离 SiO_2 粉尘	0.5	1.0
	呼尘		
	含10%~50%游离 SiO_2 粉尘	0.7	1.0
	含50%~80%游离 SiO_2 粉尘	0.3	0.5
	含80%以上游离 SiO_2 粉尘	0.2	0.3
45	重晶石粉尘(总尘)	5	10
46	稀土粉尘(游离 SiO_2 含量<10%)(总尘)	2.5	5
47	其他粉尘③	8	10

注:① 时间加权平均容许浓度,mg/m^3。

② 指该粉尘时间加权平均容许浓度的接触上限值,mg/m^3。

③ “其他粉尘”指不含有石棉且游离 SiO_2 含量<10%,不含有毒物质,尚未制定专项卫生标准的粉尘。

附录 9　作业场所空气中有毒物质最高容许浓度

单位：mg/m³

序号	有害物名称	PC-STEL	序号	有害物名称	PC-STEL	序号	有害物名称	PC-STEL
1	安妥	0.9*	46	二氯甲烷	300*	90	钴及其氧化物（按 Co 计）	0.1
2	氨	30	47	1,2—二氯乙烷	15	91	癸硼烷（皮）	0.75
3	2-氨基吡啶	5*	48	1,2—二氯乙烯	1 200*	92	过氧化苯甲酰	12.5*
4	氨基磺酸铵	15*	49	二缩水甘油醚	1.5*	93	过氧化氢	3.75*
5	氨基氰	5*	50	二硝基苯（全部异构体）	2.5*	94	环己胺	20
6	奥克托今	4	51	二硝基甲苯	0.6*	95	环己醇	200*
7	倍硫磷	0.3	52	二硝基邻苯甲酚	0.6*	96	环己烷	375*
8	苯	10	53	二氧化氮	10	97	环氧丙烷	12.5*
9	苯胺	7.5*	54	二氧化硫	10	98	环氧氯丙烷	2
10	苯基醚	14	55	二氧化氯	0.8	99	环氧乙烷	5*
11	苯硫磷	1.5*	56	二苯胺	25*	100	异稻瘟净	5
12	苯乙烯	100	57	二噁烷（皮）	140*	101	茴香胺、邻茴香胺	1.5*
13	吡啶	10*	58	多次甲基多苯基多异氰酸酯	0.5		对茴香	1.5*
14	丙醇	300	59	二苯基甲烷二异氰酸酯	0.1	102	己二异氰酸酯	0.15*
15	丙酸	60*	60	二丙二醇甲醚	900	103	甲苯（皮）	100
16	丙酮	450	61	2-*N*-二丁氨基乙醇	10*	104	*N*-甲苯胺	5*
17	丙烯醇	3	62	二甲胺	10	105	甲酚	25*
18	丙烯腈	2	63	二甲苯	100		甲基丙烯腈	7.5*
19	丙烯酸正丁酯	50*	64	二甲苯胺	10	106	甲基丙烯酸	140*
20	丙烯酰胺	0.9*	65	1,3-二甲基丁基醋酸酯	450*	107	甲基丙烯酸甲酯	200*
21	草酸	2	66	二甲基甲酰胺	40*	108	甲醇	50
22	抽余油	450*	67	二甲基乙酰胺	40*	109	己内酰胺	12.5*
23	滴滴涕 DDT	0.6*	68	二聚环戊二烯	50*	110	己酮	40
24	敌百虫	1	69	二氯硝基乙烷	24*	111	乙胺	18
25	敌草隆	25*	70	二氯苯对二氯苯	60	112	乙苯	150
26	碲化铋	12.5*	71	邻二氯苯	100	113	乙醇胺	15
27	碘仿	25*	72	二氧化碳	18 000		乙二胺	10
28	碘甲烷	25*	73	二氧化锡	5*	114	乙二醇	40
29	丁醇	200*	74	2-二乙氨基乙醇	100*	115	甲基内吸磷	0.6*
30	丁醇	200*	75	二乙撑三胺	218*	116	18-甲基炔诺酮（炔诺孕酮）	2
31	1,3-丁二烯	12.5*	76	二乙基甲酮	0.2	117	甲氧基乙醇	30*
32	丁醛	10	77	二乙烯基苯	0.2	118	甲氧氯	25*
33	丁酮	600	78	二异丁基甲酮	218*	119	间苯二酚	40*
34	丁烯	200*	79	二异氰酸甲苯酯	0.2	120	焦炉逸散物	0.3*
35	对苯二甲酸	15	80	二月桂酸二丁基锡		121	肼	0.13
36	对硫磷	0.1	81	钒及其化合物	0.15*	122	久效磷	0.3*
37	对特丁基甲苯	15*	82	五氧化二钒烟尘钒铁合金尘	2.5*	123	糠醇	60
38	对硝基苯胺	7.5*	83	呋喃	1.5*	124	甲酸	20
39	对硝基氯苯/二硝基氯苯	1.8*	84	氟化物（不含氟化氢）	5*	125	甲硫醇	2.5*
40	丙烯酸（皮）	15*	85	锆及化合物	10	126	甲氧基乙基酯	20
41	丙烯酸甲酯	40*	86	镉及化合物	0.02	127	2-甲氧基乙基酯	40*
42	1,2-二氯丙烷	500	87	黄磷	0.1	128	乙酸丙酯	300
43	1,3-二氯丙烯	10*	88	二氯丙醇	12.5*	129	乙酸丁酯	300
44	二氯丙烯（皮）	10*	89	金属汞蒸气	0.04	130	乙酸甲酯	200
45	二氯二氟甲烷	7 500*		有机汞化合物	0.03		糖醛	12.5*

附表(续)

序号	有害物名称	PC-STEL
131	考的松	2.5*
132	枯草杆菌蛋白酶	30
133	苦味酸	0.3*
134	乐果	2.5*
135	联苯	3.75*
136	邻苯二甲酸二丁酯	6.25*
137	邻苯二甲酸酐	—
138	邻氯苯乙烯	400
139	邻氯苄叉丙二腈	—
140	邻仲丁基苯酚	60*
141	磷胺	0.06*
142	六氯萘	0.6*
143	六氯乙烷	25*
144	氯苯	100*
145	氯丙烯	4
146	氯丁二烯	10*
147	氯化铵烟	20
148	磷酸	3
149	磷酸二丁基苯酯	8.75*
150	硫酸钡(按 Ba 计)	25*
151	硫酸二甲酯	1.5*
152	硫酸及三氧化硫	2
153	硫酸氟	40
154	六氟丙酮(皮)	1.5*
155	六氟丙烯	10*
156	六氟化硫	9 000*
157	六六六	0.5
158	γ-六六六	0.1
159	六氯丁二烯(皮)	0.6*
160	六氯环戊二烯	0.3*
161	氯联苯	1.5*
162	氯萘	1.5*
163	氯乙烯	25*
164	萘	75
165	2-萘酚	0.5
166	萘烷	120*
167	尿素	10
168	金属镍与难溶镍化合物	2.5*
	可溶镍化合物	1.5*
169	铍及其化合物	0.001
170	偏二甲基肼	1.5*
171	铅尘	0.15*
	铅烟	0.09*
172	氢化锂	0.05
173	氢醌	2
174	氢氧化铯	5*
175	氰戊菊酯(皮)	0.15*
176	壬烷	750*
177	溶剂汽油	450*
178	*n*-乳酸正丁酯	50*
179	三次甲基三硝基胺(黑索今)	3.75*
180	三甲苯磷酸酯	0.9*
181	三氯丙烷	120*
182	三氯化磷	2
183	三氯甲烷	40*
184	三氧氧磷	0.6
185	1,1,1-三氯乙烷	1 350*
186	三氯乙烯	60*
187	三硝基甲苯	0.5
188	三氧化铬、铬酸盐(按 Cr 计)	0.15*
189	三乙基氧化锡	0.1*
190	杀螟松	2
191	砷及其无机化合物	0.02
192	氯化汞	0.075*
193	石蜡烟	4
194	石油沥青烟	12.5*
195	双二辛基锡	0.2
196	双丙酮醇	360*
197	双硫酰	5*
198	四氯化碳	25
199	四氯乙烯	300*
200	四氢呋喃	450*
201	四氢化锗	1.8*
202	四溴化碳	4
203	四乙基铅	0.06*
204	松节油	450*
205	钽及氧化物	12.5*
206	铊及其可溶性化合物	0.1
207	碳酸钠	6
208	羰基氟	10
209	锑及化合物	1.5*
210	铜尘	2.5*
	铜烟	0.6*
211	钨及不溶性化合物	10
212	五氟氯乙烷	7 500*
213	五硫化二磷	3
214	五氯酚及钠盐	0.9*
215	五羰基铁	0.5
216	戊醇	200*
217	戊烷	1 000
218	硒化氢	0.3
219	硒及其化合物	0.3*
220	纤维素	25*
221	硝基苯	5*
222	1-硝基丙烷	180*
223	2-硝基丙烷	60*
224	硝基甲苯	25*
225	硝基甲烷	100*
226	硝基乙烷	450*
227	辛烷	750*
228	溴	2
229	溴甲烷	5*
230	溴氰菊酯	0.09*
231	氧化钙	5*
232	氧化乐果	0.45*
233	氧化镁烟	25*
234	氧化锌	5
235	一氧化碳	30
236	乙二醇二硝酸酯	0.9*
237	乙酐	32*
238	*N*-乙基吗啉	50*
239	乙基戊基甲酮	195*
240	乙腈	25*
241	乙硫醇	2.5*
242	乙醚	500
243	乙硼烷	0.3*
244	乙酸戊酯	200
245	乙酸乙烯酯	15
246	乙酸乙酯	300
247	乙烯酮	2.5
248	乙酰甲胺磷	0.9*
249	乙酰水杨酸	12.5*
250	乙氧基乙醇	36
251	2-乙氧基乙基乙酸酯(皮)	60*
252	钇及其化合物	2.5*
253	异丙铵	24
254	异丙醇	700
255	*N*-异丙基苯胺	25*

注:* 时间加权平均容许浓度,mg/m^3。

附录10 各种粉尘的爆炸浓度下限

名称	浓度下限/(g/m³)	名称	浓度下限/(g/m³)	名称	浓度下限/(g/m³)
铝粉末	58.0	马铃薯淀粉	40.3	硫黄	2.3
蒽	5.0	玉蜀黍	37.8	硫矿粉	13.9
酪素赛璐珞尘末	8.0	木质	30.2	页岩粉	58.0
豌豆	25.2	亚麻皮屑	16.7	烟草末	68.0
二苯基	12.5	玉蜀黍粉	12.6	泥炭粉	10.1
木屑	65.0	硫的磨碎粉末	10.1	六次甲基四胺	15.0
渣饼	20.2	奶粉	7.6	棉花	25.2
工业用酪素	32.8	面粉	30.2	菊苣(蒲公英属)	45.4
樟脑	10.1	萘	2.5	茶叶末	32.8
煤末	114.0	燕麦	30.2	兵豆	10.1
松香	5.0	麦糠	10.1	虫胶	15.0
饲粉粉末	7.6	沥青	15.0	一级硬橡胶尘末	7.6
咖啡	42.8	甜菜糖	8.9	谷仓尘末	227.0
燃料	270.0	甘草尘土	20.2	电子尘末	30.0

附录 11　大气污染物排放限值

序号	污染物	最高允许排放浓度/(mg/m^3)	无组织排放浓度限值/(mg/m^3)
1	二氧化硫	960(含硫物生产)	0.40
		550(含硫物使用)	
2	氮氧化物	1400(硝酸、氮肥和火炸药生产)	0.12
		240(硝酸使用和其他)	
3	颗粒物	18(炭黑尘、染料尘)	肉眼不可见
		60(玻璃棉尘、石英粉尘、矿渣棉尘)	1.0
		120(其他)	1.0
4	氟化氢	100	0.20
5	铬酸雾	0.070	0.006 0
6	硫酸雾	430(火炸药厂)	1.2
		45(其他)	
7	氟化物	90(普钙工业)	20(μg/m^3)
		9.0(其他)	
8	氯气	65	0.40
9	铅及化合物	0.70	0.006 0
10	汞及化合物	0.012	0.001 2
11	镉及化合物	0.85	0.040
12	铍及化合物	0.012	0.000 8
13	镍及化合物	4.3	0.040
14	锡及化合物	8.5	0.24
15	苯	12	0.40
16	甲苯	40	2.4
17	二甲苯	70	1.2
18	酚类	100	0.080
19	甲醛	25	0.20
20	乙醛	125	0.040
21	丙烯醛	22	0.60
22	氰化氢	1.9	0.024
23	甲醇	190	12
24	苯胺类	20	0.40
25	氯苯类	60	0.40
26	硝基苯类	16	0.040
27	氯乙烯	36	0.60
28	苯并[a]芘	0.30×10^{-3}(沥青及碳素制品生产和加工)	0.008(μg/m^3)
29	光气	3.0	0.080
30	沥青烟	140(吹制沥青)	生产设备不得有明显的无组织排放存在
		40(熔炼、浸涂)	
		75(建筑搅拌)	
31	石棉尘	1 根纤维/cm^3 或 10 mg/m^3	
32	非甲烷总烃	120(使用溶剂汽油或其他混合烃类物质)	

注:1. 一般应于无组织排放源上风向 2～50 m 范围内设参照点,排放源下风向 2～50 m 范围内设监控点。

2. 周界外浓度最高点一般应设于排放源下风向的单位周界外 10 m 范围内。如预计无组织排放的最大落地浓度点越出 10 m 范围,可将监控点移至该预计浓度最高点。

附录12 气体和蒸气的爆炸极限浓度

名称	气体、蒸气比重	爆炸浓度				生产类别	发火点/℃
		按体积分数/%		按质量分数/(mg/L)			
		下限	上限	下限	上限		
氨	0.59	16.00	27.00	111.20	187.70	乙	
乙炔	0.90	3.50	82.00	37.20	870.00	甲	
汽油	3.15	1.00	6.00	37.20	223.20	甲	－50～＋30
苯	2.77	1.50	9.50	49.10	31.00	甲	－50～＋10
氢	0.07	9.15	75.00	3.45	62.50	甲	
水煤气	0.54	12.00	66.00	81.50	423.50	乙	
发生炉煤气	2.90	20.70	73.70	221.00	755.00	乙	
高炉煤气	—	35.00	74.00	315.00	666.00	乙	
甲烷	0.55	5.00	16.00	32.60	104.20	甲	
甲苯	3.20	1.20	7.00	45.50	266.00	甲	
丙烷	1.52	2.30	9.50	41.50	170.50	甲	
乙烷	1.03	3.00	15.00	30.10	180.50	甲	
戊烷	2.49	1.40	8.00	41.50	170.50	甲	－10
丁烷	2.00	1.60	8.50	38.00	201.50	甲	
丙酮	2.00	2.90	13.00	69.00	308.00	甲	－17
二氯化乙烯	3.55	9.70	12.80	386.00	514.00	甲	＋6
氯化乙烯	—	3.00	80.00	54.00	144.00	甲	
照明气	0.50	8.00	24.50	47.50	145.20	甲	
乙醇	1.59	3.50	18.00	66.20	340.10	甲	＋9～＋32
丙醇	2.10	2.50	8.70	62.30	226.00	甲	＋22～＋45
煤油	—	1.40	7.50	—	—	甲	＋28
硫化氢	1.19	4.30	45.50	60.50	642.20	甲	
二硫化碳	2.60	1.90	81.30	58.80	250.00	甲	－43
甲醇	—	6.00	36.50	78.50	478.00	甲	－1～＋32
丁醇	—	3.10	10.20	94.00	309.00	甲	＋27～＋34
乙烯	0.97	3.00	34.00	34.80	392.00	甲	
丙烯	1.45	2.00	11.00	34.40	190.00	甲	
松节油	—	0.80	—	44.50	—	乙	

附录 13 几种典型通风机性能范围

种类	型号	名称	全压范围/Pa	风量范围/(m³/h)	功率范围/kW	操作温度/℃	主要用途
一般离心通风机	4-72-11	离心通风机	200～3 240	990～227 500	1.1～210	≤80	一般厂房通风换气
	T4-72	离心通风机	180～3 200	850～408 000	0.75～310	≤80	
	4-79	离心通风机	180～3 400	990～438 000	0.75～245	≤80	
	11-74	低噪声离心通风机	150～760	500～82 700	0.18～10		要求低噪声场所通风换气
排尘离心通风机	C4-73-11	排尘离心通风机	300～4 000	1 730～19 350	0.8～22	≤80	输送尘埃、纤维、杂屑
	6-46-11	排尘离心通风机	410～1 900	710～46 320	1.1～55		
防爆离心通风机	B4-72-11	防爆离心通风机	200～3 240	990～77 500	1.1～75		用于产生易挥发气体的厂房通风换气
	F4-72	不锈钢离心通风机	280～3 240	1 470 ～ 8 370	1.1～13		
高压离心通风机	9-26-11101	离心通风机	3 370～16 250	690～57 590	1.5～ 410	≤50	高压强制通风、气力输送用
	8-18-00112	离心通风机	3 450～16 900	620～97 600	1.5～410	≤80	
塑料离心通风机	上塑 4-72	塑料离心通风机	90～1 560	400～18 560	0.37～5.5		用于防腐、防爆厂房排风
	北塑 4-72	塑料离心通风机	280～1 160	1 170～10 180	1.1～ 4.0		
	P4-72	塑料离心通风机	90～1 160	400～18 560	0.6～5.5		